全国高等院校新能源专业规划教材
全国普通高等教育新能源类"十三五"精品规划教材

智能微电网技术与实验系统

Smart Micro Grid Technology and Experiment System

熊　超　胡　平　编著

中国水利水电出版社
www.waterpub.com.cn

内 容 提 要

本书是为新能源类专业本科生编写的教材。本书分为两个部分，理论部分主要介绍了微电网的定义、分布式发电、微电网的构成与分类、微电网的控制与运行、微电网保护、微电网的监控与能量管理、分布式电源并网与控制。实验部分主要介绍了实验注意事项、实验设备参数以及微电网运行控制、永磁风力并网发电、光伏并网发电、控制软件编程、微电网调度与能量管理的实验实例。

本书适合作为高等院校相关专业的教学、参考用书，也可为智能微电网行业的从业人员提供参考。

图书在版编目（CIP）数据

智能微电网技术与实验系统 / 熊超，胡平编著. -- 北京 : 中国水利水电出版社，2018.6(2023.8重印)
全国高等院校新能源专业规划教材 全国普通高等教育新能源类“十三五”精品规划教材
ISBN 978-7-5170-6544-9

Ⅰ. ①智… Ⅱ. ①熊… ②胡… Ⅲ. ①智能控制－电力系统－实验－高等学校－教材 Ⅳ. ①TM76-33

中国版本图书馆CIP数据核字(2018)第120437号

书　名	全国高等院校新能源专业规划教材 全国普通高等教育新能源类“十三五”精品规划教材 **智能微电网技术与实验系统** ZHINENG WEIDIANWANG JISHU YU SHIYAN XITONG
作　者	熊　超　胡　平　编著
出版发行	中国水利水电出版社 （北京市海淀区玉渊潭南路1号D座　100038） 网址：www.waterpub.com.cn E-mail：sales@mwr.gov.cn 电话：（010）68545888（营销中心）
经　售	北京科水图书销售有限公司 电话：（010）68545874、63202643 全国各地新华书店和相关出版物销售网点
排　版	中国水利水电出版社微机排版中心
印　刷	清淞永业（天津）印刷有限公司
规　格	184mm×260mm　16开本　15.75印张　374千字
版　次	2018年6月第1版　2023年8月第3次印刷
印　数	4501—5500册
定　价	**50.00**元

丛 书 前 言

总算不负大家几年来的辛苦付出，终于到了该为这套教材写篇短序的时候了。

这套全国高等院校新能源专业规划教材、全国普通高等教育新能源类“十三五”精品规划教材建设的缘起，要追溯到2009年我国启动的国家战略性新兴产业发展计划，当时国家提出了要大力发展包括新能源在内的七大战略性新兴产业。经过不到十年的发展，我国新能源产业实现了重大跨越，成为全球新能源产业的领跑者。2017年国务院印发的《“十三五”国家战略性新兴产业发展规划》，提出要把战略性新兴产业摆在经济社会发展更加突出的位置，强调要大幅提升新能源的应用比例，推动新能源成为支柱产业。

产业的飞速发展导致人才需求量的急剧增加。根据联合国环境规划署2008年发布的《绿色工作：在低碳、可持续发展的世界实现体面劳动》，2006年全球新能源产业提供的工作岗位超过230万个，而根据国际可再生能源署发布的报告，2017年仅我国可再生能源产业提供的就业岗位就达到了388万个。

为配合国家战略，2010年教育部首次在高校设置国家战略性新兴产业相关专业，并批准华北电力大学、华中科技大学和中南大学等11所高校开设“新能源科学与工程”专业，截至2017年，全国开设该专业的高校已超过100所。

上述背景决定了新能源专业的建设无法复制传统的专业建设模式，在专业建设初期，面临着既缺乏参照又缺少支撑的局面。面对这种挑战，2013年华北电力大学力邀多所开设该专业的高校，召开了一次专业建设研讨会，共商如何推进专业建设。以此次会议为契机，40余所高校联合成立了“全国新能源科学与工程专业联盟”（简称联盟），联盟成立后发展迅速，目前已有近百所高校加入。

联盟成立后将教材建设列为头等大事，2015年联盟在华北电力大学召开了首次教材建设研讨会。会议确定了教材建设总的指导思想：全面贯彻党的教育方针和科教兴国战略，广泛吸收新能源科学研究和教学改革的最新成果，认真对标中国工程教育专业认证标准，使人才培养更好地适应国家战略性新兴产业的发展需要。同时，提出了“专业共性课＋方向特色课”的新能源专业课程体系建设思路，并由此确定了教材建设两步走的计划：第一步以建设新能源各个专业方向通用的共性课程教材为核心；第二步以建设专业方向特色课程教材为重点。此次会议还确定了第一批拟建设的教材及主编。同时，通过专家投票的方式，选定中国水利水电出版社作为教材建设的合作出版机构。在这次会议的基础上，联盟又于2016年在北京工业大学召开了教材建设推进会，讨论和审定了各部教材的编写大纲，确定了编写任务分工，由此教材正式进入编写阶段。

按照上述指导思想和建设思路，首批组织出版9部教材：面向大一学生编写了《新能源科学与工程专业导论》，以帮助学生建立对专业的整体认知，并激发他们的专业学习兴趣；围绕太阳能、风能和生物质能3大新能源产业，以能量转换为核心，分别编写了《太阳能转换原理与技术》《风能转换原理与技术》《生物质能转化原理与技术》；鉴于储能技术在新能源发展过程中的重要作用，编写了《储能原理与技术》；按照工程专业认证标准对本科毕业生提出的“理解并掌握工程管理原理与经济决策方法”以及“能够理解和评价针对复杂工程问题的工程实践对环境、社会可持续发展的影响”两项要求，分别编写了《新能源技术经济学》《能源与环境》；根据实践能力培养需要，编写了《光伏发电实验实训教程》《智能微电网技术与实验系统》。

首批9部教材的出版，只是这套系列教材建设迈出的第一步。在教育信息化和“新工科”建设背景下，教材建设必须突破单纯依赖纸媒教材的局面，所以，联盟将在这套纸媒教材建设的基础上，充分利用互联网，继续实施数字化教学资源建设，并为此搭建了两个数字教学资源平台：新能源教学资源网（http：//www.creeu.org）和新能源发电内容服务平台（http：//www.yn931.com）。

在我国高等教育进入新时代的大背景下，联盟将紧跟国家能源战略需求，坚持立德树人的根本使命，继续探索多学科交叉融合支撑教材建设的途径，力争打造出精品教材，为创造有利于新能源卓越人才成长的环境、更好地培养高素质的新能源专业人才奠定更加坚实的基础。有鉴于此，新能源专业教材建设永远在路上！

丛书编委会

2018年1月

本书前言

能源是经济和社会发展的重要物质基础。工业革命以来，世界能源消费剧增，煤炭、石油、天然气等化石能源资源消耗迅速，生态环境不断恶化，特别是温室气体排放导致日益严峻的全球气候变化，人类社会的可持续发展受到严重威胁。随着经济和社会的不断发展，我国能源需求将持续增长。增加能源供应、保障能源安全、保护生态环境、促进经济和社会的可持续发展，是我国经济和社会发展的一项重大战略任务。

根据经济社会可持续发展的需要，人们迫切呼唤建立以清洁、可再生能源为主的能源结构逐渐取代以污染严重、资源有限的化石能源为主的能源结构。

微电网作为分布式清洁能源有效利用的一种形式，可以根据外部电网的峰谷时段，存储或释放能量，平抑峰谷差，实现削峰填谷、节能减排。微电网（Micro－Grid）也称为微网，是指由分布式电源、储能装置、能量转换装置、负荷、监控和保护装置等组成的小型发配电系统。微电网的提出旨在实现分布式电源的灵活、高效应用，解决数量庞大、形式多样的分布式电源并网问题。开发和延伸微电网能够充分促进分布式电源与可再生能源的大规模接入，实现对负荷多种能源形式的高可靠供给，是实现主动式配电网的一种有效方式，使传统电网向智能电网过渡。

本书分为两个部分，理论篇主要介绍了微电网的定义、分布式发电、微电网的构成与分类、微电网的控制与运行、微电网保护、微电网的监控与能量管理、分布式电源并网与控制。实验篇主要介绍了实验注意事项、实验设备参数、微电网运行控制实验、永磁风力并网发电实验、光伏并网发电实验、控制软件编程实验、微电网调度与能量管理实验。

本书针对目前电气类本科专业的智能微电网技术领域相关教学内容要求编著而成，并结合江苏伟创晶智能科技有限公司开发的智能微电网系统，开发一系列对应的实训、实验项目。理论部分第1章由常州工学院熊超老师负责完成，第2章由江苏伟创晶智能科技有限公司查海宁完成，第3章由常州工学院李渊老师负责完成，第4章由常州工学院陈磊老师完成，第5、6章由陕西工业职业技术学院胡平老师完成，第7章由江苏伟创晶智能科技有限公司丁基勇完成，实验部分由常州工学院熊超老师负责完成。在本书撰写过程中作者参阅了大量的专著、文献，在此对这些专著、文献的作者表示衷心的感谢。

由于作者水平有限，书中难免会存在一些错误，敬请批评指正。

作者

2018年4月

目　录

第2篇 实验部分

第1篇 理 论 部 分

第1章 概述

微电网（micro-Grid，MG）是一种将分布式发电（distributed generation，DG）、负荷、储能装置、变流器以及监控保护装置等有机整合在一起的小型发输配电系统。凭借微电网的运行控制和能量管理等关键技术，可以实现其并网或孤岛运行、降低间歇性分布式电源给配电网带来的不利影响，最大限度地利用分布式电源出力，提高供电可靠性和电能质量。将分布式电源以微电网的形式接入配电网，被普遍认为是利用分布式电源的有效方式之一。微电网作为配电网和分布式电源的纽带，使得配电网不必直接面对种类不同、归属不同、数量庞大、分散接入的（甚至是间歇性的）分布式电源。国际电工委员会（International electrotechnical commission，IEC）在《IEC 2010～2030年白皮书——应对能源挑战》中明确将微电网技术列为未来能源链的关键技术之一。

近年来，欧盟各国以及美国、日本等国家均开展了微电网试验示范工程研究，已进行概念验证、控制方案测试及运行特性研究。国外微电网的研究主要围绕可靠性、可接入性、灵活性3个方面，探讨系统的智能化、能量利用的多元化、电力供给的个性化等关键技术。微电网在我国也处于实验、示范阶段。这些微电网示范工程普遍具备以下基本特征：

（1）微型。微电网电压等级一般在10kV以下，系统规模一般在兆瓦级及以下，与终端用户相连，电能就地利用。

（2）清洁。微电网内部分布式电源以清洁能源为主，或是采用以能源综合利用为目标的发电形式。

（3）自治。微电网内部电力电量能实现全部或部分自平衡。

（4）友好。可减少大规模分布式电源接入对电网造成的冲击，可以为用户提供优质可靠的电力，能实现并网/离网模式的平滑切换。因此，与电网相连的微电网，可与配电网进行能量交换，提高供电可靠性和实现多元化能源利用。

微电网与配网电力和信息交换量将日益增大，并在提高电力系统运行可靠性和灵活性方面体现出较大的潜力。微电网和配电网的高效集成，是未来智能电网发展面临的主要任务之一。借鉴国外对微电网的研究经验，近年来，一些关键的、共性的微电网技术得到了广泛的研究。然而，为了进一步保障微电网的安全、可靠、经济运行，结合我国微电网发展的实际情况，一些新的微电网技术需求有待进一步探讨和研究。

微电网是未来智能配电网实现自愈、用户侧互动和需求响应的重要途径，随着新能源、智能电网技术、柔性电力技术等的发展，微电网将具备如下新特征：

（1）微电网将满足多种能源综合利用需求并面临更多新问题。大量的入户式单相光伏、小型风机、冷热电三联供、电动汽车、蓄电池、氢能等家庭式分布电源以及大量柔性电力电子装置的出现将进一步增加微电网的复杂性，屋顶电站、电动汽车充放电、智能用电楼宇和智能家居带来微电网形式的灵活多样化以及多种微电源响应时间的协调问题，现有小发电机组并入微电网的可行性问题，微电网配置分布式电源、储能接口标准化问题，微电网建设环境评价、微电网内基于电力电子接口的电源和柔性交流输电系统（Flexible AC Transmission Systems，FACTS）装置控制耦合问题等，这些都将成为未来微电网研究的新问题。

（2）微电网将与配电网实现更高层次的互动。微电网接入配电网后，配电网结构、保护、控制方式以及用电侧能量管理模式、电费结算方式等均需做出一定调整，同时带来上级调度对用户电力需求的预测方法、用电需求侧管理方式、电能质量监管方式等的转变。为此需要：一方面，通过不断完善接入配电网的标准，形成一系列微电网典型模式规范化建设和运行；另一方面，加强配电网对微电网的协调控制和用户信息的监测力度，建立起与用户的良性互动机制，通过微网内能量优化、虚拟电厂技术及智能配电网对微电网群的全局优化调控，逐步提高微电网的经济性。实现更高层次的高效、经济、安全运行。

（3）微电网将承载信息和能源双重功能。未来智能配电网、物联网业务需求对微电网提出了更高要求，微电网靠近负荷和用户，与社会的生产和生活息息相关。以家庭、办公室建筑等为单位的灵活发电和配用电终端，企业、电动汽车充电站以及物流等将在微电网中相互影响，分享信息资源。承载信息和能源双重功能的微电网，使得可再生能源通过对等网络的方式分享彼此的能源和信息。

第2章 分布式发电

分布式发电技术是充分开发和利用可再生能源的理想方式，它具有投资小、清洁环保、供电可靠和发电方式灵活等优点，可以对未来大电网提供有力补充和有效支撑，是未来电力系统的重要发展趋势之一。

2.1 分布式发电的基本概念

分布式发电目前尚未有统一定义，一般认为，分布式发电是指为满足终端用户的特殊要求，接在用户侧附近的小型发电系统。分布式电源（distributed resource，DR）是指分布式发电（distributed generation，DG）与储能装置（energy storage，ES）的联合系统（DR＝DG＋ES）。它们规模一般都不大，通常为几十千瓦至几十兆瓦，所用的能源包括天然气（含煤气、沼气）、太阳能、生物质能、氢能、风能、小水电等洁净能源或可再生能源，而储能装置主要为蓄电池，还可能采用超级电容、飞轮储能等。此外，为了提高能源的利用效率，同时降低成本，往往采用冷、热、电联供（combined cooling、heat and power，CCHP）的方式或热电联产（combined heat and power，CHP 或 co－generation）的方式。因此，国内外也常常将冷、热、电等各种能源一起供应的系统称为分布式能源（distributed energy resource，DER）系统，而将包含分布式能源在内的电力系统称为分布式能源电力系统。由于能够大幅提高能源利用效率，节能、多样化地利用各种清洁和可再生能源，未来分布式能源系统的应用将会越来越广泛。分布式发电直接接入配电系统（380V 或 10kV 配电系统，一般低于 66kV 电压等级）并网运行较为多见，但也有直接向负荷供电而不与电力系统相联，形成独立供电系统（stand－alone system），或形成所谓的孤岛运行方式（islanding operation mode）。采用并网方式运行，一般不需要储能系统，但采取独立（无电网孤岛）运行方式时，为保持小型供电系统的频率和电压稳定，储能系统往往是必不可少的。

由于这种发电技术正处于发展阶段，因此在概念和名词术语的叙述和采用上尚未完全统一。国际大电网会议（International conference on large high vottage electric system，CIGRE）欧洲工作组 WG37－33 将分布式电源定义为：不受供电调度部门的控制、与 77kV 以下电压等级电网联网、容量在 100MW 以下的发电系统。英国则采用“嵌入式发电”（embedded generation）的术语，但文献中较少使用。此外，有的国外文献和教科书将容量更小、分布更为分散的（如小型户用屋顶光伏发电及小型户用燃料电池发电等）称为分散发电（dispersed generation）。本书所采用的 DG 和 DR 的术语，与《分布式电源与电力系统互联》

(IEEE 1547－2003) 中的定义相同。

目前，分布式发电的概念常常与可再生能源发电和热电联产的概念发生混淆，有些将大型的风力发电和太阳能发电（光伏或光热发电）直接接入输电电压等级的电网，称为可再生能源发电而不称为分布式发电；有些大型热电联产机组，无论其为燃煤或燃气机组，它们直接接入高压电网进行统一调度，属于集中式发电，而不属于分布式发电。

当分布式电源接入电网并网运行时，在某些情况下可能对配电网产生一定的影响，对需要高可靠性和高电能质量的配电网来说，分布式发电的接入必须慎重。因此需要对分布式发电接入配电网并网运行时可能存在的问题，对配电网的当前运行和未来发展可能产生正面或负面影响进行深入的研究，并采取适当的措施，以促进分布式发电的健康发展。

2.2　发展分布式发电的意义

发展分布式发电系统的必要性和重要意义主要在于其经济性、环保性和节能性，以及能够提高供电安全可靠性及解决边远地区用电等。

1. 经济性

有些分布式电源，如以天然气或沼气为燃料的内燃机等，发电后工质的余热可用来制热、制冷，实现能源的阶梯利用，从而提高利用效率（可达 60%～90%）。此外，由于分布式发电的装置容量一般较小，其一次性投资的成本费用较低，建设周期短，投资风险小，投资回报率高。靠近用户侧安装能够实现就近供电、供热，因此可以降低网损（包括输电和配电网的网损以及热网的损耗）。

2. 环保性

采用天然气作燃料或以氢能、太阳能、风能为能源，可减少有害物（NO_x、SO_x、CO_2 等）的排放总量，减轻环保压力。大量的就近供电减少了大容量、远距离、高电压输电线的建设，也减少了高压输电线的线路走廊和相应的征地面积，减少了对线路下树木的砍伐。

3. 能源利用的多样性

由于分布式发电可利用多种能源，如洁净能源（天然气）、新能源（氢）和可再生能源（生物质能、风能和太阳能等），并同时为用户提供冷、热、电等多种能源应用方式，对节约能源具有重要意义。

4. 调峰作用

夏季和冬季往往是电力负荷的高峰时期，此时如采用以天然气为燃料的燃气轮机等冷、热、电三联供系统，不但可解决冬、夏的供热和供冷的需要，同时能够提供电力，降低电力峰荷，起到调峰的作用。

5. 安全性和可靠性

当大电网出现大面积停电事故时，具有特殊设计使分布式发电系统仍能保持正常运行。虽然有些分布式发电系统由于燃料供应问题（可能因泵站停电而使天然气供应中断）或辅机的供电问题，在大电网故障时也会暂时停止运行，但由于其系统比较简单，易于再启动，有利于电力系统在大面积停电后的黑启动，因此可提高供电的安全性和可靠性。

6. 边远地区的供电

许多边远及农村、海岛地区远离大电网，大电网难以直接向其供电，采用光伏发电、小型风力发电和生物质能发电的独立发电系统是一种优先的选择。

2.3 分布式发电技术

2.3.1 燃气轮机、内燃机、微燃机发电技术

燃气轮机、内燃机、微燃机发电技术是以天然气、煤气层或沼气等为常用燃料，以燃气轮机（gas turbine 或 combustion turbine）、内燃机（gas engine 或 internal combustion reciprocating engines）和微燃机（micro－turbine）等为发电动力的发电系统。

1. 燃气轮机

燃气轮机由压缩机、燃烧室和涡轮电机组成。它可以利用天然气、高炉煤气、煤层气等作为燃料。燃气轮机将燃料燃烧时释放出来的热量转换为旋转的动能，再转化为电能输出以供应用。燃气轮机有轻型燃气轮机和重型燃气轮机两种类型。轻型燃气轮机为航空发动机的转化，优点是装机快、体积小、启动快、快速反应性能好、简单循环效率高，适合在电网中调峰、调节或应急备用。重型燃气轮机为工业型燃机，优点是运行可靠、排烟温度高、联合循环效率高，主要用于联合循环发电、热电联产。

燃气轮机技术十分成熟，其性能也在逐步改进、完善。一般大容量的燃气轮机（如30MW以上）效率较高，即使无回热利用，效率也可达40%。特别是燃气—蒸汽联合循环发电技术更为完善，目前已有燃气、蒸汽集于一体的单轴机组，装置净效率可提高到58%～60%。这种联合循环式燃气余热的蒸汽轮机具有凝汽器、真空泵、冷却水系统等，结构趋于复杂，因此容量小于10MW的燃气轮机往往不采用燃气—蒸汽联合循环的发电方式。燃气轮机发电的优点是每兆瓦的输出成本较低，效率高，单机容量大，安装迅速（只需几个月时间），排放污染小，启动快，运行成本低，寿命较长。目前，以天然气为燃料的燃气轮机应用极其广泛。

2. 内燃机

内燃机的工作原理是将燃料与压缩空气混合，点火燃烧，使其推动活塞做功，通过气缸连杆和曲轴驱动发电机发电。由于较低的初期投资，在容量低于5MW的发电系统中，柴油发电机占据了主导地位。然而随着对排放的要求越来越高，天然气内燃机市场占有量不断提升，其性能也在逐步提高。在效率方面，相同跑量和转速条件下，柴油发电机有较高的压缩比，因而具有更高的发电效率。天然气内燃机发电机组瞬时负荷的反应能力较差，但却能较好地对恒定负荷供电。柴油发电机由于其较高的功率密度，在同样的输出功率下，比天然气内燃机发电机体积小；对于相同的输出功率，柴油发电机比天然气内燃机发电机更经济。然而，由于按产生相同热量比较，天然气较柴油更便宜，因此对于恒定大负荷系统，包括初期投资和运行费用在内，使用天然气发电机可能会更经济。尽管天然气内燃机发电机的效率没有柴油机发电机高，但在热电联供系统中却有更高的效率，各种燃料类型的内燃机发电效率为34%～41%、热效率为40%～50%，因此总效率可以达到

90%，而柴油发电机效率只有85%。

在分布式发电系统中，内燃机发电技术是较为成熟的一种。它的优点包括初期投资较低，效率较高，适合间歇性操作，且对于热电联供系统有较高的排气温度等。另外，内燃机的后期维护费用也相对低廉。往复式发电技术在低于5MW的分布式发电系统中很有发展前景，其在分布式发电系统中的安装成本大约是集中式发电的一半。除了较低的初期成本和较低的生命周期运营费用外，还具有更高的运行适应性。

目前，内燃机发电技术广泛应用在燃气、电力、供水、制造、医院、教育以及通信等行业。

3. 微燃机

微燃机是指发电功率在几百千瓦以内（通常为100～200kW以下），以天然气、甲烷、汽油、柴油等为燃料的小功率燃气轮机。微燃机与燃气轮机的区别主要为：

（1）微燃机输出功率较小，其轴净输出功率一般低于200kW。

（2）微燃机使用单级压气机和单级径流涡轮。

（3）微燃机的压比是3∶1～4∶1，而燃气轮机为13∶1～15∶1。

（4）微燃机转子与发电机转子同轴，且尺寸较小。

微燃机发电系统由燃烧系统、涡轮发电系统和电力电子控制系统组成。助燃用的洁净空气通过高压空气压缩机加压同时加热到高温高压，然后进入燃烧室与燃料混合燃烧，燃烧后的高温高压气体到涡轮机中膨胀做功，驱动发电机，发电机随转轴以很高的速度（5万～10万r/min）旋转，从而产生高频交流电，再利用电力电子装置，将高频交流电通过整流装置转换为直流电，再经逆变器将直流电转换为工频交流电。

微燃机技术主要包括高转速的涡轮转子技术、高效紧凑的回热器技术、无液体润滑油的空气润滑轴承技术、微型无绕线的磁性材料发电机转子技术、低污染燃烧技术、高温高强度材料及可变频交直流转换的发电控制技术等。

微燃机可长时间工作，且仅需要很少的维护量，可满足用户基本负荷的需求，也可作为备用调峰以及用于废热发电装置。另外，微燃机体积小、重量轻、结构简单、安装方便、发电效率高、燃料适应性强、燃料消耗率低、噪声低、振动小、环保性好、使用灵活、启动快、运行维护简单。基于这些优势，微燃机正得到越来越多的应用，特别适合用于微电网中。

2.3.2 光伏（photo-voltaic，PV）发电技术

光伏发电技术是一种将太阳光辐射能通过光伏效应，经光伏电池直接转换为电能的发电技术，它向负荷直接提供直流电或经逆变器将直流电转变成交流电供人们使用。光伏发电系统除了其核心部件光伏电池、电池组件、光伏阵列外，往往还有能量变换、控制与保护以及能量储存等环节。光伏发电技术经过多年发展，目前已获得很大进展，并在多方面获得应用。目前用于发电系统的光伏发电技术大多为小规模、分散式独立发电系统或中小规模并网光伏发电系统，大都属于分布式发电的范畴。光伏发电系统的建设成本至今仍然很高，发电效率也有待提高，目前商业化单晶硅和多晶硅的电池效率为13%～17%（薄膜光伏电池的效率为7%～10%），影响了光伏发电技术的规模应用。但由于光伏发电是在白天发

电，它所发出的电力与负荷的最大电力需求有很好的相关性，因此今后必将获得大量应用。

单体光伏电池的输出电流、电压和功率只有几安、几伏和几瓦，即使组装成组件，将电池串联、并联起来，输出功率也不大。使用时往往将多个组件组合在一起，形成所谓的模块化光伏电池阵列。

光伏发电具有不需燃料，环境友好，无转动部件，维护简单，维护费用低，由模块组成，可根据需要构成及扩大规模等突出优点，其应用范围十分广泛，如可用于太空航空器、通信系统、微波中继站、光伏水泵、边远地区的无电缺电区以及城市屋顶光伏发电等。光伏发电系统由光伏电池阵列、控制器、储能元件（蓄电池等）、DC/AC 逆变器、配电设备和电缆等组成，光伏发电系统示意图如图 2.1 所示。

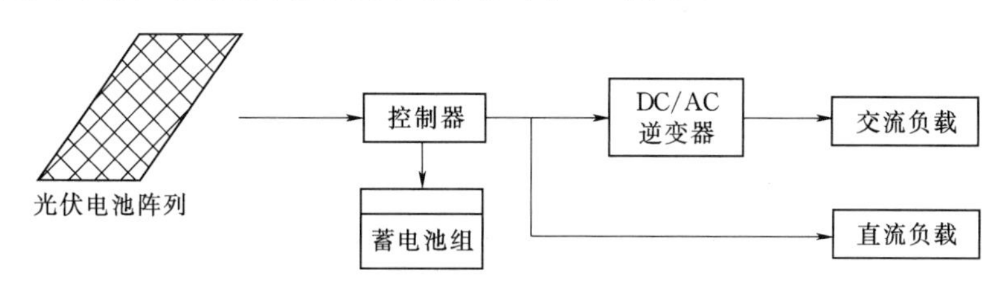

图 2.1 光伏发电系统示意图

一般可将光伏发电系统分为小规模分散式独立供电系统和中小规模并网发电系统，以及与小风电和柴油发电机等构成混合供电系统。对于并网系统可不用蓄电池等储能元件，但独立供电系统储能元件是不可缺少的，因此光伏发电系统各部分的作用和功能对不同系统而言并不完全相同。

2.3.3 燃料电池（fuel cell）发电技术

燃料电池主要包括碱性燃料电池、质子交换膜燃料电池、磷酸燃料电池、融入碳酸盐燃料电池、固体氧化物燃料电池等。燃料电池的分类及特性见表 2.1。

表 2.1 燃料电池的分类及特性

电池类型	碱性燃料电池	质子交换膜燃料电池	磷酸燃料电池	熔融碳酸盐燃料电池	固体氧化物燃料电池
英文名及简称	alkaline fuel cell (AFC)	proton exchange membrane fuel cell (PEMFC)	phosphoric acid fuel cell (PAFC)	molten carbonate fuel cell (MCFC)	solid oxide fuel cell (SOFC)
电解质	KOH	质子交换膜	磷酸	$Li_2CO_3-K_2CO_3$	YSZ（氧化锆等）
电解质形态	液体	固体	液体	液体	固体
燃料气体	H_2	H_2	H_2、天然气	H_2、天然气、煤气	H_2、天然气、煤气
工作温度/℃	50～200	60～80	150～220	650	900～1050
应用场合	空间技术、机动车辆	机动车辆、电站、便携式电源	机动车、轻便电源、发电	发电	发电

燃料电池在技术上尚未完全过关，电池寿命有限，材料价格也较贵。尽管国外已有各种类型和容量的商品化燃料电池可供选择，但目前在国内基本上处于实验室阶段，尚无大

规模的国产商业化产品可用。

燃料电池发电技术在电动汽车等领域中有所应用，燃料电池发电基本流程如图 2.2 所示。

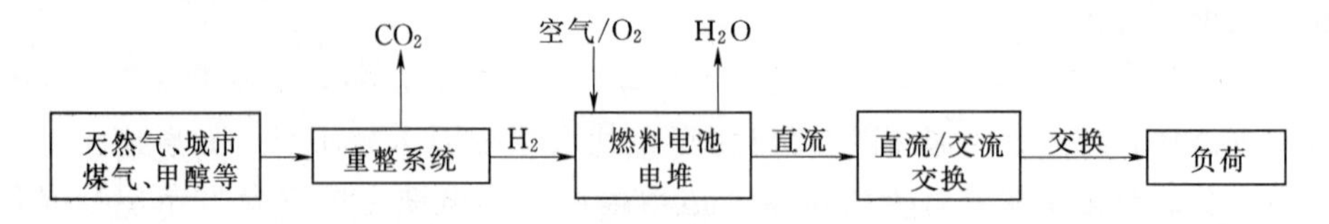

图 2.2　燃料电池发电基本流程图

这种静止型发电技术的发电效率与容量大小几乎无关，因此在小规模分布式发电的应用中有一定的优势，是一种很有前途的未来型发电技术。

2.3.4　生物质（Biomass）发电技术

生物质发电系统是以生物质为能源的发电工程的总称，包括沼气发电、薪柴发电、农作物秸秆发电、工业有机废料和垃圾焚烧发电等，这类发电的规模和特点受生物质能资源的制约，可用于转化为能源的主要生物质能资源包括薪柴、农作物秸秆、人畜粪便、酿造废料、生活和工业的有机废水及有机垃圾等。生物质发电系统装置主要包括：

（1）能源转换装置。不同生物质发电工程的能源转换装置是不同的，如垃圾焚烧电站的转换装置为焚烧炉，沼气发电站的转换装置为沼气池或发酵罐。

（2）原动机。如垃圾焚烧电站用汽轮机，沼气电站用内燃机等。

（3）发电机。

（4）其他附属设备。

生物质发电系统工艺流程如图 2.3 所示。

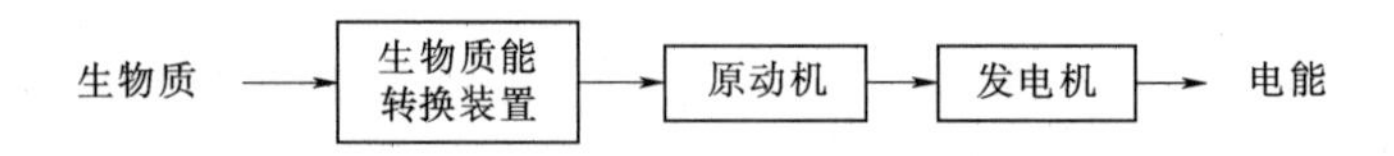

图 2.3　生物质发电系统工艺流程图

生物质发电的优点包括：①生物质是可再生的，因此其能源资源不会枯竭；②粪便、垃圾、有机废弃物对环境有污染，大量的农作物秸秆在农田里燃烧会造成大气污染和一定的温室效应，如用于发电则可化害为利，变废为保；③由于生物质资源比较分散，不易收集，能源密度低，因此所用发电设备的装机容量一般也较小，比较适合作为小规模的分布式发电，体现了发展循环经济和能源综合利用的方针，是能源再利用的较好形式，同时也解决了部分电力需求。

2.3.5　风力发电技术

我国自 20 世纪 50 年代开始风力发电，最初是用于农村和牧区的家庭自用小型风力发电机，之后在新疆、内蒙古、吉林、辽宁等省建立了一些容量在 10kW 以下的小型风电场，还在西藏、青海等地建立了一些由小型风力发电、光伏发电和柴油机发电共同构成的联合发电系统。这些小型发电系统往往远离大电力系统而以分散的独立小电力系统的形式

运行，因此可归入分布式发电的范畴。在国外，也有在城市郊区建设少量（几台）大单机容量（1MW 以上）的风力发电机组，并接入低压配电网，这些风力发电也可归入分布式发电的范畴。

2.3.6 分布式储能技术

当分布式发电以独立或孤岛方式运行时，储能系统是必不可少的，因此电能储存技术和设备正越来越多地受到人们的关注。分布式储能技术主要包括蓄电池、飞轮、超级电容器、超导磁储能等。另外，还有利用电加热蓄热储能，以及制冰机冷水储能等。

2.4 分布式发电与并网技术

分布式发电接入配电网时，除基本要求外，还需要满足一些其他要求，主要包括对配电网事故情况下的响应要求、电能质量方面的要求、形成孤岛运行方式时的要求、控制和保护方面的要求以及投运试验的要求等。

2.4.1 分布式发电接入配电网的基本要求

（1）与配电网并网时，可按系统能接受的恒定功率因数或恒定无功功率输出的方式运行。分布式发电本身允许采用自动电压调节器，但在运行电压调节时应遵循已有的相关标准和规程，不应造成在公共连接点（point of common coupling，PCC）处的电压和频率频繁越限，更不应对所联配电网的正常运行造成危害。一般而言，不应由分布式发电承担 PCC 处的电压调节，该点的电压调节应由电网企业来负担，除非与电网企业达成专门的协议。

（2）采用同期或准同期装置与配电网并网时，不应造成电压过大的波动。

（3）分布式发电的接地方案及相应的保护应与配电网原有的方式相协调。

（4）容量达到一定大小（如几百千伏安至 1 兆伏安）的分布式发电，应将其连接处的有功功率、无功功率的输出量和连接状态等方面的信息传给配电网的控制调度中心。

（5）分布式发电应配备继电器，以使其能检测何时应与电力系统解列，并在条件允许时以孤岛方式运行。

（6）与配电网间的隔离装置应该是安全式的，以免设备检修时造成人员伤亡。

2.4.2 分布式发电与电能质量

与分布式发电相关的电能质量问题主要考虑以下方面：

（1）供电的暂时中断。在许多情况下，分布式发电设计成当电网企业供电中断时，它可作为备用发电来向负荷供电，较典型的为采用柴油发电机作为备用电源。但从主供电源向备用电源转移往往不是无缝转移，开关切换需要一定的时间，所以可能仍然存在几处时间的中断。

如果正常运行时，分布式发电与电网企业的主供电电源并列运行，情况可能较好，但需要支付一定的成本，并且还要受到容量和运行方式的限制。如果分布式发电处于热备用状态，且与系统并列运行或同时还带部分负荷，一旦系统出现故障，若分布式发电容量太小，或转移的负荷太大，则可能需要切除部分负荷，也可将负荷分组，在电源转移时仅带少量不可中断的负荷，否则会引起孤立系统电压和频率的下降并越限，无法维持正常运行。

（2）电压调节。由于分布式发电的发电机具有励磁系统，可在一定程度上调节无功功率，从而具有电压调节能力。因此，一般认为分布式发电可以提高配电网馈线的电压调节能力，而且调节速度可能比调节变压器分接头或投切电容器快，但实际上并非完全如此。

当分布式发电远离变电站时，对变电站母线电压的调节能力很弱；有些发电机采用感应电机（如风力发电机），可能还要吸收无功，而不适用于电压调节；逆变器本身不产生无功功率，需要由其他无功功率设备作补偿；电网企业往往不希望分布式发电对公共连接点处的电压进行调节，担心对自己的无功调节设备产生干扰；在多个分布式发电之间有时也会产生调节时的互相干扰；小容量的分布式发电通常也无能力进行电压调节，而往往以恒定功率因数或恒定无功功率的方式运行；大容量的分布式发电虽然可以用来调节 PCC 处的电压，但必须将有关信号和信息传到配电系统的调度中心，以进行调度和控制的协调。问题是分布式发电的启停往往受用户控制，若要其来承担 PCC 处的电网调节任务，一旦停运，PCC 处的电压调节就有可能成问题。

（3）谐波问题。采用基于晶闸管和线路换相逆变器的分布式发电会有谐波问题，但采用基于 IGBT 和电压源换相的逆变器越来越多，使谐波问题大大缓解。采用后者有时在切换过程中会出现某些频率谐振，在电源波形上也会出现高频的杂乱信号，造成时钟走时不准等。这种情况需要在母线上安装足够容量的电容器，将高频成分滤除。由于分布式发电的发电机本身有时也会产生 3 次谐波，如与发电机相连的供电变压器在发电机侧的绕组是星形的，则 3 次谐波就有可能形成通路。若该绕组是三角形的，则 3 次谐波会在绕组中相互抵消。

（4）电压暂降。电压暂降（voltage dip 或 voltage sag）是最常见的电能质量问题，分布式发电是否有助于减轻电压暂降，取决于其类型、安装位置以及容量大小等。

2.4.3　分布式发电并网的控制和保护

当分布式发电与配电网运行时，有时配电网会出现故障，此时为使其与配电网配合良好，除了配电网本身需要配备一定的控制和保护装置外，分布式发电也应配备能检测出配电网中故障并作出反应的装置和保护继电器。

分布式发电系统应配备什么样的保护装置，与容量的大小和系统的复杂程度有关。但至少应配备有过电压和欠电压保护的继电器，主要检测电网侧扰动，以判断配电系统是否有故障存在。另外，还需配备高/低频继电器，以检测与电网相连的主断路器是否已跳开，即是否已形成孤岛状态，因为主断路器断开后会产生较大的频率偏移。过电流继电器的配置取决于不同类型的分布式发电提供故障电流的能力。有些电力电子型分布式发电系统在故障时并不能提供较大的短路电流，采用过电流继电器就不合适，对于较大容量的分布式发电系统和较复杂的系统，除上述保护装置外，还可配备一些其他保护装置，如用于防止发电机因不平衡而损坏的负序电压继电器，防止发电铁磁谐振的瞬时过电压（峰值）继电

器，用于检测单相接地故障防止发电机形成孤岛运行方式的中性线零序电压继电器，用于控制主断路器闭合的同步继电器。

除了上述主要用于发电机并网的保护装置外，发电机本身也应该安装一些保护装置，如快速检测发电机接地故障的差动接地继电器，以及失磁继电器、逆功率继电器、发电机过电流继电器等。故障时，分布式发电配备的故障检测继电器再经过一定的时延将其与系统解列。

2.4.4 分布式发电并网运行时与电网的相互影响

1. 对电能质量的影响

（1）电压调整。由于分布式发电是由用户来控制的，因此用户将根据自身需要频繁地启动和停运，这会使配电网的电压常常发生波动。分布式发电的频繁启动会使配电线路上的潮流变化大，从而加大电压调整和调节的难度，调节不好会使电压超标。未来的分布式发电可能会大量采用电力电子型设备，电压的调节和控制与常规方式会有很大不同（有功和无功可分别单独调节，用调节晶闸管触发角的方式来调无功，且调节速度非常快），需要相应的控制策略和手段与其配合。若分布式电源为采用异步电机的风电机组，由于需要从配电网吸收无功功率，且该无功功率随风的大小和相应的有功功率变动而波动，使电压调节变得困难。

（2）电压闪变。当分布式发电与配电网并网运行时，由于配电网的支撑，一般不易发生电压闪变，但切换成孤岛方式运行时，如无储能元件或储能元件功率密度或能量密度太小，就易发生电压闪变。

（3）电压不平衡。如电源为电力电子型，则不适当的逆变器控制策略会产生不平衡电压。

（4）谐波畸变和直流注入。电力电子型电源易产生谐波，造成谐波污染。此外，当分布式发电无隔离变压器而与配电网直接相连，有可能向配电网注入直流，使变压器和电磁元件出现磁饱和现象，并使附近机械负荷产生转矩脉动（torque ripple）。

2. 对继电器保护的影响

（1）分布式发电须与配电网的继电保护装置配合。配电网中大量的继电保护装置早已存在，不可能做大量的改动，分布式发电必须与之配合并尽可能地适应。

（2）可能使重合闸不成功。如配电网的继电保护装置具有重合闸功能时，则当配电网故障时，分布式发电的切除必须早于重合时间，否则会引起电弧的重燃，使重合闸不成功（快速重合闸时间为0.2～0.5s）。

（3）会使保护区缩小。当有分布式发电功率注入配电网时，会使继电器原来的保护区缩小，从而影响继电保护装置的正常工作。

（4）使继电保护误动作。传统的配电网大多为放射型的，末端无电源，不会产生转移电流，因而控制开关动作的继电器无须具备方向敏感功能，如此当其他并联分支故障时，会引起安装有分布式发电分支上的继电器误动，造成该无故障分支失去配电网主电源。

3. 对配电网可靠性的影响

分布式发电可能对配电网可靠性产生不利的影响，也可能产生有利的作用，需要视具体情况而定，不能一概而论。

(1) 不利情况包括：①大系统停电时，由于燃料（如天然气）中断或辅机电源失去，部分分布式发电会同时停运，这种情况下无法提高供电的可靠性；②分布式发电与配电网的继电保护配合不好，可能使继电保护误动，反而使可靠性降低；③不适当的安装地点、容量和连接方式会降低配电网可靠性。

(2) 有利情况包括：①分布式发电可部分消除输配电的过负荷和堵塞，增加输电网的输电裕度，提高系统可靠性；②在一定的分布式发电配置和电压调节方式下，可缓解电压暂降，提高系统对电压的调节性能，从而提高系统的可靠性；③特殊设计分布式发电可在大电力输配电系统发生故障时继续保持运行，从而提高系统的可靠性水平。

一般而言，人们相信分布式电源系统能支持所有重要的负荷，即当失去配电网电源时，分布式电源会即刻取代它从而保证系统电能质量不下降，但实际上很难做到这一点，除非配备适当且适量的储能装置。燃料电池的反应过程使其本身难以跟随负荷的变化作出快速反应，更不用说在失去配电网电源时保持适当的电能质量，即使是微燃机、燃气轮机等也难以平滑地从联网运行方式转变到孤岛运行方式。

4. 对配电系统实时监视、控制和调度方面的影响

传统配电网的实时监视、控制和调度是由电网统一来执行的，由于原先配电网是一个无源的放射形电网，信息采集、开关操作、能源调度等相应比较简单。分布式发电的接入使此过程复杂化。需要增加哪些信息，这些信息是作为监视信息，还是作为控制信息，由谁执行等，均需要依据分布式发电并网规程重新予以审定，并通过具体的分布式发电并网协议最终确定。

5. 孤岛运行问题

孤岛运行往往是分布式电源（分布式发电）需要解决的一个极为重要的问题。一般而言，分布式发电的保护继电器在执行自身的功能时，并不接受来自于任何外部与之所联系统的信息。如此，配电网的断路器可能已经打开，但分布式发电的继电器未能检测出这种状况，不能迅速地作出反应，仍然向部分馈线供电，最终造成系统或人员安全方面的损害，所以孤岛状况的检测尤为重要。

当配电系统采用重合闸时，分布式发电本身的问题也值得关注。一旦检测出孤岛的情况，应将分布式发电迅速地解列。若远方配电网的断路器重合时，分布式发电的发电机仍然连接，则由于异步重合带来的冲击，发电机的原动机、轴和一些部件就会损坏。这样，由于分布式发电的存在使配电网的运行策略发生了变化，即采用瞬时重合闸时配电网将不得不延长重合闸的间隔时间，以确保分布式发电能有足够的时间检测出孤岛状况并将其与系统解列。这说明当配电网故障，分布式发电有可能采取解列运行方式时，解列后再并网时的判同期问题成为减小对配电网和分布式发电本身的冲击所需要解决的主要问题，为此必须要有一定的控制策略和手段来给予保证。

6. 其他方面影响

(1) 短路电流超标。有些电网企业规定，正常情况下不允许分布式发电功率反送。分布式发电接入配电网侧装有逆功率继电器，正常运行时不会向电网注入功率，但当配电系统发生故障时，短路瞬间会有分布式发电的电流注入电网，增加了配电网开关的短路电流

水平，可能使配电网的开关短路电流超标。因此，大容量分布式发电接入配电网时，必须事先进行电网分析和计算，以确定它对配电网短路电流的影响程度。

（2）铁磁谐振（ferro - resonance）。当分布式发电通过变压器、电缆线路、开关与配电网相联时，一旦配电网发生故障（如单相对地短路）而配电网侧开关断开时，分布式发电侧开关也会断开，假如此时分布式发电变压器未接负荷，变压器的电抗与电缆的大电容可能发生铁磁谐振而造成过电压，还可能引起大的电磁力，使变压器发出噪声或使变压器损坏。

（3）变压器的连接和接地。当分布式发电采用不同的变压器连接方式与配电网相连时，或其接地方式与配电网的接地方式不配合时，就会引起配电网侧和分布式发电侧的故障传递问题及分布式发电的3次谐波传递到配电网侧的问题，而且，分布式发电侧保护继电器也会检测到配电网侧故障而动作，由此可能引起一系列问题。

（4）调节配合。配电网电容器投切应与分布式发电的励磁调节配合，否则会出现争抢调节的现象。

（5）配电网效益。分布式发电的接入可能使配电网的某些设备闲置或成为备用。例如，当分布式发电运行时，其相应的配电变压器和电缆线路常常因负荷小而轻载，这些设备成为了它的备用设备，导致配电网的成本增加，电网企业的效益下降。另外，还可能使配电系统负荷预测更加困难。

对于光伏发电接入电力系统还有一些特殊问题，由于光伏是在白天发电，根据日本和德国的家用光伏发电设备的安装情况和运行经验，大多安装在居民屋顶，且大部分并网运行，但一般并不安装蓄电池等储能设备，如此会产生一定量的反向功率输入电网，此时会由于云层的变化而造成PCC的电压波动和电压升高，如与各相负荷连接的光伏发电设备数量不均匀的话，很容易产生不平衡电流和不平衡电压。由此，对于大量安装光伏发电设备的情况下，无功补偿和调节手段显得很重要。

当分布式发电并网运行时，人们很关心它会对配电网产生什么样的影响，采取什么措施可将其负面影响减到最小。分布式发电的影响与其安装的地点、容量以及数量密切相关。配电网馈线上能安装分布式发电的数量，是与电能质量问题密切相关的，也与电压调节能力有关，在将来有大量分布式发电时，通信和控制可能成为关键。

2.4.5 分布式电源并网规程

分布式电源可以独立地带负荷运行，也可与配电网并网运行。一般而言，并网运行对分布式发电的正常运行无论从技术上还是经济上均十分有利，目前分布式发电在电网中的比例越来越大，并网运行的方式逐渐成为了一种普遍的运行方式。当其并网运行时，对与之相联配电网的正常运行会产生一定影响，反之配电网的故障也会直接影响到其本身的正常运行。为使分布式发电可能产生的负面影响减低到最小，并尽可能地发挥其积极作用，同时也为了保证其本身的正常运行，按照一定的规程进行极为重要。为此，世界上的一些发达国家和专门的学会、标准化委员会，如日本、澳大利亚、英国、德国等以及IEEE、IEG纷纷制定相应的并网规则和规程，我国也开展了这方面的工作。

这里特别指出的是IEEE主持制定了《分布式电源与电力系统互联标准》（IEEE -

2003)，并以此作为美国国家层面的标准。该标准于2003年获得批准并发布实施。IEEE 1547规定了10MVA及以下分布式电源并网技术和测试要求，其中包含7个子标准：IEEE 1547.1规定了分布式电源接入电力系统的测试程序，于2005年7月颁布；IEEE 1547.2是IEEE 1547标准的应用指南，提供了有助于理解IEEE 1547的技术背景和实施细则；IEEE 1547.3是分布式电源接入电力系统的监测、信息交流与控制方面的规范，于2007年颁布实施，促进了一个或多个分布式电源接入电网的协同工作能力，提出了监测、信息交流以及控制功能、参数与方法方面的规范；IEEE 1547.4规定了分布式电源独立运行系统设计、运行以及与电网连接的技术规范，该标准提供了分布式电源独立运行系统接入电网时的规范，包括与电网解列和重合闸的能力；IEEE 1547.5规定了大于10MVA的分布式电源并网的技术规范，提供了设计、施工、调试、验收以及维护方面的要求，目前尚是草案；IEEE 1547.6是分布式电源接入配电二级网络时的技术规程，包括性能、运行、测试、安全以及维护方面的要求，目前尚是草案；IEEE 1547.7是研究分布式电源接入对配电网影响的方法，目前亦是草案。

2001年日本制定了《分布式电源相容并网技术导则》(JEAG 9701-2001)，对分布式发电的并网起到了很好的指导作用。

2.5　分布式发电研发重点与应用前景

2.5.1　分布式发电技术的研究与开发的重点

近年来我国分布式发电工程项目发展较快，就北京、上海、广州等大城市而言，工程相继付诸实施。《中华人民共和国可再生能源法》的颁布更促进了各种生物质发电的发展，大量的小型生物质电厂在农村和中小城市接连投运。但相关技术的研究和开发显得有些滞后，因此应加大研究的力度，研制出具有我国自主知识产权的产品和系统，并降低他们的成本。此外，由于大多数分布式发电采用与配电网并网运行的方式，因此对未来配电网的规划和运行影响较大，须进行深入研究。这些研究具体包括以下方面：

(1) 分布式发电系统的数字模型和仿真技术研究。建立发电及并网运行的稳态、暂态和动态的数学模型，开发相应的数字模拟计算机程序或实验室动态模型和仿真技术，也可建立户外分布式电源试验场。

(2) 规划研究。进行包括分布式发电在内的配电网规划研究，研究分布式发电在配电网中的优化安装位置及规模，对配电网的电能质量、电压稳定性、可靠性、经济性、动态性能等的影响。配电网应规划设计成方便分布式发电接入并使分布式发电对配电网本身的影响最小。

(3) 控制和保护技术研究。研究对大型分布式发电的监控技术，包括分布式发电在内的新的配电网能量管理系统，将分布式发电作为一种特殊的负荷控制、需求侧管理和负荷响应的技术，对配电网继电保护配置的影响及预防措施等。

(4) 电力电子技术研究。新型的分布式发电技术常常需要大量应用电力电子技术，须研究具有电力电子型分布式电源的交/直流变换技术、有功和无功的调节控制技术等。

（5）微电网技术研究。微电网的模拟、控制、保护、能量管理系统和能量储存技术等与常规分布式发电技术有较大不同，须进行专门的研究；还要研究微电网与配电网并网运行以及电网出现故障时微电网与配电网解列和解列后再同步运行问题。

（6）分布式电源并网规程和导则的研究与制定。我国目前尚无国家级分布式电源的并网规程和导则，应尽快加以研究并制定相应的规程和导则，以利于分布式发电（分布式电源）的接入。

2.5.2 分布式电源的应用前景

随着分布式发电技术水平的提高、各种分布式电源设备性能不断改进和效率不断提高，分布式发电的成本也在不断降低，应用范围也将不断扩大，可以覆盖到包括办公楼、宾馆、商店、饭店、住宅、学校、医院、福利院、疗养院、大学、体育馆等多种场所。目前，这种电源在我国仅占较小比例，但可以预计未来的若干年内，分布式电源不仅可以作为集中式发电的一种重要补充，而且将在能源综合利用上占有十分重要的地位。

第3章　微电网的构成与分类

微电网是电力系统的一种，并且这些电力系统具有分布式电源。微电网技术是新型智能电力系统中的重要组成部分，对接入新能源系统起到了重要的作用，这也是现代智能电网发展的方向。目前微电网有两种类型，分别是独立型和并网型。微电网可以按照功能需求、用电规模、交直流类型等方式进行分类，无论是哪种类型的微电网，都可以支持多种电源和负荷在一起，可以独立稳定地组网运行，这也是微电网不同于其他电力系统的重要区别。

3.1　微电网的构成

微电网是由分布式电源（distributed generation，DG）、储能装置、负荷、控制装置等组成的小型发配电系统，微电网对外是一个整体，通过一个PCC与电网相连。

（1）分布式电源。分布式电源多为容量较小的分布式电源，即含有电力电子接口的小型机组，包括微型燃气轮机、燃料电池、光伏电池、小型风电机组以及超级电容、飞轮及蓄电池等储能装置。它们接在用户侧，具有成本低、电压低以及污染小等特点。

（2）储能装置。储能装置可采用多种储能方式，包括物理储能、化学储能、电磁储能等，用于新能源发电的能量存储、负荷的削峰填谷，微电网的“黑启动”。

（3）负荷。负荷包括各种一般负荷和重要负荷。

（4）控制装置。由控制装置构成控制系统，实现分布式发电控制、储能控制、并离网切换控制、微电网实时监控、微电网能量管理等。

3.2　微电网的体系结构

采用“多微电网结构与控制”的微电网三层控制方案结构如图3.1所示。最上层称为配电网调度层，从配电网的安全、经济运行的角度协调调度微电网，微电网接受上级配电网的调节控制命令。中间层称为集中控制层，对DG发电功率和负荷需求进行预测，制订运行计划，根据采集电流、电压、功率等信息，对运行计划实时调整，控制各DG、负荷和储能装置的启停，保证微电网电压和频率稳定。在微电网并网运行时，优化微电网运行，实现微电网最优经济运行；在微电网离网运行时，调节分布电源出力和各类负荷的用电情况，实现微电网的稳压安全运行。下层称为就地控制层，负责执行微电网各DG调节、储能充放电控制和负荷控制。

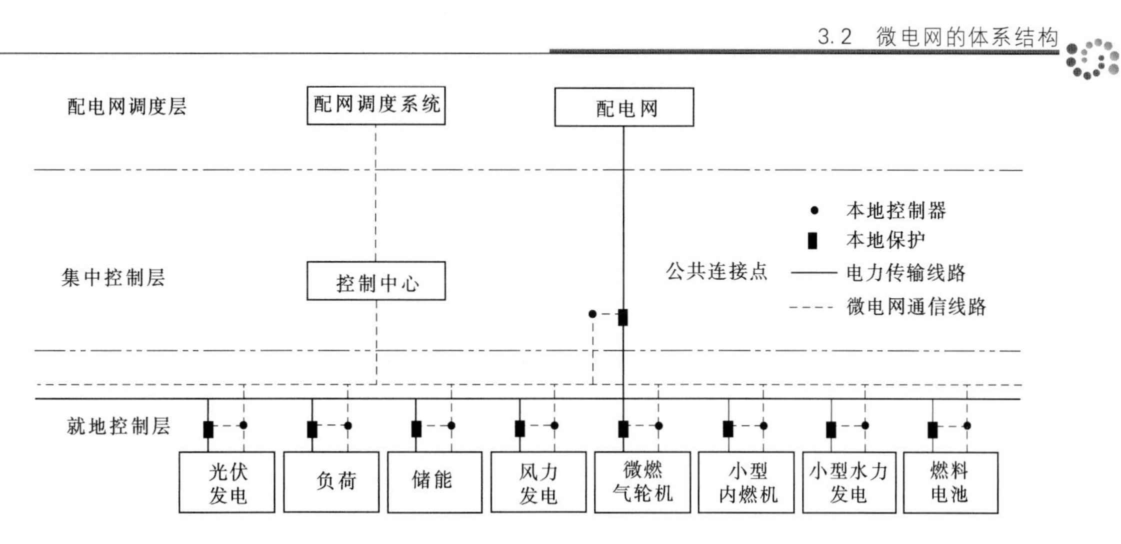

图 3.1 微电网三层控制方案结构

1. 配电网调度层

配电网调度层为微电网配网调度系统，从配电网的安全、经济运行的角度协调微电网，微电网接受上级配电网的调节控制命令。

（1）微电网对于大电网表现为单一可控、可灵活调度的单元，既可与大电网并网运行，也可在大电网故障或需要时与大电网断开运行。

（2）在特殊情况下（如发生地震、暴风雪、洪水等意外灾害情况），微电网可作为配电网的备用电源向大电网提供有力支撑，加速大电网的故障恢复。

（3）在大电网用电紧张时，微电网可利用自身的储能进行削峰填谷，从而避免配电网大范围的拉闸限电，减少大电网的备用容量。

（4）正常运行时参与大电网经济运行调度，提高整个电网的运行经济性。

2. 集中控制层

集中控制层为微电网控制中心（micro - grid control center，MGCC），是整个微电网控制系统的核心部分，集中管理 DG、储能装置和各类负荷，完成整个微电网的监视和控制。根据整个微电网的运行情况，实时优化控制策略，实现并网、离网、停运的平滑过渡；在微电网并网运行时负责实现微电网优化运行，在离网运行时调节分布式发电出力和各类负荷的用电情况，实现微电网的稳态安全运行。

（1）微电网并网运行时实施经济调度，优化协调各 DG 和储能装置，实现削峰填谷以平滑负荷曲线。

（2）并离网过渡中协调就地控制器，快速完成转换。

（3）离网时协调各 DG、储能装置、负荷，保证微电网重要负荷的供电、维持微电网的安全运行。

（4）微电网停运时，启用“黑启动”，使微电网快速恢复供电。

3. 就地控制层

就地控制层由微电网的就地保护设备和就地控制器组成，微电网就地控制器完成分布式发电对频率和电压的一次调节，就地保护完成微电网的故障快速保护，通过就地控制和保护的配合实现微电网故障的快速“自愈”。DG 接受 MGCC 调度控制，并根据调度指令调整其有功、无功出力。

(1) 离网主电源就地控制器实现 U/f 控制和 P/Q 控制的自动切换。

(2) 负荷控制器根据系统的频率和电压，切除不重要的负荷，保证系统的安全运行。

(3) 就地控制层和集中控制层采取弱通信方式进行联系。就地控制层实现微电网暂态控制，微电网集中控制中心实现微电网稳态控制和分析。

3.3 微电网的运行模式

微电网运行分为并网运行和离网（孤岛）运行两种状态，其中并网运行根据功率交换的不同可分为功率匹配运行状态和功率不匹配运行状态。微电网运行模式的互相转换如图3.2所示，配电网与微电网通过 PCC 相连，流过 PCC 处的有功功率为 ΔP，无功功率为 ΔQ。当 $\Delta P=0$ 且 $\Delta Q=0$ 时，流过 PCC 的电流为零，微电网各 DG 的出力与负荷平衡，配电网与微电网实现了零功率交换，这也是微电网最佳、最经济的运行方式，此种运行方式称为功率匹配运行状态。当 $\Delta P\neq0$ 或 $\Delta Q\neq0$ 时，流过 PCC 的电流不为零，配电网与微电网实现了功率交换，此种运行方式称为功率不匹配运行状态。在功率不匹配运行状态情况下，若 $\Delta P<0$，微电网各 DG 发出的电，除满足负荷使用外，多余的有功输送给配电网，这种运行方式称为有功过剩，若 $\Delta P>0$，微电网各 DG 发出的电不能满足负荷使用，需要配电网输送缺额的电力，这种运行方式称为有功缺额。同理，若 $\Delta Q<0$，称为无功过剩，若 $\Delta Q>0$，称为无功缺额，都为功率不匹配运行状态。

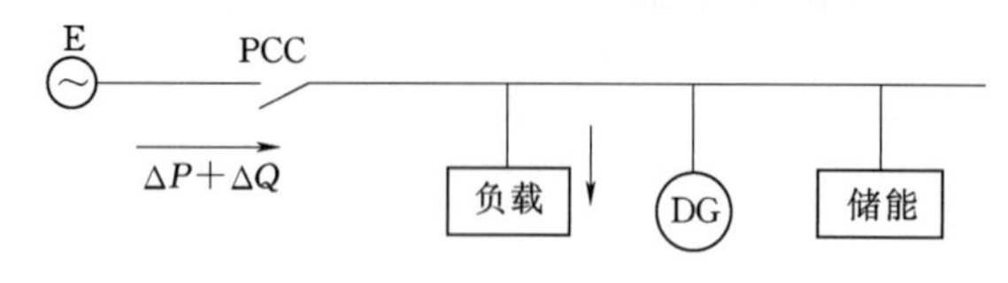

图3.2 微电网运行模式的互相转换

1. 并网运行

并网运行就是微电网与公用大电网相连（PCC闭合），与主网配电系统进行电能交换。

微电网运行模式的互相转换如图3.3所示。

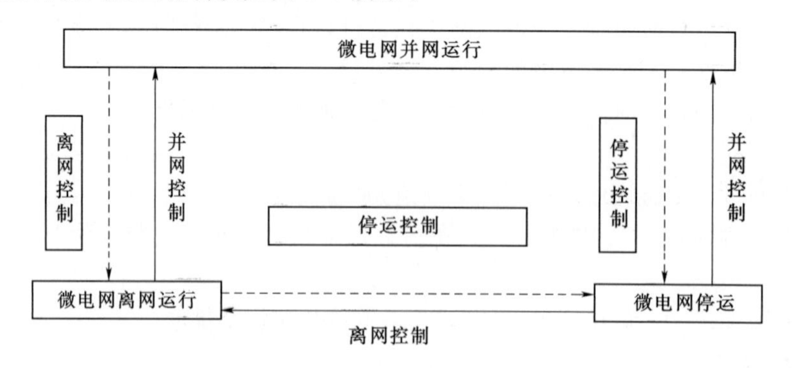

图3.3 微电网运行模式的互相转换

(1) 微电网在停运时，通过并网控制可以直接转换到并网运行模式，并网运行时通过离网控制可转换到离网运行模式。

（2）微电网在停运时，通过离网控制可以直接转换到离网运行模式，离网运行时通过并网控制可转换到并网运行模式。

（3）并网或离网运行时可通过停运控制使微电网停运。

2. 离网运行

离网运行又称孤岛运行，是指在电网故障或计划需要时，与主网配电系统断开（即PCC断开），由DG、储能装置和负荷构成的运行方式。微电网离网运行时由于自身提供的能量一般较小，不足以满足所有负荷的电能需求，因此依据负荷供电重要程度的不同而进行分级，以保证重要负荷供电。

3.4 微电网的控制模式

微电网常用的控制策略主要分为主从型、对等型和综合型三种。其中，小型微电网最常用的是主从控制模式。

1. 主从控制模式

主从控制模式（master - slave mode）是对微电网中各个DG采取不同的控制方法，并赋予不同的职能，主从控制微电网结构如图3.4所示。其中，一个或几个作为主控，其他为从属。并网运行时，所有DG均采用P/Q控制策略。孤岛运行时，主控DG控制策略切换为U/f控制，以确保向微电网中的其他DG提供电压和频率参考，负荷变化也由主控DG来跟随，因此要求其功率输出应能够在一定范围内可控，且能够足够快地跟随负荷波动，而其他从属地位的DG仍采用P/Q控制策略。

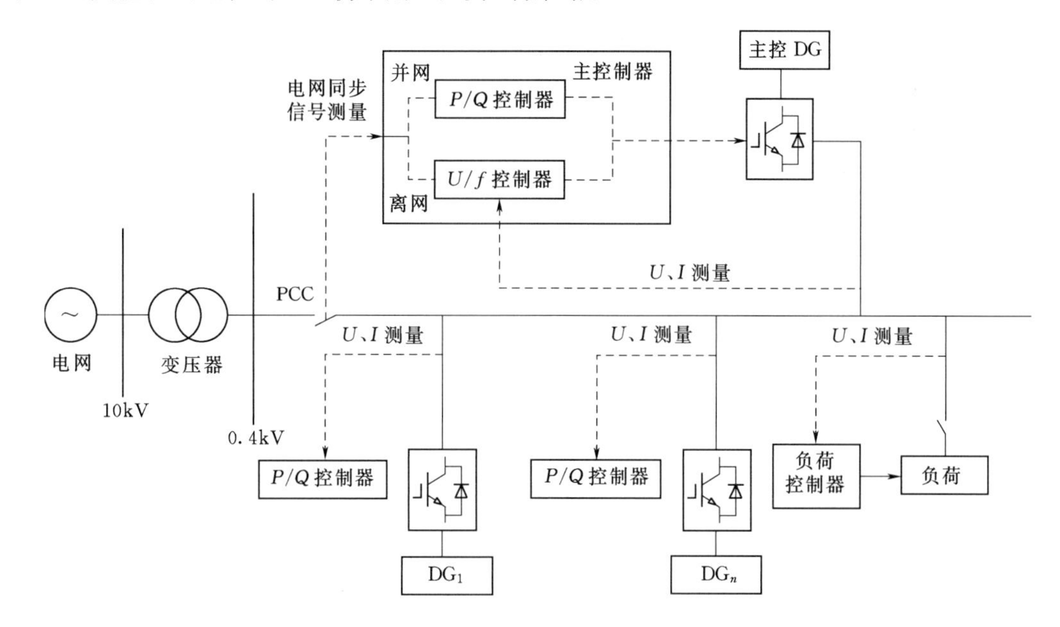

图3.4 主从控制微电网结构

主从控制模式存在以下缺点：

（1）主控DG采用U/f控制策略，其输出的电压是恒定的，要增加输出功率，只能增大输出电流，而负荷的瞬时波动通常首先由主控DG来进行平衡，因而要求主控DG有一定的可调节容量。

（2）由于整个系统是通过主控DG来协调控制其他DG，一旦主控DG出现故障，整个微电网也就不能继续运行。

（3）主从控制需要微电网能够准确检测到孤岛发生的时刻，孤岛检测本身即存在一定的误差和延时，因而在没有通信通道支持下，控制策略切换存在失败的可能性。

主控DG要能够满足在两种控制模式间快速切换的要求，微电网中主控DG有三种方式：①光伏、风电等随机性DG；②储能装置、微型燃气轮机和燃料电池等容易控制并且供能比较稳定的DG；③DG+储能装置，如选择光伏发电装置与储能装置或燃料电池结合作为主控DG。

方式③具有一定的优势，能充分利用储能系统的快速充放电功能和DG所具有的可较长时间维持微电网孤岛运行的优势。采用这种模式，储能装置在微电网转为孤岛运行时可以快速为系统提供功率支撑，有效抑制由于DG动态响应速度慢引起的电压和频率的大幅波动。

2. 对等控制模式

对等控制模式（peer - to - peer mode）是基于电力电子技术的“即插即用”与“对等”的控制思想，微电网中各DG之间是“平等”的，各控制器间不存在主、从关系。所有DG以预设定的控制模式参与有功和无功的调节，从而维持系统电压、频率的稳定。对等控制中采用基于下垂特性的下垂（Droop）控制策略，对等控制微电网结构如图3.5所示。在对等控制模式下，当微电网离网运行时，每个采用Droop控制模型的DG都参与微电网电压和频率的调节。在负荷变化的情况下，自动依据Droop下垂系数分担负荷的变化量，即各DG通过调整各自输出电压的频率和幅值，使微电网达到一个新的稳态工作点，最终实现输出功率的合理分配。Droop控制模型能够实现负载功率变化在DG之间的自动分配，但负载变化前后系统的稳态电压和频率也会有所变化，对系统电压和频率指标而言，这种控制实际上是一种负荷控制。由于无论在并网运行模式还是在孤岛运行模式，微电网中DG的Droop控制模型可以不加变化，系统运行模式易于实现无缝切换。

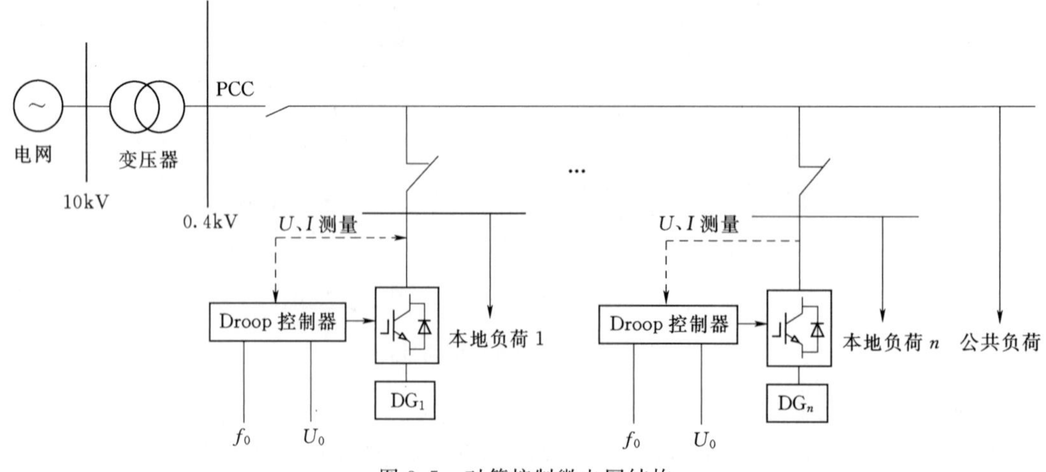

图3.5　对等控制微电网结构

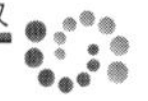

采用 Droop 控制模型的 DG 根据接入系统点电压和频率的局部信息进行独立控制，实现电压、频率的自动调节，不需要相应的通信环节，可以实现 DG 的"即插即用"，灵活方便地构建微电网。与主从控制由主控 DG 分担不平衡功率不同，对等控制将系统的不平衡功率动态分配给各 DG 承担，具有简单、可靠、易于实现的特点，但是也牺牲了频率和电压的稳定性，目前采用这种控制方式的微电网实验系统仍停留在实验室阶段。

3. 综合控制模式

主从控制和对等控制各有其优劣，在实际微电网中，可能有多种类型的 DG 接入，既有光伏发电、风力发电这样的随机性 DG，又有微型燃气轮机、燃料电池这样比较稳定和容易控制的 DG 或储能装置，不同类型的 DG 控制特性差异很大。采用单一的控制方式显然不能满足微电网运行的要求，结合微电网内 DG 和负荷都具有分散性的特点，根据 DG 的不同类型采用不同的控制策略，可以采用既有主从控制，又有对等控制的综合控制方式。

3.5　微电网的接入电压等级

微电网根据接入电压等级不同，可以分为三种：①380V 接入（市电接入）；②10kV 接入；③380V/10kV 混合接入。

微电网接入电压等级如图 3.6 所示。其中，图 3.6（a）表示接入电压为市电 380V 的

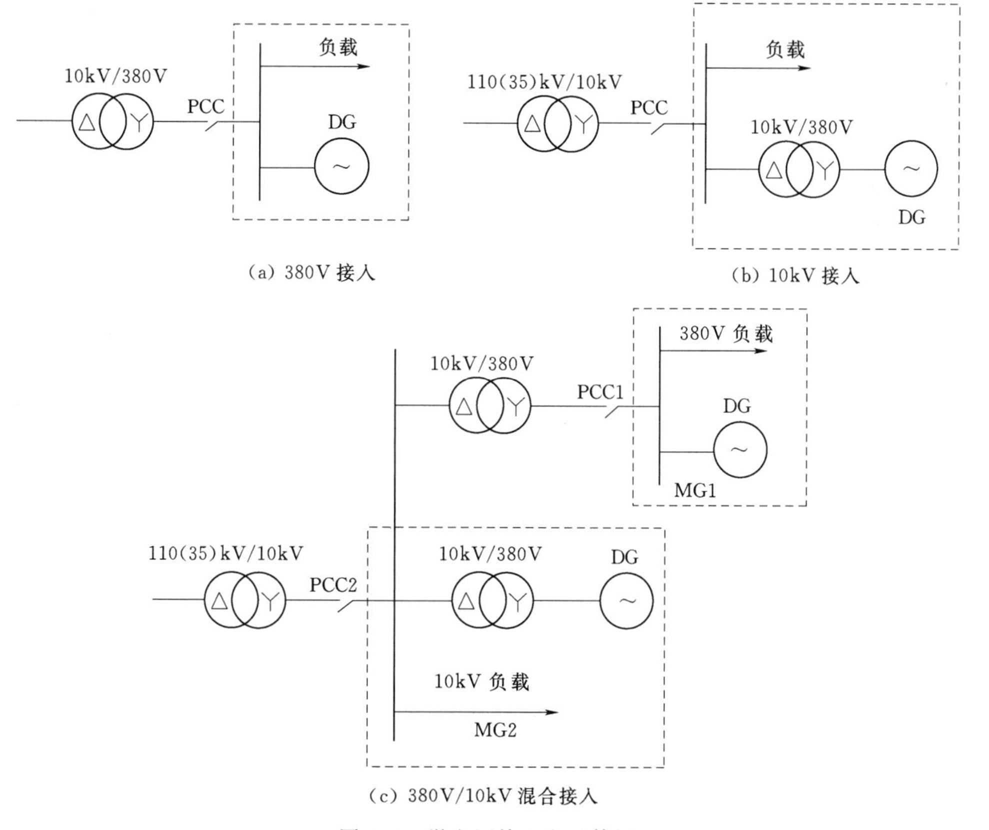

图 3.6　微电网接入电压等级

低压配电网；图 3.6（b）表示接入电压为 10kV 的配电网，10kV 接入需要通过升压变压器将 380V 变为 10kV 接入；图 3.6（c）表示接入电压既有市电 380V 低压配电网，也有 10kV 配电网。

3.6 微电网的分类

微电网建设应根据不同的建设容量、建设地点、分布式电源的种类，建设适合当地具体情况的微电网，微电网建设可按照如下一些情况进行分类。

1. 按功能需求分类

按功能需求划分，微电网分为简单微电网、多种类设备微电网和公用微电网。

（1）简单微电网。仅含有一类 DG，其功能和设计也相对简单，如仅为了实现冷、热、电联供的应用或保障关键负荷的供电。

（2）多种类设备微电网。含有不只一类 DG，由多个不同的简单微电网组成或者由多种性质互补协调运行的分布式发电构成。相对于简单微电网，多种类设备微电网的设计与运行则更加复杂，该类微电网中应划分一定数量的可切负荷，以便在紧急情况下离网运行时维持微电网的功率平衡。

（3）公用微电网。在公用微电网中，凡是满足一定技术条件的 DG 和微电网都可以接入，它根据用户对可靠性的要求进行负荷分级，紧急情况下首先保证高优先级负荷的供电。

微电网按功能需求分类很好地解决了微电网运行时的归属问题：简单微电网可以由用户所有并管理；公用微电网则可由供电公司运营；多种类设备微电网既可属于供电公司，也可属于用户。

2. 按用电规模分类

按用电规模划分，微电网分为简单微电网、企业微电网、馈线区域微电网、变电站区域微电网和独立微电网，见表 3.1。

表 3.1　　按用电规模划分的微电网

类　型	发电量/MW	主网连接
简单微电网	<2	常规电网
企业微电网	2～5	
馈线区域微电网	5～20	
变电站区域微电网	>20	
独立微电网	根据海岛、山区、农村负荷决定	柴油机发电等

（1）简单微电网。用电规模小于 2MW，由多种负荷构成的、规模比较小的独立性设施、机构，如医院、学校等。

（2）企业微电网。用电规模在 2～5MW 之间，由规模不同的冷、热、电联供设施加上部分小的民用负荷组成，一般不包含商业和工业负荷。

（3）馈线区域微电网。用电规模在 5～20MW 之间，由规模不同的冷、热、电联供设施加上部分大的商业和工业负荷组成。

（4）变电站区域微电网。用电规模大于 20MW，一般由常规的冷、热、电联供设施加上附近全部负荷（即居民、商业和工业负荷）组成。

以上四种微电网的主网系统为常规电网，又统称为并网型微电网。

（5）独立微电网。独立微电网主要是指边远山区，包括海岛、山区、农村，常规电网辐射不到的地区，主网配电系统采用柴油发电机发电或其他小机组发电构成主网供电，满足地区用电。

3. 按交直流类型分类

按交直流类型划分，微电网分为直流微电网、交流微电网和交直流混合微电网。

（1）直流微电网。直流微电网是指采用直流母线构成的微电网，直流微电网如图 3.7 所示。DG、储能装置、直流负荷通过变流装置接至直流母线，直流母线通过逆变装置接至交流负荷，直流微电网向直流负荷、交流负荷供电。

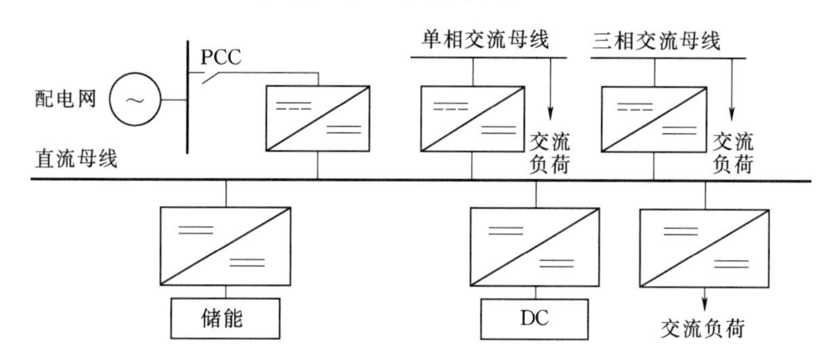

图 3.7　直流微电网结构

直流微电网的优点：

1）由于 DG 的控制只取决于直流电压，直流微电网的 DG 较易协同运行。

2）DG 和负荷的波动由储能装置在直流侧补偿。

3）与交流微电网比较，控制容易实现，不需要考虑各 DG 间的同步问题，环流抑制更具有优势。

直流微电网的缺点：常用用电负荷为交流负荷，需要通过逆变装置给交流用电负荷供电。

（2）交流微电网。交流微电网是指采用交流母线的微电网，交流母线通过 PCC 断路器控制，实现微电网并网运行与离网运行。交流微电网结构如图 3.8 所示，DG、储能装置通过逆变装置接至交流母线。交流微电网是微电网的主要形式。

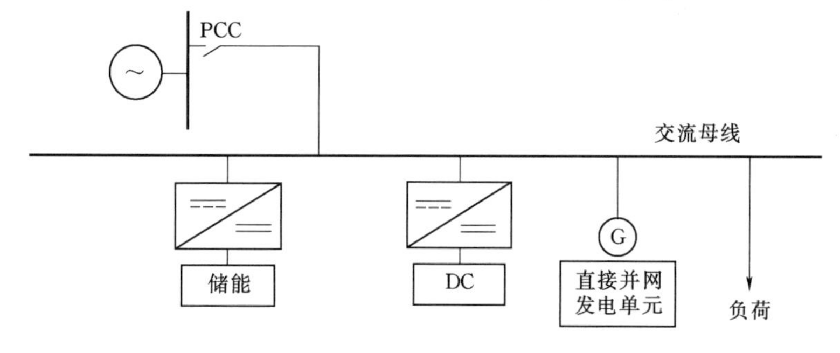

图 3.8　交流微电网结构

交流微电网的优点是采用交流母线与电网相连，符合交流用电情况，交流用电负荷不需专门的逆变装置；其缺点是微电网控制运行较难。

（3）交直流混合微电网。交直流混合微电网是指采用交流母线和直流母线共同构成的微电网。交直流混合微电网结构如图3.9所示，含有交流母线及直流母线，可以直接给交流负荷及直流负荷供电。整体上看，交直流混合微电网是特殊电源接入交流母线，仍可以看作是交流微电网。

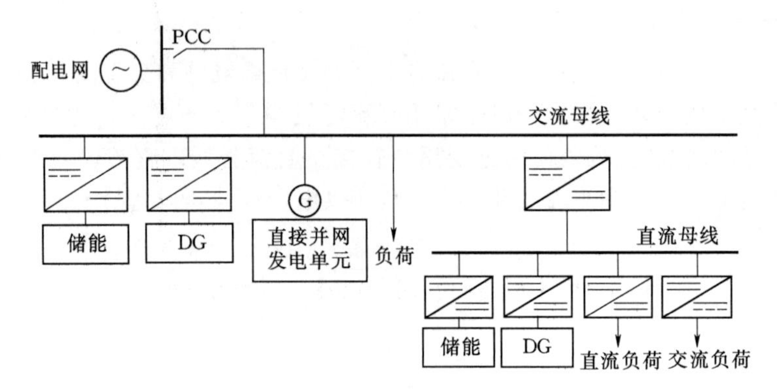

图3.9　交直流混合微电网结构

第4章　微电网的控制与运行

根据接入主网的不同，微电网分为两种，即独立微电网和接入大电网的微电网（并网型微电网）。独立微电网控制复杂，需要稳态、动态、暂态的三态控制；并网型微电网仅需稳态控制即可。

4.1　独立微电网三态控制

独立微电网，主要是指边远地区，包括海岛、边远山区、农村等常规电网辐射不到的地区，主网配电系统采用柴油发电机组发电（或燃气轮机发电）构成主网供电，DG 接入容量接近或超过主网配电系统，即高渗透率独立微电网。

独立微电网由于主网配电系统容量小，DG 接入渗透率高，不容易控制，对高渗透率独立微电网采用稳态恒频恒压控制、动态切机减载控制、暂态故障保护控制的三态控制，可保证高渗透率独立微电网的稳定运行。独立微电网三态控制系统中每个节点有智能采集终端，把节点电流电压信息通过网络送到微电网控制中心（micro - grid control center，MGCC），微电网控制中心由三态稳定控制系统构成（包括集中保护控制装置、动态稳定控制装置和稳态能量管理系统），三态稳定控制系统根据电压动态特性及频率动态特性，对电压及频率稳定区域按照一定级别划为一定区域。

1. 微电网稳态恒频、恒压控制

独立微电网稳态运行时，没有受到大的干扰，负荷变化不大，柴油发电机组发电及各 DG 发电与负荷用电处于稳态平衡，电压、电流、功率等持续在某一平均值附近变化或变化很小，电压、频率偏差在电能质量要求范围内，属波动的正常范围。由稳态能量管理系统采用稳态恒频、恒压控制使储能平滑 DG 出力。实时监视分析系统当前的电压 U、频率 f、功率 P。若负荷变化不大，U、f、P 在正常范围内，检查各 DG 发电状况，对储能进行充放电控制，平滑 DG 发电出力。

（1）DG 发电盈余，判断储能的荷电状态（state of charge，SOC）。若储能到 SOC 规定上限，充电已满，不能再对储能进行充电，限制 DG 出力；若储能未到 SOC 规定上限，对储能进行充电，把多余的电力储存起来。

（2）DG 发电缺额，判断储能的荷电状态。若储能到 SOC 规定下限，不能再放电，切除不重要负荷；若储能未到 SOC 规定下限，让储能放电，补充缺额部分的电力。

（3）若 DG 发电不盈余也不缺额，不对储能、DG、负荷进行控制调节。

以上通过对储能充放电控制、DG 发电控制、负荷控制，达到平滑间歇性 DG 出力，实现发电与负荷用电处于稳态平衡，独立微电网稳态运行。

2. 微电网动态切机减载控制

系统频率是电能质量最重要的指标之一，系统正常运行时，必须维持在 50Hz 附近的偏差范围内。系统频率偏移过大时，发电设备和用电设备都会受到不良影响，甚至引起系统的“频率崩溃”。用电负荷的变化会引起电网频率变化，用电负荷由 3 种不同变化规律的变动负荷所组成：①变化幅度较小，变化周期较短（一般为 10s 以内）的随机负荷分量；②变化幅度较大，变化周期较长（一般为 10s～30min）的负荷分量，属于这类负荷的主要有电炉、电动机等；③变化缓慢的持续变动负荷，引起负荷变化的主要原因是生产生活规律、作息制度等。系统受到负荷变化造成的动态扰动后，系统应具备进入新的稳定状态并重新保持稳定运行的能力。

常规的大电网主网系统，负荷变化引起的频率偏移将由电力系统的频率调整来限制。对于变化幅度小、变化周期短（一般为 10s 以内）的负荷所引起的频率偏移，一般由发电机的调速器进行调整，这就是电力系统频率的一次调整。对于变化幅度大，变化周期长（一般在 10s～30min）的负荷所引起的频率偏移，单靠调速器的作用已不能把频率偏移限制在规定的范围内，必须有调频器参加调频，这种调频器参与的频率调整称为频率的二次调整。

独立微电网系统没有可参与的一次调整的调速器、二次调整的调频器，系统因负荷变化造成动态扰动，系统不具备进入新的稳定状态并重新保持稳定运行的能力，因此采用动态切机减载控制，由动态稳定控制装置实现独立微电网系统动态稳定控制。

动态稳定控制装置实时监视分析系统当前的电压 U、频率 f、功率 P。若负荷变化大，U、f、P 超出正常范围内，检查各 DG 发电状况，对储能、DG、负荷、无功补偿设备进行联合控制。

（1）负荷突然增加，引起功率缺额、电压降低、频率减低、储能放电、补充功率缺额，若扰动小于 30min，依靠储能补充功率缺额，若扰动大于 30min，为保护储能，切除不重要负荷；频率波动较大，直接切除不重要负荷。若 U 稍微超出额定电压波动范围，通过无功补偿装置，增加无功，补充缺额；若 U 严重超出波动范围，切除不重要负荷。

（2）负荷突然减少，引起功率盈余、电压上升、频率升高。频率稍微超出波动范围，储能充电，多余的电力储存起来，若扰动小于 30min，依靠储能调节功率盈余，若扰动大于 30min，限制 DG 出力；频率严重超出波动范围，直接限制 DG 出力。当电压稍微超出额定电压波动范围，减少无功，调节电压；当电压严重超出波动范围，切除不重要负荷。扰动大于 30min，不靠储能调节，主要是为了让储能用于调节变化幅度小，变化周期不长的负荷，平时让储能工作在 30%～70%荷电状态，方便动态调节。

（3）故障扰动，引起电压、频率异常，依靠切机、减载无法恢复到稳定状态，采用保护故障隔离措施，即暂态故障保护。

以上通过对储能充放电控制、DG 发电控制、负荷控制，达到平滑负荷扰动，实现微电网电压频率动态平衡，独立微电网稳定运行。

3. 微电网暂态故障保护控制

独立微电网系统暂态稳定是指系统在某个运行情况下突然受到短路故障、突然断线等

大的扰动后，能否经过暂态过程达到新的稳态运行状态或恢复到原来的状态。独立微电网系统发生故障，若不快速切除，将不能继续向负荷正常供电，不能继续稳定运行，失去频率稳定性，发生频率崩溃，从而引起整个系统全停电。

对独立微电网系统保持暂态稳定的要求：主网配电系统故障，如主网配电系统的线路、母线、升压变压器、降压变压器等故障，由继电保护装置快速切除。

根据独立微电网故障发生时的特点，采用快速的分散采集和集中处理相结合的方式，由集中保护控制装置实现故障后的快速自愈，取代目前常规配电网保护，提升电网自愈能力。其主要功能包括：

（1）当微电网发电故障时，综合配电网系统和节点电压、电流等电量信息，自动进行电网开关分合，实现电网故障隔离、网络重构和供电恢复，提高用户供电可靠性。

（2）对多路供电路径进行快速寻优，消除和减少负载越限，实现设备负载基本均衡。

（3）采用区域差动保护原理，在保护区域内任意节点接入分布式电源，其保护效果和保护定值不受影响。

（4）对故障直接定位，取消上下级备自投的配合延时，实现快速的负荷供电恢复，提高供电质量。

独立微电网的暂态故障保护控制大大提高了故障判断速度，减少了停电时间，提高了系统稳定性。

由于采用快速的故障切除和恢复手段实现微电网暂态故障保护控制，配合微电网稳态恒频、恒压控制和微电网动态切机减载控制，实现独立微电网系统三态能量平衡控制，保证了微电网系统的安全稳定运行。

4.2　微电网的逆变器控制

1. DG 并网逆变器控制

并网逆变器的作用是实现 DG 与电网的能量交换，能量交换是单向的，由 DG 到电网。微电网中并网逆变器并网运行时，从电网得到电压和频率做参考；离网运行时作为从控制电源，从主电源得到电压和频率做参考，并网逆变器采用 P/Q 控制模式，根据微电网控制中心下发的指令控制其有功功率和无功功率的输出。

2. 储能变流器控制

储能变流器（power convertor system，PCS）是用于连接储能装置与电网之间的双向逆变器，可以把储能装置的电能放电回馈到电网，也可以把电网的电能充电到储能装置，实现电能的双向转换。具备对储能装置的 P/Q 控制，实现微电网的 DG 功率平滑调节，同时还具备做主电源的控制功能，即 U/f 模式，在离网运行时其做主电源，提供离网运行的电压参考源，实现微电网的“黑启动”。PCS 原理框图如图 4.1 所示。

（1）P/Q 控制模式。PCS 系统可根据 MGCC 下发的指令控制其有功功率输入/输出、无功功率输入/输出，实现有功功率和无功功率的双向调节功能。

（2）U/f 控制模式。PCS 系统可根据 MGCC 下发的指令控制以恒压恒频输出作为主电源，为其他 DG 提供电压和频率参考。

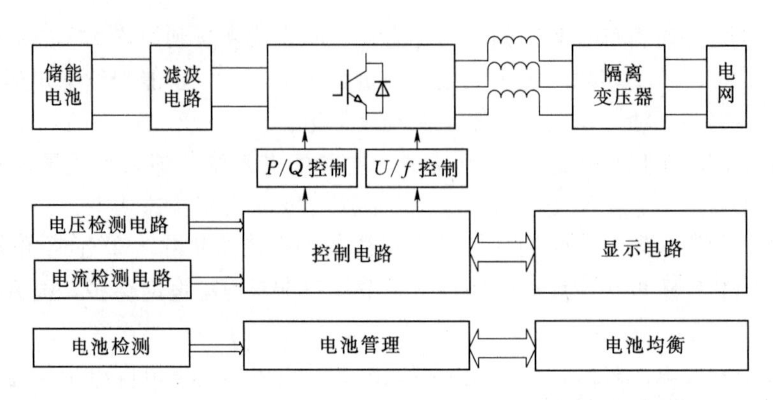

图 4.1　PCS 原理框图

（3）电池管理系统。电池管理系统（battery management system，BMS）主要用于监控电池状态，对电池组的电池电量估算，防止电池出现过充电和过放电，提高使用安全性，延长电池的使用寿命，提高电池的利用率。其主要功能详述如下：

1）检测储能电池的 SOC，即电池剩余电量，保证 SOC 维持在合理的范围内，防止由于过充电或过放电对电池的损伤。

2）动态监测储能电池的工作状态，在电池充放电过程中，实时采集电池组中的每块电池的端电压、充放电电流、温度及电池组总电压，防止电池发生过充电或过放电现象。同时能够判断出有问题的电池，保持整组电池运行的可靠性和高效性，使剩余电量估计模型的实现成为可能。

3）单体电池间的均衡，为单体电池均衡充电，使电池组中各个电池都达到均衡一致的状态。

4.3　微电网的并离网控制

微电网的并网运行和离网运行两种模式之间存在一个过渡状态。过渡状态包括微电网由并网转离网（孤岛）的解列过渡状态、微电网由离网（孤岛）转并网过渡状态和微电网停运过渡状态。

微电网并网运行时，由外部电网提供负荷功率缺额或者吸收 DG 发出多余的电能，达到运行能量平衡。在并网运行时，要进行优化协调控制，控制目标是使微电网系统能源利用效率最大化，即在满足运行约束条件下，最大限度利用 DG 发电，保证整个微电网的经济性。

4.3.1　解列过渡状态

配电网出现故障或微电网进行计划孤岛状态时，微电网进行解列过渡状态。首先要断开 PCC 断路器，DG 逆变器的自身保护作用（孤岛保护）可能退出运行，进入暂时停电状态。此时要切除多余的负荷，将主电源从 P/Q 控制切换至 U/f 控件模式，为不可断电重要负荷供电，等待 DG 恢复供电，根据 DG 发电功率，恢复对一部分负荷供电，由此转入微电网离网（孤岛）运行状态。微电网离网（孤岛）运行时，通过控制实现微电网内部能

量平衡，电压和频率的稳定，在此前提下提高供电质量，最大限度地利用DG发电。

4.3.2 并网过渡状态

微电网离网（孤岛）运行状态时，监测配电网供电恢复或接收到微电网能量管理系统结束计划孤岛命令后，准备并网，同时准备为切除的负荷重新供电。此时若微电网满足并网的电压和频率条件，进入到微电网并网过渡状态。闭合已断开的PCC断路器，重新为负荷供电。然后调整微电网内主电源U/f工作模式，转换为并网时的P/Q工作模式，进入并网运行。

4.3.3 微电网停运过渡状态

微电网停运过渡状态是指微电网内部发生故障，DG或者其他设备故障等造成微电网不能控制和协调发电量等问题时，微电网要进入停运状态，进行检修。微电网是在几种工作状态之间不断转换的，其中转换频率较高的是并网运行和离网（孤岛）运行之间。

1. 微电网的并网控制

（1）并网条件。微电网并入配电网系统及相量图如图4.2所示。

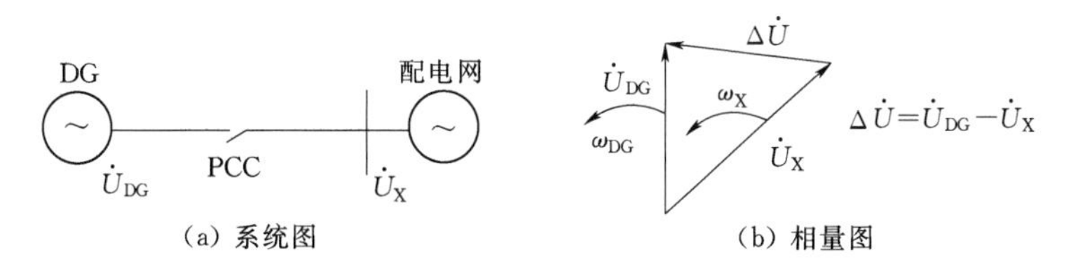

图4.2 微电网并入配电网系统及相量图

U_X为配电网侧电压，U_{DG}为微电网离网运行电压，微电网并入配电网的理想条件为

$$f_{DG}=f_X \quad 或 \quad \omega_{DG}=\omega_X(\omega=2\pi f) \tag{4.1}$$

$$\dot{U}_{DG}=\dot{U}_X \tag{4.2}$$

$\dot{U}_{DG}$与$\dot{U}_X$间的相角差为零，$|\delta|=\left|\arg\frac{\dot{U}_{DG}}{\dot{U}_X}\right|=0$。

满足式（4.1）和式（4.2）时，并网合闸的冲击电流为零，且并网后DG与配电网同步运行。实际并网操作很难满足式（4.1）和式（4.2）的理想条件，也没有必要如此苛求，只需要并网合闸时冲击电流小即可，不致引起不良后果，实际同期条件判据为

$$|f_{DG}-f_X|\leqslant f_{set} \tag{4.3}$$

$$|\dot{U}_{DG}-\dot{U}_X|\leqslant U_{set} \tag{4.4}$$

式中 f_{set}——两侧频率差定值；

U_{set}——两侧电压差定值。

（2）并网逻辑。并网分为检无压并网和检同期并网两种，具体如下：

1）检无压并网。检无压并网是在微电网停运，储能及DG没有开始工作，由配电网给负荷供电，这时PCC断路器应能满足无压并网，检无压并网逻辑如图4.3所示，检无压并网一般采用手动合闸或遥控合闸，图4.3中，“$U_X<$”表示U_X无压，“$U_{DG}<$”表示

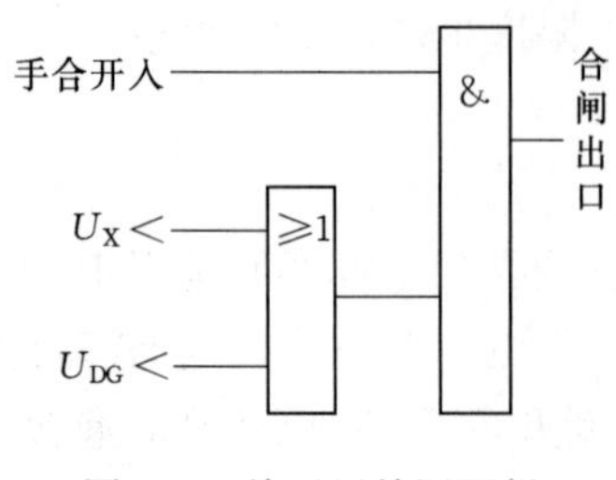

图 4.3　检无压并网逻辑

U_{DG}无压。

2）检同期并网。检同期并网检测到外部电网恢复供电，或接收到微电网能量管理系统结束计划孤岛命令后，先进行微电网内外部两个系统的同期检查，当满足同期条件时，闭合 PCC 处的断路器，并同时发出并网模式切换指令，储能停止功率输出并由 U/f 模式切换为 P/Q 模式，公共连接点断路器闭合后，系统恢复并网运行。

检同期并网逻辑如图 4.4 所示。图 4.4 中"$U_X>$"表示 U_X 有压，"$U_{DG}>$"表示 U_{DG}有压，延时 4s 是为了确认有压稳定。

微电网并网后，逐步恢复被切除的负荷及分布式电源，完成微电网从离网到并网的切换。离网转并网控制流程图如图 4.5 所示。

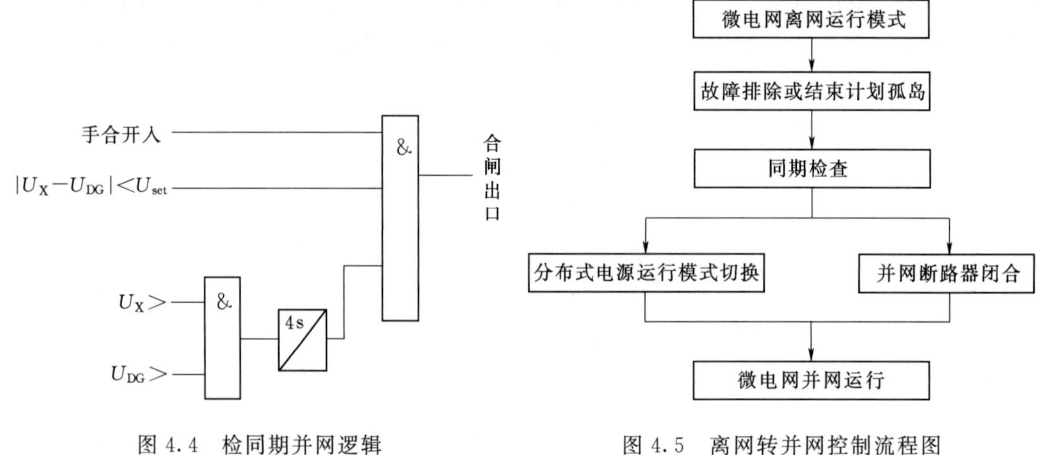

图 4.4　检同期并网逻辑

图 4.5　离网转并网控制流程图

2. 微电网的离网控制

微电网由并网模式切换至离网模式，需要先快速准确地进行孤岛检测，目前孤岛检测方法很多，要根据具体情况选择合适的方法。针对不同微电网系统内是否含有不能间断供电负荷的情况，并网模式切换至离网模式有两种方法，即短时有缝切换和无缝切换。

（1）微电网的孤岛现象。微电网解决 DG 接入配电网问题，改变了传统配电网的架构，由单向潮流变为双向潮流，传统配电网在主配电系统断电时负荷失去供电。微电网需要考虑主配电系统断电后，DG 继续给负荷供电，组成局部的孤网，即孤岛现象（islanding），孤岛现象示意图如图 4.6 所示。孤岛现象分为计划性孤岛现象（Intentional islanding）和非计划性孤岛现象（unintentional islanding）。计划性孤岛现象是预先配置控制策略，有计划的发生孤岛现象，非计划性孤岛为非计划不受控的发生孤岛现象，微电网中要禁止非计划孤岛现象的发生。

非计划孤岛现象发生是不符合电力公司对电网的管理要求的，由于孤岛状态系统供电状态未知，脱离了电力管理部门的监控而独立运行，是不可控和高隐患的操作，将造成以下不利影响：

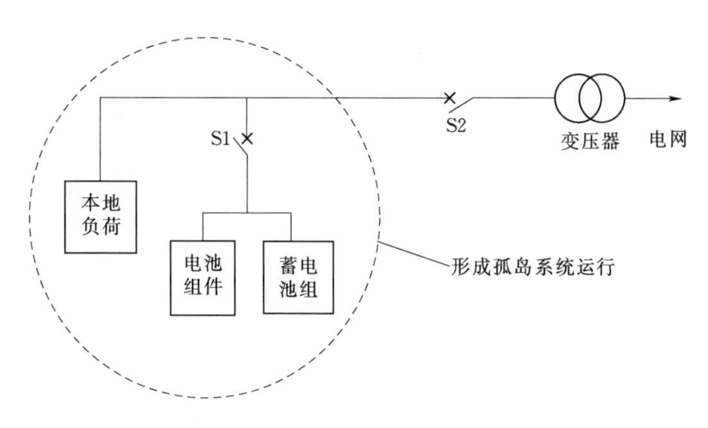

图 4.6 孤岛现象示意图

1）可能使一些被认为已经与所有电源断开的线路带电，危及电网线路维护人员和用户的生命安全。

2）干扰电网的正常合闸。孤岛状态的 DG 被重新接入电网时，重合时孤岛运行系统可能与电网不同步，也可能使断路器受到损坏，并且可能产生很高的冲击电流，损害孤岛下微电网中的分布式发电装置，甚至会导致大电网重新跳闸。

3）电网不能控制孤岛中的电压和频率，损坏用电设备和用户设备。如果离网的 DG 没有电压和频率的调节能力且没有安装电压和频率保护继电器来限制电压和频率的偏移，孤岛后 DG 的电压和频率将会发生较大的波动，从而损坏配电设备和用户设备。

从微电网角度而言，随着微电网的发展以及 DG 渗透率的提高，防孤岛（anti - islanding）发生是必需的，防孤岛就是禁止计划孤岛现象发生，防孤岛的重点在于孤岛检测，孤岛检测是微电网孤岛运行的前提。

（2）微电网并网转离网时有以下切换方式：

1）有缝切换。由于 PCC 的低压断路器动作时间较长，并网转离网过程中会出现电源短时间的消失，也就是所谓的有缝切换。

在外部电网故障、外部停电，检测到并网母线电压、频率超出正常范围，或接受到上层能量管理系统发出的计划孤岛命令时，由并离网控制器快速断开 PCC 断路器，并切除多余负荷后（也可以根据项目实际情况切除多余分布式电源），启动主控电源控制模式切换。由并网模式切换为离网模式，以恒频恒压输出，保持微电网电压和频率的稳定。

在此过程中，DG 的孤岛保护动作，退出运行。主控电源启动离网运行、恢复重要负荷供电后，DG 将自动并入系统运行。为了防止所有 DG 同时启动对离网系统造成巨大冲击，各 DG 启动应错开，并且由能量管理系统控制启动后的 DG 逐步增加出力直到其最大出力，在逐步增加 DG 出力的过程中，逐步投入被切除的负荷，直到负荷或 DG 出力不可调，发电和用电在离网期间达到新的平衡，实现微电网从并网到离网的快速切换。有缝并网转离网切换流程图如图 4.7 所示。

2）无缝切换。对供电可靠性有更高要求的微电网，可采用无缝切换方式。无缝切换方式需要采用大功率固态开关（导通或关断时间小于 10ms）来弥补机械断路器开断较慢的缺点，同时需要优化微电网的结构。

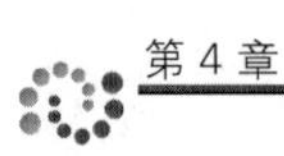

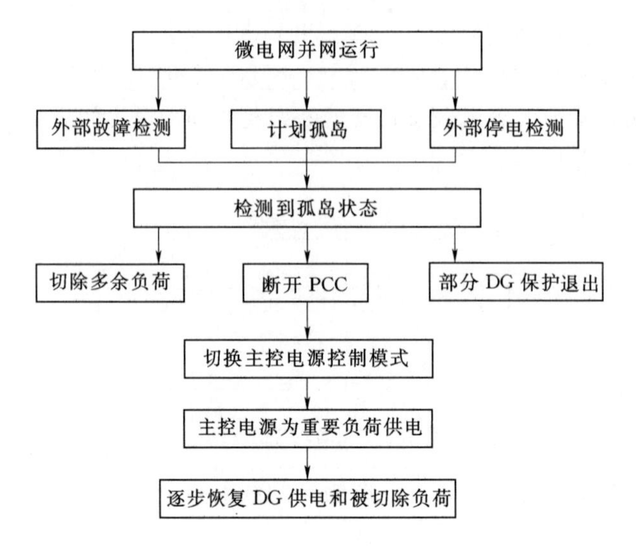

图 4.7　有缝并网转离网切换流程图

采用固态开关的微电网结构如图 4.8 所示，将重要负荷、适量的 DG、主控电源（储能 1 号、储能 2 号、储能 3 号等）连接于一段母线，该段母线通过一个静态开关连接于微电网总母线中，形成一个离网瞬间可以实现能量平衡的子供电区域。其他的非重要负荷直接通过公共连接点断路器与主网连接。

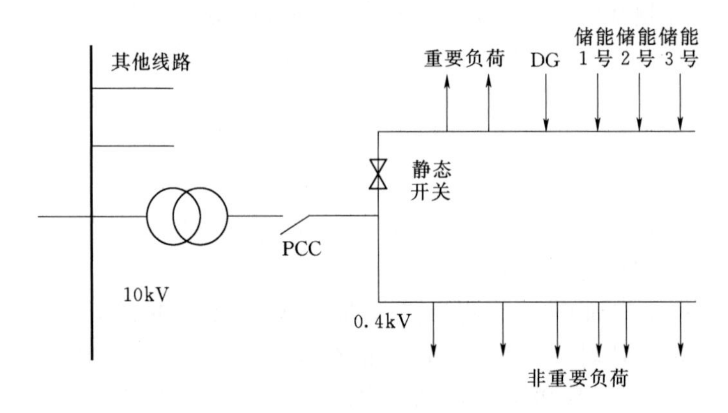

图 4.8　采用固态开关的微电网结构

由于微电网在并网运行时常常与配电网有较大的功率交换，尤其是分布式电源较小的微电网系统，其功率来源主要依靠配电网，当微电网从并网切换到离网时，将存在一个较大的功率差额，因此安装固态开关的回路应该保证离网后在很短的时间内重要负荷和分布式电源的功率能够快速平衡。在微电网离网后储能或具有自动调节能力的微燃气轮机等承担系统频率和电压的稳定，因此其容量的配置需要充分考虑其出力、重要负荷的大小、分布式电源的最大可能出力和最小可能出力等因素。使用固态开关实现微电网并离网的无缝切换，并使微电网离网后的管理范围缩小。

在外部电网故障、外部停电，系统检测到并网母线电压或者频率超出正常范围，或接受到上层能量管理系统发出的计划孤岛命令时，由并离网控制器快速断开 PCC 断路器和

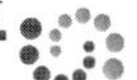

固态开关。由于固态开关开断速度很快，固态开关断开后主控电源可以直接启动并为重要负荷供电，先实现重要负荷的持续供电。待PCC处的低压断路器、非重要负荷断路器断开后，闭合静态开关，随着大容量分布式发电的恢复，逐步恢复非重要负荷的供电。无缝并网转离网切换流程图如图4.9所示。

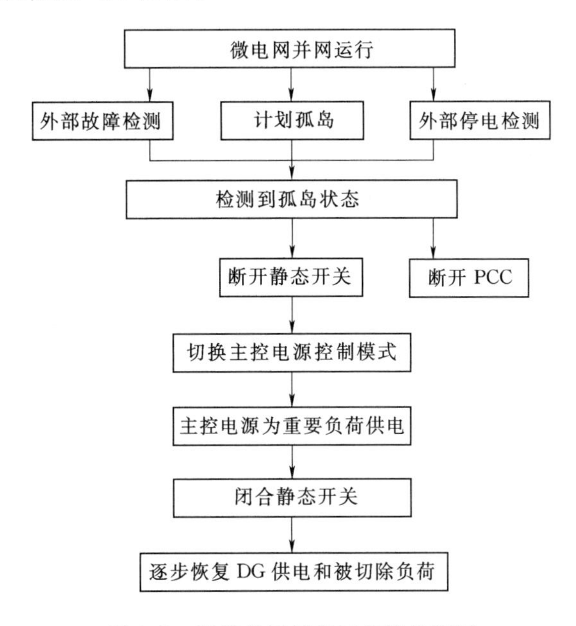

图4.9 无缝并网转离网切换流程图

4.4 微电网的运行

微电网的运行分并网运行及离网运行两种状态。并网运行方式指微电网通过PCC与配电网相连、并与配电网进行功率交换。当负荷所需大于DG发电量时，微电网从配电网吸收部分电能，当负荷所需小于DG发电量时，微电网从配电网输送多余的电能。

1. 微电网并网运行

微电网并网运行，其主要功能是实现经济优化调度、配电网联合调度、自动电压无功控制、间歇性分布式发电预测、负荷预测、交换功率预测，微电网并网运行流程图如图4.10所示。

（1）经济优化调度。微电网在并网运行时，在保证微电网安全运行的前提下，以全系统能量利用效率最大为目标（最大限度利用可再生能源），同时结合储能的充放电、分时电价等实现用电负荷的削峰填谷，提高整个配电网设备利用率及配电网的经济运行。

（2）配电网联合调度。微电网集中控制层与配电网调度层实时信息交互，将微电网PCC处的并离网状态、交换功率上送调度中心，并接受调度中心对微电网的并离网状态的控制和交换功率的设置。当微电网集中控制层收到调度中心的设置命令时，通过综合调节分布式发电、储能和负荷，实现有功功率、无功功率的平衡。配电网联合调度可以通过交换功率曲线设置来完成，交换功率曲线可以在微电网管理系统中设置，也可以通过远动由

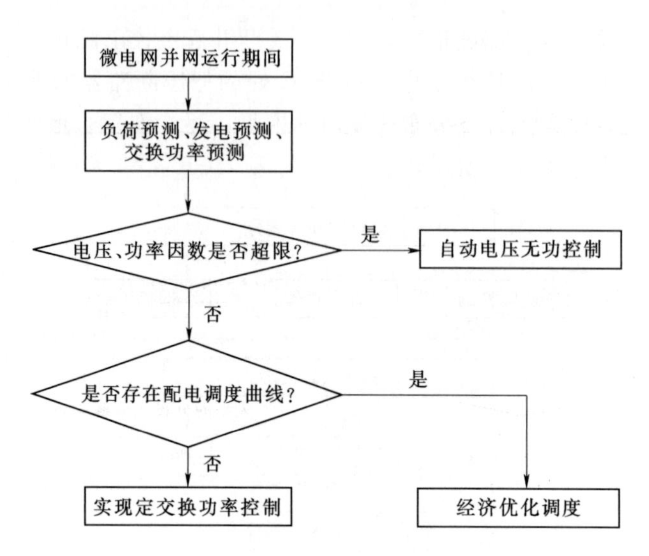

图4.10　微电网并网运行流程图

配电网调度自动化系统命令下发进行设置。

(3) 自动电压无功控制。微电网对于大电网表现为一个可控的负荷，在并网模式下微电网不允许进行电网电压管理，需要微电网运行在统一的功率因数下进行功率因数管理，通过调度无功补偿装置、各分布式发电无功出力来实现在一定范围内对微电网内部的母线电压的管理。

(4) 间歇性分布式发电预测。通过气象局的天气预报信息以及历史气象信息和历史发电情况，预测短期内的DG发电量，实现DG发电预测。

(5) 负荷预测。根据用电历史情况，预测超短期内各种负荷（包括总负荷、敏感负荷、可控负荷、可切除负荷）的用电情况。

(6) 交换功率预测。根据分布式发电的发电预测、负荷预测、储能预测设置的充放电曲线等因素，预测公共连接支路上交换功率的大小。

2. 微电网离网运行

微电网离网运行，其主要功能是保证离网期间微电网的稳定运行，最大限度地给更多负荷供电。微电网离网运行流程图如图4.11所示。

(1) 低频低压减载。负荷波动、分布式发电出力波动，如果超出了储能设备的补偿能力，可能会导致系统频率和电压的跌落。当跌落超过定值时，切除不重要或次重要负荷，以保证系统不出现频率崩溃和电压崩溃。

(2) 过频过压切机。如果负荷波动、分布式发电出力波动超出储能设备的补偿能力导致系统频率和电压的上升，当上升超过定值时，限制部分分布式发电出力，以保证系统频率和电压恢复到正常范围。

(3) 对分布式发电较大的控制。分布式发电出力较大时可恢复部分已切负荷的供电，恢复与DG多余电力匹配的负荷供电。

(4) 对分布式发电过大的控制。如果分布式发电过大，此时所有的负荷均未断电、储能也充满，但系统频率、电压仍过高，分布式发电退出，由储能来供电，储能供电到一定

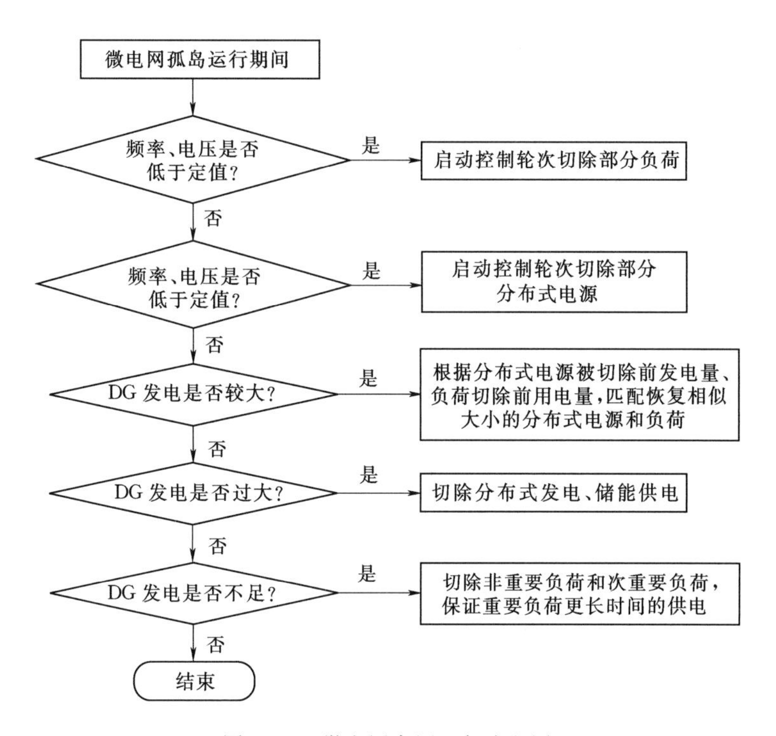

图 4.11 微电网离网运行流程图

程度后，再恢复分布式发电投入。

(5) 对发电容量不足的控制。如果发电出力可调的分布式发电已为最大化出力，储能当前剩余容量小于可放电容量时，切除次重要负荷，以保证重要负荷有更长时间的供电。

第5章 微电网保护

微电网作为新兴的、高效环保的发电技术，近年来获得了迅速发展。然而，大量分布式发电的并网运行将深刻影响配电网的结构及配电网中短路电流的大小及分布，由此给配电网的运行、控制以及继电保护工作带来多方面的影响。微电网由于含有多种分布式电源，不同类型的分布式电源特性也有所不同，因此具有与传统电网不同的运行及故障特征，而且微电网运行模式切换会导致线路的潮流和电压发生变化。大多数传统的配电网保护基于短路电流检测。分布式电源可能改变故障电流的幅值和方向，从而导致保护误动作。直接耦合的基于旋转电机的微电源将会增大短路电流水平，而电力电子接口的微电源不能正常地提供过流保护动作所需的短路电流水平。一些传统的过电流测量设备甚至不能响应这些低水平的短路电流，即使能响应也需要数秒的时间，而不是保护要求的几分之一秒。因此，在许多微电网的运行场合，可能会出现与保护系统的选择性（对应错误的、不必要的跳闸）、灵敏性（对应未检测到的故障）和速动性（对应延迟跳闸）相关的问题。其主要问题可以概括如下：

（1）短路电流大小和方向的变化，取决于是否有分布式电源接入。

（2）在分布式电源接入处，故障检测灵敏度和快速性的降低。

（3）由于分布式电源对故障的贡献导致电网断路器因临近线路故障而产生不必要的跳闸。

（4）增高的故障水平可能会超过开关设备目前的设计容量。

（5）配电线断路器的自动重合闸和熔断器动作策略可能失效。

（6）基于换流器的分布式电源对故障电流贡献的减少导致保护系统性能降低，尤其当微电网从公用电网断开时更明显。

针对分布式电源对配电网的影响及含分布式电源微电网的保护设计研究，正得到国内外学者们越来越多的关注。

微电网保护系统的设计是其广泛部署所面临的主要技术挑战之一，保护系统必须能够响应公共电网和微电网的所有故障。如果故障发生在公共电网，保护系统应尽快将微电网从公共电网断开，起到对微电网的保护作用。断开的速度取决于微电网特定的用户负荷，但仍需要开发和安装适当的电力电子静态开关，另外带方向过流保护的电动断路器也是一种选择。如果故障发生在微电网内部，保护系统应隔离配电线路尽可能小的部分来清除故障。微电网的保护应遵循系统性原则。不同运行模式下，微电网保护不仅要保护微电网的安全稳定运行，还应尽可能降低微电网对公共电网的不利影响。微电网的保护还必须与微电网内的各种控制环节相结合，根据微电网的运行模式、控制策略及故障特性来制定微电

网的保护策略。

5.1 微电网保护系统运行模式选择

在微电网中，微电源有足够的容量满足当地所有负荷的需求时，微电网可以采用并网模式和离网模式两种模式运行。其运行原则是，正常情况下微电网采用并网模式运行。当主电网发生任何扰动时，微电网将无缝断开与主电网在PCC处的连接并继续作为电力孤岛运行。典型微电网的保护系统如图5.1所示。

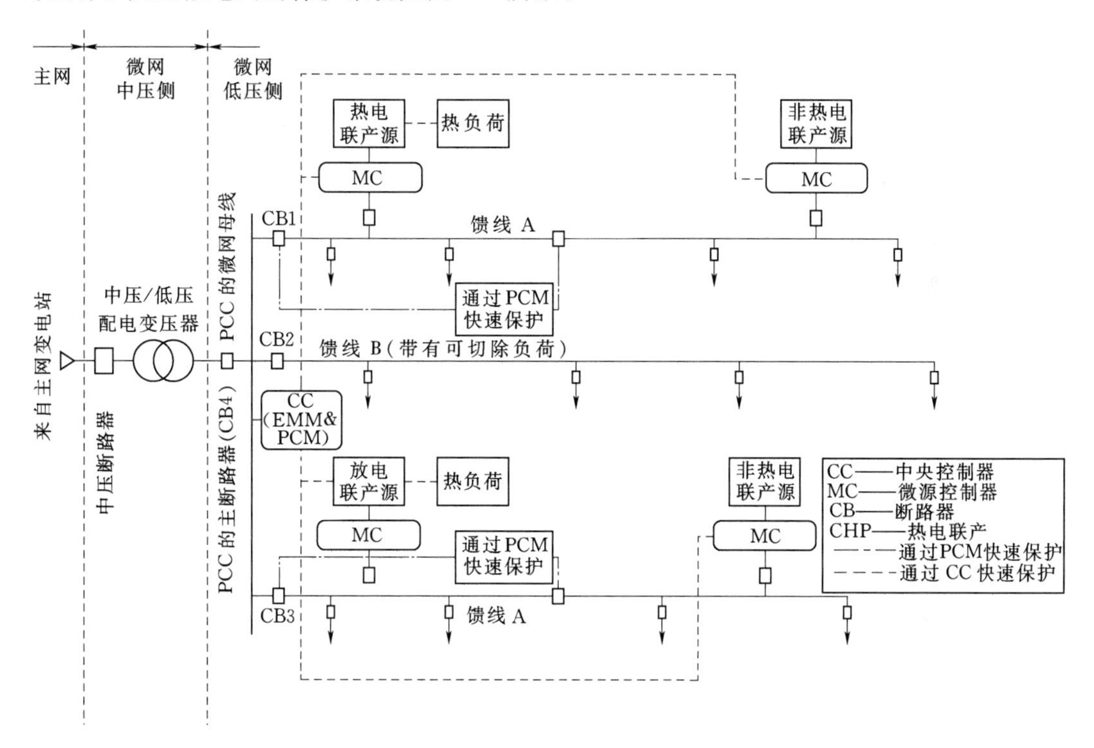

图5.1 典型微电网的保护系统

为确保微电网在发生意外事故期间稳定运行，必须解决的两个主要保护问题分别是：

（1）确定在特定意外事故情况下微电网什么时刻成为离网模式。

（2）对离网运行模式下的微电网划分区段并提供充分的故障协调保护。

虽然微电网大部分保护设备的特征和性能与目前配电网中的保护设备相同，但却因微电网中具有电力电子换流器，其保护系统而另有不同。原因如下：

（1）换流器的特征可能与现有的传统保护设备不同。

（2）不同设计方案的换流器会有不同的参数，因此没有任何统一的特性可以将换流器表征为一类设备。

（3）在系统中，由于换流器的设计与用途不同，其基本特性会发生显著的变化。

换流器还带来了故障电流容量极低的问题，其阈值常低于额定电流的50%，除非将换流器专门设计为能提供较大故障电流的形式。如果大量的微电源具有电力电子换流器的接口，那么从联网过渡到独立运行时微电网中的故障电流水平会显著降低，这会影响到系统中过电流继电保护装置的灵敏度以及动作准确性。如果继电器动作整体定值按微电网运行方式设定为较高的故障电流值，那么在微电网独立运行时，由于故障电流很小，继电器的动作会非常慢，甚至不会动作。

如果不能对微电网在离网运行之前、期间和之后的动态特性变化有很透彻的认识，就不能很好地解决微电网的保护问题。对微电网的离网运行时间也要做一个现实的评估，即分析微电网通过快速隔离能获得什么益处。如果要求非常快速的隔离同时又要避免跳闸，应将远方跳闸装置安装在主电网变电站和 PCC 短路器之间。在主电网和微电网之间安装高速通信通道也有助于微电网在非故障状况期间快速进入孤岛模式运行。

对于离网模式下的微电网安全可靠运行，保护系统应确保做到以下几点：

(1) 独立运行的微电网要有合理的接地方式。

(2) 微电网中故障检测设备的运行必须服从联网运行时的故障检测系统。

(3) 故障检测的一种方法是必须能够对进入孤岛模式后降低的电流水平作出响应，而不依赖于故障电流和最大负荷电流之间的大比值。

(4) 如果有必要，任何现有的反孤岛方案都应检查和修改，以防止微电网运行不稳定或者因敏感的整定值引起不希望的微电源损失。

(5) 在微电网区域内，所制定的任何减载方案都必须密切协调配合。

5.2 微电网运行保护策略

微电网运行保护策略要解决微电网接入对传统配电系统保护带来的影响，又要满足含微电网离网运行对保护提出的新要求。微电网中多个分布式发电及储能装置的接入，改变了配电系统故障的特征，使故障后电气量的变化变得十分复杂，传统的保护原理和故障检测方法受到影响，可能导致无法准确地判断故障的位置。微电网运行保护策略是保证分布式发电供能系统可靠运行的关键。微电网既能并网运行又能独立运行，其保护与控制将变得十分复杂。从目前分布式发电供能系统的运行实践来看，微电网的保护和控制问题是微电网关键技术之一。

在微电网概念引入之前，接入的分布式发电不允许离网运行，即采用孤岛保护的策略，要求接入的逆变器除了应具有基本的保护功能外，还应具备防孤岛保护的特殊功能，系统故障时主动将分布式发电退出。主要的保护策略是：

(1) 在配电网故障主动将分布式发电退出的保护控制方案中，传统配电网的保护不受任何影响。

(2) 限制 DG 的容量与接入位置，配电网不做调整。

(3) 采用故障电流限制措施，如故障限流器，使故障时 DG 受到的影响最低，配电网不做调整。

微电网接入后要求既能并网运行又能离网运行，其基本要求是：

(1) 在并网运行时，微电网内部若发生故障，微电网保护应可靠切除故障，如低压配电网电气设备发生故障时，低压配电网的保护应确保故障设备切除，微电网系统继续安全

稳定地并网运行。

(2) 微电网外部的配电网发生瞬时故障时，配电网的保护应快速动作，配电网保护切除故障，微电网继续并网运行。

(3) 微电网外部的配电网失去电源时，微电网的孤岛保护工作，确保微电网与配电网断开，微电网离网运行。

(4) 离网运行，微电网内部故障时，微电网保护应可靠切除故障，离网运行的微电网继续安全地离网运行。

(5) 微电网外部的配电网电源恢复，微电网恢复并网运行。

5.3 微电网接入配电网保护方案

5.3.1 微电网对配电网一次设备及继电保护的要求

常规的单向辐射型配电网，仅在电源端配置断路器。常规的“手拉手”环网配电网在电源端及开环配置断路器，其余配置分段器，由于分段器没有跳开故障的能量，需要经过多次重合才能隔离故障。微电网的目标之一为提高供电可靠性及电能质量，快速的故障隔离是保证供电可靠性的重要措施。

由于微电网的接入，传统配电一次设备无法满足快速故障隔离要求，因此需要将配电网的一次设备配置为：

(1) 10kV 以上配电网宜全部配置断路器。

(2) 0.4kV 低压配电网宜配置支持外部遥控功能的微型断路器。

(3) 微电网接入应保证原有 0.4kV 低压配电网接地方式不变。

(4) 孤岛运行时，应考虑 DG 的接地。

5.3.2 基于区域差动的配电网继电保护

为解决微电网接入带来的问题，采用高压系统中成熟的差动保护方案，配置全线差动保护作为主保护，配置简单过流保护作为后备保护。从理论上讲，采用基尔霍夫电流差动原理的差动保护，在输变电站系统中是母线、线路、变压器等最理想、最完善的保护。差动保护仅需要被保护对象各侧电流采样信息，比较各侧电流信息，采用简单的差动保护判断，被保护对象具备很好的灵敏度。

1. 区域差动主保护

对于 10kV 电压等级配电网，可按照差动保护对象划分为多个保护区域：①线路差动保护区域；②母线差动保护区域；③配电变压器保护区域。对于配电变压器的差流计算需考虑△/Y 转角的影响；对于其他保护区域在假设电流的正方向为母线流向的前提下，差流为各侧电流的向量和。

区域差动保护采用差动启动判据与比率制动判据组成与门出口，电流差动保护框图如图 5.2 所示。

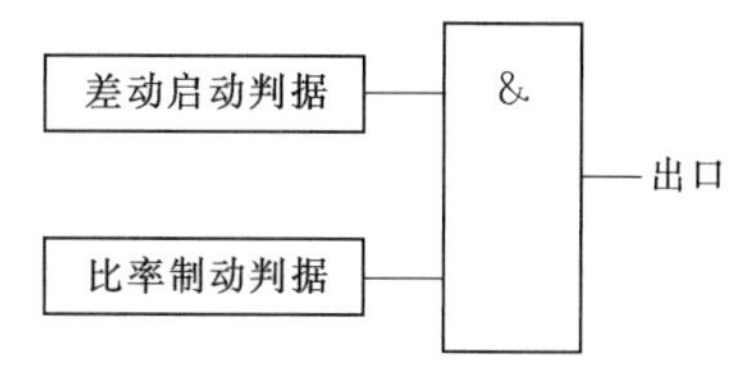

图 5.2 电流差动保护框图

差动启动判据为

$$I_{d} \geqslant I_{OP_0} \tag{5.1}$$

比率制动判据为

$$I_{d} > kI_{r} \tag{5.2}$$

$$I_{d} = |\dot{I}_{1} + \dot{I}_{2} + \cdots + \dot{I}_{K}|$$

$$I_{r} = |\dot{I}_{1}| + |\dot{I}_{2}| + \cdots + |\dot{I}_{K}|$$

式中　I_{d}——差动电流；

I_{OP_0}——启动判据的整定值；

I_{r}——制动电流；

k——比率制动系数；

$\dot{I}_{K}$——被保护对象各侧电流。

断路器配置智能采集单元，通过分组传送网（packet transport network，PTN），采用IEC 61850标准中采集值（sampled value，SV）及面向通过对象的变电站事件（generic object oriented substation event，GOOSE）报文机制完成与区域差动保护装置的信息交互。采用基于IEEE 1588对时的同步机制，实现100ns级同步精度。

IEC 61850标准是迄今为止最完善的变电站自动化标准，目前在智能变电站已广泛使用；IEC 61850标准中定义了GOOSE，具有优先级和虚拟局域网（virtual local area network，VLAN）标志（IEEE 802.1Q）的交换式以太网技术，保证了报文传输的实时性；GOOSE通信机制采用基于发布者/订阅者通信原理的多播应用关联（multicast application association，MCAA）模型，有效解决了一个数据同时向多个接受者实时发送的问题。

IEEE 1588是一种用于分布式测量和控制系统的精密时间协议，于2002年发布，其网络对时精度可达μs级。2008年发布了IEEE 1588 V2版，进一步从对时精度、安全性、冗余等角度进行了规范和完善，IEC 61850工作组的专家们在V2、V3版的提案中都提出了在变电站自动化系统中采用IEEE 1588作为全站对时技术的建议。

分组传送技术（packet transport network，PTN）是一种新型的光传送网络架构，在IP业务和底层光传输媒介之间设置了一个层面，针对分组业务流量的突发性和统计复用传送的要求而设计，以分组业务为核心并为多业务提供服务，具有更低的总体使用成本，同时具有光传输的传统优势，包括高可用性和可靠性，高效的带宽管理机制和流量工程，便捷的操作管理维护（operation administration and maintenance，OAM）和可扩展、较高的安全性等。目前，基于IEEE 1588 V2的协议实现时间同步，在PTN设备中已得到广泛应用。

区域差动保护采用微电网三层体系结构，基于三层控制的集中式区域差动保护系统图如图5.3所示，三层结构分别是就地控制层的智能采集单元、集中控制层的区域差动保护和配电网调度层的配电网调度系统，与微电网的三层网络架构保持一致。区域差动保护尤其适合独立微电网的暂态故障保护控制。为了保证可靠性，集中控制层的区域差动保护采取双重化冗余配置。

（1）就地控制层的智能采集单元具有以下功能：

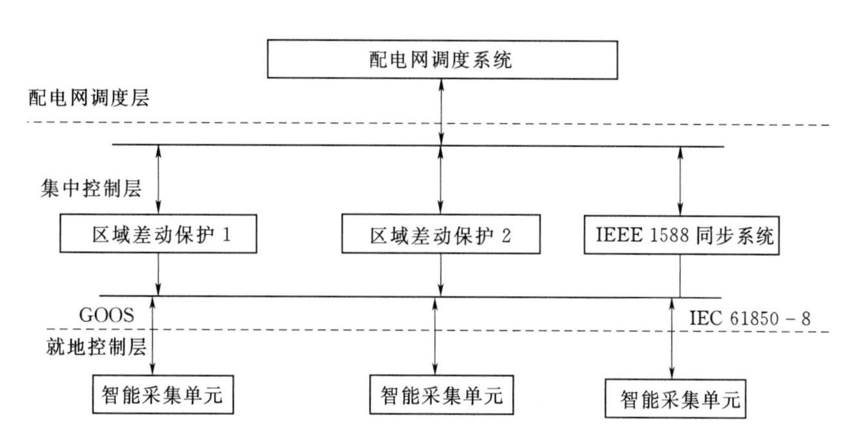

图 5.3 基于三层控制的集中式区域差动保护系统图

1）采集安装点的电压、电流信息及开关位置等状态信息。

2）接受集中控制层区域差动保护的跳合闸命令并执行此命令。

3）完成就地控制层设备的后备保护功能。

4）上送故障信息及其他运行信息。

（2）集中控制层的区域差动保护具有以下功能：

1）接受智能采集单元上送的电流采样值和状态信息。

2）根据电流采样值进行区域差动判别。

3）失灵后备保护功能。

4）判别故障区域，输出跳闸指令。

5）向配电网调度层上送故障信息。

由于集中控制层的区域差动保护采集到主配电网系统各个节点的电流和状态信息，其本质是网络化的差动保护，能够快速实现故障自动定位和隔离。

区域差动保护采用双重化冗余配置，以防止区域差动保护因硬件故障退出运行导致全系统失去保护的情形发生。双套保护正常运行时均投入，任意一套保护因故障退出运行时闭锁其逻辑判别和跳闸断开，不影响另一套保护的安全运行。

2. 后备保护

在区域差动保护中，配置失灵后备保护、在断路器失灵拒动时由相邻断路器动作、隔离故障。

10kV 及以上主配电网配置有双套区域差动保护，其可靠性、速动性、灵敏性和选择性有保证，从“强化主保护、简化后备保护配置”的原则出发，主配电网可配置简单的带时限过流或距离保护、方向过流保护作为后备保护，由智能采集单元实现，防止因整个主网的网络通信中断、集中式区域差动保护退出运行而导致的主配电网失去全部保护的情形发生。

就地智能采集单元配置后备保护功能，线路就地采集单元配置距离保护或过流保护作为线路母线的后备保护。变压器就地采集单元配置过流保护作为变压器的后备保护。配电升压变压器的高压侧配置定时限方向过流保护，作为变压器内部故障的后备保护，并对低压母线故障保证一定的灵敏性，方向指向电源点，电流值可整定的灵敏一些，用以切除

0.4kV 母线故障，作为子微电网内部故障点后备保护。配电降压变压器配置定时限过流保护，按躲过最大负荷电流整定。

5.3.3　PCC 的保护

PCC 主要配置孤岛保护、过流保护、同期并网合闸。孤岛保护用于在并网运行时，检测配电网失电后快速跳开 PCC 的断路器，进入离网运行状态。过流保护用于在并网运行时，低压进线或低压母线故障跳开 PCC 的断路器。同期并网合闸用于在离网运行时，配电网电源恢复由离网运行状态自动转为并网运行状态。

孤岛保护采用基于电气量的被动检测与基于通信的主动检测相结合的方法，PCC 连接点的孤岛与保护逻辑图如图 5.4 所示，孤岛保护电气量检测时间分别是 $t_1=2s$、$t_2=0.04s$、$t_3=0.1s$。同时采用基于通信的主动式孤岛检测方法，基于通信的主动式孤岛检测方法检测可靠、实现方法简单，由智能采集单元将各断路器的开关状态通过网络传给集中式控制保护，由集中式控制保护完成孤岛检测，电网失电源时，孤岛保护动作。

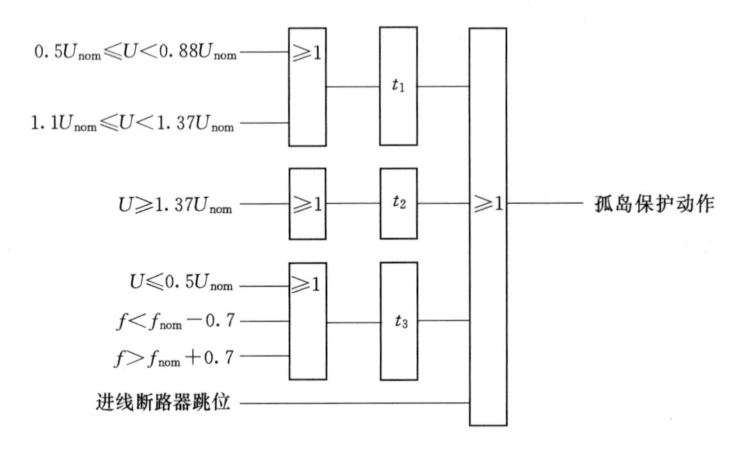

图 5.4　PCC 连接点的孤岛与保护逻辑图

过流保护逻辑框图如图 5.5 所示。低压进线或低压母线故障时动作跳开 PCC 断路器。同期并网逻辑框图如图 5.6 所示。

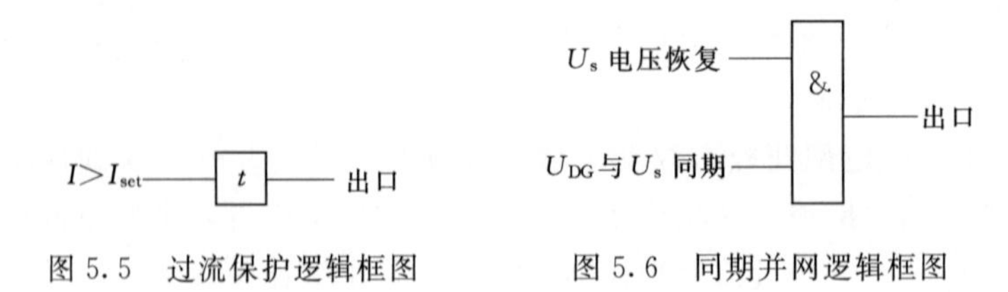

图 5.5　过流保护逻辑框图　　图 5.6　同期并网逻辑框图

第6章 微电网的监控与能量管理

微电网监控与能量管理系统，主要是对微电网内部的分布式发电、储能装置和负荷状态进行实时综合监视，在微电网并网运行、离网运行和状态切换时，根据电源和负荷特性，对内部的分布式发电、储能装置和负荷能量进行优化控制，实现微电网的安全稳定运行，提高微电网的能源利用效率。

6.1 微电网的监控系统架构

微电网监控系统与本地保护控制、远程配电调度相互协调，主要功能介绍如下：

（1）实时监控类包括微电网SCADA、分布式发电实时监控。

（2）业务管理类包括微电网潮流（联络线潮流、DG节点潮流、负荷潮流等）、DG发电预测、DG发电控制及功率平衡控制等。

（3）智能分析决策类包括微电网能源优化调度等。

微电网监控系统通过采集DG电源点、线路、配电网、负荷等实时信息，形成整个微电网潮流的实时监视，并根据微电网运行约束和能量平衡约束，实时调度调整微电网的运行。微电网监控系统中，能量管理是集成DG、负荷、储能装置以及与配电网接口的中心环节。微电网监控系统能量管理的软件功能架构图如图6.1所示。

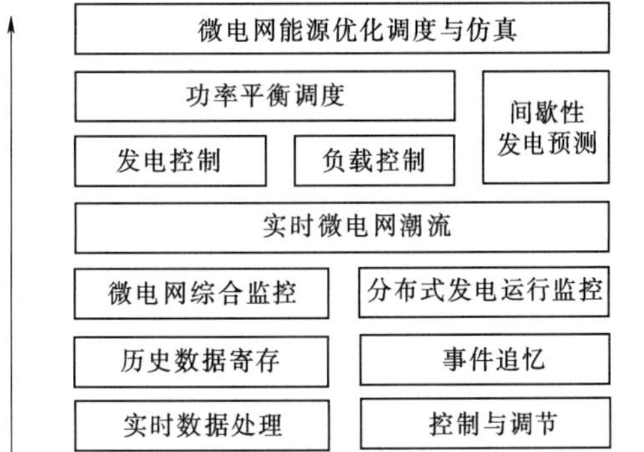

图6.1 微电网监控系统能量管理的软件功能架构图

6.2 微电网监控系统组成

微电网实时监控系统包括DG、储能装置、负荷及控制装置等。微电网综合监控系统由光伏发电监控、风力发电监控、储能监控和负荷监控等组成。

1. 光伏发电监控

对光伏发电的实时运行信息和报警信息进行全面的监视，并对光伏发电进行多方面的统计和分析，实现对光伏发电的全方面掌控。微电网光伏发电监控界面如图6.2所示。

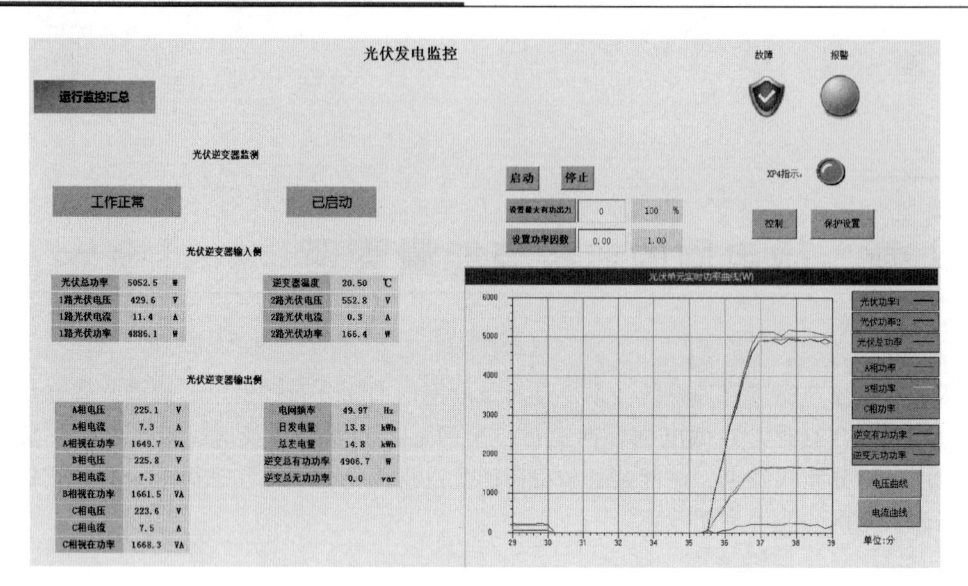

图 6.2　微电网光伏发电监控界面

光伏发电监控主要提供以下功能：

(1) 实时显示光伏的当前发电总功率、日总发电量、累计总发电量、累计 CO_2 总减排量以及实时发电功率曲线图。

(2) 查看各光伏逆变器的运行参数，主要包括直流电压、直流电流、直流功率、交流电压、交流电流、频率、当前发电功率、功率因数、日发电量、累计发电量、累计 CO_2 减排量、逆变器机内温度以及功率输出曲线图等。

(3) 监视逆变器的运行状态，采用声光报警方式提示设备出现故障，查看故障原因及故障时间，故障信息包括电网电压过高、电网电压过低、电网频率过高、电网频率过低、直流电压过高、直流电压过低、逆变器过载、逆变器过热、逆变器短路、散热器过热、逆变器孤岛、通信失败等。

(4) 预测光伏发电的短期和超短期发电功率，为微电网能量优化调度提供依据。

(5) 调节光伏发电功率，控制光伏逆变器的启停。

2. 风力发电监控

对风力发电的实时运行信息、报警信息进行全面的监视，并对风力发电进行多方面的统计和分析，实现对风力发电的全方面掌控。微电网风力发电监控界面如图 6.3 所示。

3. 储能监控

对储能电池和 PCS 的实时运行信息、报警信息进行全面的监视，并对储能进行多方面的统计和分析，实现对储能的全方面掌控。微电网储能逆变监控界面如图 6.4 所示。储能 BMS 管理监控界面如图 6.5 所示。储能监控主要提供以下功能：

(1) 实时显示储能的当前可放电量、可充电量、最大放电功率、当前放电功率、可放电时间、总充电量、总放电量。

(2) 遥信。远程采集交直流双向变流器的运行状态、保护信息、告警信息。其中，保护信息包括低电压保护、过电压保护、缺相保护、低频保护、过频保护、过电流保护、器

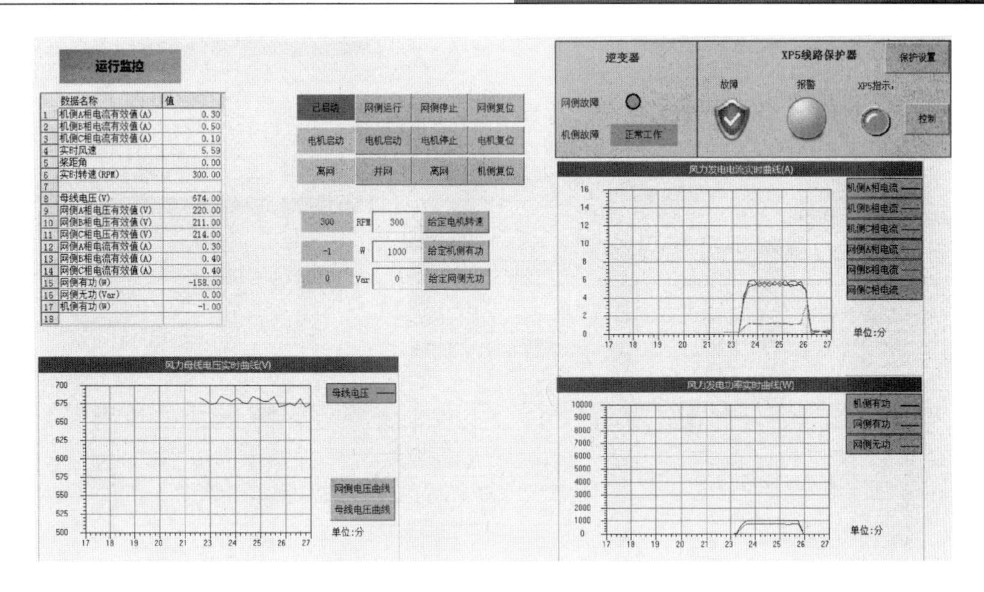

图 6.3 微电网风力发电监控界面

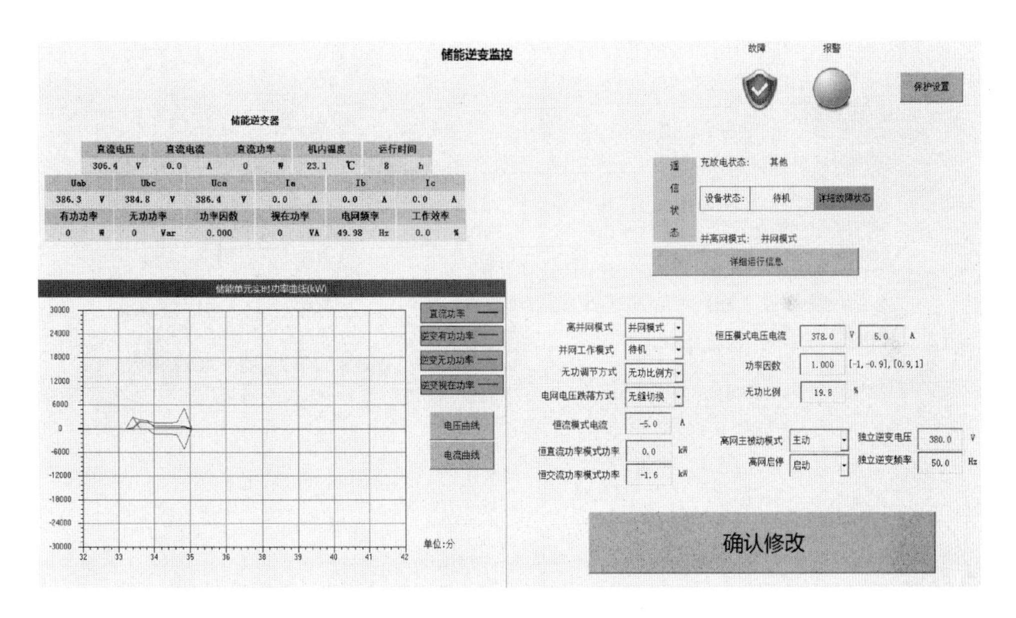

图 6.4 微电网储能逆变监控界面

件异常保护、电池组异常工况保护、过温保护。

（3）遥测。远程测量交直流双向变流器的电池电压、电池充放电电流、交流电压、输入/输出功率等。

（4）遥调。对电池充放电时间、充放电电流、电池保护电压进行遥调，实现远端对交直流双向变流器相关参数的调节。

（5）遥控。对交直流双向变流器进行远端遥控电池充电、电池放电。

4. 负荷监控

对负荷运行信息和报警信息进行全面监控，并对负荷进行多方面的统计分析，实现对

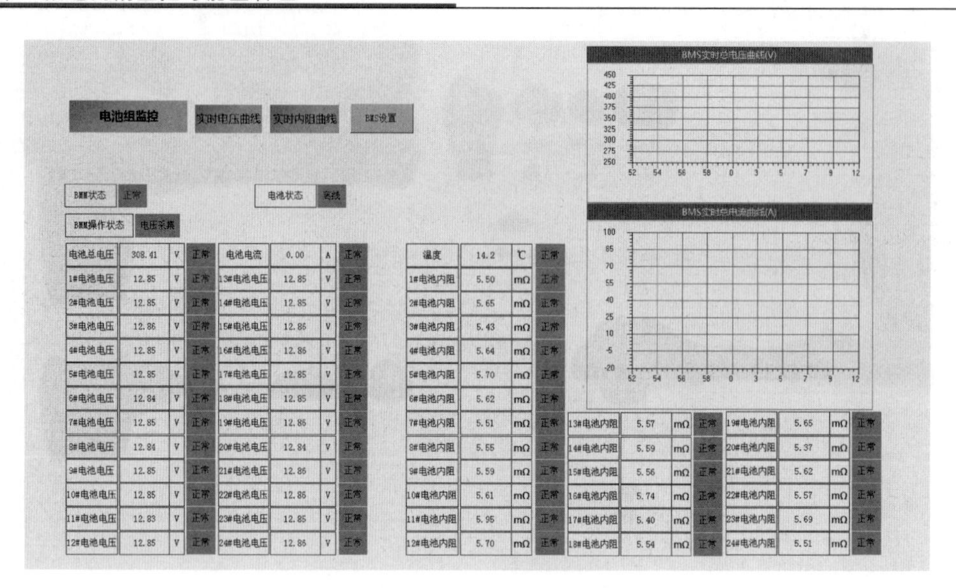

图 6.5　储能 BMS 管理监控界面

负荷的全面监控，微电网负荷监控界面如图 6.6 所示。

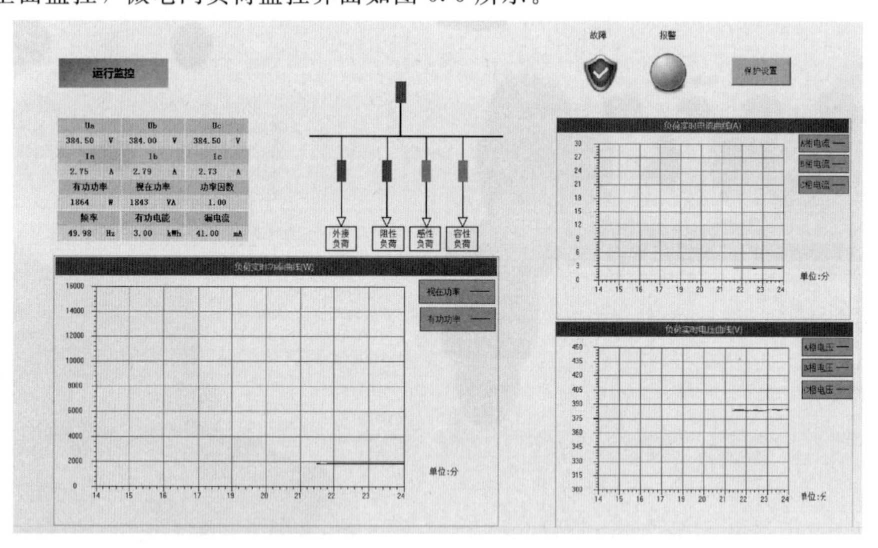

图 6.6　微电网负荷监控界面

负荷监控主要功能如下：

(1) 监测负荷电压、电流、有功功率、无功功率、视在功率等。

(2) 记录负荷最大功率及时间等。

5. 微电网综合监控

监视微电网系统运行的综合信息，包括微电网系统频率、PCC 电压、配电交换功率，并实时统计微电网总发电出力、储能剩余容量、微电网总有功负荷、总无功负荷、敏感负荷总有功、可控负荷总有功、完全可切除负荷总有功，并监视微电网内部各断路器开关状态、各支路有功功率、各支路无功功率、各设备的报警等实时信息，完成整个微电网的实时监控和统计，微电网综合监控主界面如图 6.7 所示。

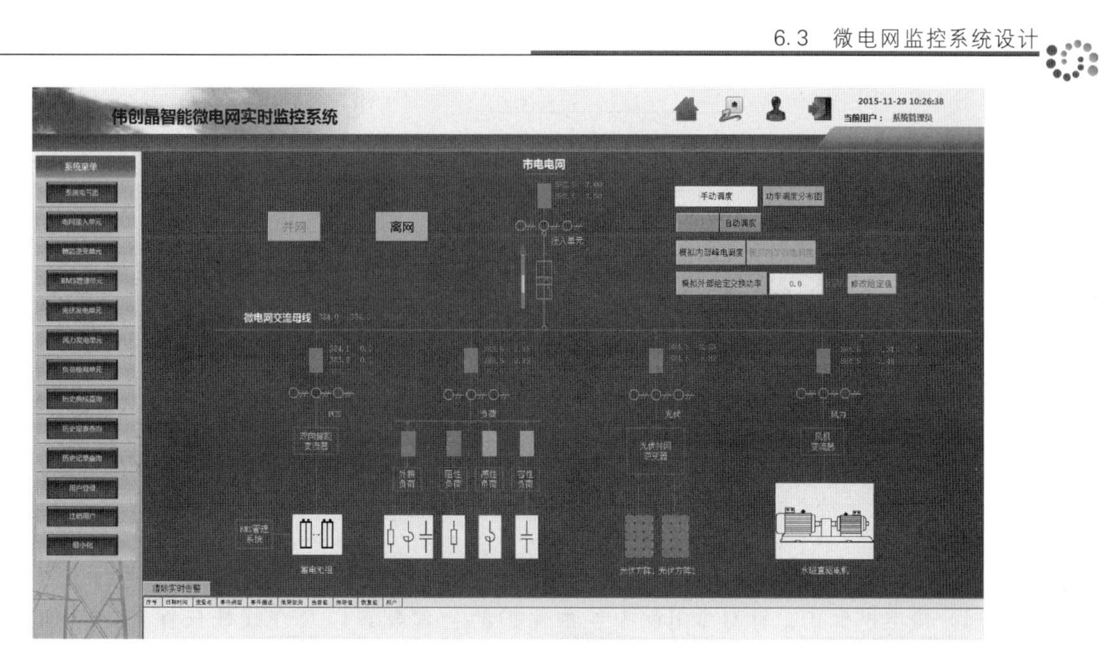

图 6.7 微电网综合监控主界面

6.3 微电网监控系统设计

微电网监控系统的设计，从微电网的配电网调度层、集中控制层、就地控制层三个层面进行综合管理和控制。其中配电网调度层主要从配电网安全、经济运行的角度协调多个微电网（微电网相对于大电网表现为单一的受控单元），微电网接受上级配电网的调节控制命令。微电网集中控制层集中管理分布式电源（包括分布式发电与储能）和各类负荷，在微电网并网运行时调节分布电源出力和各类负荷的用电情况，实现微电网的稳态安全运行。下层就地控制层的分布式电源控制器和负荷控制器，负责微电网的暂态功率平衡和低频减载，实现微电网暂态时的安全运行。

微电网监控系统是集成本地分布式发电、负荷、储能以及与配电网接口的中心环节，通过固定的功率平衡算法产生控制调节策略，保证微电网并、离网及状态切换时的稳定运行。集中监控系统能量管理控制器模型如图 6.8 所示。

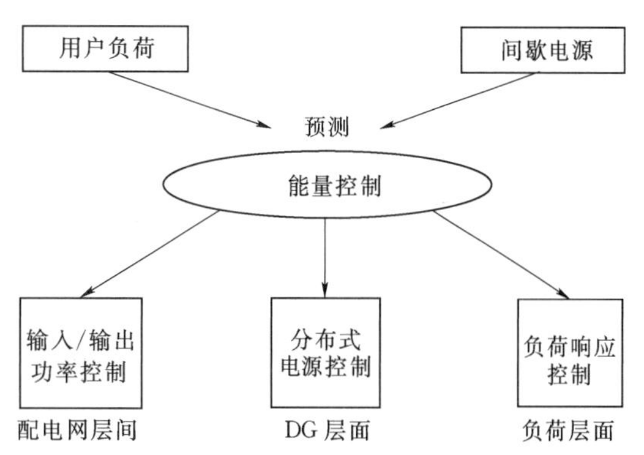

图 6.8 集中监控系统能量管理控制器模型

微电网就地控制保护、集中微电网监控管理与远方配电调度相互配合，通过控制调节联络线上的潮流实现微电网功率平衡控制，整个包含微电网的配电网系统协调控制协作图如图 6.9 所示。

微电网监控系统不仅仅局限于数据的采集，要实现微电网的控制管理与运行，在微电网监控系统的设计时要考虑以下问题：

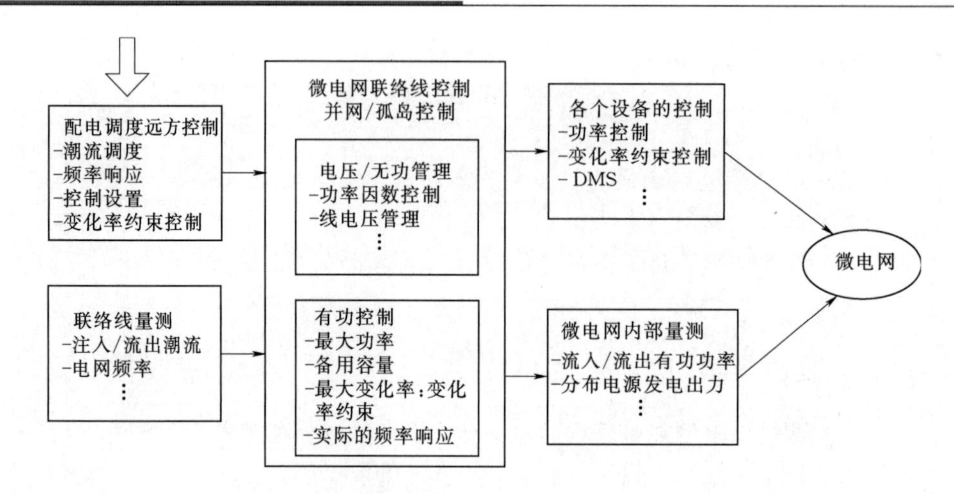

图 6.9　含微电网的配电网系统协调控制协作图

（1）微电网保护。针对微电网中各种保护的合理配置以及在线校核保护定值的合理性，提出参考解决方案。避免微电网在某些运行工况下出现的保护误动作而导致的不必要的停电。

（2）DG 接入。微电网有多种类型的分布式发电，由于其出力不确定，因此针对这些种类多样、接入点分散的分布式发电，提出方案解决如何合理接入，接入后如何协调，同时保证微电网并网、离网状态下稳定运行。

（3）DG 发电预测。通过气象局的天气预报信息以及历史气象信息和历史发电情况，预测超短期内的风力发电、太阳能光伏发电的发电量，使得微电网成为可预测、可控制的系统。

（4）微电网电压无功平衡控制。微电网作为一个相对独立的电力可控单元，在与配电网并网运行时，一方面能满足配电网对微电网提出的功率因数或无功吸收要求以减少无功的长距离输送；另一方面需要保证微电网内部的电压质量，微电网需要对电压进行无功平衡控制，从而优化配电网与微电网的电能质量。

（5）微电网负荷控制。当微电网处于离网运行或配电网对整个微电网有负荷或出力要求，而分布式发电出力一定时，需要根据负荷的重要程度分批分次切除、恢复、调节各种类型的负荷，保证微电网重要用户供电可靠性的同时，保证整个微电网的安全运行。

（6）微电网发电控制。当微电网处于离网运行或配电网对整个微电网有负荷或出力要求时，为保证微电网安全经济运行，配合各种分布式发电，合理调节各分布式发电出力，尤其可以合理利用蓄电池的充放电切换、微燃气轮机冷热电协调配合等特性。

（7）微电网多级优化调度。分多种运行情况（并网供电、离网供电）、多种级别（DG、微电网级、调度级）协调负荷控制和发电控制，保证整个微电网系统处于安全、经济的运行状态，同时为配电网的优化调度提供支撑。

（8）微电网与大电网的配合运行。对于公共电网，微电网既可能是一个负荷，也可能是一个电源点。如果微电网和公共电网协调配置，将会大大减少配电网损耗、实现削峰填谷，甚至在公共电网出现严重故障时，微电网的合理出力将会加快公共电网的恢复，使微电网与公共电网间配合运行。

6.4 微电网能量管理

微电网能量管理对微电网内部分布式电源（包括分布式发电与储能）和负荷进行预测，在微电网并网运行、离网运行、状态切换过程中，根据分布式电源和负荷特性，对内部的分布式发电、储能装置、负荷进行优化控制，保证微电网的安全稳定运行，提高微电网的能源利用效率。

6.4.1 分布式发电预测

分布式发电预测是微电网能量管理的一部分，用来预测分布式发电（风力发电、光伏发电）的短期和超短期发电功率，为能量优化调度提供依据；对充分利用分布式发电，获得更大的经济效益和社会效益，提高微电网运行的可靠性、经济性有重要作用。

分布式发电预测可以分为统计方法和物理方法两类。统计方法对历史数据进行统计分析，找出其内在规律并用于预测；物理方法将气象预测数据作为输入，采用物理方程进行预测。

目前用于分布式发电预测的方法主要有持续预测法、卡尔曼滤波法、随机时间序列法、人工神经网络法、模糊逻辑法、空间相关性法、支持向量机法等。在风力发电预测和光伏发电预测领域都有涉及这些预测方法的研究，在实际预测系统中，应充分考虑各种预测方法的优劣性，将高精度的预测方法模型列入系统可选项。

基于相似日和最小二乘支持向量机的分布式发电预测方法，具有较高的预测精度，能够满足微电网内经济运行控制与主电源模式切换对分布式发电预测的需求。该方法一般分为两个过程：一是选取相似日；二是根据相似日的分布式发电出力以及待预测日的天气数据，预测待预测日的分布式发电出力。天气信息基本包括天气类型、温度、湿度、风力，可先根据天气类型筛选出一部分数据。天气类型一般分为晴天、雨天、阴天，先根据这三种类型的天气选取出类型与预测日相似的历史日。影响光伏出力的因素主要是辐照度和温度两种；影响风力发电的因素主要是风力大小。从临近的历史日开始，逐一计算与待预测日的相似度，并将相似度最大的历史日作为待预测日的相似日。根据相似日的分布式发电的发电情况，获取待预测日的天气数据，预测待预测日的分布式发电出力。

对超短期分布式发电预测，在获取到相似日分布式发电出力后，可再根据当前采集的实时气象数据（辐照度、温度、风力等）进行加权，预测下一时刻的分布式发电出力。

6.4.2 负荷预测

负荷预测预报未来电力负荷的情况，用于分析系统的用电需求，帮助通行人员及时了解系统未来的运行状态。它是预测电力系统未来运行方式的重要依据。负荷预测对微电网的控制、运行和计划都非常重要，提高预测精度既能增强微电网运行的安全性，又能改善微电网运行的经济性。

目前负荷预测方法，从时间上可划分为传统和现代的预测方法。传统的负荷预测方法主要包括回归分析法和时间序列法，而现代的负荷预测方法主要是应用专家系统理论、神经网络理论、小波分析、灰色系统、模糊理论和组合方法等。

6.4.3　分布式发电及负荷的频率响应特性

1. 分布式发电有功出力的响应速度

微电网中的各类分布式发电对频率的响应能力不同，根据它们对频率变化的响应能力和响应时间，可以分为以下类型：

（1）光伏发电和风力发电，其出力由天气因素决定，可以认为它们是恒功率源，发电出力不随系统的变化而变化。

（2）燃气轮机、燃料电池的有功出力调节响应时间达到10～30s。如果微电网系统功率差额很大，而微电网系统对频率要求很高，则在微电网发生离网瞬间，燃气轮机、燃料电池来不及提高发电量，因此离网瞬间的功率平衡将不考虑燃气轮机、燃料电池这类分布式发电的发电调节能力。

（3）储能的有功出力响应速度非常快，通常在20ms左右甚至更快，因此可以认为它们瞬间就能以最大出力来补充系统功率的差额。储能的最大发电功率可以等效地认为是在离网瞬间所有分布式发电可增加的发电出力。

2. 负荷的频率响应特性

电力系统负荷的有功功率与系统频率的关系随着负荷类型的不同而不同。一般有如下类型：

（1）有功功率与频率变化无关的负荷，如照明灯、电炉、整流负荷等。

（2）有功功率与频率一次方成正比的负荷，如球磨机、卷扬机、压缩机、切削机床等。

（3）有功功率与频率二次方成正比的负荷，如变压器铁芯中的涡流损耗、电网线损等。

（4）有功功率与频率三次方成正比的负荷，如通风机、静水头阻力不大的循环水泵等。

（5）有功功率与频率高次方成正比的负荷，如静水头阻力很大的给水泵等。

不计及系统电压波动的影响时，系统频率 f 与负荷的有功功率 P_{L} 的关系为

$$P_{\mathrm{L}}=P_{\mathrm{LN}}(a_0+a_1f_*+a_2f_*^2+\cdots+a_if_*^i+\cdots+a_nf_*^n) \tag{6.1}$$

$$f_*=\frac{f}{f_{\mathrm{N}}}$$

式中　f_*——系统频率标幺值；

f_N——额定频率；

P_{LN}——负荷额定频率下的有功功率；

a_i——比例系数。

在简化的系统频率响应模型中将式（6.1）对频率微分，可得负荷的频率调节响应系数为

$$K_{\mathrm{L}*}=a_{1*}=\frac{\Delta P_{\mathrm{L}*}}{\Delta f_*} \tag{6.2}$$

令 ΔP 表示盈余的发电功率，Δf 表示增长的频率，则有

$$\left.\begin{aligned}\Delta P_{\mathrm{L}*}&=\frac{\Delta P}{P_{\mathrm{L}\Sigma}}=\frac{\Delta P}{\sum P_{\mathrm{L}i}}\\ \Delta f_*&=\frac{\Delta f}{f_{\mathrm{N}}}=\frac{f^{(1)}-f^{(0)}}{f^{(0)}}\end{aligned}\right\} \tag{6.3}$$

式中 $f^{(0)}$——当前频率；

$f^{(1)}$——目标频率。

如果因为发电量突变（例如切发电机）而存在功率缺额 P_{qe}（若 $P_{qe}<0$，则表示增加发电机而产生功率盈余），通过减负荷来调节频率，则有

$$K_{L*}=\frac{\Delta P_{L*}}{\Delta f_*}=\left(\frac{P_{qe}-P_{jh}}{P_{L\Sigma}-P_{jh}}\right)\Big/\left[\frac{f^{(1)}-f^{(0)}}{f^{(0)}}\right] \tag{6.4}$$

式中 P_{jh}——需切除的负荷有功功率。

若通过减负荷使目标频率达到 $f^{(1)}$，则需要切除的负载有功功率为

$$P_{jh}=P_{qe}-\frac{K_{L*}[f^{(1)}-f^{(0)}](P_{L\Sigma}-P_{qe})}{f^{(0)}-K_{L*}[f^{(1)}-f^{(0)}]} \tag{6.5}$$

如果因为负荷突变（例如切除负载）而存在功率盈余 P_{yy}（若 $P_{yy}<0$，则表示因增加负荷而存在功率缺额），通过切机来调节频率，则有

$$K_{L*}=\left(\frac{P_{yy}-P_{qj}}{P_{L\Sigma}-P_{yy}}\right)\Big/\left[\frac{f^{(1)}-f^{(0)}}{f^{(0)}}\right] \tag{6.6}$$

根据式（6.6），若通过切机使目标频率达到 $f^{(1)}$，则需要切除的发电有功功率 P_{qj} 为

$$P_{qj}=P_{yy}-\frac{K_{L*}[f^{(1)}-f^{(0)}]}{f^{(0)}}(P_{L\Sigma}-P_{yy}) \tag{6.7}$$

6.4.4 微电网的功率平衡

微电网并网运行时，通常情况下并不限制微电网的用电和发电，只有在需要时大电网通过交换功率控制对微电网下达指定功率的用电或发电指令。即在并网运行方式下，大电网根据经济运行分析，给微电网下发交换功率定值以实现最优运行。微电网能量管理系统按照调度下发的交换功率定值，控制分布式发电出力、储能系统的充放电功率等，在保证微电网内部经济安全运行的前提下按指定交换功率运行。微电网能量管理系统根据指定交换功率分配各分布式发电出力时，需要综合考虑各种分布式发电的特性和控制响应特性。

1. 并网运行功率平衡控制

微电网并网运行时，由大电网提供刚性的电压和频率支撑。通常情况下不需要对微电网进行专门的控制。

在某些情况下，微电网与大电网的交换功率是根据大电网给定的计划值来确定的，此时需要对流过 PCC 的功率进行监视。当交换功率与大电网给定的计划值偏差过大时，需要由 MGCC 通过切除微电网内部的负荷或发电机，或者通过恢复先前被 MGCC 切除的负荷或发电机将交换功率调整到计划值附近。实际交换功率与计划值的偏差功率计算为

$$\Delta P^{(t)}=P_{PCC}^{(t)}-P_{plan}^{(t)} \tag{6.8}$$

式中 $P_{plan}^{(t)}$——t 时刻由大电网输送给微电网的有功功率计划值；

$P_{PCC}^{(t)}$——t 时刻 PCC 的有功功率。

当 $\Delta P^{(t)}>\varepsilon$ 时，表示微电网内部存在功率缺额，需要恢复先前被 MGCC 切除的发电机，或者切除微电网内一部分非重要负荷；当 $\Delta P^{(t)}<-\varepsilon$ 时，它表示微电网内部存在功率盈余，需要恢复先前被 MGCC 切除的负荷，或者根据大电网的电价与分布式发电的电价比较切除一部分电价高的分布式电源。

2. 从并网转入孤岛运行功率平衡控制

微电网从并网转入孤岛运行瞬间，流过 PCC 的功率被突然切断，切断前通过 PCC 处的功率如果是流入微电网的，则它就是微电网离网后的功率缺额；如果是流出微电网的，则它就是微电网离网后的功率盈余；大电网的电能供应突然中止，微电网内一般存在较大的有功功率缺额。在离网运行瞬间，如果不启用紧急控制措施，微电网内部频率将急剧下降，导致一些分布式电源采取保护性的断电措施，这使得有功功率缺额变大，加剧了频率的下降，引起连锁反应，使其他分布式电源相继进行保护性跳闸，最终使得微电网崩溃。因此，要维持微电网较长时间的孤岛运行状态，必须在微电网离网瞬间立即采取措施，使微电网重新达到功率平衡状态。微电网离网瞬间，如果存在功率缺额，则需要立即切除全部或部分非重要的负荷、调整储能装置的出力，甚至切除小部分重要的负荷；如果存在功率盈余，则需要迅速减少储能装置的出力，甚至切除一部分分布式电源。这样，使微电网快速达到新的功率平衡状态。

微电网离网瞬间内部的功率缺额（或功率盈余）的计算方法：把在切断 PCC 之前通过 PCC 流入微电网的功率，作为微电网离网瞬间内部的功率缺额，即

$$P_{qe}=P_{PCC} \tag{6.9}$$

P_{PCC}以从大电网流入微电网的功率为正，流出为负。当 P_{qe}为正值时，表示离网瞬间微电网存在功率缺额；为负值时，表示离网瞬间微电网内部存在功率盈余。内部存在功率盈余。

由于储能装置要用于保证离网运行状态下重要负荷能够连续运行一定时间，所以在进入离网运行瞬间的功率平衡控制原则是：先在假设各个储能装置出力为零的情况下切除非重要负荷；然后调节储能装置的出力；最后切除重要负荷。

3. 离网功率平衡控制

微电网能够并网运行也能够离网运行，当大电网由于故障造成微电网独立运行时，能够通过离网能量平衡控制实现微电网的稳定运行。微电网离网后，离网能量平衡控制通过调节分布式发电出力、储能出力、负荷用电，实现离网后整个微电网的稳定运行，在充分利用分布式发电的同时保证重要负荷的持续供电，同时提高分布式发电利用率和负荷供电可靠性。

在孤岛运行期间，微电网内部的分布式发电出力可能随着外部环境（如日照强度、风力、天气状况）的变化而变化，使得微电网内部的电压和频率波动性很大，因此需要随时监视微电网内部电压和频率的变化情况，采取措施应对因内部电源或负荷功率突变对微电网安全稳定产生的影响。

孤岛运行期间的某一时刻的功率缺额为 P_{qe}，则 $\Delta P_{L*}=\dfrac{P_{qe}}{P_{L\Sigma}}$。

由式（6.2）可得出

$$P_{qe}=\frac{f^{(0)}-f^{(1)}}{f^{(0)}}K_{L*}P_{L\Sigma} \tag{6.10}$$

如果在孤岛运行期间的某一时刻，出现系统频率 $f^{(1)}>f_{min}$，则需要恢复先前被 MGCC 切除的发电机，或者切除微电网内一部分非重要负荷。如果在孤岛运行期间系统频率 $f^{(1)}>f_{max}$，则存在较大的功率盈余，需要恢复先前被 MGCC 切除的负荷，或者切除一部分分布式发电。

(1) 功率缺额时的减载控制策略。当存在功率缺额 $P_{qe}>0$ 时，控制策略如下：

1) 计算储能装置当前的有功出力 $P_{S\Sigma}$ 和最大有功出力 P_{SM} 为

$$\left.\begin{aligned} P_{S\Sigma} &= \sum P_{Si} \\ P_{SM} &= \sum P_{Smax-i} \end{aligned}\right\} \tag{6.11}$$

式中 P_{Si}——储能装置 i 的有功出力，放电状态下为正值，充电状态下为负值。

2) 如果 $P_{qe}+P_0\leqslant 0$，说明储能装置处于充电状态，在充电功率大于功率缺额时，则减少储能装置的充电功率，储能装置出力调整为 $P'_{S\Sigma}=P_{S\Sigma}+P_{qe}$，并结束控制操作。否则，调整储能装置的有功出力为0，重新计算功率缺额 P'_{qe}，即

$$\left.\begin{aligned} P'_{qe} &= P_{qe}+P_{S\Sigma} \\ P_{S\Sigma} &= 0 \end{aligned}\right\} \tag{6.12}$$

由式 (6.5) 可知，根据允许的频率上限 f_{max} 和下限 f_{min} 可计算功率缺额允许的正向、反向偏差，即

$$\left.\begin{aligned} P_{qe+} &= \frac{K_{L*}[f_{max}-f^{(0)}](P_{L\Sigma}-P_{qe})}{f^{(0)}-K_{L*}[f_{max}-f^{(0)}]} \\ P_{qe-} &= \frac{K_{L*}[f^{(0)}-f_{min}](P_{L\Sigma}-P_{qe})}{f^{(0)}+K_{L*}[f^{(0)}-f_{min}]} \end{aligned}\right\} \tag{6.13}$$

3) 计算切除非重要（二极、三级）负荷量的范围，即

$$\left.\begin{aligned} P^{(1)}_{jh-min} &= P_{qe}-P_{qe-} \\ P^{(1)}_{jh-max} &= P_{qe}+P_{qe+} \end{aligned}\right\} \tag{6.14}$$

4) 切除非重要负荷。先切除重要等级低的负荷，再切除重要等级高的负荷；对于同一重要等级的负荷，按照功率从大到小次序切除负荷。当检查到某一负荷的功率值 $P_{Li}>P^{(1)}_{jh-max}$ 时，不切除它，然后检查下一个负荷；当检查到某一负荷的功率值满足 $P_{Li}<P^{(1)}_{jh-min}$ 时，切除它，然后检查下一个负荷。当检查到某一负荷的功率值满足 $P^{(1)}_{jh-min}\leqslant P_{Li}\leqslant P^{(1)}_{jh-max}$ 时，切除它，并且不再检查后面的负荷。在切除负荷 i 之后，先按照式 (6.15) 重新计算功率缺额，再按照式 (6.14) 重新计算切除非重要负荷量的范围，然后才进行下一个负荷的检查，即

$$P'_{qe}=P_{qe}-P_{Lqe-i} \tag{6.15}$$

式中 P_{Lqe-i}——切除负荷的有功功率。

5) 切除了所有合适的非重要负荷之后，如果 $-P_{SM}\leqslant P_{qe}\leqslant P_{SM}$，则通过调节储能出力来补充切除负荷后的功率缺额，即 $P_{S\Sigma}=P_{qe}$，然后结束控制操作。否则计算切除重要（一级）负荷量的范围，即

$$\left.\begin{aligned} P^{(2)}_{jh-min} &= P_{qe}-P_{SM} \\ P^{(2)}_{jh-max} &= P_{qe}+P_{SM} \end{aligned}\right\} \tag{6.16}$$

6) 按照功率从大到小次序切除重要负荷。当检查到某一个负荷的功率值 $P_{Li}>P^{(2)}_{jh-max}$ 时，不切除它，检查下一个负荷；当检查到某一负荷的功率值满足 $P_{Li}<P^{(2)}_{jh-min}$ 时，切除它，然后检查下一个负荷；当检查到某一负荷的功率满足 $P^{(2)}_{jh-min}\leqslant P_{Li}\leqslant P^{(2)}_{jh-max}$ 时，切除它，并且不再检查后面的负荷。在切除负荷 i 之后，先按照式 (6.15) 重新计算功率缺额，再按照式 (6.16) 重新计算切除重要负荷量的范围，然后才进行下一个负荷的检查。

7）通过调节储能出力来补充切除所有合适之后的功率缺额，即 $P_{S\Sigma}=P_{qe}$。

（2）功率盈余时的切机控制策略。当存在功率盈余 $P_{yy}>0$ 时，需要切除发电机，控制策略与存在功率缺额的情况类似。

1）根据式（6.11）计算储能装置当前的有功出力和最大有功出力。

2）如果 $-P_{SM}\leqslant P_{yy}-P_{S\Sigma}\leqslant P_{SM}$，则通过调节储能出力来补充切除负荷后的功率盈余，即储能出力调整为 $P'_{S\Sigma}=P_{yy}-P_{S\Sigma}$，然后结束控制操作。否则执行下一步。

3）根据允许的频率上限和下限可计算功率盈余允许的正向、反向偏差，即

$$\left.\begin{aligned}P_{yy+}&=\frac{K_{L*}\left[f^{(0)}-f_{\min}\right]}{f^{(0)}}(P_{L0}-P_{yy})\\P_{yy-}&=\frac{K_{L*}\left[f_{\max}-f^{(0)}\right]}{f^{(0)}}(P_{L0}-P_{yy})\end{aligned}\right\}\tag{6.17}$$

4）如果储能装置处于放电状态（$P_{S\Sigma}>0$），设置储能装置的放电功率为0，重新计算功率盈余，即

$$\left.\begin{aligned}P_{yy}&=P_{yy}-P_{S\Sigma}\\P_{S\Sigma}&=0\end{aligned}\right\}\tag{6.18}$$

5）计算切除发电量的范围为

$$\left.\begin{aligned}P_{qj\text{-}\min}&=P_{yy}-P_{SM}-P_{S\Sigma}-P_{yy-}\\P_{qj\text{-}\max}&=P_{yy}+P_{SM}-P_{S\Sigma}+P_{yy+}\end{aligned}\right\}\tag{6.19}$$

6）按照功率从大到小排列，先切除功率大的电源，再切除功率小的电源。当检查到某一电源的功率值 $P_{Gi}>P_{qj\text{-}\max}$时，不切除它，检查下一个电源；当检查到某一电源的功率值满足 $P_{Gi}<P_{qj\text{-}\min}$时，切除它，然后检查下一个电源；当检查到某一电源的功率值满足 $P_{qj\text{-}\min}\leqslant P_{Gi}\leqslant P_{qj\text{-}\max}$时，切除它，并且不再检查后面的电源。在切除电源 i 之后，先按照式（6.20）重新计算功率缺额，再按照式（6.19）重新计算切除发电量的范围，然后才进行下一个电源的检查，即

$$P'_{yy}=P_{yy}-P_{Gqc\text{-}i}\tag{6.20}$$

式中 P_{Gqc-i}——切除的发电有功功率。

7）通过调节储能出力来补充切除所有合适电源后的功率盈余，即 $P_{S\Sigma}=-P_{yy}$。

6.4.5 从孤岛转入并网运行功率平衡控制

微电网从孤岛转入并网运行后，微电网内部的分布式发电工作在恒定功率控制（P/Q控制）状态，它们的输出功率大小根据配电网调度计划决定。MGCC所要做的工作是将先前因维持微电网安全稳定运行而自动切除的负荷或发电机逐步投入运行中。

第7章 分布式电源并网与控制

微电网的出现源于分布式电源的发展和能源高效利用的需求，其具有能源种类多样且具有间歇性、电网结构分散、运行方式复杂多变、稳定性弱等特点，这对微电网的并网与控制提出了较高的要求。本章主要介绍永磁同步风力发电、太阳能光伏发电、燃料电池发电三种能源并网发电与控制技术。

7.1 永磁同步风力并网发电

同步发电机在水轮汽轮发电机、核能发电等领域已经获得了广泛应用，然而早期应用于风力发电时却并不理想。同步发电机直接并网运行时，转速必须严格保持在同步转速，否则就会引起发电机的电磁振荡甚至失步，同时发电机的并网技术也比感应发电机的要求严格得多。然而，由于风速具有随机性，发电机轴上输入的机械转矩很不稳定，风轮的巨大惯性也使发电机的恒速、恒频控制十分困难，不仅并网后经常发生无功振荡和失步等事故，而且经常发生较大的冲击甚至并网失败。这就是长时间以来，风力发电中很少应用同步发电机的原因。

近年来，直驱式风电机组的应用日趋广泛，这种机组采用低速永磁同步发电机，省去了中间变速机构，由风力机直接驱动发电机运行。采用变桨距技术可以使桨叶和风电机组的受力情况大为改善，然而，要使变桨距技术的响应速度有效地跟随风速的变化是困难的。为了使机组转速能够快速跟随风速的变化，以便实现最佳叶尖速比控制，必须对发电机的转矩实施控制。变速恒频控制的直驱式永磁同步风力发电系统主电路拓扑如图7.1所示。

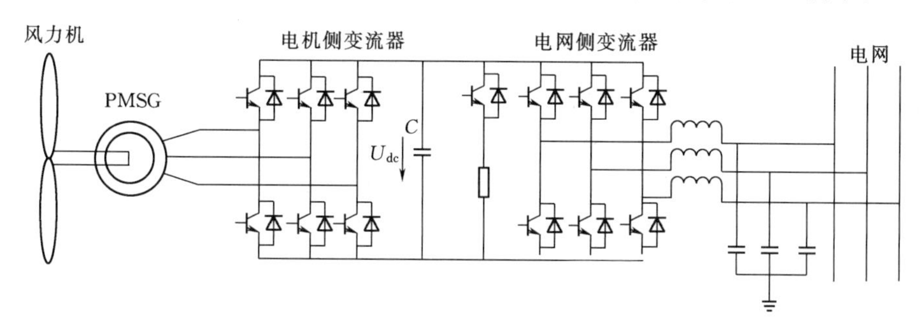

图7.1 永磁同步风力发电系统主电路拓扑

应用于风力发电的永磁直驱型风电机组采取特殊的设计方案，其较多的极对数使得在转子转速较低时，发电机仍可工作，因此永磁直驱同步发电系统中使风轮机与永磁同步发电机转子直接耦合，省去齿轮箱，提高了效率，减少了风电机组的维护工作，并且降低了噪声。另外，永磁直驱型风力发电系统不需要电励磁装置，具有重量轻、效率高、可靠性好的优点。同时，随着电力电子技术和永磁材料的发展，在永磁直驱风力发电系统中，占成本比例相对较高的开关器件和永磁体，在其性能不断提高的同时，成本也在不断下降，使得永磁直驱风力发电系统具有很好的发展前景。

直驱型风机电气部分采用永磁同步发电机实现机械能向电能转换，永磁同步发电机的运行原理与电励磁同步发电机相同，但它是以永磁体提供磁通替代后者的绕组励磁，使发电机结构较为简单，降低了加工和装配费用，且省去了容易出问题的集电环和电刷，提高了发电机运行的可靠性，又无需励磁电流，省去了励磁损耗，提高了发电机的效率和功率密度。

7.1.1　永磁同步风力发电机的结构特点

永磁同步发电机的磁极结构大体上可分为表面式和内置式两种。所谓表面式磁极结构就是将加工好的永磁体贴附在转子铁芯表面，构成永磁磁极；而内置式磁极结构则是将永磁体置入转子铁芯内部事先开好的槽中，构成永磁磁极。低速永磁同步发电机普遍采用表面式磁极结构，从对电枢磁场影响的角度来看，与电励磁时的隐极式磁极结构相类似。

为了提高永磁同步发电机的可控性，可以制成混合励磁同步发电机，这种发电机既有永磁体励磁，又设置了一定的励磁绕组，使其可控性大为改善。

低速永磁同步发电机的极数很多，例如，当电网频率为 50Hz 时，假定发电机的额定转速为 30r/min，则发电机的极数为 200 极。为了安排这些永磁体磁极，发电机的转子必须具有足够大的直径，如果仍然采用传统结构（外定子、内转子），则永磁磁极的设计上会有一定困难。采用反装式结构，将电枢铁芯和电枢绕组作为内定子，而永磁体磁极作为外转子，可以使永磁磁极的安排空间有一定程度的缓解，这样由于电动机轴静止不动，也在一定程度上提高了发电机运行的可靠性，风轮与外转子的一体化结构还可以使风电机组的结构更为紧凑合理。

实际上，采用低速永磁同步发电机的风电机组一般采用变速恒频控制，由于发电机已经与电网解耦，发电机的转速已经不受电网频率的约束，这就给发电机的设计增加了很大的自由度。例如，当风电机组采用直驱式结构时，机组的额定转速为 15r/min，如果将发电机的额定频率设定为 10Hz，发电机的极数仅为 80 极，可以说，这是一个在技术上可行的方案。

由于低速永磁同步发电机的极数很多，而电枢圆周的尺寸有限，电枢的槽数受到了限制，因此，低速同步发电机常采用分数槽绕组，即其每极每相槽数 q 为

$$q=\frac{Q_1}{2pm}=\text{分数} \tag{7.1}$$

式中　Q_1——电枢总槽数；

p——极对数；

m——相数。

7.1.2　同步发电机的运行原理与特性

与感应发电机不同，同步发电机是一种双边激励的发电机，其定子（电枢）绕组接到电

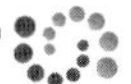

网以后，定子电流流过定子绕组产生定子磁动势，并建立起定子旋转磁场；转子励磁绕组中通入直流励磁电流建立转子主磁场，或者由永磁体直接产生主磁场。由于转子以同步转速旋转，转子主磁场也将以同步转速旋转。发电机稳定运行时，定子、转子旋转磁场均以同步转速旋转，两者是相对静止的，依靠定子、转子磁极之间的磁拉力产生电磁转矩，传递电磁功率。

定子、转子的N、S极之间的磁拉力可以假设成定子合成磁场 B 与转子主磁场 B_0 之间由一组弹簧联系在一起。当发电机空载时，弹簧处于自由状态，未被拉伸，这时 B 与 B_0 的轴线重合，电磁功率为0；当发电机负载后，B 与 B_0 的轴线之间就被拉开了一个角度，从而产生了电磁功率。负载越大，B 与 B_0 的轴线之间被拉开的角度越大，同步发电机从机械功率转换成电功率的这部分功率就越大，这部分转换功率称为同步发电机的电磁功率，与电磁功率对应的转矩称为电磁转矩。B 与 B_0 之间的夹角称为功率角 θ，它是同步发电机的一个重要参数。显然，弹簧被拉伸的长度是有一定限度的，同样，随着功率角 θ 的增大，同步发电机电磁功率的增加也有一定的限度，超过了这个限度，同步发电机的工作就变得不稳定，甚至引起飞车，称为同步发电机的失步。

同步发电机的等效电路如图7.2所示，与之相对应的向量图如图7.3所示。这两图中：$\dot{E}_0$ 为励磁电动势，对永磁电机也称为永磁电动势，是由转子主磁场在电枢绕组中感应的电动势；$\dot{U}$为发电机输出相电压；$\dot{I}$为发电机的输出相电流；X_s 为同步电抗，它综合表征了同步发电机稳态运行时的电枢磁场效应 X_a 和电枢漏磁场效应 X_δ，且 $X_s=X_a+X_\delta$；R_a 为电枢绕组的每相电阻。

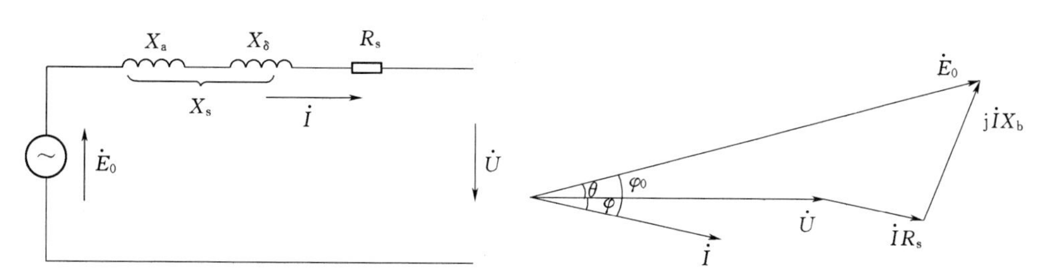

图7.2　同步发电机的等效电路　　　　图7.3　同步发电机的向量图

电磁功率 P_e 与功率角 θ 之间的关系称为功角特性，可表示为

$$P_e=m\frac{E_0U}{X_s}\sin\theta \tag{7.2}$$

式中　m——发电机相数，一般为三相。

对应的特性曲线如图7.4所示。

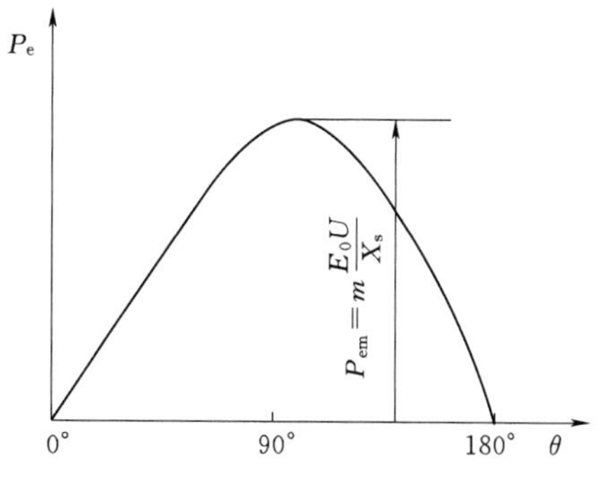

图7.4　同步发电机的功角特性

可以看出，同步发电机的电磁功率 P_e 与功率角 θ 的正弦值成比例变化，在 $\theta=90°$ 时，电磁功率出现最大值 P_{em}，显然 $P_{em}=m\frac{E_0U}{X_s}$。进一步分析可知：当 $\theta<90°$ 时，发电机的运行是稳定的，功率角 θ 越小，运行越稳定，功率角 θ 越接近90°，运行的稳定性越差；当 $\theta>90°$ 时，发电机的

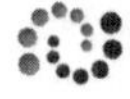

运行是不稳定的，可能导致发电机失去同步。为了保证发电机运行的稳定性，一般取额定运行时的功率角为30°～40°，以便在任何情况下，发电机都能运行在稳定区域并具有足够的过载能力。

7.1.3　永磁同步风力发电机的数学模型

永磁同步电机定子与普通电励磁同步电机的定子一样都是三相对称绕组。通常按照电动机惯例规定各个物理量的正方向。在建立数学模型过程中作如下基本假设：

(1) 转子永磁磁场在气隙空间分布为正弦波，定子电枢绕组中的感应电动势也为正弦波。

(2) 忽略定子铁芯饱和，认为磁路线性，电感参数不变。

(3) 不计铁芯涡流与磁滞等损耗。

(4) 转子上没有阻尼绕组。

两极永磁同步电机结构图如图7.5所示。图7.5中规定正电压生正电流，正电流产生正磁场，电势与磁链满足右手定则，且电流产生的磁场轴线与绕组轴线完全一致，定子三相绕组轴线空间逆时针排列，A相绕组轴线作为定子静止参考轴，转子永磁极产生的基波磁场方向为直轴 d 轴，超前直轴90°电角度的位置是交轴 q 轴。并且以转子直轴相对于定子A相绕组轴线作为转子位置角 θ，即逆时针方向为转速正方向。

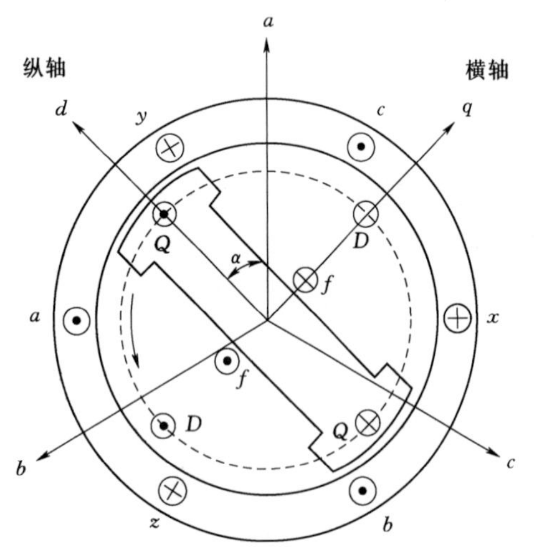

图7.5　两极永磁同步电机结构图

三相永磁同步电机的三个电枢绕组在空间对称分布，轴线互差120°电角度，每相绕组电压与电阻压降和磁链变化相平衡。定子磁链由定子三相绕组电流和转子永磁体产生，定子三相绕组电流产生的磁链与转子位置角有关，转子永磁体产生的磁链也与转子位置角有关，其中转子永磁体磁链在每相绕组中产生反电动势。由此得定子电压方程式

$$\left.\begin{aligned} u_A &= -r_s i_A + D\psi_A \\ u_B &= -r_s i_B + D\psi_B \\ u_C &= -r_s i_C + D\psi_C \end{aligned}\right\} \tag{7.3}$$

式中　u_A、u_B、u_C——三相绕组电压；

i_A、i_B、i_C——三相绕组电流；

ψ_A、ψ_B、ψ_C——三相绕组间的磁链；

r_s——每相绕组电阻；

D——微分算子$\frac{d}{dt}$。

定转子和绕组的合成磁链是由各绕组自感磁链与其他绕组互感磁链组成，按照上面的

磁链正方向，磁链方程式为

$$\begin{bmatrix}\Phi_a\\\Phi_b\\\Phi_c\end{bmatrix}=\begin{bmatrix}L_{aa} & M_{ab} & M_{ac}\\M_{ba} & L_{bb} & M_{bc}\\M_{ca} & M_{cb} & L_{cc}\end{bmatrix}\begin{bmatrix}i_a\\i_b\\i_c\end{bmatrix}+\psi_f\begin{bmatrix}\cos\theta\\\cos(\theta-2\pi/3)\\\cos(\theta+2\pi/3)\end{bmatrix} \tag{7.4}$$

式中 L_{aa}、L_{bb}、L_{cc}——每相绕组自感；

M_{ab}、M_{ba}、M_{bc}、M_{cb}、M_{ac}、M_{ca}——两相绕组互感，$M_{ab}=M_{ba}$，$M_{bc}=M_{cb}$，$M_{ac}=M_{ca}$；

ψ_f——永磁体磁链。

并且

$$\psi_{fA}=\psi_f\cos\theta \tag{7.5}$$

$$\psi_{fB}=\psi_f\cos(\theta-120°) \tag{7.6}$$

式中 ψ_{fA}、ψ_{fB}——三相绕组间的转子永磁磁链。

分析永磁同步电机所常用到的就是永磁同步电机的 dq 轴数学模型，它可用来分析永磁同步电机的稳态和瞬态性能。为此，建立旋转坐标的永磁同步电机 dq 轴数学模型为

$$u_d=\frac{d\psi_d}{dt}-\omega_e\psi_q+r_si_d \tag{7.7}$$

$$u_q=\frac{d\psi_q}{dt}+\omega_e\psi_d+r_si_q \tag{7.8}$$

$$\psi_d=L_di_d+\psi_f \tag{7.9}$$

$$\psi_q=L_qi_q \tag{7.10}$$

式中 u_d、u_q——d、q 轴电压；

i_d、i_q——d、q 轴电流；

L_d——定子直轴电感；

L_q——永磁体励磁磁链；

ψ_d、ψ_q——d、q 轴磁链；

ω_e——电角速度；

r_s——定子相电阻；

电机电磁转矩方程为

$$T_e=\frac{3}{2}p(\psi_di_q-\psi_qi_d)=\frac{3}{2}pi_q[i_d(L_d-L_q)+\psi_f] \tag{7.11}$$

式中 p——电机的极对数。

机械运动方程为

$$J\frac{d\omega_r}{dt}=T_L-T_e \tag{7.12}$$

式中 J——机组的等效转动惯量；

T_e——电磁转矩；

ω_r——发电机转子的机械转速，它与电角速度 ω_e 的关系式为 $\omega_e=p\omega_r$；

T_L——原动机机械转矩。

7.1.4 永磁同步风力发电机输出特性

风力机轴上输出的机械功率为

$$P_{mech}=0.5C_P(\lambda,\beta)\pi\rho r^2 v^3 \tag{7.13}$$

式中　r——风力机叶片半径；

ρ——空气密度；

v——风速；

$C_P(\lambda,\beta)$——风能利用系数，反映风力机吸收风能的效率。

风速确定时，风力机吸收的风能只与 $C_P(\lambda,\beta)$ 有关。桨叶节距角 β 一定时，$C_P(\lambda,\beta)$ 是叶尖速比 λ 的函数，风能利用系数与叶尖速比关系曲线如图 7.6 所示，此时存在一个最佳叶尖速比 λ_{opt}，对应最大的风能利用系数 C_{Pmax}。

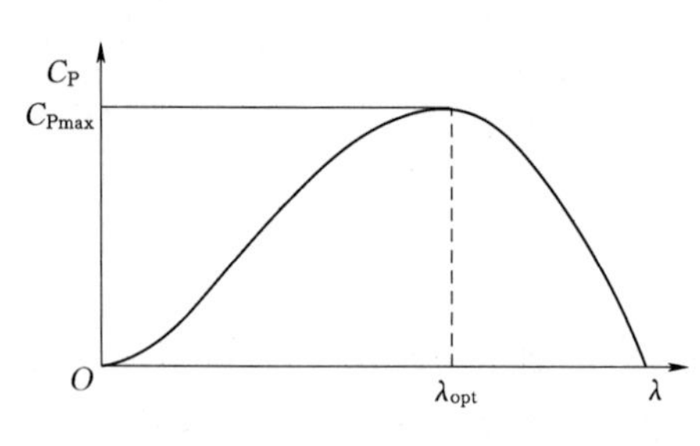

图 7.6　风能利用系数与叶尖速比关系曲线

叶尖速比 λ 是叶片尖端的线速度与风速之比，即

$$\lambda=\frac{r\omega_{wt}}{v} \tag{7.14}$$

式中　ω_{wt}——风力机的转速。当风力机运行于最佳叶尖速比的状态时，风速与风力机的转速成正比为

$$v=\frac{r\omega_{wt}}{\lambda_{opt}} \tag{7.15}$$

此时，风力机轴上输出的机械功率为

$$P_{mech\_opt}=0.5\rho C_{Pmax}\pi r^2\left(\frac{r\omega_{wt}}{\lambda_{opt}}\right)^3=K_{opt}\omega_{wt}^3 \tag{7.16}$$

将式（7.16）的两边同时除以风力机的转速，可得风力机轴上输出的机械转矩为

$$T_{mech\_opt}=\frac{P_{mech\_opt}}{\omega_{wt}}=K_{opt}\omega_{wt}^2 \tag{7.17}$$

式（7.16）、式（7.17）给出的风力机输出的机械功率、机械转矩与转速之间的关系称为最佳功率曲线和最佳转矩曲线。当风力发电系统稳定运行于某一风速下的最大功率点处，风速与叶尖线速度之间满足式（7.15），即风力机处于最佳叶尖速比状态，此时风力机的输出功率与转速之间满足式（7.16）所给出的最佳功率曲线关系，风力机的输出转矩与转速之间满足式（7.17）所给出的最佳转矩曲线关系。所以，从这个角度上讲，最佳功率曲线、最佳转矩曲线与最佳叶尖速比是统一的。

不同风速下，风力机输出的机械功率、机械转矩、最佳功率和最佳转矩曲线如图 7.7 所示。图 7.7（a）为风力机的功率—转速特性曲线；图 7.7（b）为风力机的转矩—转速特性曲线，图 7.7（b）中的转矩曲线为图 7.7（a）中相应的功率曲线除以转速得到的，所以两者所表示的运行状态是一致的。

7.1.5　永磁同步风力并网变流器的控制原理

1. 双 PWM 变流器

类似于有刷双馈风力发电系统，连接发电机定子的 PWM 变换器称为机侧 PWM 变换器，连接电网的 PWM 变换器称为网侧 PWM 变换器。一般情况下机侧 PWM 变换器

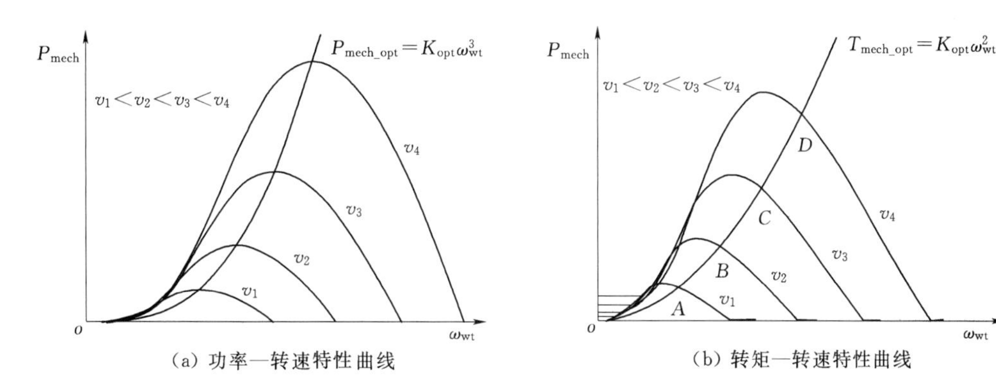

图 7.7 风力机的输出特性曲线

工作在整流状态（因此又称为 PWM 整流器），网侧 PWM 变换器工作在逆变状态（因此又称为 PWM 逆变器）。PMSG 发出的电能经机侧 PWM 变换器转换为直流电，中间直流母线并联大电容起稳压和能量储存缓冲的作用，最后经过网侧 PWM 变换器转换为与电网同频的交流电馈入电网，机侧 PWM 变换器与网侧 PWM 变换器本体结构上完全相同。

PWM 变换器可以根据需要工作在整流状态或逆变状态，能量可以双向流动（对双馈风力发电系统是必需的，但直驱式并网并不需要这种功能），定子侧电流和网侧电流的大小和功率因数都是可调的，整个双 PWM 变换器可以工作在四象限状态。

在具体运行中，两个 PWM 变换器各司其职，根据控制算法的不同其功能也不同。无论哪种算法，机侧 PWM 变换器一般是采用转子磁链定向控制，在已知电机转速的情况下，通过直接控制 q 轴电流分量 i_{sq}，就能控制电机的电磁转矩 T_e，进一步控制发电机输出的有功功率 P_s，最终实现发电系统输出有功功率的调节；网侧 PWM 变换器采用电网电压矢量定向，通过调节网侧的 d、q 轴电流，保持直流侧电压稳定，实现有功功率和无功功率的解耦控制，控制流向电网的无功功率，通常运行在单位功率因数状态，也可根据电网需要提供一定的无功功率。

机侧 PWM 变换器加网侧 PWM 变换器的优点如下：

（1）整个系统谐波很少，可以实现定子电流的正弦化（减小了发电机的功率波动，并且也只有这样才能够应用发电机定子电流来分析发电机故障），也可以实现网侧电流的正弦化。

（2）控制非常灵活，可以控制发电机电流，也可以控制电网电流，可以灵活地选择直流母线电压、控制风能最大跟踪以及实现有功功率、无功功率的控制。

2. 机侧变流器控制原理

机侧变流器矢量控制算法如图 7.8 所示，采用功率外环、电流内环双闭环控制方式。

q 轴：由风电场提供的最优转速功率曲线得到某一转速下对应的最大功率作为外环功率参考值，与发电机实际的有功功率做比较，得到一个偏差，经过比例积分控制器得到有功电流参考值 i_{sq}^*（也可以直接算出功率与电流的比例关系作为 q 轴电流的给定，这样对电流环要求更高），进而控制电磁转矩。其与实际的 q 轴电流做偏差经过 PI 调节得到 u'_{sd}，然后与解耦得到的 Δu_{sq} 相加得到 q 轴调制电压。

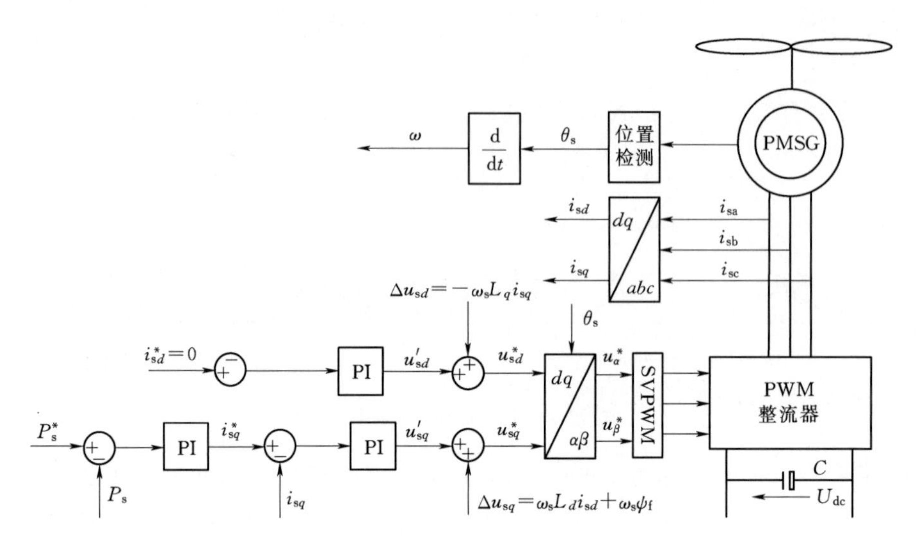

图7.8　机侧变流器矢量控制算法

d 轴：无功电流参考值 $i_{sd}^*=0$。与实际 d 轴电流做差经PI调节得 u'_{sd}。同理 q 轴。如此，得到两个调节电压，经 dq 到 $\alpha\beta$ 变换，得到 u_α^* 和 u_β^*，然后采用SVPWM调制法发出PWM波对电机侧变换器进行控制。

需要注意的是，有功功率可以直接给定也可以通过查表法追踪最大风能获得。

3. 网侧变流器控制原理

网侧变流器矢量控制算法如图7.9所示。维持直流母线电压恒定，可以保证电机发出的有功功率全部流入电网。电网侧变换器一方面控制直流链电压恒定；另一方面控制系统发出的无功。

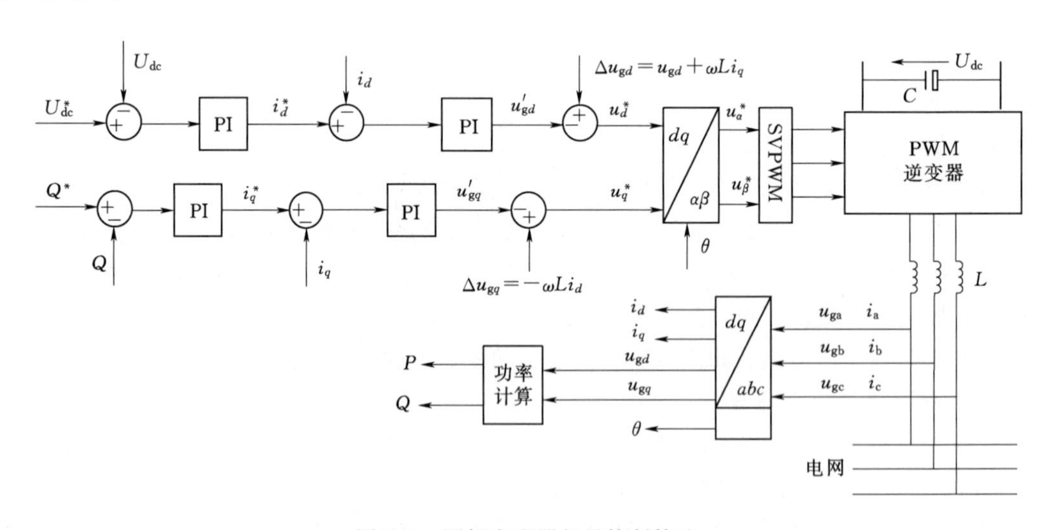

图7.9　网侧变流器矢量控制算法

d 轴：给定直流电压与实际直流电压做偏差经PI调节，输出为 d 轴电流设定值 i_d^*，经过PI调节得到 u'_{gd}，经解耦运算得到 d 轴电压控制量 u_d^*。

q 轴：q 轴电流的设定值由给定值 Q^* 得到，此时并网电压恒定，可以运算得到 q 轴电流的设定值 i_q^*，也即可以通过调节 q 轴电流 i_q 就能使整个系统发出的无功功率 Q 达到设定值 Q^*。然后给定电流与 q 轴实际电流的偏差经过 PI 调节器得到 u'_{gq}，然后经过解耦运算得到 q 轴控制电压 u_q^*。u_d^* 和 u_q^* 经过一个反变换作为 SVPWM 的输入得到 PWM 波控制逆变器。

7.2 太阳能光伏并网发电

7.2.1 光伏发电的基本原理

太阳能光伏发电的基本原理是利用太阳能电池（一种类似于晶体二极管的半导体器件）的光生伏打效应直接把太阳的辐射能转变为电能，太阳能光伏发电的能量转换器就是太阳能电池，也叫光伏电池。当太阳光照射到由 P 型、N 型两种不同导电类型的同质半导体材料构成的太阳能电池上时，其中一部分光线被反射，一部分光线被吸收，还有一部分光线透过电池片。被吸收的光能激发被束缚的高能级状态下的电子，产生“电子—空穴”对，在 PN 结的内建电场作用下，电子、空穴相互运动。太阳能电池的工作原理如图 7.10 所示，N 区的空穴向 P 区运动，P 区的电子向 N 区运动，使太阳电池的受光面有大量负电荷（电子）积累，而在电池的背光面有大量正电荷（空穴）积累。若在电池两端接上负载，负载上就有电流通过，当光线一直照射时，负载上将源源不断地有电流流过。单片太阳能电池是一个薄片状的半导体 PN 结。标准光照条件下，额定输出电压为 0.5V 左右。为了获得较高的输出电压和较大功率容量，往往要把多片太阳能电池连接在一起使用。太阳能电池的输出功率随光照强度不同呈现随机性特征，在不同时间、不同地点、不同安装方式下，同一块太阳能电池的输出功率也是不同的。

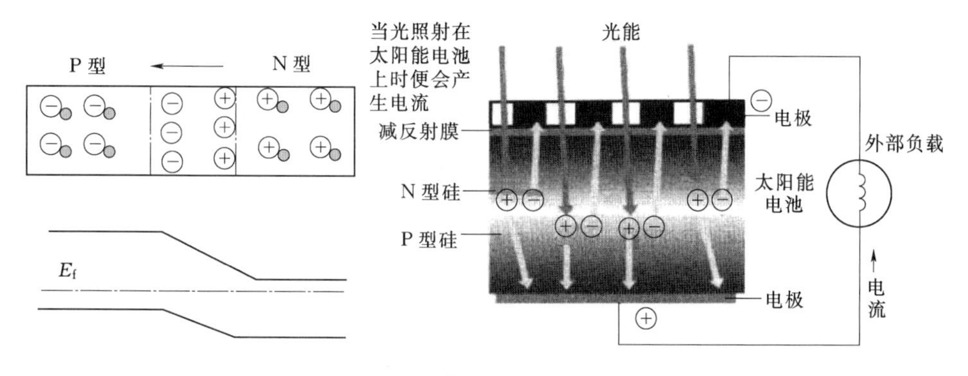

图 7.10 太阳能电池的工作原理

太阳能光伏发电系统的第一个入口点是太阳能电池。太阳能电池单体、模块或阵列如图 7.11 所示，由一片单晶硅片构成的太阳能电池称为单体（Cell）；多个太阳能电池单体组成的构件称为太阳能电池模块（Module）；多个太阳能电池模块构成的大型装置称为太阳能电池阵列（Array），阵列有公共的输出端，可直接向负荷供电。

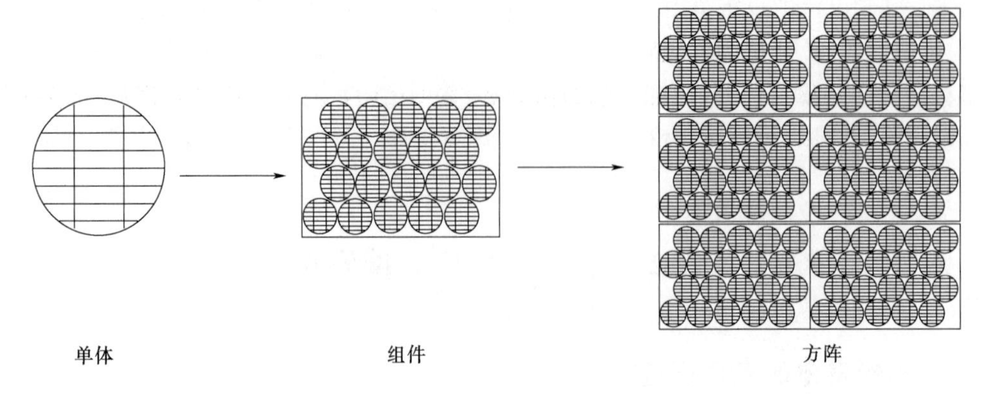

图 7.11 太阳能电池单体、模块或阵列

7.2.2 光伏电池的数学模型

太阳能电池的模型有很多种，常见的一种单个太阳能电池数学模型示意图如图 7.12 所示。

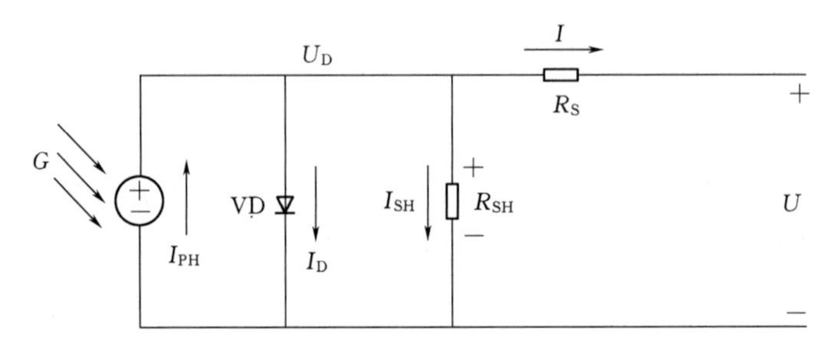

图 7.12 单个太阳能电池数学模型示意图

图 7.12 所示的单个太阳能电池板的数学模型，其输出电压一般为 0.5～0.6V，否则图 7.12 中的二极管就会饱和导通。图 7.12 中模型属于中等复杂的太阳能电池模型，只有一个二极管（复杂的有两个二极管），有相应的串联电阻 R_S 与并联电阻 R_{SH}。一般来说，质量好的硅晶片 $1cm^2$ 的串联电阻 $R_S=7.7\sim15.3m\Omega$，并联电阻 $R_{SH}=200\sim300\Omega$。

太阳能电池的伏安特性指的是图 7.12 中模型的 I—U 关系曲线。从图 7.12 中可以看出，在外接负载的情况下，负载电流 I 与 I_{PH}、I_D、I_{SH}（PH—Photovoltaic，D—Diode，SH—Shunt）的关系为

$$I=I_{PH}-I_D-I_{SH} \tag{7.18}$$

负载电压 U 与二极管电压 U_D 的关系为

$$U=U_D-R_SI \tag{7.19}$$

式（7.18）中，I_{PH} 为太阳能电池的电流，同时是太阳能电池的短路电流，也是太阳能电池所能产生的最大电流，它在外接负载为 0，即 $U=0$ 时得到，短路电流用 I_{SC}（SC—Short Circuit）表示为

$$I_{PH}=I_{SC} \tag{7.20}$$

注意，在一般的模型中，通常忽略并联电阻 R_{SH} 的影响，只考虑串联电阻 R_S 的作用，所以有

$$I=I_{SC}-I_D \tag{7.21}$$

1. 环境温度 T_a 与太阳能电池温度 T_c 的关系

多数情况下环境 T_a 与太阳能电池的温度 T_c 并不相同，但大多数的文献都是假定两者是一样的，也有文献给出一个由环境温度简便计算出太阳能电池温度的表达式，即

$$T_c=T_a+C_2G_a \tag{7.22}$$

式中 T_c——太阳能电池温度；

T_a——环境温度；

G_2——系数，(K・m^2) /W，通常取值为 0.03；

G_a——环境光照度。

2. 短路电流 I_{SC}

一般 I_{SC}可表示为

$$I_{SC}=I_{SC}(T_1)+K_0(T-T_1) \quad \text{或} \quad I_{SC}=I_{SC}(T_1)[1+\alpha(T-T_1)] \tag{7.23}$$

式中 $I_{SC}(T_1)$ ——在参考温度 T_1（通常取为 25℃）时的太阳能电池短路电流；

T——当前的环境温度；

K_0——太阳能电池电流系数，$K_0=\dfrac{I_{SC}(T_2)-I_{SC}(T_1)}{T_2-T_1}$（通常 T_1 为 25℃，T_2 为 75℃），对单晶硅太阳能电池，典型值为 500μA/℃；

α——参考日照下太阳能电池短路电流温度系数，厂家一般会给出。

考虑太阳光照度强度的情况，在相同温度下，太阳能电池的短路电流只是光照强度的函数，I_{SC}可表示为

$$I_{SC}(T_1)=I_{SC}(T_{1,\text{nom}})\frac{G}{G_{\text{nom}}} \tag{7.24}$$

式中 G——太阳光照强度，W/m^2，很多文献用 Suns 作为单位来表示，1 个 Suns 为 1000W/m^2。

根据式 (7.23) 和式 (7.24) 可以写出太阳能电池在任何光照强度与温度下的短路电流表达式为

$$\begin{cases} I_{SC}=I_{SC}(T_1)[1+\alpha(T-T_1)] \\ I_{SC}(T_1)=I_{SC}(T_{1,\text{nom}})\dfrac{G}{G_{\text{nom}}} \end{cases} \tag{7.25}$$

3. 二极管饱和电流

二极管饱和电流可以表示为

$$I_D=I_0\left[e^{\frac{q(U+IR_S)}{nkT}}-1\right] \tag{7.26}$$

式中 q——电子的电荷量，取值一般为 1.6×10^{-19}C；

k——玻尔兹曼常数，取值一般为 1.38×10^{-23}J/K；

T——环境温度，需要转换成绝对温度（+273.15K）；

n——二极管的理想因数（Ideality Factor），数值为 1～2，在大电流时靠近 1，在小电流时靠近 2，通常取为 1.3 左右；

I_0——温度的复杂函数。

I_0 可以进一步表示为

$$I_0=I_0(T_1)\left(\frac{T}{T_1}\right)^{\frac{3}{n}}e^{\frac{qU_g}{nk}\left(\frac{1}{T_1}-\frac{1}{T}\right)} \tag{7.27}$$

式中　U_g——太阳能电池带隙电压（bang gap voltage），对单晶硅为1.12eV，对非结晶硅为1.75eV。

I_0（T_1）可根据公式 $I=I_{SC}-I_D$ 求解获得，表示为

$$I_0(T_1)=\frac{I_{SC}(T_1)}{e^{\frac{qU_{OC}(T_1)}{nkT_1}}-1} \tag{7.28}$$

式（7.28）的求解条件为：采用的参考环境温度为 T_1，负载电流 $I=0$，太阳能电池的开路电压 $U=U_{OC}$（T_1）为 $I=0$ 时得到的二极管上的压降，它表达了太阳能电池在夜间的电压。

U_{OC}（T_1）可以表示为

$$U_{OC}(T_1)=\frac{nkT_1}{q}\ln\left(\frac{I_{SC}}{I_0}+1\right)=U_t\ln\left(\frac{I_{SC}}{I_0}+1\right) \tag{7.29}$$

式中　U_t——热电压（thermal voltage），$U=\frac{kT}{q}$，一般取值25.68mV，$T=25℃$。

4．开路电压 U_{OC} 的表达式为

$$U_{OC}(T)=\frac{nkT}{q}\ln\left[\frac{I_{SC}(T)}{I_0(T)}+1\right] \tag{7.30}$$

也可将 U_{OC} 写成

$$U_{OC}=U_{OC}(T_1)[1-\beta(T-T_1)] \tag{7.31}$$

式中　β——参考日照下太阳能电池开路电压温度系数（temperature coefficient of open circuit voltage），对单晶硅光伏电池典型值为5mV/℃。

5．光伏电池的最大效率（maximum efficiency）

定义光伏电池的最大效率为

$$\eta=\frac{P_{max}}{P_{in}}=\frac{I_{max}U_{max}}{AG_a} \tag{7.32}$$

式中　I_{max}、U_{max}——光伏电池最大功率点电流与电压；

A——光伏电池面积；

G_a——环境的太阳光照强度。

6．填充因数（Fill Factor）

定义填充因数为

$$FF=\frac{P_{max}}{U_{OC}I_{SC}}=\frac{I_{max}U_{max}}{U_{OC}I_{SC}} \tag{7.33}$$

对于性能理想的光伏电池，FF 值应该大于0.7，随着温度的增加，FF 值会下降。

最后可得，PV电池 $I—U$ 曲线的表达式为

$$\begin{aligned}I=&\frac{1+\alpha(T_c-T_{c1})}{I_{SC}(T_{c1,nom})}I_{SC}(T_{c1,nom})\frac{G_a}{G_{a,nom}}\\&-\frac{I_{SC}(T_{c1})}{e^{\frac{qU_{OC}(T_{c1})/N_c}{nkT_{c1}}}-1}\left(\frac{T_c}{T_{c1}}\right)^{\frac{3}{n}}e^{-\frac{qU_g}{nk}\left(\frac{1}{T_c}-\frac{1}{T_{c1}}\right)}\left[e^{\frac{q(U+IR_S)}{nkT_c}}-1\right]-\frac{U+IR_S}{R_{sh}}\end{aligned} \tag{7.34}$$

7.2.3　光伏电池发电功率特性

1. 太阳能电池的电流—电压特性

太阳能电池把接收的光能转换成电能，其输出电流—电压的特性，即 I—U 曲线如图 7.13 所示。在图 7.13 中标注的各点在标准状态下具有以下含义：

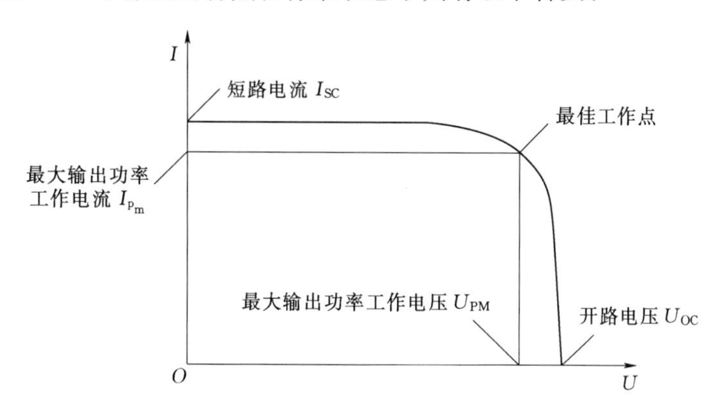

图 7.13　太阳能电池的电流—电压特性

最大输出功率 P_m：最大输出工作电压 U_{P_m} 与最大输出工作电流 I_{P_m} 之积。

开路电压 U_{OC}：正负极间为开路状态时的电压。

短路电流 I_{SC}：正负极间为短路状态时流过的电流。

最大输出工作电压 U_{P_m}：输出功率最大时的工作电压。

最大输出工作电流 I_{P_m}：输出功率最大时的工作电流。

图 7.13 中的最佳工作点是得到最大输出功率时的工作点，此时的最大输出功率 $P_m = I_{P_m}U_{P_m}$。在实际的太阳能电池工作中，工作点与负载条件和光照条件有关，所以工作点偏离最佳工作点。

许多文献中经常提及的标准测试条件（standard testing condition，STC）是指太阳能电池表面温度 25℃，光照强度 1000W/m^2。

2. 太阳能电池的温度和照度特性

光伏电池模型参数见表 7.1。利用光伏电池模型参数，对太阳能电池在不同光照强度和环境温度条件下的运行特性进行分析，得到的 I—U 和 P—U 曲线如图 7.14 所示。

如果太阳能电池其表面温度变高，输出功率下降，则呈现负的温度特性。晴天受到光照的电池表面温度比外界气温高 20～40℃，所以此时电池板的输出功率比标准状态的输出功率低。另外，由于季节和温度的变化输出功率也在变化。如果光照强度相同，冬季比夏季输出功率大。由图 7.14 可知，温度不变、光照强度变化的场合，短路电流 I_{SC} 与光照强度成正比，最大功率与光照强度大致成正比；当光照强度不变、温度上升时，开路电压 U_{OC} 和最大输出功率 P_m 下降。

3. 太阳能电池的分光感度特性

对于太阳能电池来说，不同的光照射时产生的电能是不同的。例如，红色的光转化生成的电能与蓝色的光所生成的电能是不一样的。一般光的颜色（波长）与所转换生成的电能的关系，即用分光感度特性来表示。不同的太阳能电池对于光的感度是不一样的，在使用太阳能电池时特别重要。荧光灯的放射频谱与非晶硅太阳能电池的分感度特性非常一致，由于非晶硅太阳能电池的荧光灯下具有优良的特性，因此在荧光灯下（室内）使用的太阳能电池设备采用非晶硅太阳能电池较为适合。

表 7.1　　光伏电池模型参数

PV 模型参数	描　述	单　位
T_c	光伏电池温度	K
T_a	环境温度	K
G_a	光照强度	W/m^2
C_2	系数	$C_2=0.03km^2/W$
T_{c1}	标准测试环境下的光伏电池温度	$T_{c1}=298.15K$
$I_{SC}(T_{c1,nom})$	标准测试环境下的 PV 短路电流	$I_{SC}(T_{c1,nom})=8.15A$
$G_{a,nom}$	标准测试环境下的光照强度	$G_{a,nom}=1000W/m^2$
α	短路电流的温度系数	$\alpha=0.0033$
$U_{OC}(T_{c1})$	标准测试环境下的 PV 开路电压	$U_{OC}(T_{c1})=29.4$
β	开路电压的温度系数	$\beta=-2.3\times10^{-3}V/K$
q	电荷量	$q=1.602\times10^{-19}C$
k	玻耳兹曼常数	$k=1.381\times10^{-23}J/K$
n	二极管理想因数	$n=1.3$
U_g	PV 材料禁带电压	$U_g=1.12V$
N_S	一个 PV 模块中串联电池数	$N_S=48$
R_S	光伏电池串联电阻	Ω
R_{Sh}	光伏电池并联电阻	Ω

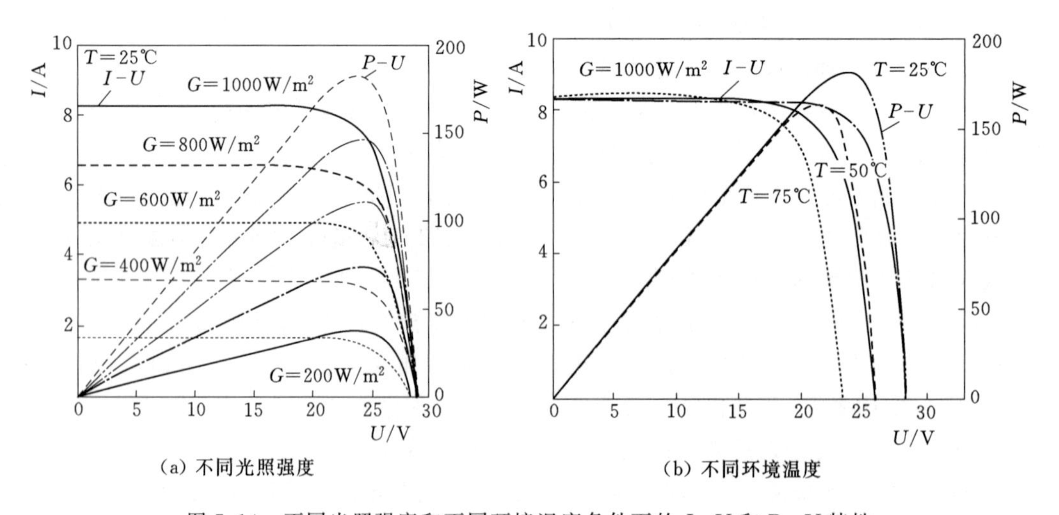

(a) 不同光照强度　　(b) 不同环境温度

图 7.14　不同光照强度和不同环境温度条件下的 $I-U$ 和 $P-U$ 特性

4. 光伏发电运行失配现象及机理

光伏电池接受阳光光照产生能量的过程，有时会由于局部光照强度的减弱（树、云层或者建筑物的阻碍造成的阴影等）或者生产工艺的问题，造成模块中某个单体光伏电池的电流小于其他单体光伏电池的电流，该电池可能在某一情况下带上负电压，即在电路中不再作为电源，而是作为负载消耗其他正常电池（未被遮蔽）产生的功率，模块性能骤降，这就是典型的失配现象。

（1）失配的原因。造成失配的原因主要如下：

1）产品问题。成品自带的一些允许误差和模块间的不匹配。

2）环境问题。光伏电池周围环境（温度、气压等外界条件）改变，电池出现故障，导致整个电路部分或全部开路。

3）阴影问题。光伏电池的性能受限于阴影效应。例如不可预测的小鸟飞下或树叶的凋落，一片树叶的凋落很有可能导致整个系统的功率降至额定功率的一部分，使得电池性能降低。受阴影影响的电池和正常的电池串联在一起会使整个电路产生反电压，而造成局部过热，从而导致整个电池失效，这就是“热斑效应”。

4）模块老化问题。光伏电池的老化会带来一定能量的损失。

对于光伏模块或阵列来说，在一个模块中如果各个光伏电池参数不一致，易发生失配现象，造成一定的功率损失，并会降低模块的转换效率。如果光伏电池老化，那么模块和阵列的失配损失也会随着电池的老化变得越来越严重。

另外，当光伏阵列输出功率给负载或者蓄电池时，由于负载不匹配也容易造成失配损失。失配带来的危害首先表现为引起光伏阵列的效率降低，甚至会使整个阵列停止工作。

（2）失配的机理。正常情况下光伏电池串/并联输出特性曲线如图 7.15 所示。

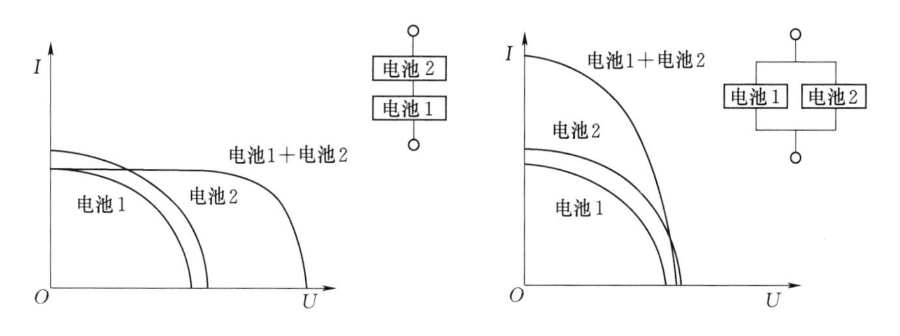

图 7.15 光伏电池串/并联输出特性曲线

一般来说，当一个模块中有电池被遮蔽时，其特性曲线将会发生改变。模块中一块电池被遮蔽的情况下对整个模块性能的影响如图 7.16 所示，如果模块中有一个电池被完全遮蔽，将可能会使整个模块的功率损失高达 75%。当然也有一些模块受遮蔽的影响小于这一数值。

通常，为了减少在光伏电池出现阴影情况下对模块性能的影响，往往对多个串联的电池配置一个或几个旁路二极管，以消除与其他电池串联在出现阴影时造成的功率失配。

下面对两个特性曲线不一样的电池串联是否接有旁路二极管进行对比，如图 7.17 分析可知，当旁路二极管存在时，合成功率以及串联电池性能均得到改善。

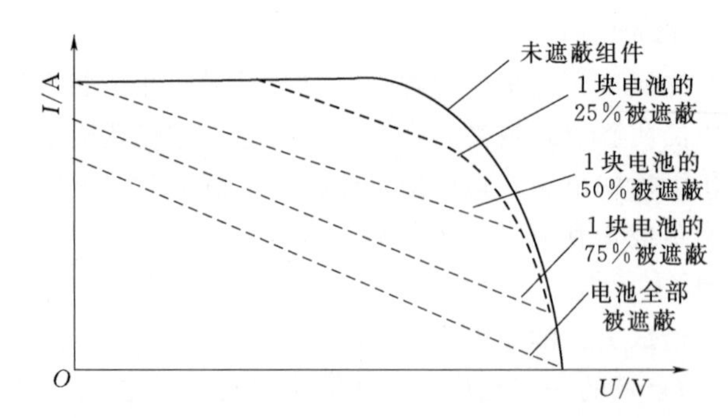

图7.16 模块中一块电池被遮蔽的情况下对整个模块性能的影响

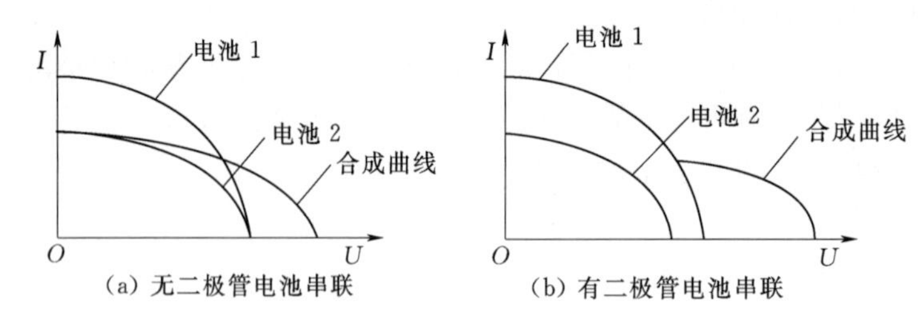

图7.17 不同特性电池串联有无旁路二极管对比

此外，每个串联支路在和其他支路并联之前，需要先串联一个阻断二极管。如添加旁路二极管和阻断二极管后的电路图如图7.18所示，阻断二极管在正常模块输出电压高于有阴影模块的最大输出电压时发挥作用，它给有阴影的模块提供一个电压补偿作用，使两并联支路的电压得到匹配，从而防止电压倒灌、电流环流现象的产生。

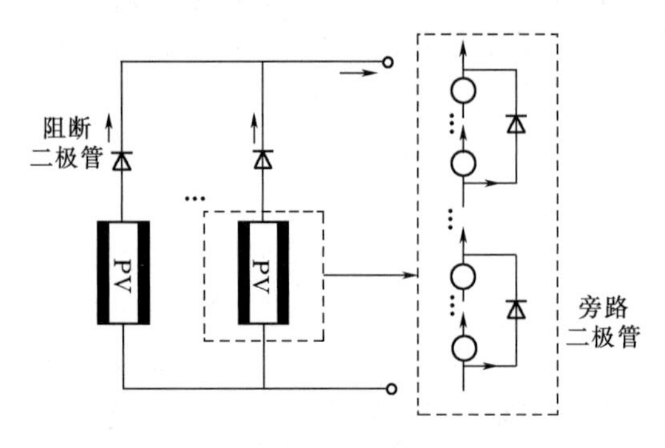

图7.18 添加旁路二极管和阻断二极管后的电路图

这两种减轻功率失配损失的措施，在增加了设备成本的基础上，避免了个别光伏电池消耗其他光伏电池产生能量的情况。

1）旁路二极管。当光伏电池模块直接串联时，随着某个电池所受光照强度的降低（遮蔽率的增加），电池输出电流将逐渐减少，而被遮蔽电池的电流决定着整体的输出电流，所受光照强度低的模块限制了整个电路的电流。阴影严重时，当电路中的电流比被遮蔽电池所能提供的最大电流（短路电流）还要大时，被遮蔽的电池会带负电压，相当于一个负载，随着耗能的增加，将会产生大量的热量，形成一个局部“热点”，即热斑现象。如果电池被完全遮蔽，那么电路相当于开路，电路中就没有电流。

二极管与电池特性曲线对比图如图7.19所示。一个理想的二极管可以经受任何反向电压，当光伏电池模块存在反向电压时，它将作为一个恒流负载工作。

添加旁路二极管后的电路模型如图7.20所示。旁路二极管会在某个串联模块受到阴影的情况下产生作用。此时，旁路二极管会适时正向导通，为其所并联的受阴影影响的模块传输一定的补偿电流，使不匹配的两块电池的部分电流差从二极管中流过，减轻电流的降低程度；弥补电流的同时，还提供一个能量散逸的低阻抗路径来提高电路的性能及其输出功率，虽然二极管的添加造成了一定的能量损失（自身散发热量），但电路的电流运行范围扩大了，整个电路的运行性能也得到较大的改善。所以通过并联旁路二极管可以避免电池的不匹配和减少失配现象。

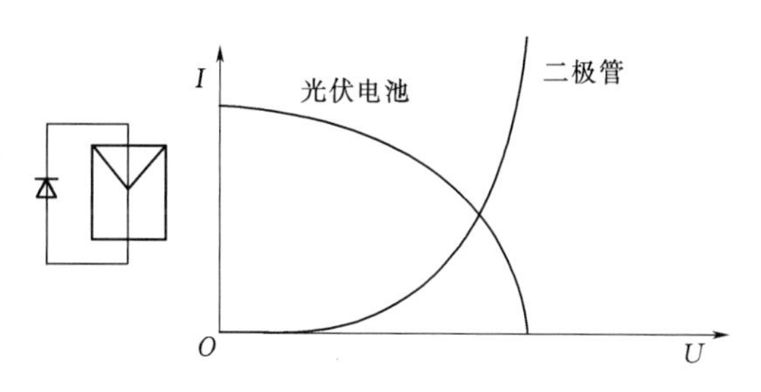

图 7.19　二极管与电池特性曲线对比图

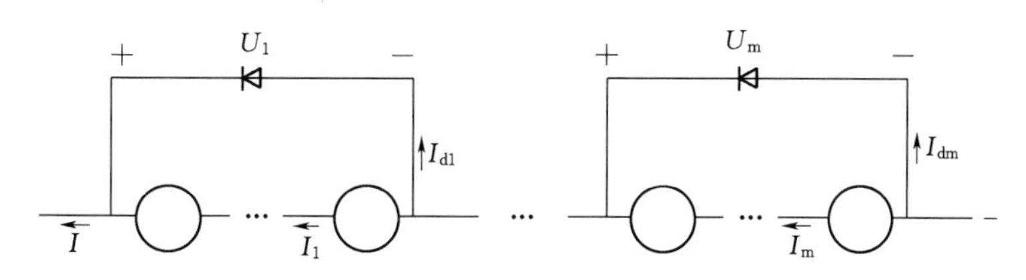

图 7.20　添加旁路二极管后的电路模型

两个性能相似的模块串联到一起时，电流保持不变，电压将加倍。然而，当两个性能不同的模块串联到一起时，电压仍叠加。但是电流将被限制在略高于串联模块中电流较小的模块产生的电流值，不同性能组件串联曲线合成如图 7.21 所示。

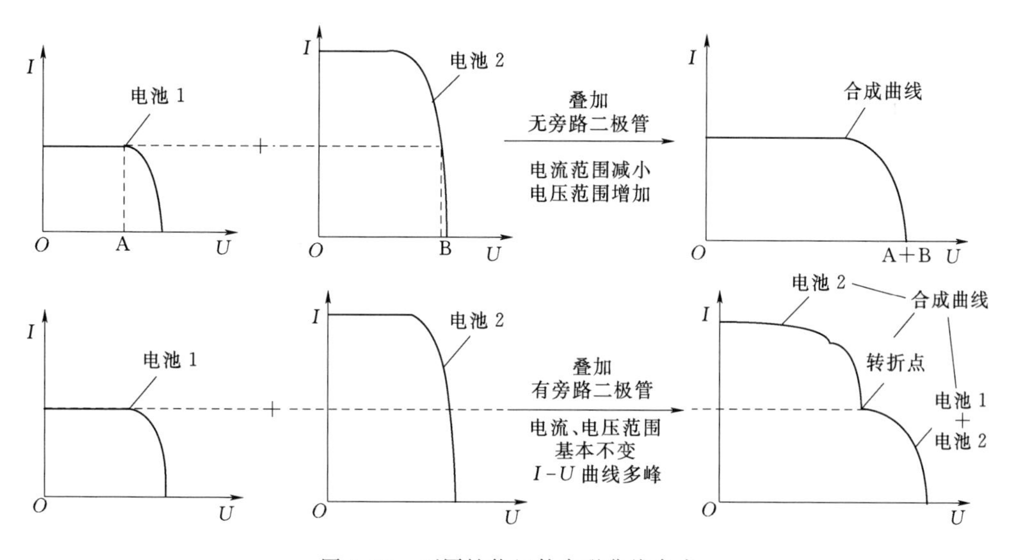

图 7.21　不同性能组件串联曲线合成

例如，一个由 48 个单体光伏电池串联的光伏模块中，每 12 个或者 24 个单体光伏电池会并联一个旁路二极管，当被遮蔽部分带有负电压而且其大小也达到二极管导通电压的时候，旁路二极管可以把被遮蔽部分短路，使得只有很少的电流流过被遮蔽部分电路，从而避免失配现象带来的功率损失。

2）阻断二极管。为了获取较高的电流，满足部分大功率用户的要求，太阳能电池组通常需要采用并联运行的方式。并联运行时，若太阳辐射不一致，电池板的电流以及温度均会出现差异，从而导致两块并联模块的电压不同。根据并联电路电压一致的特性，辐射正常的模块会受到有阴影模块的影响。为了改善这一现象，可以在每条支路上采用阻断二极管，以防止由于支路故障或遮蔽引起的电流从强电流支路流向弱电流支路的现象。

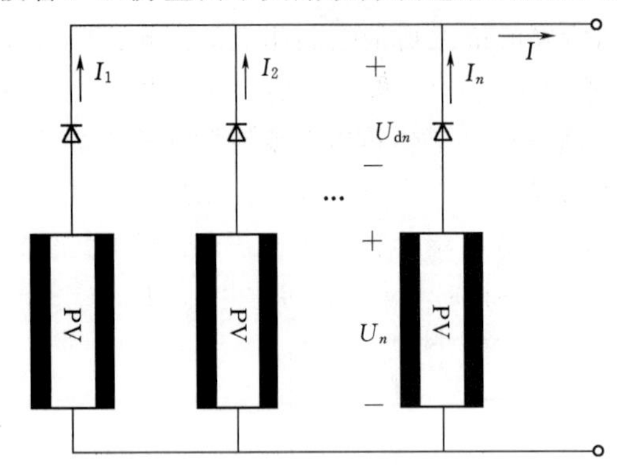

图7.22　添加阻断二极管后的电路模型

添加阻断二极管后的电路模型如图7.22所示。每个串联支路在和其他支路并联之前，需要先串联一个阻断二极管，以防止全模块输出电压过低时功率倒送对太阳能模块造成的损坏。

当两个相同的模块并联到一起时，电压保持不变，电流将加倍。然而，当两个性能不同的模块并联到一起时，电流将增加，但是电压只是两者的平均值，不同性能组件并联曲线合成如图7.23所示。

一般来说，在小系统的干路上用一个二极管就够了，因为每个阻断二极管会引起电压降低0.4～0.7V，其电压损失是一个20V系统的3%，这也是一个不小的比例。

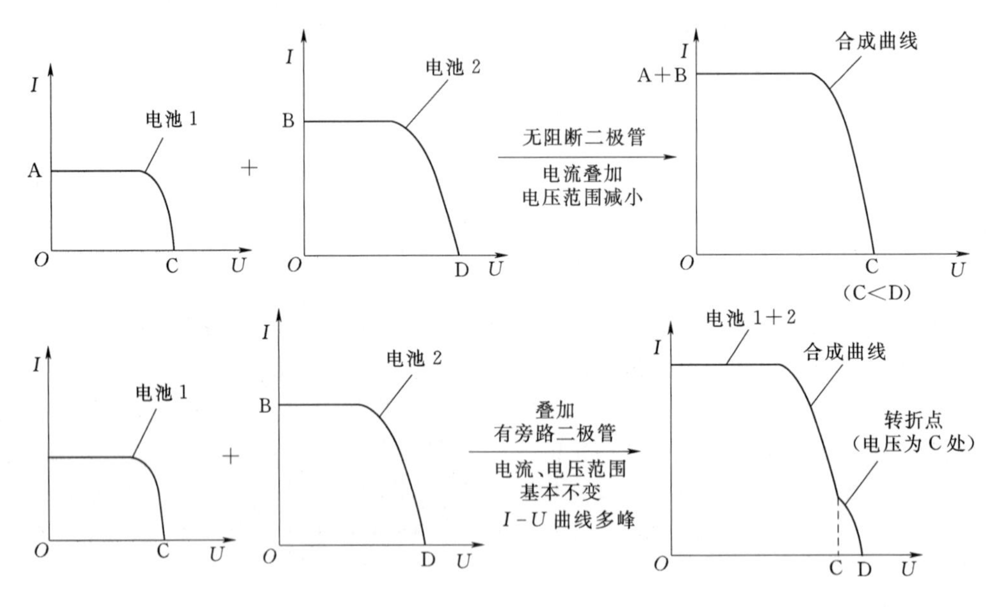

图7.23　不同性能组件并联曲线合成

7.2.4　并网光伏发电系统

与孤岛运行的太阳能光伏电站相比，并入电网可以给太阳能光伏发电带来诸多好处。首先，不必考虑负载供电的稳定性和供电质量问题；其次，光伏电池可以始终运行在最大

功率点处，由电网来接纳太阳能所发的全部电能，提高了太阳能发电的效率；再次，省略了蓄电池作为储能环节，降低了蓄电池充放电过程中的能量损失，免除了由于存在蓄电池而带来的运行与维护费用，同时也消除了处理废旧蓄电池带来的间接污染。

并网光伏发电系统由光伏阵列、变换器和控制器组成，变换器将光伏电池所发的电能逆变成正弦电流并入电网中；控制器控制光伏电池最大功率点跟踪、控制逆变器并网电流的波形和功率，使向电网传送的功率与光伏阵列所发的最大功率电能相平衡。典型的光伏并网系统的结构图包括：光伏阵列、DC/DC 变换器、逆变器和集成的继电保护装置。光伏并网系统图如图 7.24 所示。通过 DC/DC 升压斩波变换器，可以在变换器和逆变器之间建立直流环。根据电网电压的大小，用升压斩波器提升光伏阵列的电压，以达到一个合适的水平，同时 DC/DC 变换器也作为最大功率点跟踪器，增大光伏发电系统的经济性能。逆变器用来向交流系统提供功率；继电保护系统可以保证光伏发电系统和电力网络的安全性。

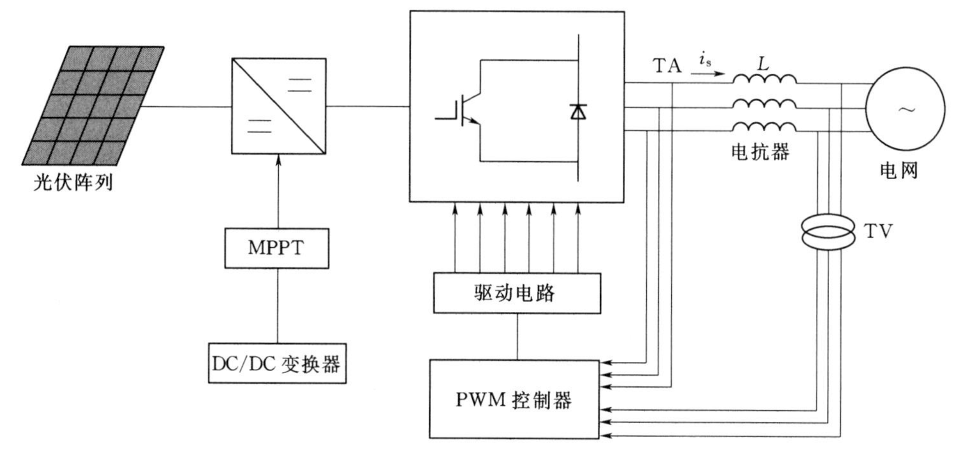

图 7.24 光伏并网系统图

光伏并网系统的特点可以从以下方面说明：

(1) 用途。太阳能光伏发电系统主要作为可再生的分布式电源，向独立发电系统或者电力网络供电，具有一般电力系统电源的特点。

(2) 能源流动。光伏并网系统的传输能量来源于光伏电池，从对光伏电池的分析可以看出，输出的电压和电流曲线是非线性的，两者之间有一定的约束条件，并且受光照强度和温度的影响，输出功率会有变化。光伏并网系统直流侧的伏安特性曲线呈非线性，输出特性比较“软”，但有功和无功输出都是可控的，在一定条件下甚至可以实现有功和无功的解耦控制。

(3) 传输的能量等级。光伏并网系统受光伏电池的输出限制，所能输出的功率并不是很高，功率等级主要为千瓦至兆瓦级。

(4) 控制方式。光伏并网系统中需要对电流和功率进行控制，从而出现了电流内环控制和功率外环控制。内环控制主要采用各种优化的 PWM 控制策略，对给定的电流波形进行跟踪，外环控制主要是为保证光伏并网系统工作在最大工作点而采取的最大功率点跟踪 (maximum power point tracking，MPPT) 控制。

7.2.4.1　并网方式

光伏发电系统有很多种并网方式，但通常都要通过电力电子变换器，将直流电变换为交流电并入电网。光伏发电系统的并网主要是逆变环节，通过对逆变环节的分类，就得到了不同的并网方式。

1. 按照输入电源类型分类

当前并网逆变器按照输入电源类型不同，主要分为两大类，即电流型逆变器和电压型逆变器。电流型并网逆变器的特征是在直流侧采用电感进行储能，使直流侧呈现出高阻抗的电流源特性。而电压型逆变器的特征是在直流侧采用电容进行储能，使直流侧呈现出低阻抗的电压源特性。这两种并网逆变器结构图如图 7.25 所示。

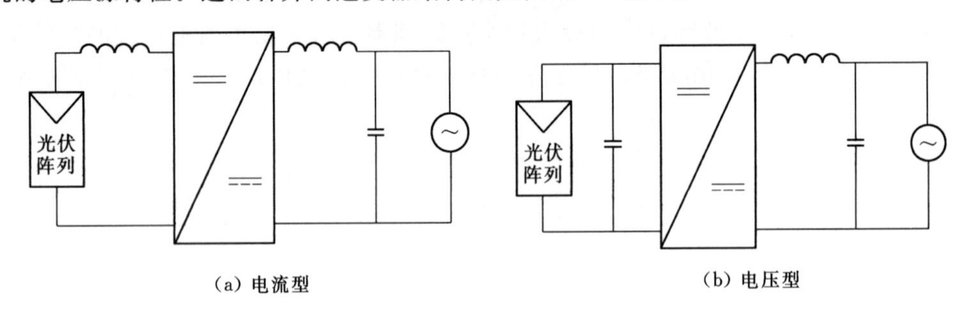

(a) 电流型　　(b) 电压型

图 7.25　并网逆变器结构图

电流型逆变器的直流侧需串联一个大电感来提供稳定的直流电流输入，但此大电感往往会影响系统的动态响应，因此当前世界范围内，大部分并网逆变器均采用电压型逆变器。通常情况下，电网可视为容量无穷大的交流电压源，可以控制光伏并网逆变器的输出为交流电压源或者交流电流源。若控制并网逆变器的输出为一个交流电压源，则光伏并网发电系统和电网实际上可以认为是两个交流电压源的并联。要保证整个系统的稳定运行，必须严格控制并网逆变器输出电压的幅值与电网同步。在这种情况下，要保证系统的稳定运行，需要采用锁相控制技术。但是锁相回路的响应较慢，不易精确控制并网逆变器的输出电压，而且还可能出现环流等问题，如不采取特殊措施，会导致系统不能够稳定运行，甚至发生故障。因此，光伏并网发电系统通常设计成电压源输入、电流源输出的结构。这样，并网发电系统与电网之间实际上就是交流电流源和电压源的并联。光伏并网逆变器输出电压的幅值可自动钳位为电网电压，同时采用控制技术以实现并网电流与电网电压的相位同步，从而使系统输出的功率因数为 1。

2. 按照拓扑结构分类

每一种逆变器都有相应的拓扑结构，拓扑结构的不同将影响逆变器的效率和成本，因此选择合适的拓扑结构，对逆变器的设计来说起着十分重要的作用。一般光伏并网逆变器拓扑结构的设计应满足光伏阵列输出电能不稳定的要求，如总的谐波失真要小、功率因数接近 1、与电网电压同步等。

逆变器的拓扑结构种类很多，按照特性的不同，通常可以从变压器、功率变换级数的角度进行分类。

(1) 根据逆变器是否含有变压器及变压器的类型，可以将光伏并网逆变器分为无变压

器型、工频变压器型和高频变压器型。光伏并网逆变器按变压器分类的典型结构如图 7.26 所示。

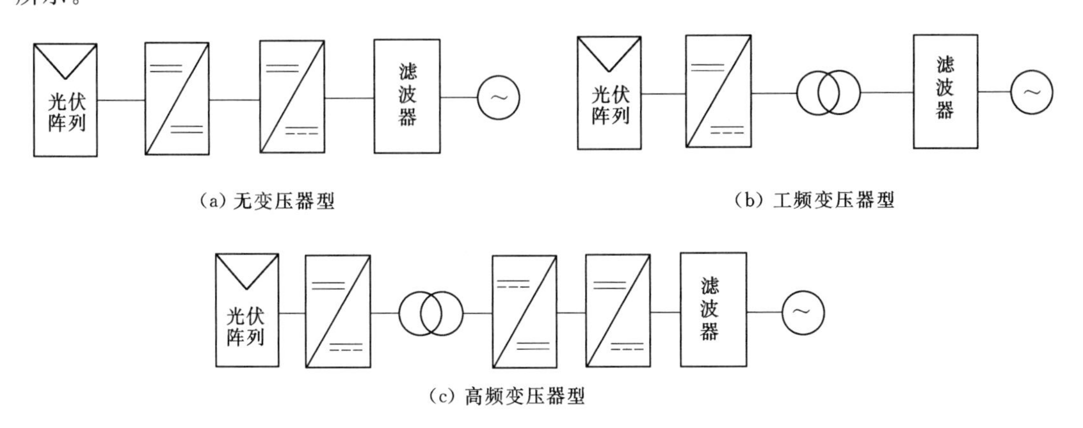

(a) 无变压器型 (b) 工频变压器型

(c) 高频变压器型

图 7.26 光伏并网逆变器按变压器分类的典型结构

在以上提到的 3 种逆变器中，工频变压器型在早期的光伏并网发电系统中应用较多，从图 7.26 中可以看出它是一个单级的逆变系统。在工作时，首先将光伏阵列产生的直流电经逆变器变换成工频低压交流电，再通过工频变压器升压，然后并网或供负载使用。它的特点是电路结构紧凑、使用元件少、控制简单。但是这种结构无法兼顾最大功率跟踪，因此效率不高，且操作可靠性低。同时由于采用工频，使得变压器体积、重量和噪声都比较大。随着并网逆变技术的发展，这种逆变器已逐渐被淘汰。与工频变压器型逆变器相比，高频变压器型逆变器的体积小、重量轻，不过采用这种方式的主电路及其控制都相对复杂。从图 7.26 中可以看出，这种逆变器在工作时直流电经高频逆变后，再经高频变压器和整流电路得到高压直流电，然后经逆变器和滤波电路与电网连接或供负载使用。无变压器型逆变器由于省去了变压器，体积更小、重量轻、成本相对较低、可靠性高，不过这种逆变器无法与电网隔离。目前并网逆变器的发展以后两种方式为主，其中对无变压器型逆变器的研究较多。

(2) 根据并网系统中功率变换的级数，并网逆变器分为单级式变换和多级式变换两种拓扑结构。

单级式光伏并网逆变系统具有拓扑简单、成本较低的优点。但是这种系统中只存在一个能量变换环节，太阳能最大功率点跟踪、电网电压同步和输出电流正弦度等控制目标要求必须同时得到考虑。在光伏发电系统中，主要的问题是如何提高太阳能电池工作效率，以及提高整个系统工作的稳定性。由于单级式光伏并网逆变系统中只有一个能量变换环节，控制时既要考虑跟踪太阳能电池最大功率点，也要同时保证对电网输出电流的幅值和正弦度，控制较为复杂。目前实际应用的光伏并网系统采用这种拓扑结构的仍不多见。但随着现代电力电子技术以及数字信号处理技术的飞速发展，系统拓扑结构引起的控制困难正在逐渐被克服，单级式光伏逆变系统已成为国内外光伏发电领域的一个研究热点。

一个单级式光伏并网系统如图 7.27 所示。可以看到，基于逆变器并网的三相单级式光伏发电系统主要由光伏阵列、逆变器和交流电路 3 部分组成。U_{PV}和 I_{PV}是光伏阵列输出电压和电流；U_{iA}、U_{iB}、U_{iC}和 I_{iA}、I_{iB}、I_{iC}为逆变器输出交流电压和电流；U_{gA}、U_{gB}、U_{gC}

和 I_{gA}、I_{gB}、I_{gC}分别代表并网点的电压和电流；M 和 α 分别代表逆变器的幅值调制比和移相角；L_f 和 C_f 分别代表滤波电感和滤波电容，R_T、X_T、G_T、B_T 分别是升压变压器等值电路参数。

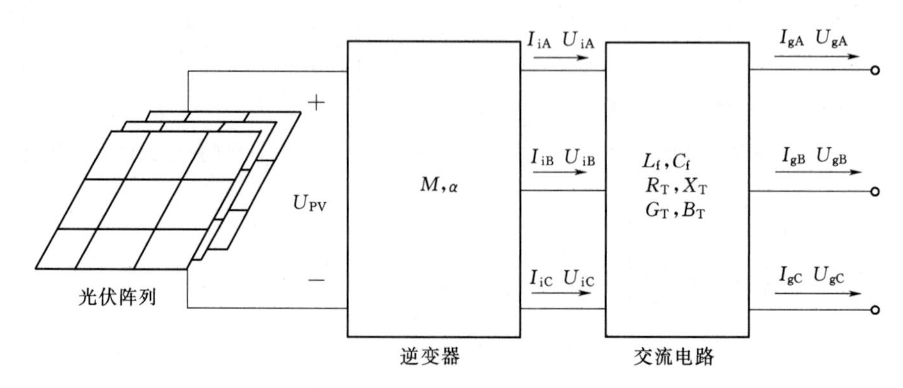

图 7.27　单级式光伏并网系统

多级拓扑设计会增加并网的复杂程度和成本，但这也给它同时实现多种功能带来可能，包括逆变器低开关频率（100Hz）；DC/DC 变换器正弦半波直流输出；光伏电池与电网之间的能量解耦。因此多级拓扑设计可以在降低损耗的同时达到很好的最大功率点跟踪特性。

一种多级并网逆变器结构原理图如图 7.28 所示。第一级的 Boost 电路起升压作用，它将光伏电池输出电压升高到 200V 左右，同时还是先最大功率点跟踪。Boost 电路中电感上还有一个绕组为辅助电源电路（auxiliary power supply unit，APSU）供电。第二级推挽电路控制输出电流波形为整流正弦波，同时也实现电网和光伏电池的电隔离。最后一级为 100Hz 逆变器，起换相作用。由于升压比较大，3 个环节里第一环节的 Boost 电路是整个逆变器中损耗最大的部分。

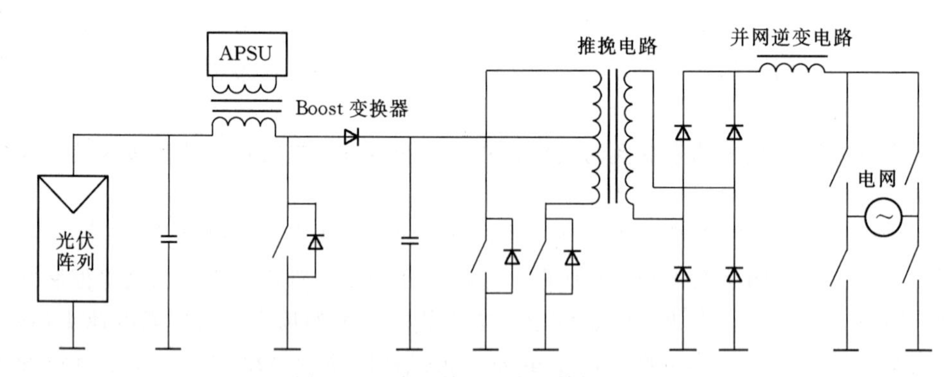

图 7.28　多级并网逆变器结构原理图

7.2.4.2　并网控制策略

光伏并网控制主要涉及两个闭环控制环节：一是输出波形控制；二是功率点控制。波形控制要求快速，需要在一个开关周期内实现对目标电流的跟踪，而光伏阵列功率点控制则是相对慢速的。

1. MPPT 控制

MPPT 是当前采用较为广泛的一种光伏阵列功率点控制方式。这种控制方法实时改变

系统的工作状态，以跟踪光伏阵列最大功率工作点实现系统的最大功率输出。MPPT 控制有很多的实现方式，如双闭环法、干扰观测法、电导增量法、“上山法”等。其中，“上山法”又称为一阶差分算法，应用最为广泛。系统通过对功率环的控制，实现最大功率跟踪，同时也实现对光伏电池板的温度补偿，使系统具有较好的稳态性能。

光伏并网系统通常采用 MPPT 并输出单位功率因数的控制策略，这可以通过调整逆变器调制比 M 和移相角 α 来实现。依据该控制策略，确定光伏阵列的最大功率点电压 U_{PV} 和功率 P_{PV}，再由光伏阵列运行在最大功率点处的电流值 I_{PV} 来确定并网点处的无功功率，即

$$Q_g = \sqrt{(I_{PV} U_{PV})^2 - P_{PV}^2} \tag{7.35}$$

此外，还需要注意光伏发电系统运行参数应满足的一些约束条件：①容量约束，无功；②电压约束，直流母线电压和交流并网点电压在正常运行允许范围以内。

2. 波形跟踪和控制方法

当光伏并网系统的控制部分提供出了电流参考值后，就需要一种合适的 PWM 控制方式使得并网系统发出的电流能够跟踪参考电流。目前，有多种 PWM 控制方式，例如瞬时比较方式、定时比较方式和三角波比较方式等。

（1）瞬时比较方式。把电流参考值与实际电流相比较，偏差通过滞环比较产生控制主电路中开关通断的 PWM 信号，从而控制电流的变化。这种方式硬件电路简单，电流响应快，电流跟踪误差范围固定。但是缺点也很明显，即电力半导体开关频率是变化的，尤其是当电流变化范围较大时，一方面，在电流值小的时候，固定的滞环宽度会使电流相对误差过大；另一方面，在电流值大的时候，固定的环宽度有可能使元件的开关频率过高。甚至会超出元件允许的最高工作频率而导致元件损坏。

（2）定时比较方式。利用一个定时控制的比较器，每个时钟周期对电流误差判断一次，PWM 型号需要至少一个时钟周期才会变换一次，元件的开关频率最高不会超过时钟频率的一半。缺点是电流跟随误差是不固定的。

（3）三角波比较方式。这种方式将电流误差经过比例积分放大器处理后与三角波比较，目的是将电流误差控制为最小。该方式硬件较为复杂，输出含有载波频率段的谐波，电流响应比瞬时比较方式要慢。

目前较好的闭环电流控制方法是基于载波周期的一些控制技术，例如 Deadbeat（无差拍）PWM 技术，这种控制技术将目标误差在下一个控制周期内消除，实现稳态的无静差效果。随着数值控制技术的不断发展，数字电路硬件成本的不断降低，此种数值化的 PWM 控制方式具有更加广泛的应用前景。基于 Deadbeat 的 PWM 实现方案，其控制系统由高性能数字信息处理器（digital signal processing，DSP）实现。与模拟控制相比，数字化控制具有控制灵活、易于改变控制算法和硬件调试方便等优点。这种方法的原理是在每一个开关周期的开始时刻，采样光伏并网逆变器输出的电流 i，并且预测出下一周期开始时刻光伏并网逆变器的电流参考值 i^*，由差值 i^*-i 计算出开关器件的开关开通时间，使 i 在下一周期开始时刻等于 i^*。这种方法计算量较大，但其开关频率固定、动态响应快的特点受到了青睐，十分适宜于太阳能光伏并网系统的数字控制。

此外，还有一种被称为瞬时值反馈的控制技术，也可以及时、有效地对逆变器输出波

形进行控制。瞬时值反馈控制的原理是：通过负反馈使反馈量更加接近给定值，而抑制反馈环所包围的环节内的参数变动或扰动所引起的偏差。这种技术与上文提到的基于周期的控制技术的不同在于：基于周期反馈控制的反馈量是谐波，而瞬时值反馈控制的反馈量不仅含有谐波，更主要是含有占主导地位的基波分量。因此在反馈环节后就必须加入放大环节以减少调制波的基波损失。由于增大了向前通道的增益，这对系统的稳定性会有一定的影响。所以，瞬时值反馈一般用来消除死区因素造成的谐波畸变，但很难抑制非线性负荷的影响。根据香农定理，采样频率要高于待补偿谐波频率的两倍，因此电流环的控制周期比较小，范围应该设定在微秒级，如此快的控制周期开关管很难满足要求。光伏阵列中 MPPT 部分的控制周期不需要很短，因为环境中气温和光照的变换是相对比较缓慢的，而且主电路存在的集总和分布的感性元件会影响电流控制的响应速度。控制周期过短会影响 MPPT 的跟踪效果，甚至可能引起跟踪错误；控制周期过长则达不到 MPPT 的跟踪要求。

7.3 燃料电池并网发电

7.3.1 燃料电池发电基本原理

燃料电池由一个负充电的电极（阳极）、一个正充电的电极（阴极）和一个电解质膜组成。单个燃料电池示意图如图 7.29 所示。氢在阳极氧化，氧在阴极减少。质子经电解质膜从阳极传送至阴极，电子经外部电路传送至阴极。在阴极，氧与质子和电子发生反应，形成水并产生热量。阳极和阴极都含有催化剂，以加速电化学过程。

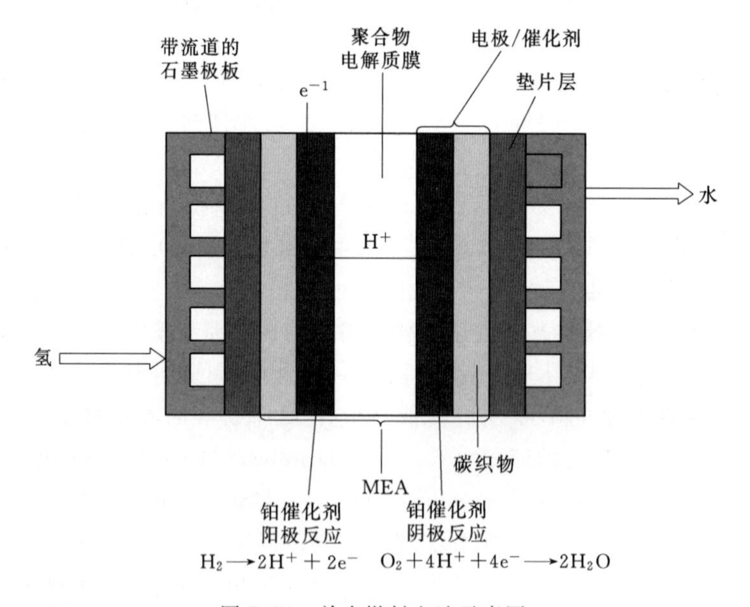

图 7.29　单个燃料电池示意图

它具有以下反应：

阳极：
$$H_2(g) \longrightarrow 2H^+(aq) + 2e^-$$

阴极：　　　　$\frac{1}{2}O_2(g)+2H^+(aq)+2e^-\longrightarrow H_2O(aq)$

总反应：　　　$H_2(g)+\frac{1}{2}O^2(g)\longrightarrow H_2O(1)$+电能+废热

反应物通过扩散和对流传送至含有催化剂的电极表面，在此之上发生电化学反应。

目前，世界各国开发的燃料电池种类很多，根据所使用的电解质和燃料的不同可分为聚合物电解质膜燃料电池（proton exchange membrane fuel cell，PEMFC）、碱性燃料电池（alkaline fuel cell，AFC）、磷酸型燃料电池（phosphoric acid fuel cell，PAFC）、固体氧化物燃料电池（solid oxide fuel cell，SOFC）、熔融碳酸盐型燃料电池（molten carbonate fuel cell，MCFC）、直接甲醇燃料电池（direct methanol fuel cell，DMFC）、锌空气燃料电池（zinc air fuel cell，ZAFC）、质子陶瓷燃料电池（proton ceramics fuel cell，PCFC）和生物燃料电池（biomass fuel cell，BFC）等几种。燃料电池的电解质决定了燃料电池系统的许多其他参数，如工作温度、电池材料以及燃料电池和堆的设计等，这些差别带来了各燃料电池类型不同的重要特性和优缺点。

1. 聚合物电解质膜燃料电池

聚合物电解质膜燃料电池（也称为质子交换膜或 PEM 燃料电池）在提供高能量密度的同时，具有质量轻、成本低、体积小等特点。一个 PEM 燃料电池由一个负充电的电极（阳极）、一个正充电的电极（阴极）和一个电解质膜组成。氢在阳极氧化，氧在阴极还原。质子通过电解质膜从阳极传送到阴极，电子经外部电路负载传送。在阴极上，氧与质子和电子发生反应，产生水和热量。

在 PEMFC 中，从燃料流道到电极的传输通过电导碳纸进行，在其两面涂有电解质。这些衬层通常是多孔的，孔径大小为 0.3～0.8mm，用于从双极板向反应堆以及从反应堆向双极板传输反应物和生成物。阳极上的电化学氧化反应产生电子，通过双极板/电池流向外部电路，同时离子通过电解质流向相反的电极。从外部电路返回的电子，参与阴极上的电化学还原反应。

2. 碱性燃料电池

美国国家航空航天局（national aeronautics and space administration，NASA）已将 AFC 用于航天任务，发电效率高达 70%。这些燃料电池的工作温度在室温至 250℃之间，电解质为浸泡在槽中的碱性氢氧化钾水溶液（由于碱性电解质中阴极反应速度较快，意味着性能更高，因此这是它的一大优点），AFC 通常具有 300～5000W 的输出。

AFC 的另一优点是所用的材料成本低，如电解质和催化剂。催化剂层可以使用铂或非贵金属催化剂，如镍。AFC 的一个不足是必须向燃料电池中注入纯氢和纯氧，原因是它无法容忍大气中含有的少量二氧化碳，随着时间的推移，二氧化碳会造成氢氧化钾电解质的退化，这将带来大问题。

3. 磷酸型燃料电池

PAFC 是一种非常高效的燃料电池，发电效率大于 40%。PAFC 产生的大约 85%的蒸汽可用于共发电。PAFC 的工作温度范围为 150～220℃。在较低温度时，PAFC 是一种不良的离子导体，阳极中铂的一氧化碳中毒现象会变得非常严重。

PAFC 的两个主要优点包括接近 85%的发电效率以及它可以使用非纯氢作为燃料。

PAFC可容忍的一氧化碳浓度大约为1.5%，这增加了可用的燃料类型数量。PAFC的不足包括使用铂作为催化剂（同大多数其他燃料电池），以及它的尺寸较大、质量较大。另外，相比其他类型的燃料电池，PAFC产生的电流和功率较小。

4. 固体氧化物燃料电池

固体氧化物燃料电池的化学成分是一种非多孔的固体电解质，如 Y_2O_3 稳定的 ZrO_2，其导电性基于氧离子。阳极通常由 $Co-ZrO_2$ 或 $Ni-ZrO_2$ 黏合剂制成，而阴极由添加了Sr的 $LaMnO_3$ 制成。现有3种主要配置形式来制造SOFC：管形配置、双极形配置和平面形配置。SOFC的工作温度可达1000℃，当电池输出高达100kW时，其发电效率可达60%～85%。

5. 熔融碳酸盐型燃料电池

熔融碳酸盐型燃料电池使用的电解质是一种碳酸锂、碳酸钠或碳酸钾的液体溶液，电极浸泡在其中。MCFC的发电效率高达60%～85%，工作温度为620～660℃。工作温度高是一大优势，原因是它能获得更高的效率，以及可以灵活地使用各种类型的燃料和廉价催化剂。MCFC可以使用氢、一氧化碳、天然气、丙烷、沼气、船用柴油和煤气化产物作为燃料。MCFC的一个不足是高温易造成燃料电池组成部件的腐蚀和损坏。

6. 直接甲醇燃料电池

直接甲醇燃料电池使用与PEM燃料电池相同的聚合物电解质膜。不过，DMFC的燃料为甲醇而非氢，甲醇作为燃料流过阳极，并分解为质子、电子和水。甲醇的优点包括其广泛的可用性以及可轻易地从汽油或生物材料重整而来。虽然它的能量密度只有氢的1/5，但由于它是液态的，因此在250个大气压时，与氢相比，其单位体积的能量为氢的4倍。

DMFC的一个主要问题是甲醇氧化会产生中间的碳氢化合物，它会使电极中毒。另一个限制是阳极上的甲醇氧化会变得像氧电极反应那么慢，并且为了实现大功率输出，需要大量的过电压。还有一个问题是，甲醇大量穿过电解质（燃料分子直接通过电解质扩散至氧电极），会造成功率的严重损耗，30%的甲醇会因此而损失。

7. 锌空气燃料电池

ZAFC中有一个气体扩散电极（GDE）、一个电解质隔开的锌阳极以及某种形式的机械分隔器。

GDE是一种具有渗透性的膜，允许氧化物穿过它。氧化锌由氢氧离子和水（来自氧）生成，它与锌在阳极发生反应，并因此产生电势，锌空气燃料电池可以连接在一起，以获得所需的电力。锌空气燃料电池的电化学过程与PEM燃料电池非常相似，但燃料加注过程具有电池的特性。

ZAFC包括一个自动再生燃料的锌“燃料罐”。锌燃料以小球的形式存在和消耗，并释放电子，驱动负载。周边空气中的氧从负载接收电子，并通过该过程产生钾锌酸盐。通过电解对钾锌酸盐进行重新处理，以生成锌小球和氧。该再生过程由外部电源供电（如太阳能电池），并可无限地重复下去。

8. 质子陶瓷燃料电池

PCFC是一种新型的、基于陶瓷电解质材料的燃料电池，在高温下显示了很高的质子传导性。这种燃料电池与其他燃料电池有根本区别，原因是它依赖于高温下氢离子（质

子）对电解质的传导性，而这种高温比其他质子传导型燃料电池可能会遇到的工作温度要高得多。PCFC具有同熔融碳酸盐型燃料电池和固体氧化物燃料电池一样的热量和动力优点，原因是其工作于高温（700℃）下，但这种燃料电池也显示了如同PEMFC和PAFC的质子传导优势。

PCFC产生电能的氢氧化反应发生于阳极上（燃料一侧），正好与其他高温燃料类型相反。在PCFC中，阴极的燃料通过空气流移动，使燃料的完全利用变为可能。燃料稀释现象不会出现在PCFC中。另外，PCFC用的是固体电解质，因此膜不会像PEM燃料电池那样发干，液体也不会像PAFC那样溢出。

9. 生物燃料电池

BFC是一种可直接将生化能转化为电能的设备。在BFC中，存在基于碳水化合物的氧化还原反应，如使用微生物或生化酶作为催化剂的葡萄糖和甲醇。BFC的工作原理同其他燃料电池的主要区别在于生物质燃料电池的催化剂是微生物或生化酶，因此，催化剂无需贵金属，并且其典型的工作条件为中等环境和室温。BFC工作在液体媒介中，具有低温和接近中性环境等优点。此类燃料电池可能的潜在应用包括：①开发新的、实用的低功率能源；②制造基于直接电极相互作用的特殊传感器；③电化学合成某些化学物质。

对各种不同类型的燃料电池而言，有半个电池的反应（单独阴极或阳极）是不同的，但总的反应是类似的。必须持续不断地移去燃料电池产生的水和废热，这些可能是某些燃料电池工作过程中面临的关键问题。

7.3.2 PEMFC数学模型

目前，PEMFC越来越受到人们的广泛关注。PEMFC除了具有洁净无污染、能量转换效率高等燃料电池的一般特点外，还具有接近常温工作及启动迅速的特性，而且没有电解液腐蚀与溢漏问题。不仅可应用于航天、军事等特殊领域，在燃料电池电站、电动汽车、高效便携式电源等方面也具有很大的市场潜力。

根据PEMFC的电化学反应方程式，可以用许多方法来对PEMFC的性能进行建模。燃料电池电压U可以定义为三项之和：热动力电势、极化过电势和欧姆过电势。PEMFC（一种H_2/O_2燃料电池）在反应生成液态水的情况下，其理想标准电势（E_0）为1.229V。由于不可逆损失，实际电池电势随平衡电势的降低而下降，实际燃料电池的不可逆损失常被称为极化过电势或者过电压，主要有3种极化导致不可逆损失：活化极化、欧姆极化和浓差极化，这些损失会导致燃料电池电压U小于理想电势E。

PEMFC运行时，考虑对反应气体进行饱和水汽增湿，增湿水的饱和蒸气压与电池温度T的关系为

$$\begin{aligned}\lg(P_{H_2O}^{sat})=&2.95\times10^{-2}\times(T-273.15)-9.18\times10^{-5}\times(T-273.15)^2\\&+1.44\times10^{-7}\times(T-273.15)^3-2.18\end{aligned}\quad(7.36)$$

情况1：反应气体为空气和氢气

$$P_{O_2}=P_C-P_{H_2O}^{sat}-P_{N_2}^{channel}e^{\frac{0.291\times(i/A)}{T^{0.832}}}\quad(7.37)$$

情况2：反应气体为氧气和氢气

$$P_{O_2}=P_{H_2O}^{sat}\left[\frac{1}{e^{\frac{4.192\times(i/A)}{T^{1.334}}}\frac{P_{H_2O}^{sat}}{P_C}}-1\right] \tag{7.38}$$

两种情况下：

$$P_{H_2}=0.5\times P_{H_2O}^{sat}\left[\frac{1}{e^{\frac{1.635\times(i/A)}{T^{1.334}}}\frac{P_{H_2O}^{sat}}{P_a}}-1\right] \tag{7.39}$$

式中 P_a、P_C——阳极和阴极的入口压力，atm；

$P_{N_2}^{channel}$——空气中氮气在阴极气体流道内的分压，atm；

P_{H_2}、P_{O_2}——氢气和氧气的有效分压，atm；

T——电池温度，K；

i——电池电流，A；

A——电极面积，cm^2。

热动力电势 E 可由 Nemst 方程的展开式定义为

$$E=1.229-0.85\times10^{-3}(T-298.15)+4.3085\times10^{-5}\times T(\ln P_{H_2}+0.5\ln P_{O_2}) \tag{7.40}$$

气液界面的溶解氧浓度（C_{O_2}）可由 Henry 定律表示为

$$C_{O_2}=\frac{P_{O_2}}{5.08\times10^6\times e^{-498/T}} \tag{7.41}$$

由于极化和内阻导致的过电压参数方程可由经验分析获得，可表示为

$$\eta_{act}=-0.9514+3.12\times10^{-3}T-1.87\times10^{-4}T\ln(i)+7.4\times10^{-5}T\ln(C_{O_2}) \tag{7.42}$$

$$R_{int}=0.01605-3.5\times10^{-5}T+8\times10^{-5}i \tag{7.43}$$

极化内阻为

$$R_a=-\frac{\eta_{act}}{i} \tag{7.44}$$

综合考虑热力特性、质量传递、动力特性和欧姆电阻作用下的电池输出电压可定义为

$$U=E-u_{act}+\eta_{ohmic} \tag{7.45}$$

从以上描述的模型可以看出：电池引入电流、电池温度、氢气和氧气压力会影响电池电压。电池压降可以通过增加反应气体压力进行补偿。燃料电池电压的动态特性可通过在其稳态模型下，增加一个电容 C 进行建模。燃料电池单电池模型如图 7.30 所示，双层电荷层间的作用可通过一个电容 C 与极化电阻并联的方式进行建模。电容的容量为

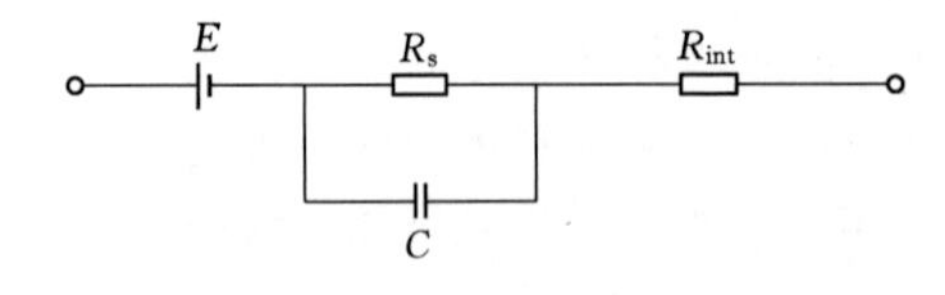

图 7.30 燃料电池单电池模型

$$C=\varepsilon\frac{S}{d} \tag{7.46}$$

式中 ε——介电常数；

S——表面积；

d——极板间距离。

R_{int} 电阻表示欧姆过电压，电池电流的变化就会立刻在此电阻上引起电压下降；R_a 电

阻表示极化过电压，与其并联的电容 C 能有效“平滑”在此电阻上产生的电压降。如果考虑浓差过电压，则应把它综合在此电阻内。通常，由于双层电荷层电容的作用，会使得燃料电池具有“优良”的动态特性。也就是说，当需求电流出现变化时，电压的变化响应相对来说是平缓的。

单电池电压可用微分方程描述为

$$\frac{\mathrm{d}u_{\mathrm{act}}}{\mathrm{d}t}=\frac{i}{C}-\frac{u_{\mathrm{act}}}{R_{\mathrm{a}}C} \tag{7.47}$$

燃料电池欧姆过电压可表示为

$$\eta_{\mathrm{ohmic}}=-iR_{\mathrm{int}} \tag{7.48}$$

燃料电池电堆由 n 个相同的单电池串联而成时，电堆电压可表示为

$$u_{\mathrm{stack}}=nu \tag{7.49}$$

式（7.47）的解为

$$u_{\mathrm{act}}=iR_{\mathrm{a}}-C_1\mathrm{e}^{\frac{t}{R_aC}} \tag{7.50}$$

由式（7.50），当 $t\to\infty$ 时，则 $C_1\mathrm{e}^{\frac{t}{R_aC}}\to 0$。这就意味着 PEMFC 在稳定运行条件下，$u_{\mathrm{act}}=iR_{\mathrm{a}}$，也就是 $u_{\mathrm{act}}=-\eta_{\mathrm{act}}$。

稳态时有

$$u=E+\eta_{\mathrm{act}}+\eta_{\mathrm{ohmic}} \tag{7.51}$$

$$u_{\mathrm{stack}}=n[E-i(R_{\mathrm{a}}+R_{\mathrm{int}})]=u_0-iR_{\mathrm{total}}^{\mathrm{equ}} \tag{7.52}$$

式中　u_0——开路电压；

$R_{\mathrm{total}}^{\mathrm{equ}}$——电堆等效电阻。

PEMFC 电堆等效电路如图 7.31 所示。

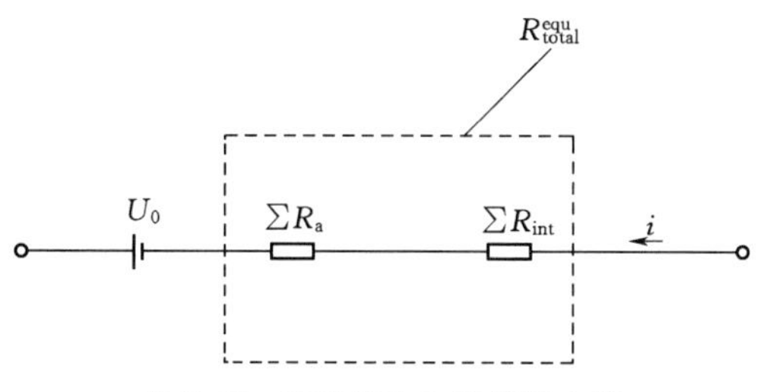

图 7.31　PEMFC 电堆等效电路

电堆输出功率为

$$P_{\mathrm{stack}}=u_{\mathrm{stack}}i \tag{7.53}$$

电堆等效电阻 $R_{\mathrm{total}}^{\mathrm{equ}}$ 消耗功率为

$$P_{\mathrm{consumed}}=i^2R_{\mathrm{total}}^{\mathrm{equ}} \tag{7.54}$$

电堆效率 η 为

$$\eta=\frac{u_{\mathrm{stack}}i}{u_0 i}=\frac{u_{\mathrm{stack}}}{u_0} \tag{7.55}$$

7.3.3 PEMFC 运行特性

以如下参数研究 PEM 燃料电池的运行特性：单电池个数 24，电堆温度 80℃，反应气

体为氧气和氢气，阳极入口压力是 P_a=2.465atm，阴极入口压力 P_c=1.665atm，电极面积 $A=150cm^2$，与 R_a 并联的电容 C=3F。采用需求电流阶跃输入作为电流变化，得到电流阶跃响应时，电堆响应曲线如图7.32所示。

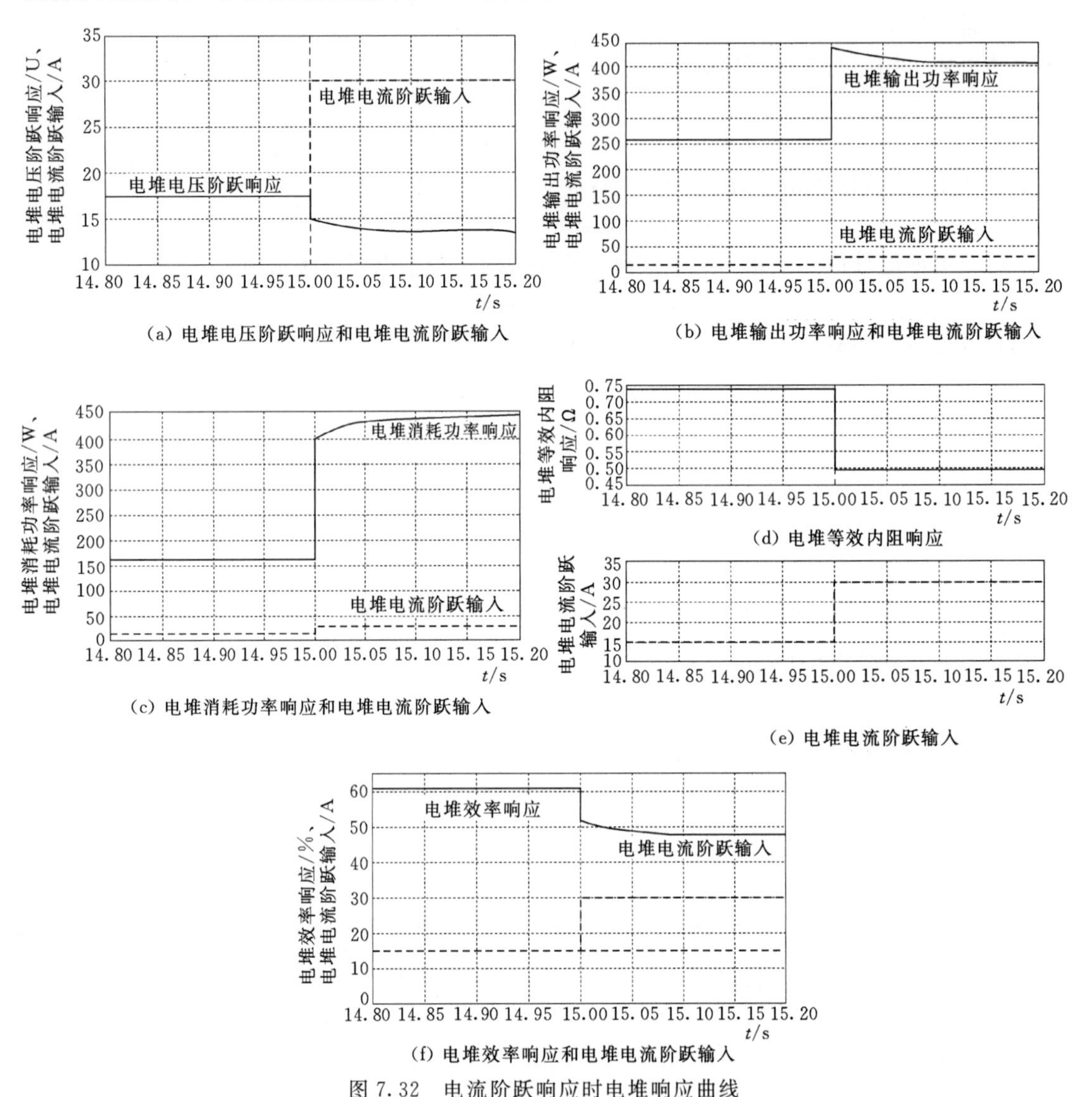

图7.32 电流阶跃响应时电堆响应曲线

由图7.32可见PEMFC的运行特性：PEMFC电堆输出电流增大时，输出电压减小，输出功率上升，电堆消耗功率也随着上升，电堆效率下降，电堆内阻减小，内阻功率损耗转变为热能，电堆的运行温度升高。

第2篇　实　验　部　分

第8章 实验注意事项

实验时，主要注意事项如下：

（1）未经许可，不得闭合或断开实验室中的任何电路开关。

（2）不得随意运用与本次实验无关的设备。

（3）注意人身安全，严禁带电接线、拆线、改线等。

（4）使用设备时，严格遵守使用规则，防止损坏设备。

（5）不得随意触摸带电设备，手动操作时注意做好绝缘措施。

（6）严格遵守“先接线后通电，先断电再拆线”的操作程序。

（7）实验室电路接好后，必须经教师检查后方可通电。

（8）发生事故或设备出现故障时，应迅速切断电源，保持好现场并及时报告老师。

（9）仪器、仪表的正确使用方法：凡使用仪器仪表前应阅读仪器仪表的说明书或认真听教师讲解使用方法及注意事项，在未了解其性能和使用方法时，不得擅自使用。

（10）违反操作程序而损坏仪器、设备等，应立即报告教师，情况严重者应写书面报告。

（11）实验结束时应及时断开电源。

（12）手动操作电源开关时，不可两手同时操作，要避免正面面对开关。

（13）如接通电源后，开关跳闸，必须检查故障原因，在排除故障后，方可重新接通电源。

（14）在实验过程中发生事故时，不要惊慌失措，应立即断开电源，保持现场并报告指导教师检查处理。

（15）学生应在实验前认真复习有关课程，明确实验目的、原理、方法以及所用仪器的构造、原理后方能进行实验操作。

（16）实验时应细心观察，积极思考，按操作规程进行实验。

（17）不得任意动用其他器材，未经允许不准将仪器带出实验室，不得擅自拆卸仪器。

（18）实验时，必须经教师检查电路无误后，再接通电源，以免造成仪器损坏。

第9章　实验设备参数

风光储智能微电网一次系统图如图9.1所示。系统主要由无缝切换快速开关柜、微电网接入测控柜、微电网系统测控柜、模拟负荷投切控制柜、微电网储能变流单元、蓄电池柜及电池管理系统、光伏并网逆变系统柜、永磁同步风力模拟发电机组及变流柜、室外太阳能电池组件、SCADA远程微电网电力监控系统等组成。

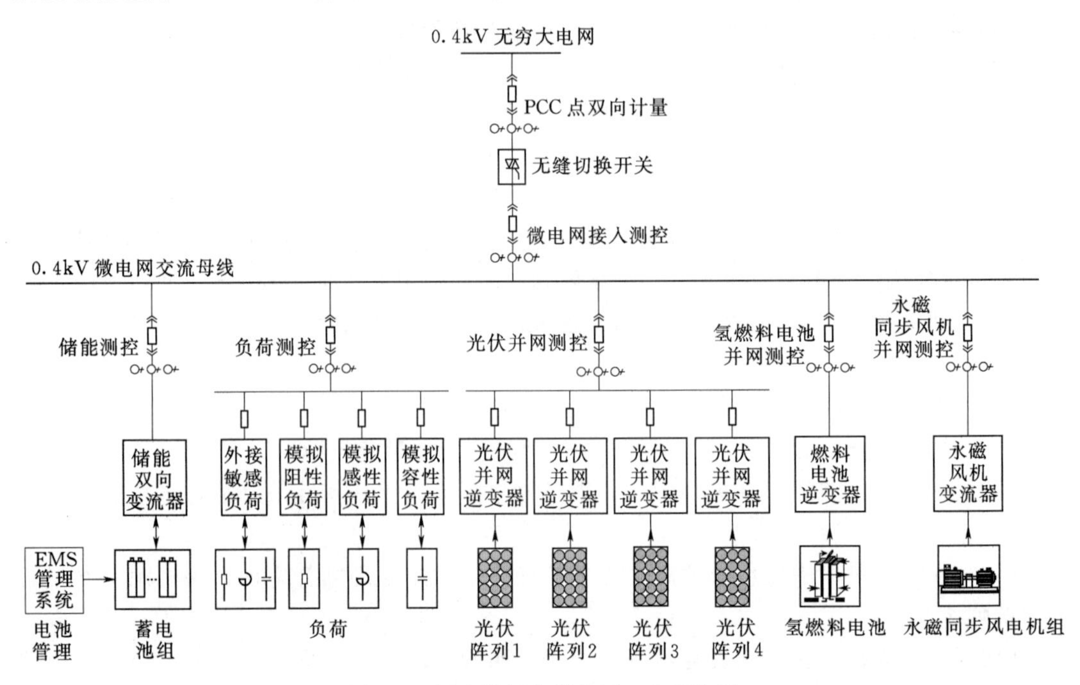

图9.1　风光储智能微电网一次系统图

微电网的监控与能量管理采用中央管理机与PLC配合模式，仪表与微机保护器通过RS485独立连接中央管理机，各分布式能源点通过以太网连接中央管理机，PLC及上位机SCADA软件亦通过以太网进行连接，风光储智能微电网系统通信拓扑图如图9.2所示。

1. 无缝切换快速开关柜

快速开关是连接微电网与配电网的开关节点，可快速动作，其将微电网与配电网分离的时间小于10ms，可实现微电网的无缝切换。快速开关接入回路采用冗余设计，快速开关故障时，可以闭合旁路开关，确保重要时间段不停电，此外还具有短路保护和指示功能。微电网快速开关柜如图9.3所示，快速开关拓扑结构如图9.4所示。快速开关柜参数见表9.1。

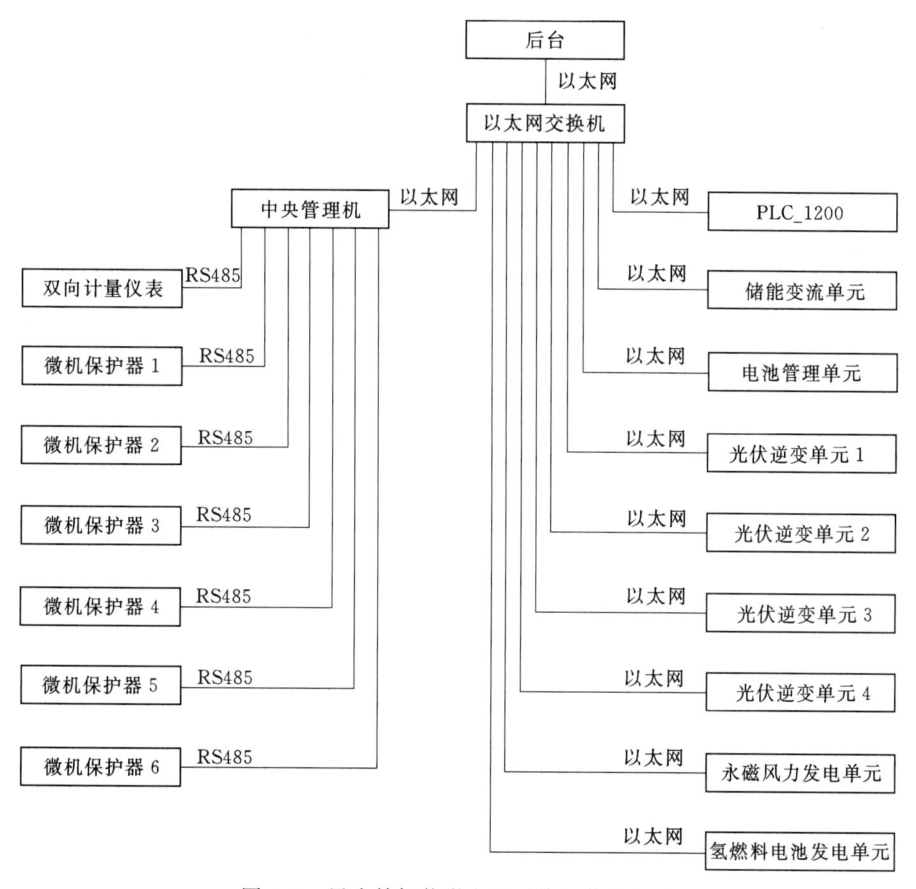

图 9.2 风光储智能微电网系统通信拓扑图

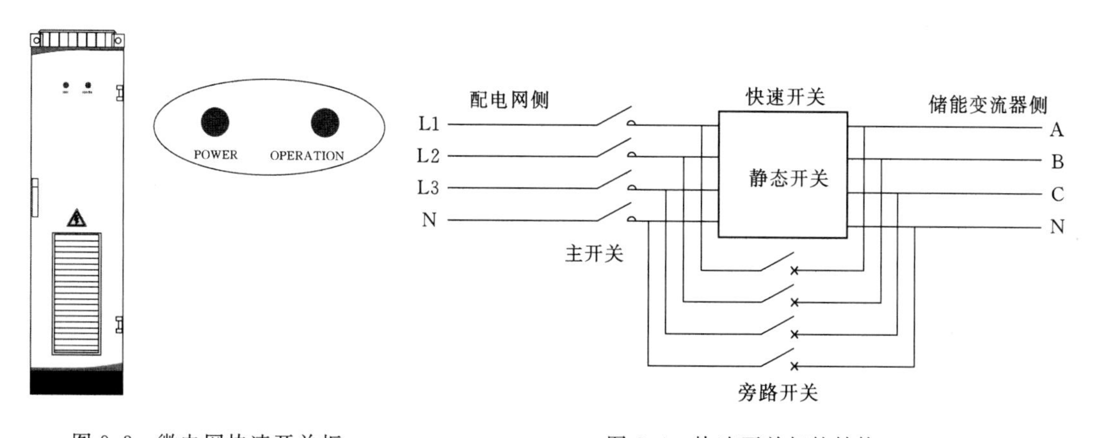

图 9.3 微电网快速开关柜

图 9.4 快速开关拓扑结构

2. 微电网接入测控管理柜

微电网接入测控管理柜由塑壳断路器、交流接触器、中间继电器、转换开关、指示灯、带灯复位按钮、急停按钮、智能数字电量计量表、智能微机线路保护器、西门子S7-1200 PLC及护展模块、中央通信与管理控制器、以太网交换机、小型空气断路器、开关电源、接线端子等组成。微电网与电网的分断由塑壳断路器、交流接触器和快速开关完成；

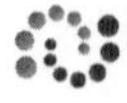

表 9.1　　快速开关柜参数

名　称	参　数	名　称	参　数
型号	SL100	停机自耗电	<40W
最大交流功率	100kVA	工作温度范围	-30～55℃
最大交流电流	144A	相对湿度	0～95%，无冷凝
额定电网电压	400V	冷却方式	温控强制风冷
塑壳断路器	S3N-250A	调度方式	节点信号
晶闸管	MTC400A-1600V	尺寸	500mm×625mm×1884mm
防护等级	IP21	重量	100kg

智能数字电量计量表实时计量微电网与电网的双向流动电量以及电网的相关电能参数；智能微机线路保护器实时监测线路中的电压、电流、频率、零序电流等参数，在线进行欠过压、过流、缺相、频率异常、漏电等实时报警或故障关断保护；中央通信与管理控制器实时采集微电网中的各项参数，与 PLC 连接实现微电网智能化继电保护控制和能量均衡管理。微电网接入测控管理柜如图 9.5 所示，微电网接入测控管理柜参数见表 9.2。

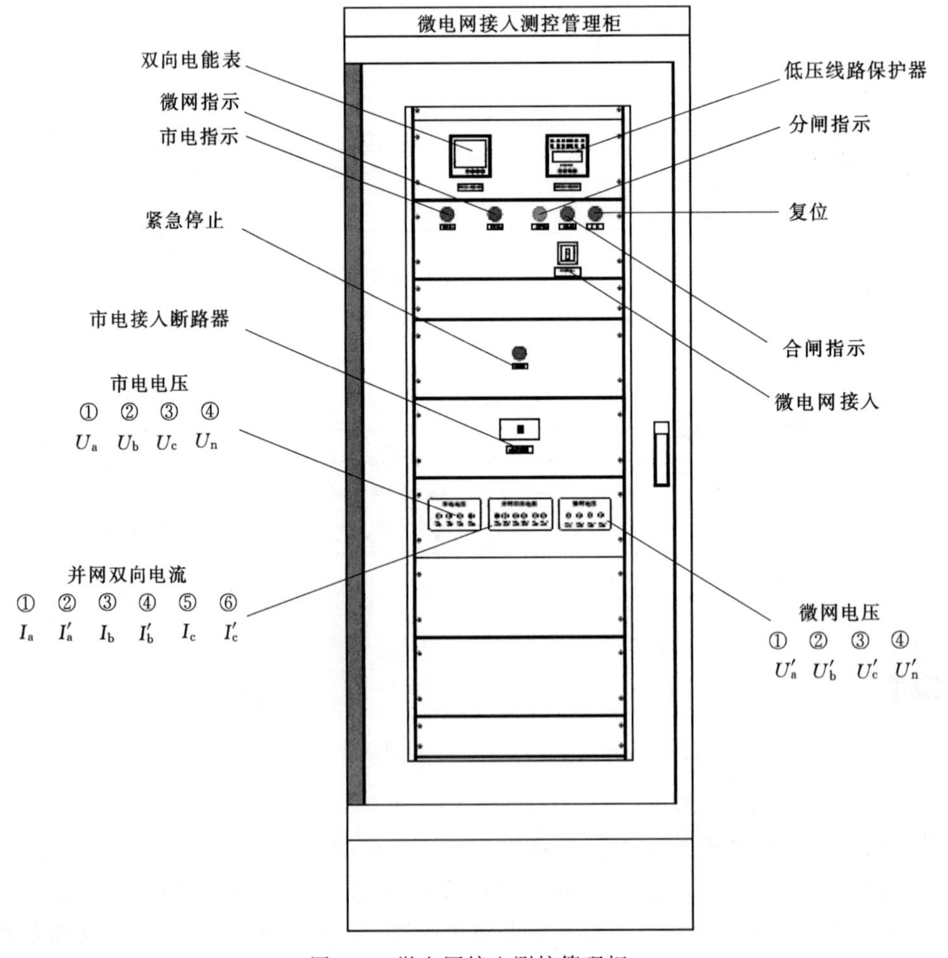

图 9.5　微电网接入测控管理柜

表 9.2　　微电网接入测控管理柜参数

名　称	参数（型号）	备　注
塑壳断路器	T2N160 - TMD - R125 - FF - 3P	ABB
交流接触器	3TF49/11 - 0XM0/220V/85A	SIEMENS
中间继电器	CR - M024DC2L、CR - M230AC2L	ABB
转换开关	5 挡自复位转换开关	APT
指示灯	Φ22/DC24V（红、绿）	ABB
带灯复位按钮	Φ22/DC24V（红）	ABB
急停按钮	Φ22/AC220V	ABB
智能数字电量计量表	ACR220EL（三相 I、U、kW、kvar、kWh、kvarh、Hz、cosΦ、RS485/Modbus - RTU 通信、四象限电能、显示）	Acrel
智能微机线路保护器	ALP220（三相电流、电压、功率、功率因数、频率、电能监测，能对额定电流范围内的线路进行过流、欠压、过压、零序、断相、联动、不平衡等保护、RS485/Modbus - RTU 通信、5 路开关量输入、4 路继电器输出、具有 SOE 事件记录功能）	Acrel
PLC	S7 - 1200（CPU 1214C AC/DC/RLY）+SM1222（扩展模块 RLY）	SIEMENS
中央通信与管理控制器	CPU：ARM9，400MHz 操作系统：嵌入式 Linux2.6.30 SDRAM：128M FLASH：128M SD 卡：支持最大 8G RS485 接口：8 个，通信带隔离 网口：10/100M 自适应 软件：内置 QTouch2.0 运行版软件 数据库：内置 SQLite 关系数据库 额定电源：DC24V，5.4W 外形尺寸（$L\times W\times H$）：241mm×130mm×38mm	武汉舜通
以太网交换机	网络标准：IEEE 802.3、IEEE 802.3u、IEEE 802.3x 端口：16 个 10/100Mbit/s RJ45 端口 指示灯：每端口具有 1 个 Link/Ack、Speed 指示灯/每设备具有 1 个 Power 指示灯 性能：存储转发/支持 3.2Gbit/s 的背板带宽/支持 8K 的 MAC 地址表深度 使用环境：工作温度（0～40℃）/存储温度（−40～70℃）/工作湿度（10%～90%RH，不凝露）/存储湿度（5%～90%RH，不凝露） 输入电源：100～240V，50/60Hz 外形尺寸（$L\times W\times H$）：440mm×180mm×44mm	TP - LINK
微断	ABB 品牌微断	ABB
开关电源	DR - 120 - 24，DC24V/5A	明纬
接线端子	ABB 品牌端子	ABB

3. 微电网系统测控柜

微电网系统测控柜由交流接触器、中间继电器、转换开关、指示灯、带灯复位按钮、智能微机线路保护器、接线端子等组成。系统测控柜主要是对微电网系统内的各能源点进行测量和管理控制，通过线路保护器实时监测各能源点线路中的电压、电流、频率、零序电流等参数，进行欠过压、过流、缺相、频率异常、漏电等实时报警或故障关断保护，同时可手动或远程对各节点进行开关控制，是微电网能源调度管理的重要环节。微电网系统测量保护控制柜如图9.6所示，微电网系统测量保护控制柜参数见表9.3。

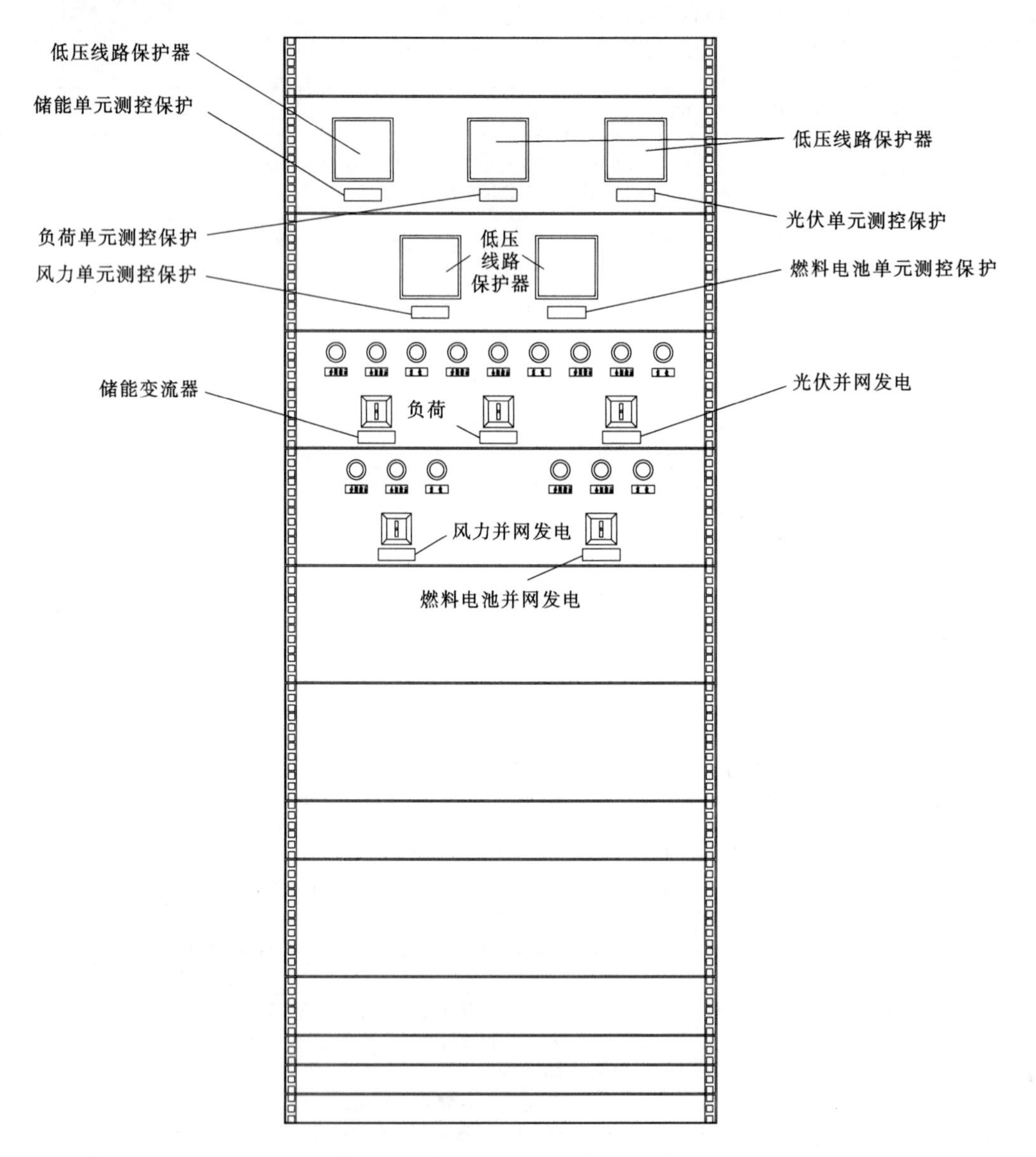

图9.6　微电网系统测量保护控制柜

4. 模拟负荷投切控制柜

模拟负荷投切控制柜由交流接触器、中间继电器、转换开关、指示灯、带灯复位按

表 9.3　微电网系统测量保护控制柜参数

名　称	参数（型号）	备　注
交流接触器	3TF46/11 - 0XM0/220V/45A	SIEMENS
中间继电器	CR - M024DC2L、CR - M230AC2L	ABB
转换开关	5 挡自复位转换开关	APT
指示灯	Φ22/DC24V（红、绿）	ABB
带灯复位按钮	Φ22/DC24V（红）	ABB
智能微机线路保护器	ALP220（三相电流、电压、功率、功率因素、频率、电能监测，能对额定电流范围内的线路进行过流、欠压、过压、零序、断相、联动、不平衡等保护、RS485/Modbus - RTU 通信、5 路开关量输入、4 路继电器输出、具有 SOE 事件记录功能）	Acrel
接线端子	ABB 品牌端子	ABB

钮、铝壳电阻、三相电抗器、电容器、绕线电阻、压敏电阻、交流风扇、接线端子等组成。负荷是微电网系统中的重要组成部分，负荷的特性、容量以及组成结构是微电网系统设计的重要依据，模拟负荷的投切可以方便模拟微电网系统的带载特性、电能质量、能量管理和继电保护功能。微电网模拟负荷投切控制柜如图 9.7 所示，微电网模拟负荷投切控制柜参数见表 9.4。

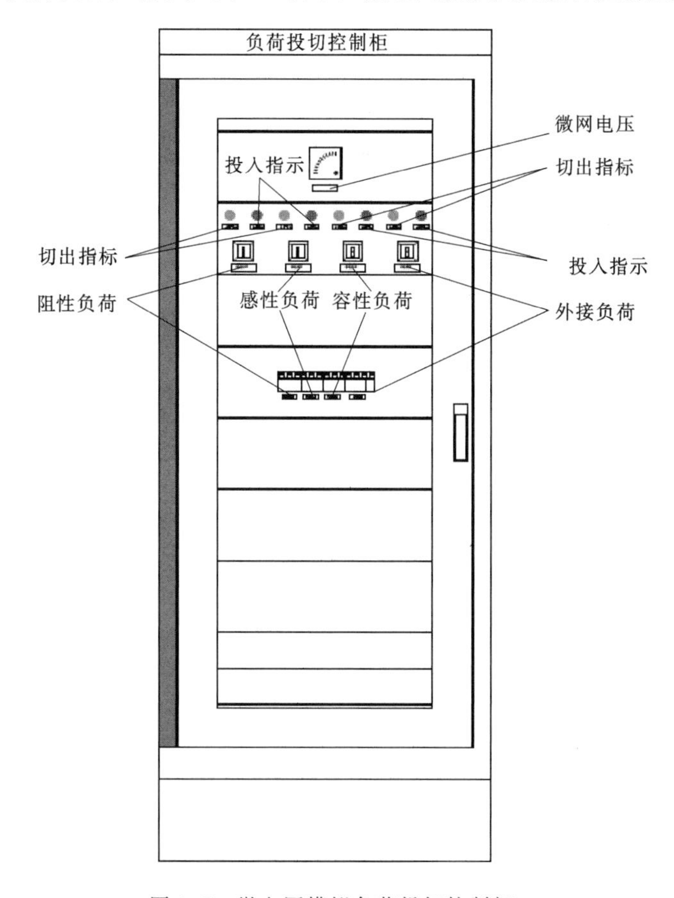

图 9.7　微电网模拟负荷投切控制柜

表 9.4　　微电网模拟负荷投切控制柜参数

名　称	参数（型号）	备　注
交流接触器	3TF43/11－0XM0/220V/22A、3TF40/11－0XM0 220V/9A	SIEMENS
中间继电器	CR－M024DC2L	ABB
转换开关	3挡自复位转换开关	APT
指示灯	Φ22/DC24V（红、绿）	ABB
带灯复位按钮	Φ22/DC24V（红）	ABB
铝壳电阻	RXLG－600W/160Ω	
三相电抗器	400V/0.6kvar	
电容器	CBB60/20μF/630V	
绕线电阻	200W/1.5K	
压敏电阻	10D471K	
交流风扇	KA1238HA2－2/AC220V	KAKU
接线端子	ABB品牌端子	ABB

5. 微电网储能变流单元

微电网储能单元主要由储能双向变流器与蓄电池柜组成。PCS是用于连接储能装置与电网之间的双向逆变器，可以把储能装置的电能放电回馈到电网，也可以把电网的电能充电到储能装置，实现电能的双向转换，具备对储能装置的 P/Q 控制，实现微电网的DG功率平滑调节，同时还具备做主电源的控制功能，即 U/f 模式，在离网运行时其做主电源，提供离网运行的电压参考源，实现微电网的“黑启动”。蓄电池柜由蓄电池和BMS组成，电池管理系统是对单体电池、电池组、电池堆进行分层、分级、统一的管理，根据各层各级的特性对电池（单体、组、堆）的各类参数及运行状态进行计算分析，实现均衡、报警、保护等有效管理，使各组电池达到均等出力，确保系统达到最佳运行状态和最长运行时间。电池管理系统提供准确有效的电池管理信息，是储能系统负荷控制策略的重要依据。通过电池均衡管理可极大地提高电池能量利用效率，优化负荷特性。同时，电池管理系统可最大限度地延长电池使用寿命，保障储能系统的稳定性、安全性和可靠性。储能双向变流柜如图9.8所示，电柜与管理系统柜如图9.9所示，电池管理系统如图9.10所示。储能双向变流器参数见表9.5。蓄电池及柜体参数见表9.6。电池管理系统参数见表9.7。POWER为电源指示灯，OPERATION为运行指示灯，FAULT为故障指示灯。

6. 光伏并网发电系统

光伏并网发电系统由室外太阳能电池阵列和并网发电系统柜组成，并网发电系统柜由交流接触器、工业触摸屏、指示灯、急停按钮、双向电子电能表、光伏并网逆变器、直流浪涌防雷器、开关电源、微断、接线端子等组成。光伏并网发电系统柜如图9.11所示。太阳能阵列参数见表9.8。光伏并网发电系统柜参数见表9.9。

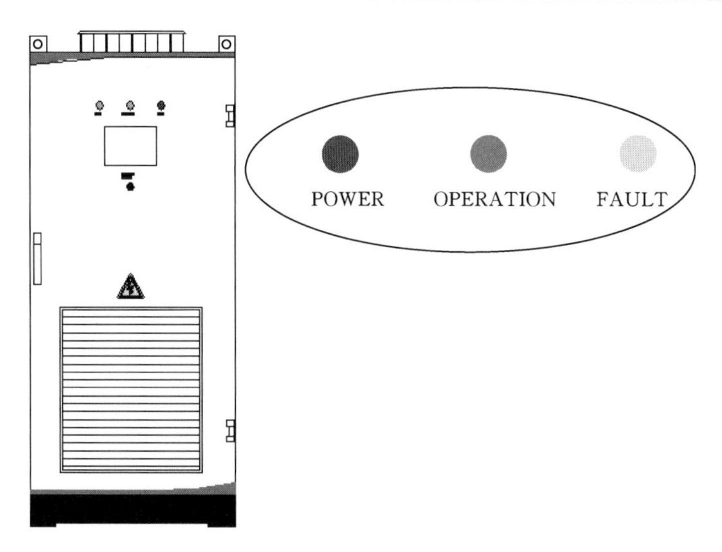

图 9.8　储能双向变流柜

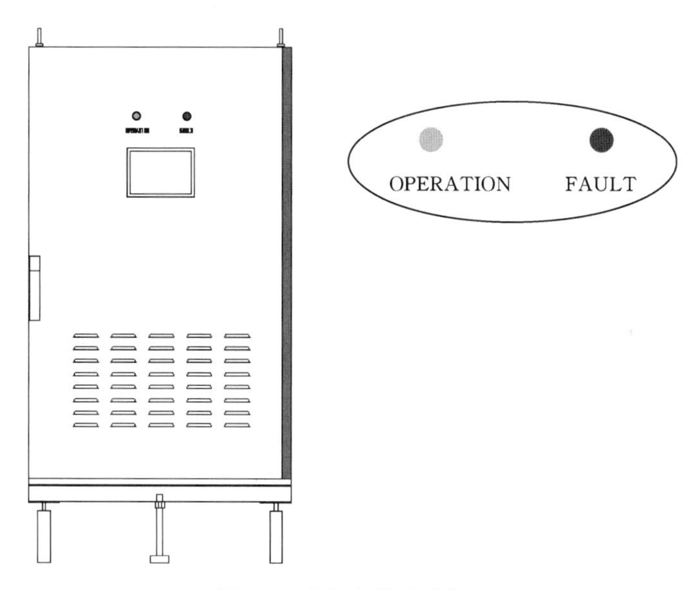

图 9.9　电柜与管理系统柜

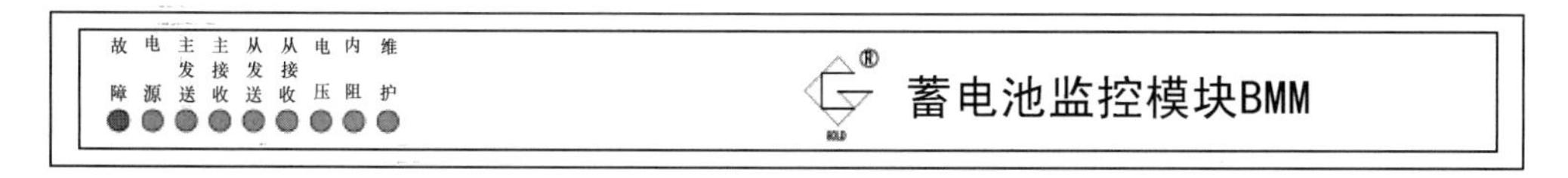

图 9.10　电池管理系统

7. 燃料电池储能并网发电系统

燃料电池储能并网发电系统由交流接触器、工业触摸屏、指示灯、急停按钮、直流电压表、单相计量表、高纯制氢机、氢储存罐、减压阀、三通阀、电堆、电磁阀、电控装置、连接气管、带灯按钮、并网逆变器、开关电源、微断、接线端子等组成。燃料电池储能并网发电系统柜如图 9.12 所示。燃料电池储能并网发电系统柜参数见表 9.10。

表 9.5　　**储能双向变流器参数**

名　称	参　数	名　称	参　数
型号	SC50	独立逆变输出电压失真度	<3%（线性负载）
最大直流功率	55kW	带不平衡负载能力	100%
最大直流电压	670V	独立逆变电压过渡变动范围	10%以内
直流电压范围	195～650V	独立逆变峰值系数（CF）	3∶1
最低直流电压	195V	最大效率	95%
最大直流电流	282A	交、直流侧断路设备	断路器
额定输出功率	50kW	直流过压保护、交流过压保护、极性反接保护、模块温度保护	具备
最大交流侧功率	55kVA（长期运行）	运行温度范围	－30～55℃
最大交流电流	79A	停机自耗电	<40W
最大总谐波失真	<3%（额定功率时）	冷却方式	温控强制风冷
额定电网电压	400V	防护等级	IP21
允许电网波动范围	310～450V	相对湿度（无冷凝）	0～95%，无冷凝
额定电网频率	50Hz/60Hz	最高海拔	6000m（超过 4000m 需降额）
允许电网频率范围	47～52Hz/57～62Hz	显示屏	触摸屏
额定功率因数	>0.99	调度通信方式	以太网、RS485
隔离变压器	具备	BMS 通信方式	RS485、CAN
直流电流分量	<0.5%额定输出	通信协议	Modbus/IEC104
功率因数可调范围	0.9（超前）～0.9（滞后）	体积（宽/高/厚）	806mm×1884mm×636mm
独立逆变电压设置范围	370～410V	重量	710kg

表 9.6　　**蓄电池及柜体参数**

名　称	参　数	名　称	参　数
电池品牌	骆驼电池	电池数量	24（块）
电池类型	免维护铅酸电池	连接方式	串联
额定电压	12V	单块电池尺寸	353mm×175mm×190mm
额定容量	85AH	电池柜尺寸	850mm×850mm×1600mm

表 9.7　　**电池管理系统参数**

名　称	参　数	名　称	参　数
内阻检测精度	±(2.5%+25μΩ)	电流检测范围	0～±2000A
电压检测精度	±0.2%	接口与方式	主/从通信 RS485
电流检测精度	±1(电流传感器量程)	数据存储	Flash、64Mbit/s
温度检测精度	±0.5℃	输入绝缘电阻	≥10MΩ（500V 条件下）
SOC 精度	±10%	故障报警	声光报警，干接点输出
监测范围	最大 32 节电池	人机界面	昆仑通态 TPC7062Ti
电压检测范围	8～15V	管理机尺寸	19 英寸 1U
内阻测量范围	0.05～100mΩ	电源输入	AC/DC220V±15%

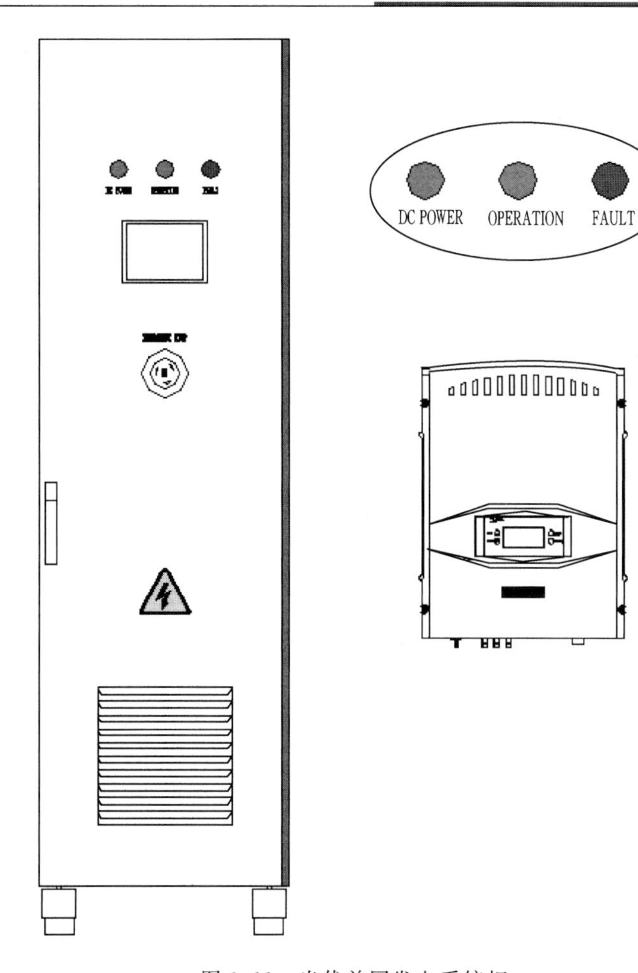

图 9.11　光伏并网发电系统柜

表 9.8　　太阳能阵列参数

名　称	参数（型号）	备　注
单晶电池组件	额定功率250W、开路电压37.75V、短路电流9.44A、工作电压30.2V、工作电流8.28A、转换效率17.6%、最大系统电压DC1000V	
连接线	4mm² 太阳能专用电缆	
连接头	MC4 对接头	
支架	热镀锌C型钢	
底座	水泥基础	

表 9.9　　光伏并网发电系统柜参数

名　称	参数（型号）	备　注
交流接触器	3TF43/11-0XM0/220V/22A	SIEMENS
工业触摸屏	昆仑通态 TPC7062Ti	ABB
指示灯	Φ22/DC24V（红、绿）	ABB

续表

名 称	参数（型号）	备 注
急停按钮	Φ22/AC220V	ABB
双向电子电能表	AC220V/5(40)A	三星智能
光伏并网逆变器	额定功率3000W/最大输入直流电压550V/额定直流输入电压370V/MPPT电压范围125～550V/每路最大输入电流10A/正常输出电流3～8.7A/输出电压单相220V/输出频率45～55Hz/功率因数调节范围［－0.9，0.9］/最大效率97.4%/具有反接、过流、过压、接地故障、漏电、孤岛等保护	阳光电源
直流浪涌防雷器	SUP（4）-S40	新驰电气
开关电源	DC24V/2.5A	明纬
微断	ABB品牌微断	ABB
接线端子	ABB品牌端子	ABB

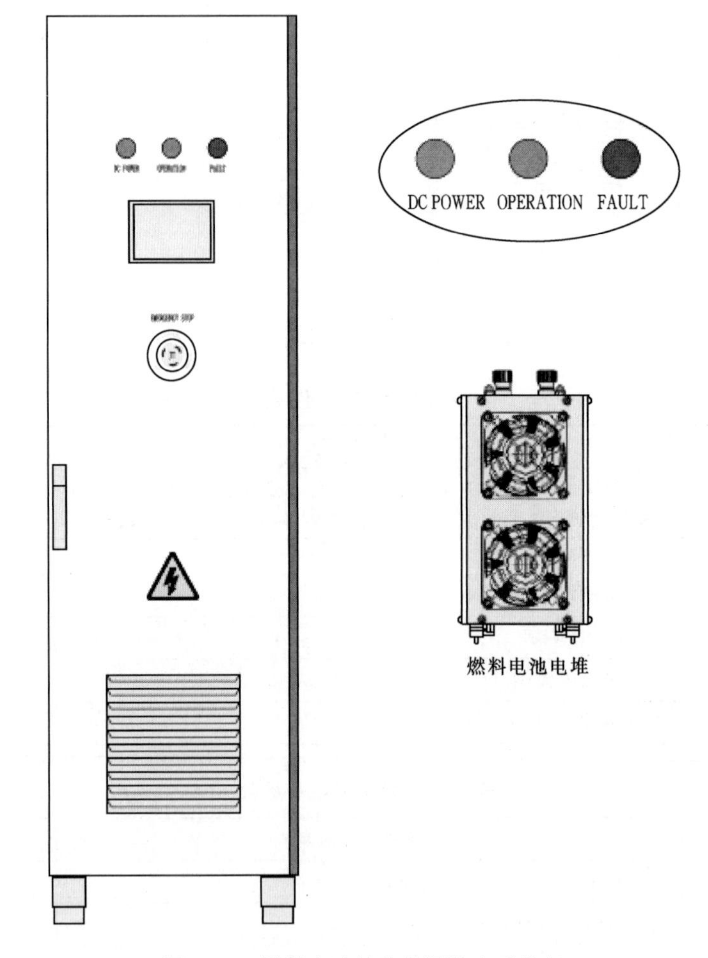

图9.12 燃料电池储能并网发电系统柜

表 9.10　燃料电池储能并网发电系统柜参数

名　称	参数（型号）	备　注
交流接触器	3TF43/11-0XM0/220V/22A	SIEMENS
工业触摸屏	昆仑通态 TPC7062Ti	ABB
指示灯	Φ22/DC24V（红、绿）	ABB
急停按钮	Φ22/AC220V	ABB
直流电压表	PZ80-DU	安科瑞
单相计量表	PZ80-P	安科瑞
高纯制氢机	输出 0～300mL/min/输出压力 0.4MPa/氢气纯度>99.999%/最大功率 150W	东方精华苑
氢储存罐	氢气专用储存罐	
电堆	额定输出：200W，28V，7.2A/单电池数：48 片/反应物质：氢气、空气/供氢品质：干燥，纯度 99.99%/供氢压力：5.8～6.5psi（1psi=6.894757kPa）/供氢流量：满负荷运转时 2.8L/min/启动时间：<30s/输出电压：26～46V/放气阀压：12V/风扇电压：4～12V/增湿类型：自增湿/冷却类型：空冷/环境温度：5～35℃ /电堆温度：<65℃/电堆效率：28V，效率超过 40%/产品重量：1.5kg/产品尺寸：104mm×206mm×90mm	Horizon
带灯复位按钮	Φ22/DC24V（红）	ABB
并网逆变器	额定功率 200W/最大瞬时功率 300W/输入电压 15～60VDC/输出效率大于 90%/输出电压 190～240V/输出纯正弦波/最大输出功率因数 0.97/输出频率 45～53Hz/具备超温、低压、高压、反向、短路、孤岛保护功能/具备软启动/输出电流总谐波失真小于 3%/相位差小于 1%/待机功耗小于 2W/产品重量：1.3kg/产品尺寸：51mm×37mm×33mm	GGT
开关电源	DC24V/2.5A	明纬
微断	ABB 品牌微断	ABB
接线端子	ABB 品牌端子	ABB

8. 永磁同步风力并网发电单元

永磁同步风力发电模拟试验系统主要包括永磁同步风力发电机组平台、系统控制机柜、ABB 变频器、双 PWM 变流器、PC 监控上位机、断路器、交流接触器、继电器等。可以实验永磁同步风力并网发电的运行模拟。永磁同步发电机组外观如图 9.13 所示。

发电机组平台如图 9.14 所示，左边为 11kW 变频异步电动机，用来模拟风力机，右边为 10kW 永磁同步发电机。异步电动机和永磁同步发电机安装在同一个底座上，使用联轴器相连接，采用增量式编码器测量发电机实时转速。风力机采用 ABB 变频器控制，用以模拟风速的变化。变频调速三相异步电动机参数见表 9.11、永磁同步风力发电机参数见表 9.12。永磁同步发电机电路参数见表 9.13。永磁同步发电机电压功率曲线如图 9.15 所示。增量编码器参数见表 9.14。

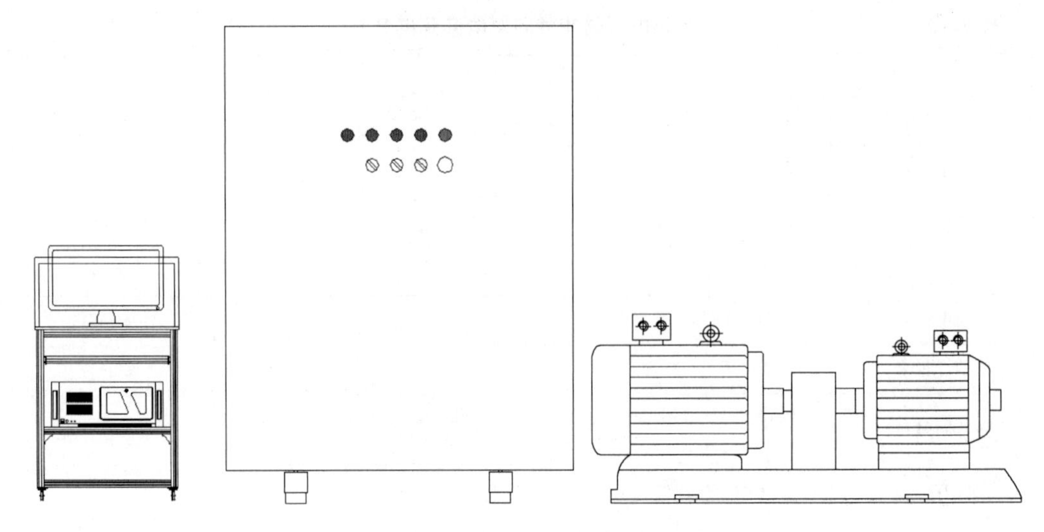

图 9.13　永磁同步发电机组外观

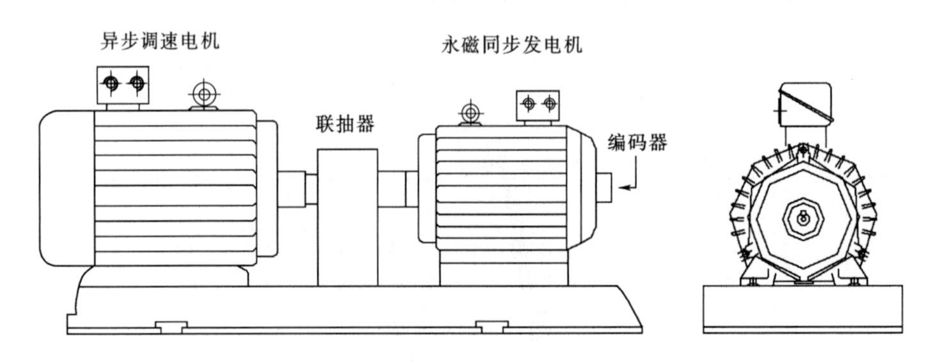

图 9.14　永磁同步发电机组平台

表 9.11　　变频调速三相异步电动机参数

名　称	参　数	名　称	参　数
电机型号	YCP160L-6	启动方式	变频启动
中心高	160mm	绝缘等级	F 级
工作制	S1	冷却方式	IC416
额定功率	11kW	防护等级	IP54
额定电压	380V	额定频率	51Hz
额定转速	1000r/min	额定电流	25A
转速范围	0～1200r/min	极数	6

永磁同步风力发电模拟试验系统采用 ABB 直接转矩控制变频器控制调节三相变频异步调速电机模拟风力机，通过计算机远程控制变频器输出频率来调节电动机的转速，模拟不同风速来驱动永磁同步风力发电机，使永磁同步风力发电机模拟工作在不同风速工况下。ABB 变频器如图 9.16 所示，ABB 变频器参数见表 9.15。

表 9.12　永磁同步风力发电机参数

名　称	参　数	名　称	参　数
电机型号	TYC160L-6	绝缘等级	F级
中心高	160mm	冷却方式	IC416
工作制	S1	结构类型	IM1001
额定功率	10kW	防护等级	IP44
额定电压	330V	定子电流	18A
额定转速	1000r/min	极数	6
转速范围	0～1200r/min	效率	92.4%

表 9.13　永磁同步发电机电路参数

名　称	参　数	名　称	参　数
定子电阻	$R_1=0.57\Omega$	定子漏抗	$X_1=0.54\Omega$
直轴电抗	$X_d=2.0\Omega$	交轴电抗	$X_q=2.0\Omega$

表 9.14　增量编码器参数

名　称	参　数	名　称	参　数
编码器型号	E6B2-CWZ1X-2000	启动方式	变频启动
电源电压	DC 5V±5% 脉冲峰—峰值5%以下	输出方式	线性驱动器
分辨率	2000	输出容量	输出电压 $U_o=2.5$V以上， $U_s=0.5$以下
输出相	A、$\overline{A}$、B、$\overline{B}$、Z、$\overline{Z}$相	最大转速	6000r/min

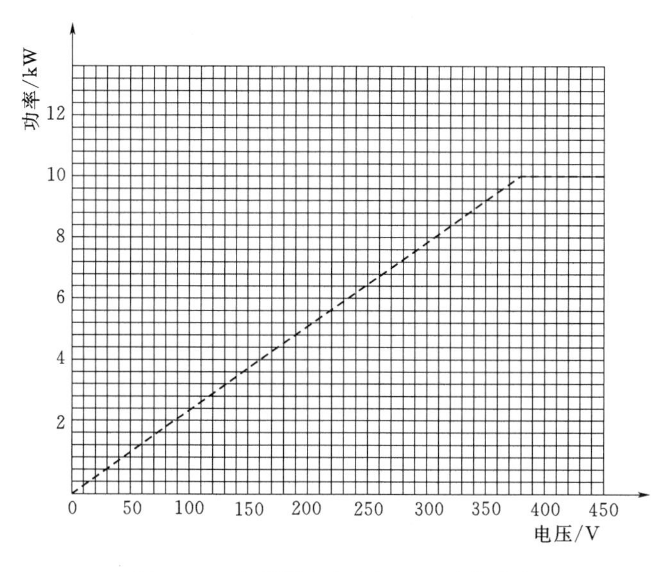

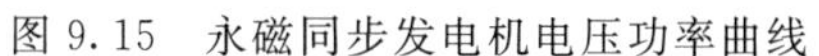

图 9.15　永磁同步发电机电压功率曲线

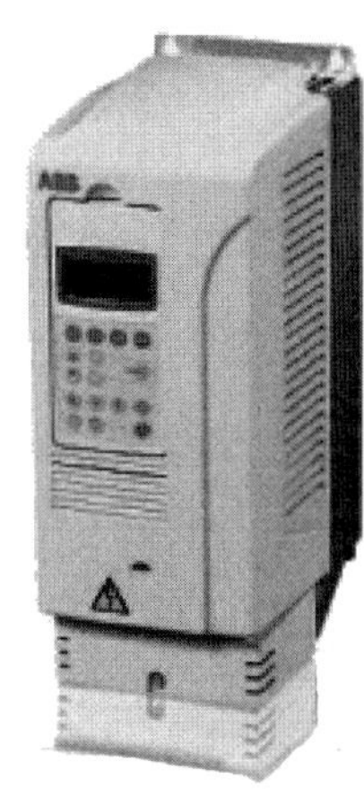

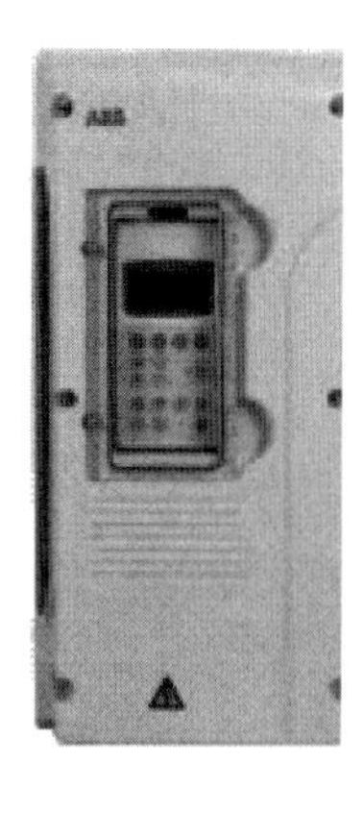

图 9.16　ABB变频器

表9.15　　ABB变频器参数

名　称	参　数	名　称	参　数
变频器型号	ACS800-01-0011-3+P901	额定输出功率	7.5kW
输入相数	3相	输出相数	3相
输入电压	380～415V	输出电压	0～U_{Input}
输入电流	17A	输出电流	19A
输入频率	48～63Hz	输出频率	0～300Hz

双向变流器内部结构如图9.17所示，变流器的操作按钮和指示灯安装在柜门上，网侧变流器和机侧变流器平行安装在系统机柜的正面，变流器冷却方式为风冷，进线方式为下进线。

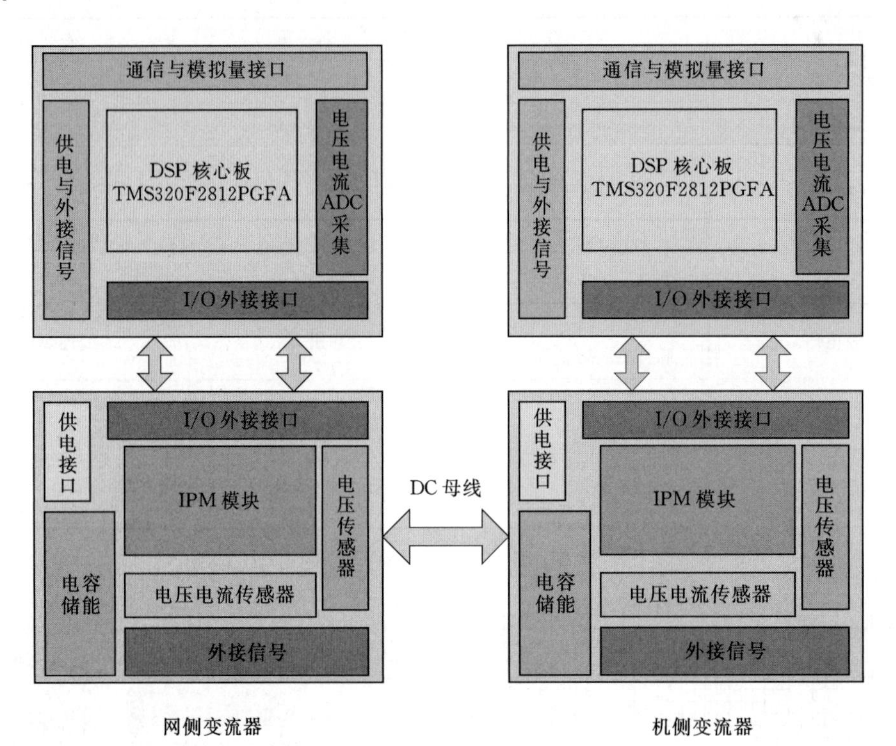

图9.17　双向变流器内部结构

网侧变流器和机侧变流器都是采用七单元IPM模块构建，IPM模块耐压值为1200V，电流25A。直流环节的电容采用450V的电解电容两串四并，以提高耐压和容量要求。网侧变流器和机侧变流器均采用TMS320F2812的DSP核心控制板控制。机侧、直流侧和电网侧电压和电流信号采用高精度霍尔电压电流传感器采集，机侧、网侧变流器内部IPM的温度采用温度传感器测量，方便实时监测变流器的温度变化。

监控上位机采用一台工业控制计算机进行远程监控，上位机软件是基于NI的LabView图形化编程软件开发，采用RS485通信方式分别远程监控ABB变频器、网侧变流器和机侧变流器。工控机配置参数见表9.16。

表9.16　　工控机配置参数

名　称	参数（型号）	备　注
主机	型号：IPC－510/主板：AIMB－562L/CPU：E5300 2.6G/硬盘：500G/内存：2G/光驱：DVD－ROM/接口：4路RS485端口	研华
显示器	22英寸	DELL
电脑桌	型材加工	

9. SCADA远程微电网电力监控系统

SCADA远程微电网电力监控系统由工业控制计算机和远程监控软件组成。监控软件通过以太网连接中央通信与管理控制器，远程对各终端设备进行实时遥测、遥信、遥控和遥调功能，实现微电网的智能化能量控制与管理，有效调节微电网的电能质量和功率平衡调度。SCADA远程监控系统参数见表9.17。

表9.17　　SCADA远程监控系统参数

名　称	参数（型号）	备　注
主机	型号：IPC－510/主板：AIMB－562L/CPU：E5300 2.6G/硬盘：500G/内存：2G/光驱：DVD－ROM	研华
显示器	22英寸	DELL
监控软件	QTouch电力监控软件	武汉舜通
通信接口	以太网	

第10章 微电网运行控制实验

10.1 微电网并网运行启停实验

10.1.1 实验目的

（1）掌握微电网并网运行的启停操作。

（2）了解微电网各组成设备的功能。

（3）了解微电网并网运行的系统架构。

10.1.2 实验流程

（1）系统开启前请先检查设备是否完好，所有电源开关是否处于断开状态，所有接线是否牢固可靠。

（2）开启系统辅助电源，系统辅助电源位于微电网接入测控管理柜后面，将各分布式机柜及电池管理柜的辅助电源开关均开启，辅助电源开启后再次检查各设备是否正常带电，有异常请关闭电源，排除后再试开。

（3）开启微电网电力监控和风力发电机监控工控机。

（4）点击桌面运行快捷方式按钮，打开电力监控软件，微电网电力监控软件登录界面如图10.1所示。

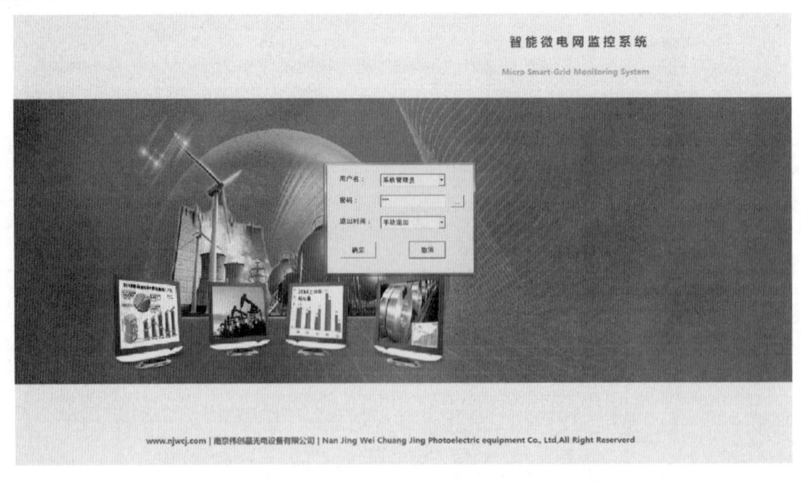

图10.1 微电网电力监控软件登录界面

(5) 选择用户类型，输入密码后，点击“确定”按钮。

(6) 点击“点击进入”提示文字，进入系统主界面，如图 10.2 所示。主界面左侧为系统菜单栏，可以查看各单元的详细信息，右上角为通信状态及用户指示。正面为微电网系统一次框架图，实时显示各单元数据信息，也可远程遥控各单元开关节点。

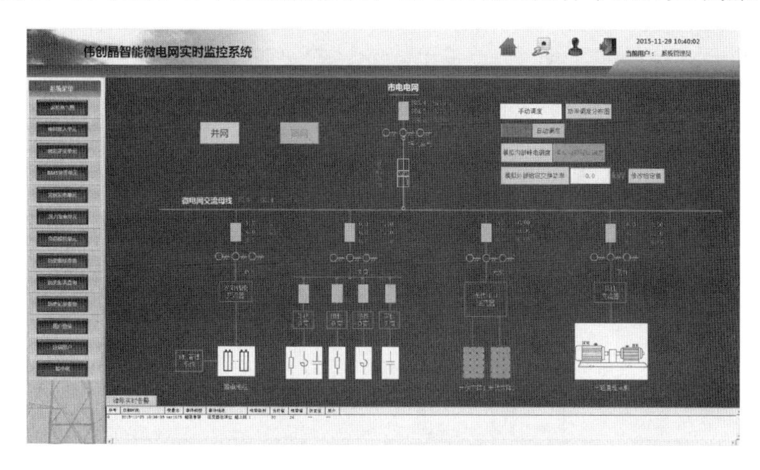

图 10.2 微电网电力监控系统主界面

(7) 将快速开关柜的主控开关开启，旁路开关处于断开状态，接通市电输入塑壳断路器。接通后，微网接入柜与快速开关柜的市电指示灯亮起。

(8) 将储能变流器的直流断路器和交流断路器均开启，光伏的直流输入开关和交流并网输出开关也均开启，风力发电的控制电、主电和变频器电源均接通。

(9) 将机柜面板的保护节点操作开关均置于远方状态，只有在远方操作状态时方可进行远程控制。

(10) 系统运行前，先点击主界面右上角的通信状态图标，通信状态指示如图 10.3 所示，查看各模块的通信状态，正常连接后，各单元均应“通信正常”，否则需要先检查各单元的开启状态和通信线路。

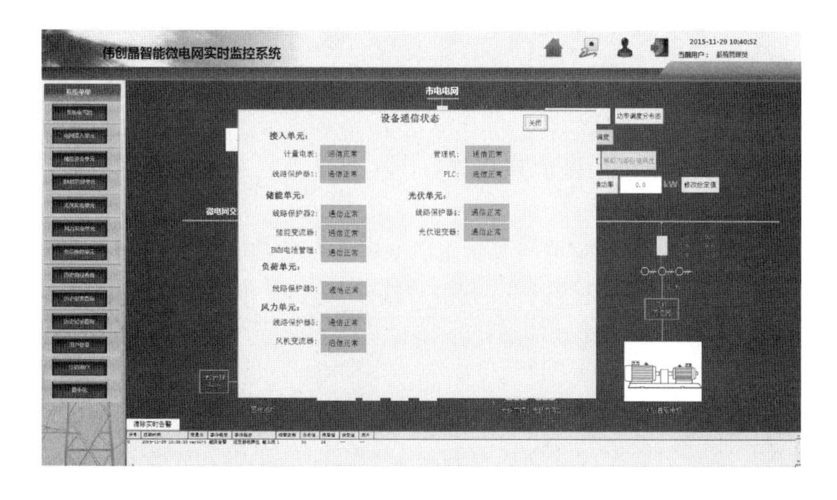

图 10.3 系统各单元通信状态指示

（11）点击储能单元保护开关绿色节点，储能单元开关节点状态与控制如图 10.4 所示。弹窗显示当前保护节点“摘牌”或“挂牌”状态以及当前节点的分闸、合闸和运行状态，当前用户为管理员时可以设置“挂牌”状态，已经“挂牌”时，也可进行“摘牌”操作。点击弹窗的“控合”按钮，正常合闸后返回“已合闸”状态，将储能单元接入微电网母线，如图 10.5 所示。

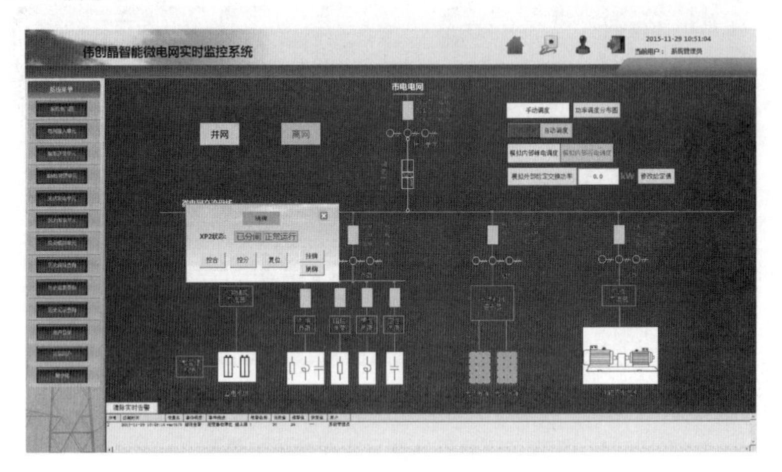

图 10.4　储能单元开关节点状态与控制

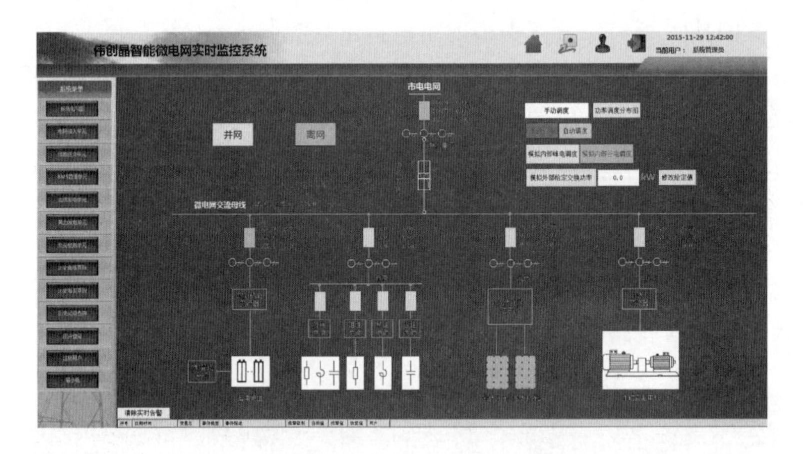

图 10.5　储能单元接入微电网母线

（12）同样点击微电网接入保护开关节点，在弹窗中点击“控合”按钮，接入开关开启如图 10.6 所示。

（13）点击主界面左侧系统菜单的“储能逆变监控”按钮，储能逆变监控界面如图 10.7 所示。选择“并网模式”“恒压模式”，点击“确认修改”。修改成功后，返回当前的储能变流器状态。成功并网后，储能变流器恒压模式给蓄电池组充电，储能单元并网运行界面如图 10.8 所示。

（14）点击光伏单元保护开关节点，光伏单元开关节点状态与控制界面如图 10.9 所示。点击“控合”按钮，将光伏并网逆变器接入微电网母线中，光伏单元接入微电网母线界面如图 10.10 所示。

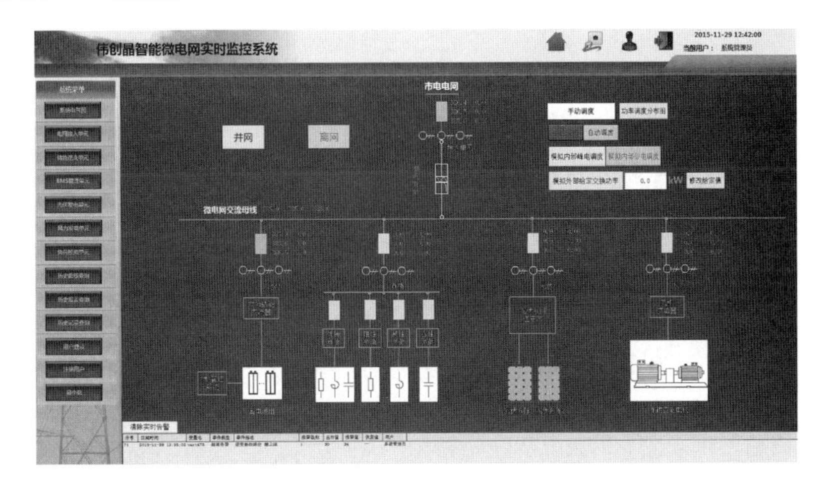

图 10.6 微电网接入开关开启

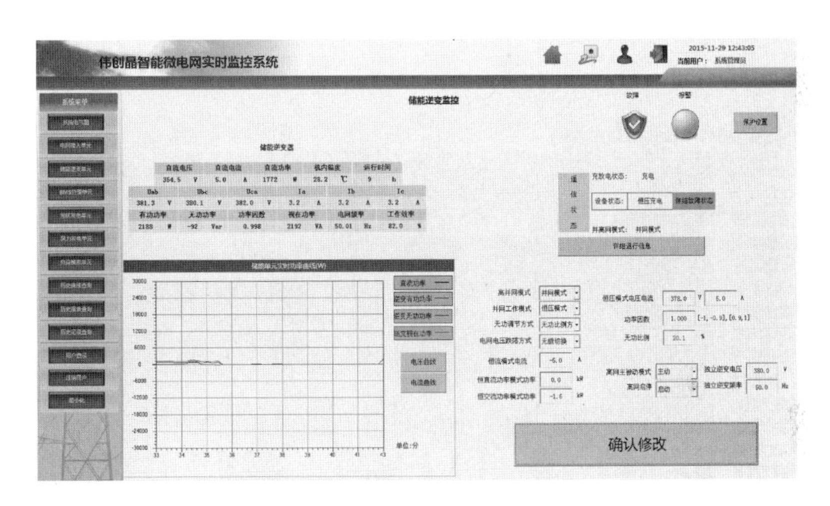

图 10.7 储能逆变监控界面

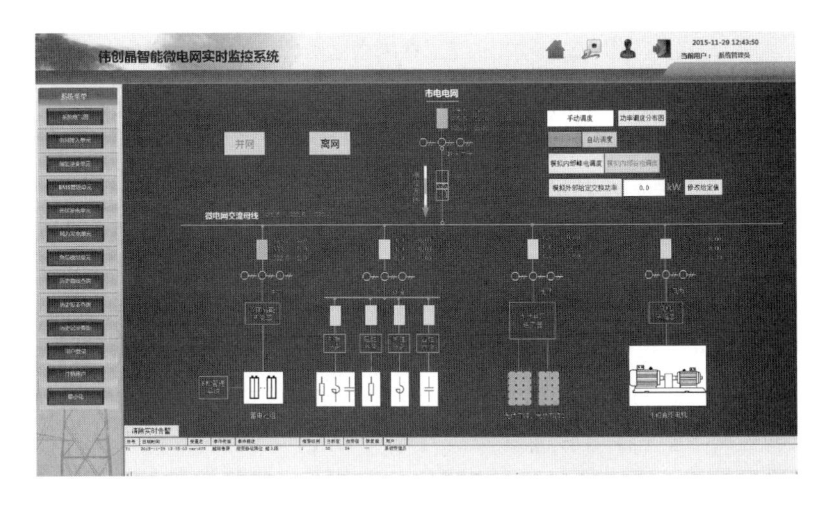

图 10.8 储能单元并网运行界面

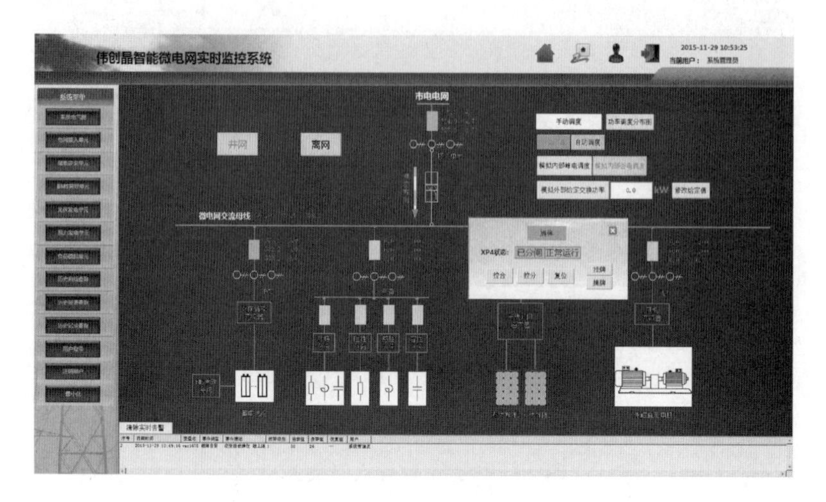

图 10.9　光伏单元开关节点状态与控制界面

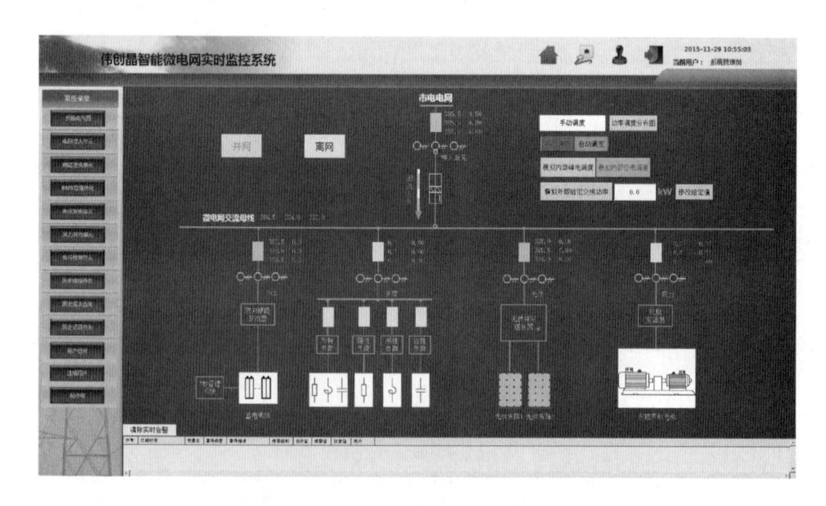

图 10.10　光伏单元接入微电网母线界面

（15）点击左侧菜单栏“光伏发电监控”按钮，光伏发电监控界面如图 10.11 所示。点击“启动”按钮，光伏并网逆变器自检完成后向微电网输出电量，光伏单元完成启动界面如图 10.12 所示。光伏单元并网运行主界面如图 10.13 所示。

（16）点击风力单元保护开关节点，风力单元开关节点状态与控制界面如图 10.14 所示。点击“控合”按钮，将风机变流器接入微电网母线中。

（17）点击左侧菜单栏“风力发电监控”按钮，风力发电监控界面如图 10.15 所示。点击“网侧运行”按钮，风机变流器启动直流母线充电，当直流母线电压充到 680V 左右时，完成充电。点击“电机启动”按钮，输入电机转速（转速范围 300～1000r/min），点击“给定电机转速”，电机启动后将返回实时电机转速。点击“并网”按钮，并网后可以手动输入机侧有功功率，再点击“给定机侧有功”按钮，风机变流器向微电网输出一定的有功功率。风力单元并网运行主界面如图 10.16 所示。

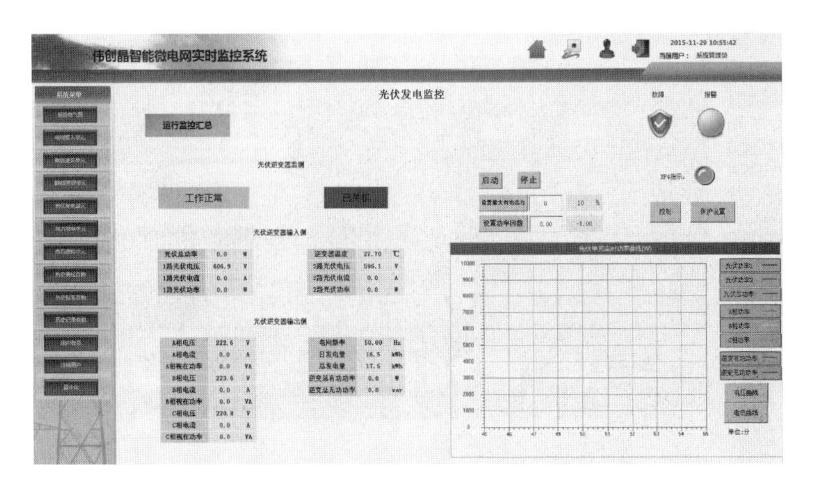

图 10.11　光伏发电监控界面

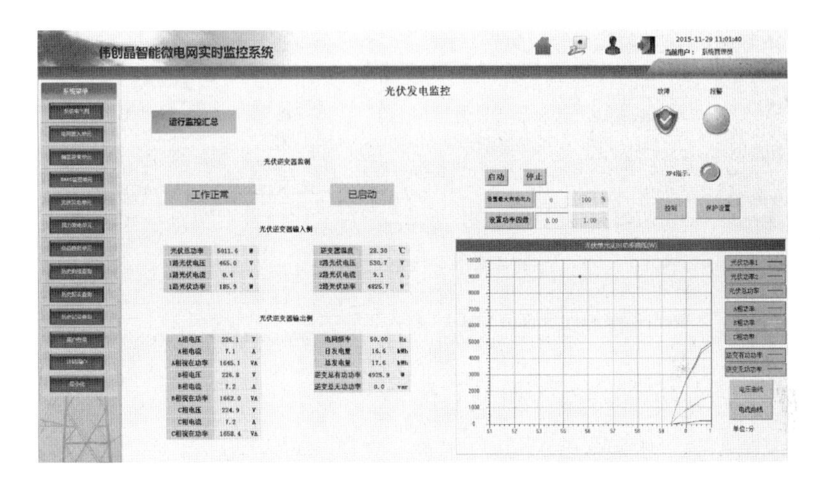

图 10.12　光伏单元完成启动界面

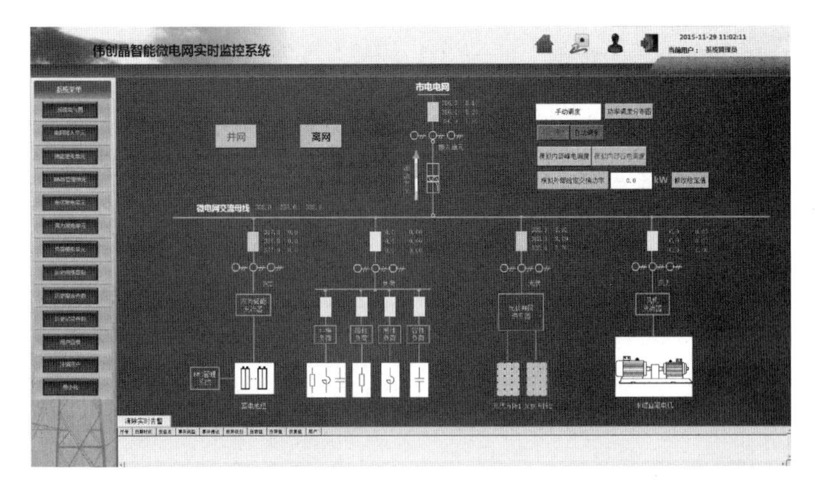

图 10.13　光伏单元并网运行主界面

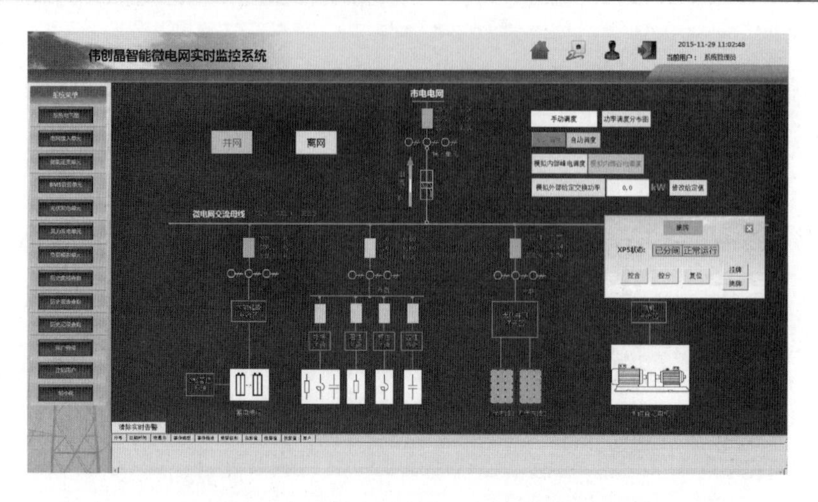

图 10.14　风力单元开关节点状态与控制界面

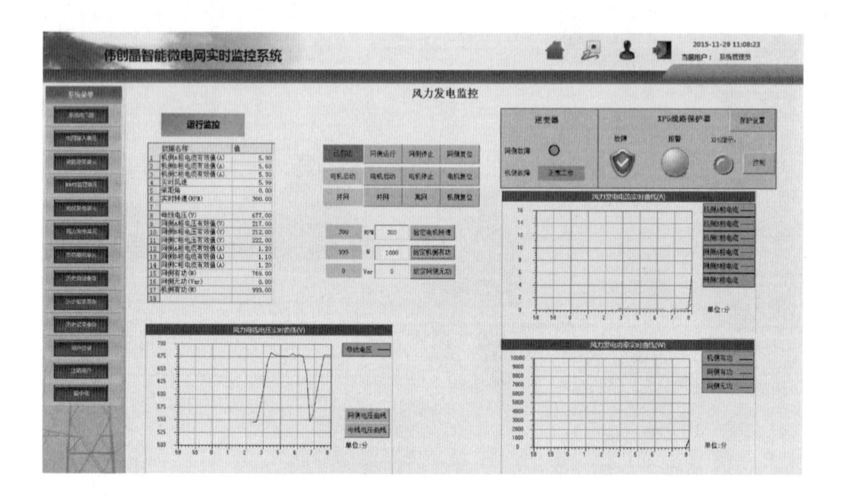

图 10.15　风力发电监控界面

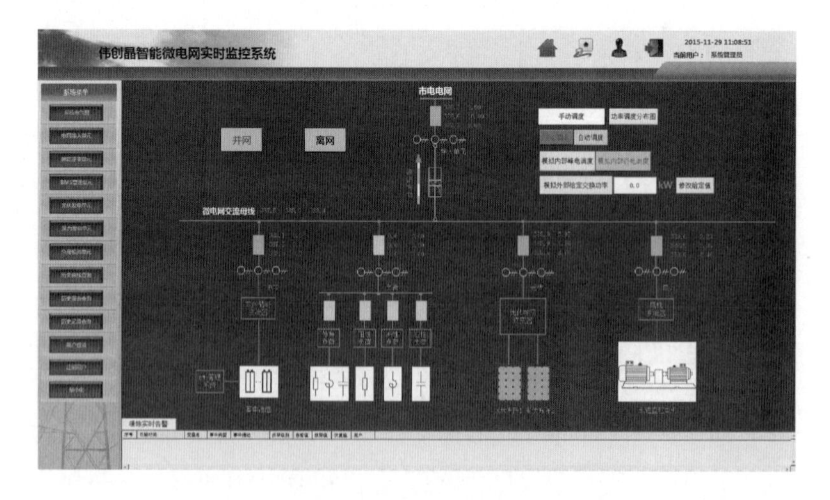

图 10.16　风力单元并网运行主界面

（18）点击负荷单元保护开关节点，负荷单元开关节点状态与控制界面如图 10.17 所示。点击“控合”按钮，将负荷单元接入微电网母线中，负荷单元接入微电网母线界面如图 10.18 所示。

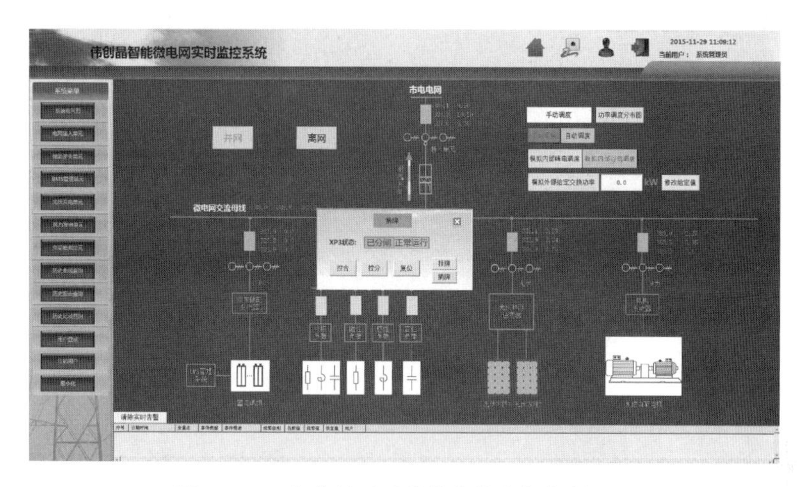

图 10.17　负荷单元开关节点状态与控制界面

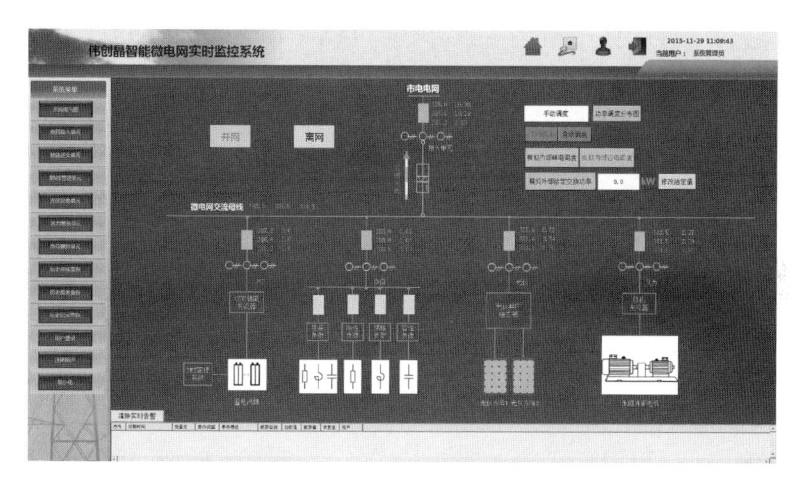

图 10.18　负荷单元接入微电网母线界面

（19）分别点击各子负荷单元的开关节点，子负荷单元开关节点状态与控制界面如图 10.19 所示。点击“控合”按钮，将各子负荷单元接入微电网中，子负荷单元接入微电网母线界面如图 10.20 所示。

（20）点击左侧菜单栏“负荷监控”按钮，负荷监控界面如图 10.21 所示。可以监控各子负荷的运行状态和负荷单元的电力参数信息。

（21）微电网并网运行启动后，可以查看相关实时数据的曲线数据。PCC 点实时功率曲线如图 10.22 所示，PCC 点实时电流曲线如图 10.23 所示，市电电网实时电压曲线如图 10.24 所示，储能单元实时功率曲线如图 10.25 所示，储能单元实时电压曲线如图10.26所示，储能单元实时电流曲线如图 10.27 所示，电池参数数据及相关数据曲线如图 10.28 所示。

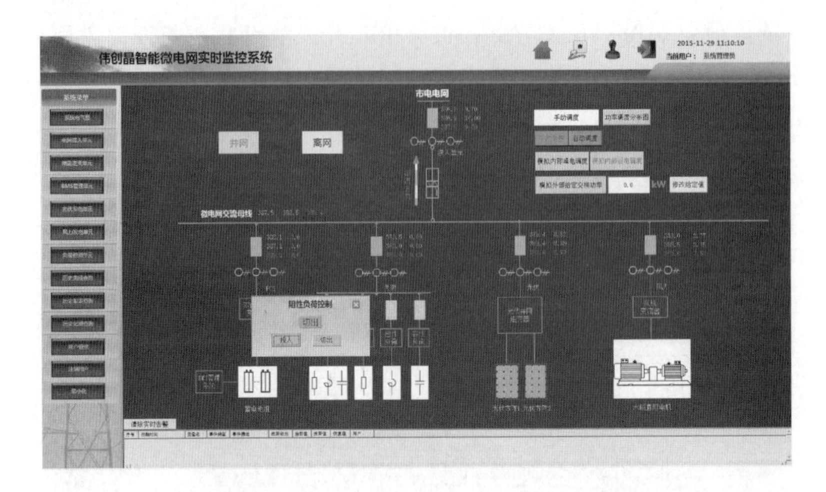

图 10.19　子负荷单元开关节点状态与控制界面

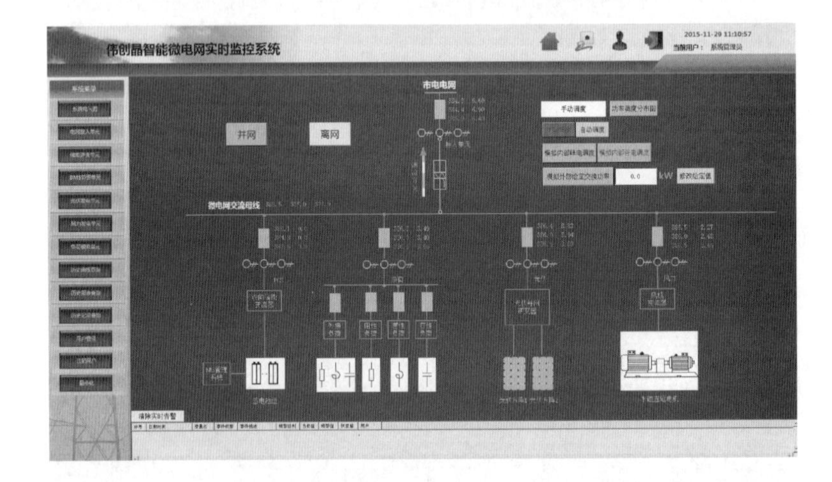

图 10.20　子负荷单元接入微电网母线界面

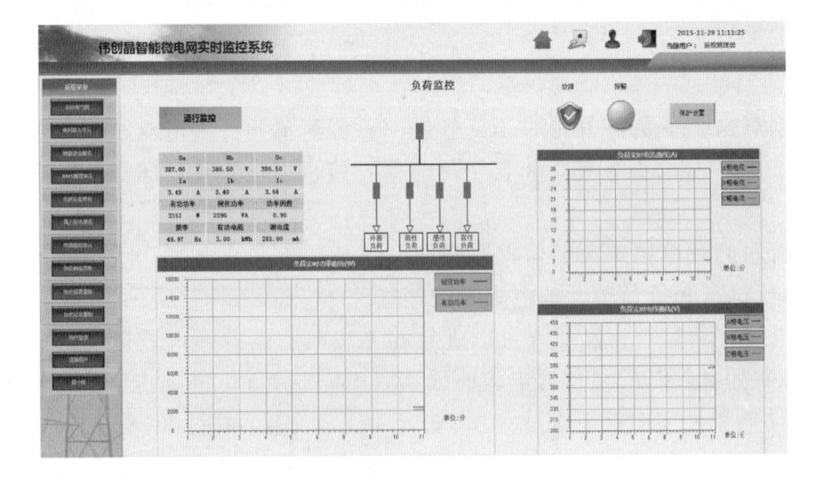

图 10.21　负荷监控界面

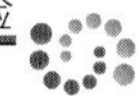

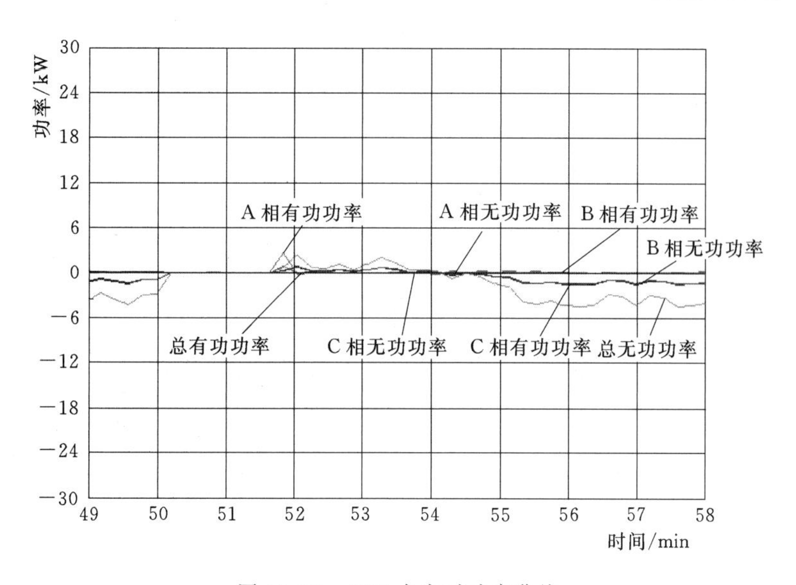

图 10.22 PCC 点实时功率曲线

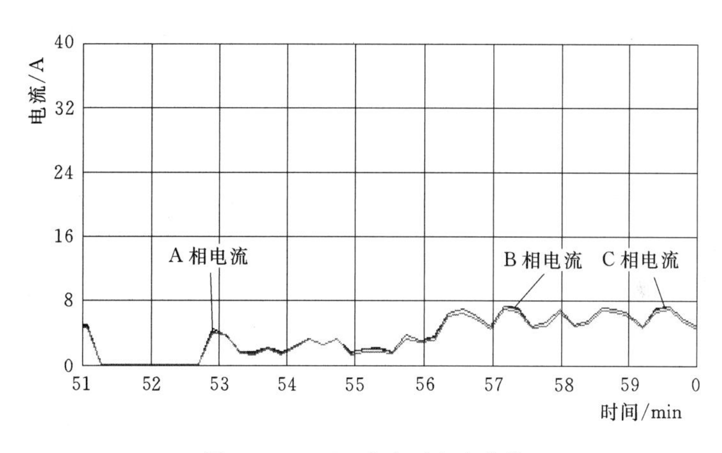

图 10.23 PCC 点实时电流曲线

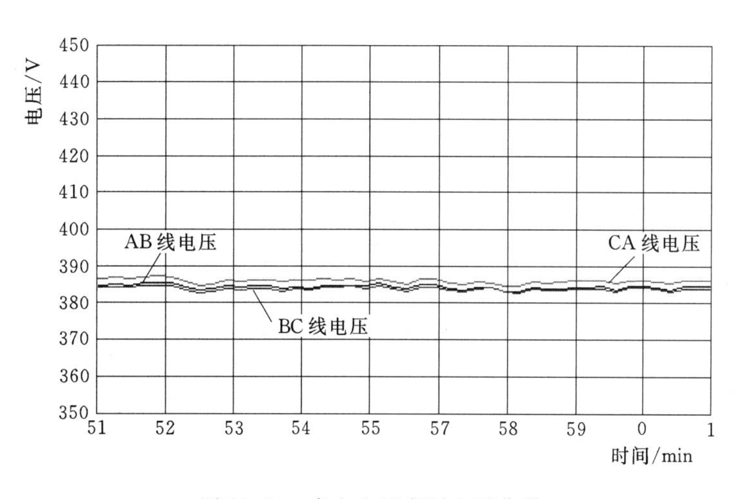

图 10.24 市电电网实时电压曲线

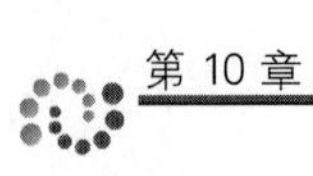

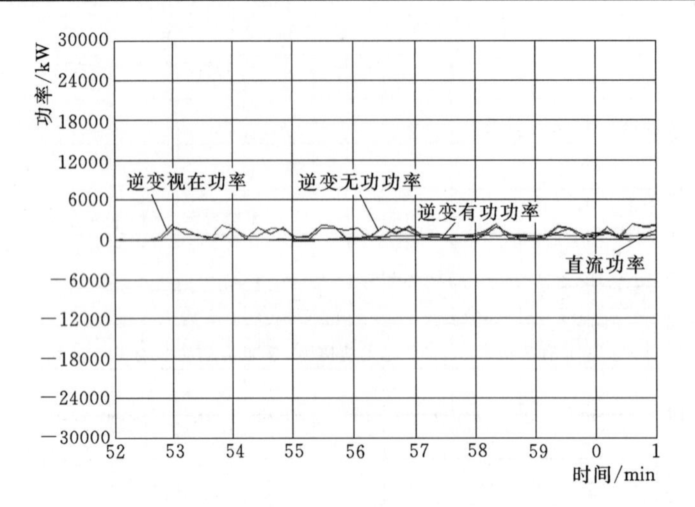

图 10.25 储能单元实时功率曲线

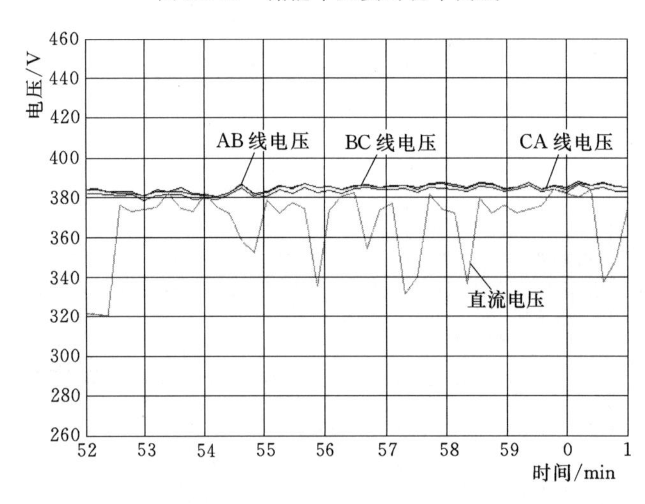

图 10.26 储能单元实时电压曲线

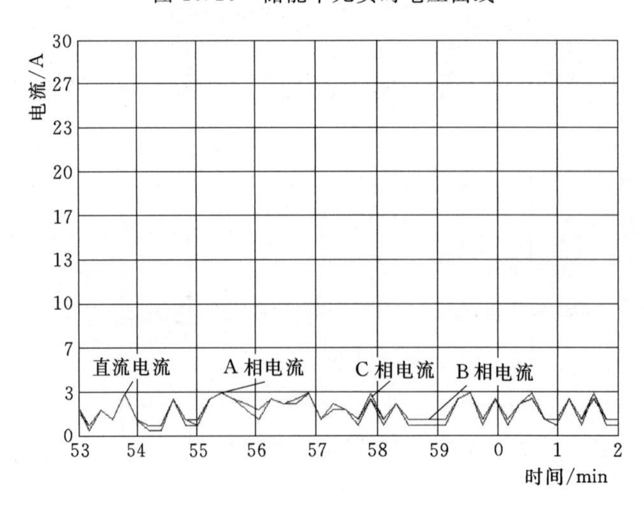

图 10.27 储能单元实时电流曲线

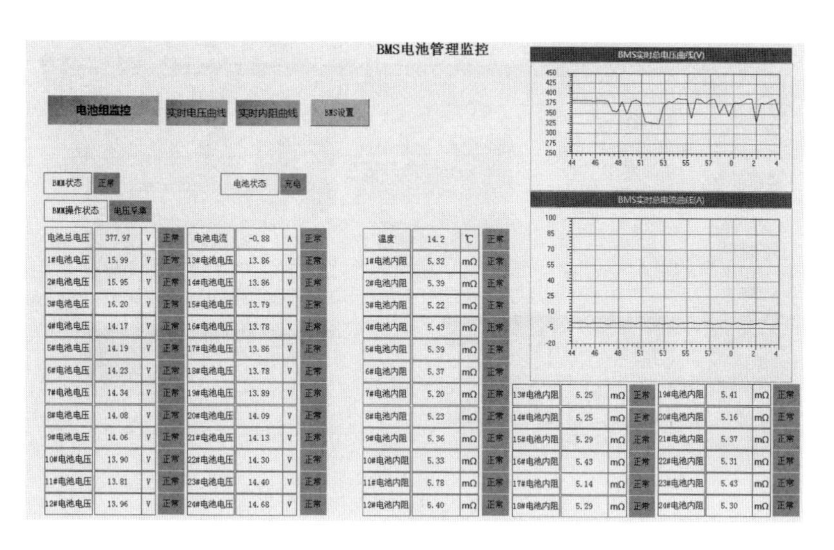

图 10.28 电池参数数据及相关数据曲线

(22) 在主界面依次点击各子负荷开关节点，选择“控分”按钮，断开各子负荷与微电网的连接，再点击负荷保护开关节点，选择“控分”按钮，断开总的负荷节点与微电网的连接，负荷关闭完成主界面如图 10.29 所示。

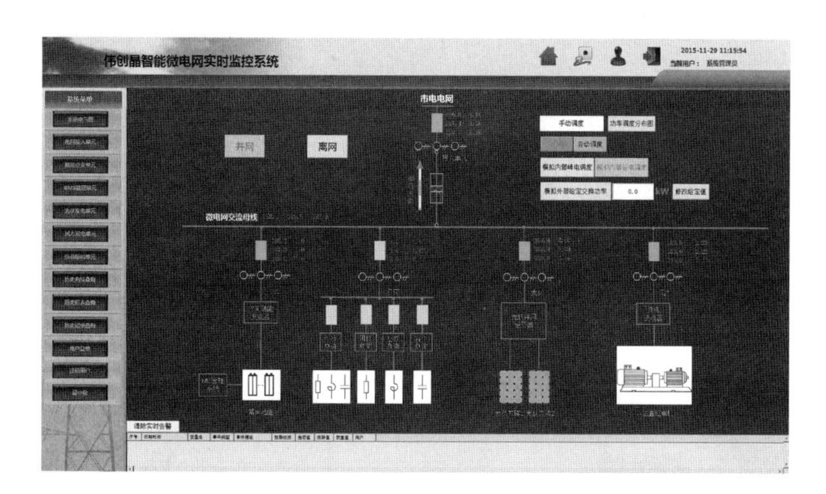

图 10.29 负荷关闭完成主界面

(23) 进入风力发电监控页面，点击“离网”按钮。将风机转速设为 0，点击“给定风机转速”按钮，风机停止后，点击电机停止“按钮”。再点击“网侧停止”按钮，网侧停止后，风机母线电压下降，变流器处于“待机中”状态。停机后风力发电监控界面如图 10.30 所示。

(24) 在主界面点击风力保护开关节点，选择“控分”按钮，执行后，断开风力单元与微电网的连接。断开风力发电单元后主界面如图 10.31 所示。

(25) 进入光伏发电监控页面，点击“停止”按钮。关机后返回“已关机”状态。停机后光伏发电监控界面如图 10.32 所示。

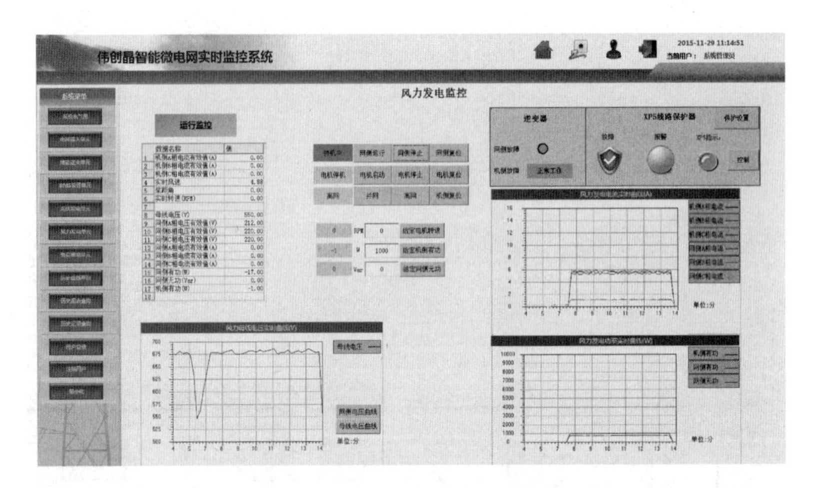

图 10.30　停机后风力发电监控界面

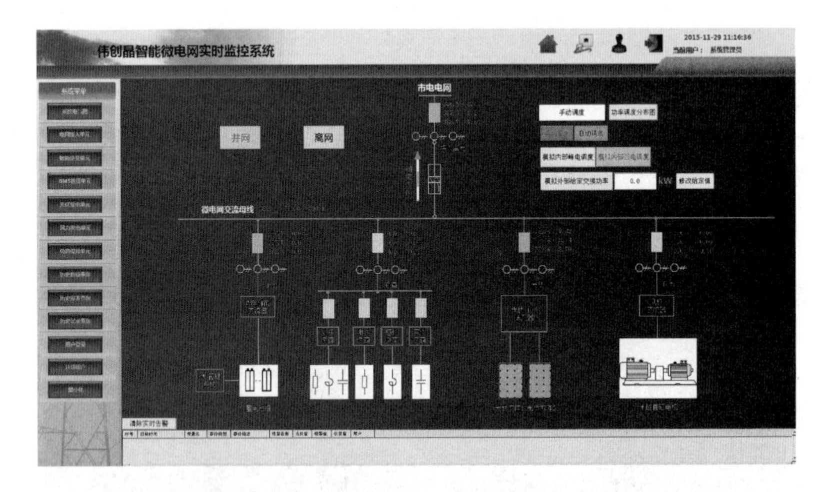

图 10.31　断开风力发电单元后主界面

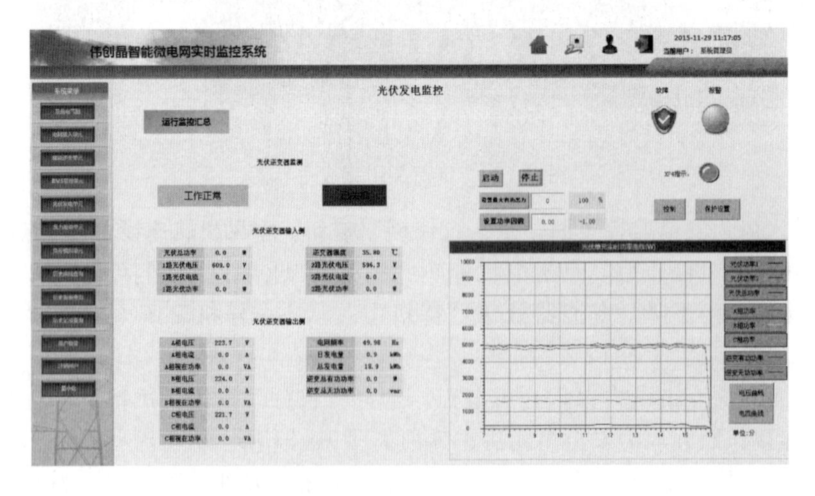

图 10.32　停机后光伏发电监控界面

（26）在主界面点击光伏保护开关节点，选择“控分”按钮，执行后，断开光伏单元与微电网的连接。断开光伏发电单元后主界面如图 10.33 所示。

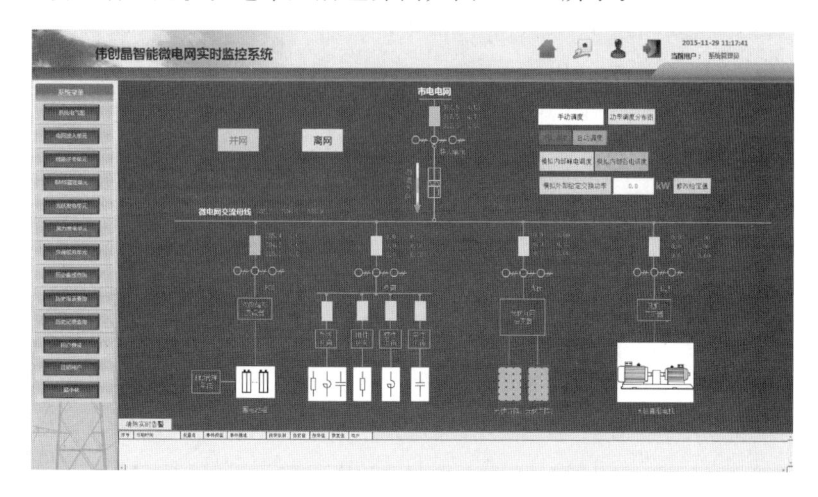

图 10.33　断开光伏发电单元后主界面

（27）在主界面点击微电网接入保护开关节点，选择“控分”按钮，执行后，储能变流器切换到离网独立逆变运行状态，断开微电网接入开关后主界面如图 10.34 所示。再点击储能单元保护开关节点，选择“控分”按钮，执行后，断开储能单元与微电网母线的连接，此时微电网母线电压为 0，断开储能单元开关节点后主界面如图 10.35 所示。

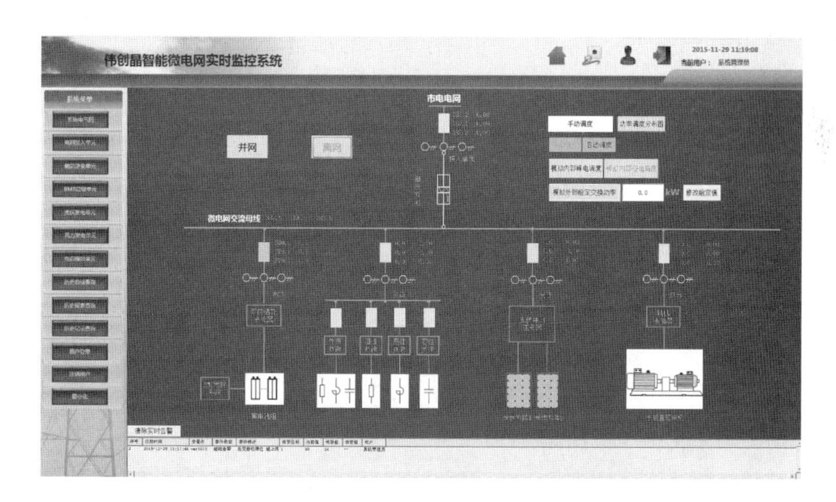

图 10.34　断开微电网接入开关后主界面

（28）进入储能逆变监控界面，在离网启停状态栏中选择“停机”命令，点击“确认修改”按钮，储能逆变器停止输出并处于关机状态。停机后储能逆变监控界面如图 10.36 所示。

（29）点击主界面右上角的退出图标，选择“确认”按钮，选择退出系统主界面如图 10.37 所示。在弹出的退出系统窗口中输入密码，点击“确定”按钮，退出监控系统的运行。退出系统密码输入主界面如图 10.38 所示。

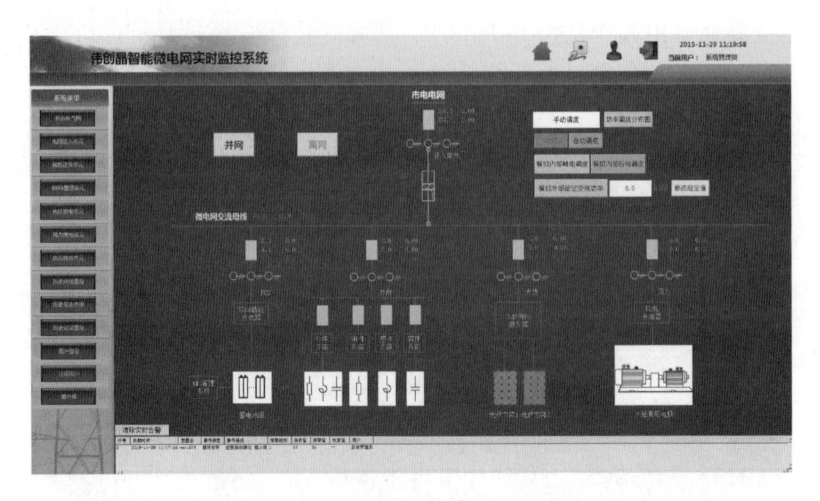

图 10.35　断开储能单元开关节点后主界面

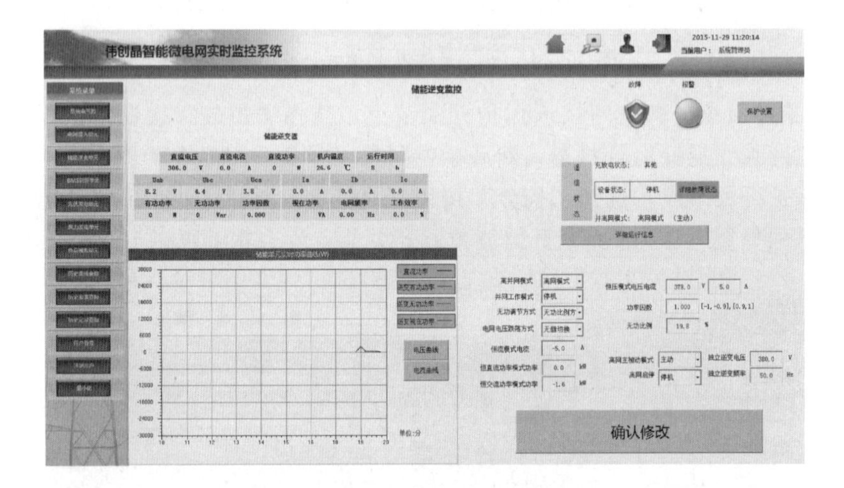

图 10.36　停机后储能逆变监控界面

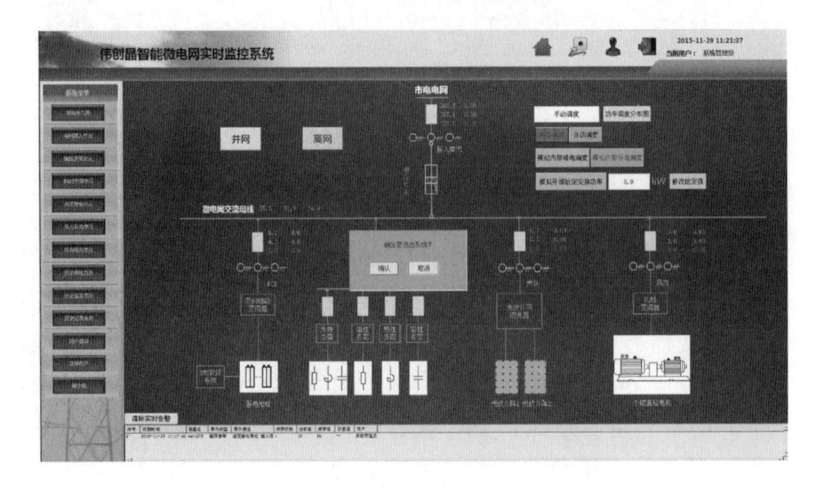

图 10.37　选择退出系统主界面

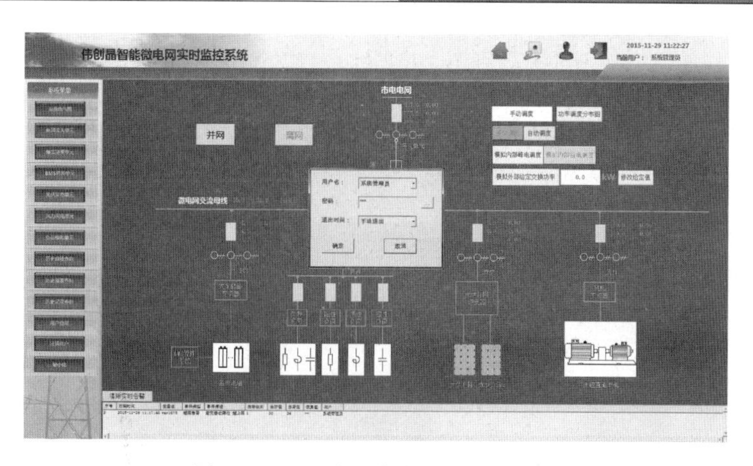

图 10.38　退出系统密码输入主界面

(30) 停止系统运行后，关闭风力单元的变频器电源、主电电源和控制电电源，关闭光伏单元的直流输入开关和交流输出开关，将储能变流器的直流断路器和交流输出开关断开，再将微电网市电输入塑壳断路器断开，最后关闭辅助电源开关。

10.2　微电网离网运行启停实验

10.2.1　实验目的

(1) 掌握微电网离网运行的启停操作。

(2) 了解微电网离网运行的建立过程。

(3) 了解微电网离网运行的系统结构。

10.2.2　实验流程

(1) 结合10.1节，开启微电网辅助电源，打开微电网电力监控软件，微电网监控主界面如图10.39所示。

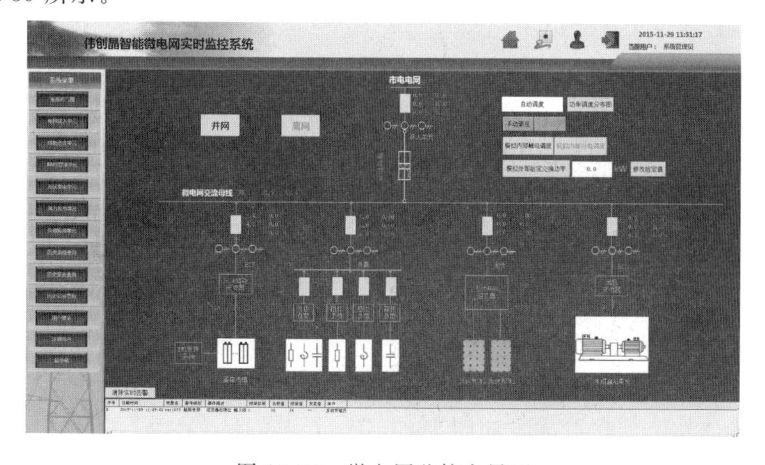

图 10.39　微电网监控主界面

（2）将微电网市电接入塑壳断路器置于断开状态。点击储能单元保护接入开关绿色节点，在弹窗中选择“控合”按钮，闭合后储能单元接入微电网母线中，储能单元开关节点状态与控制如图 10.40 所示。储能单元接入微电网母线主界面如图 10.41 所示。

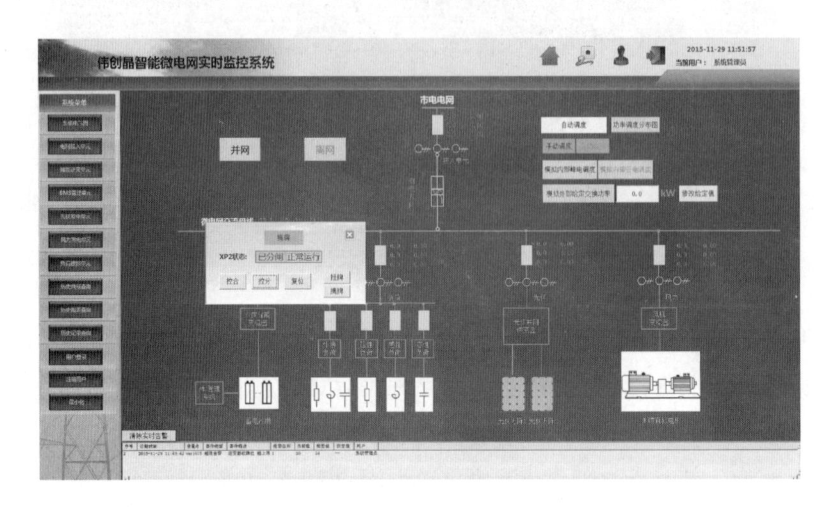

图 10.40　储能单元开关节点状态与控制

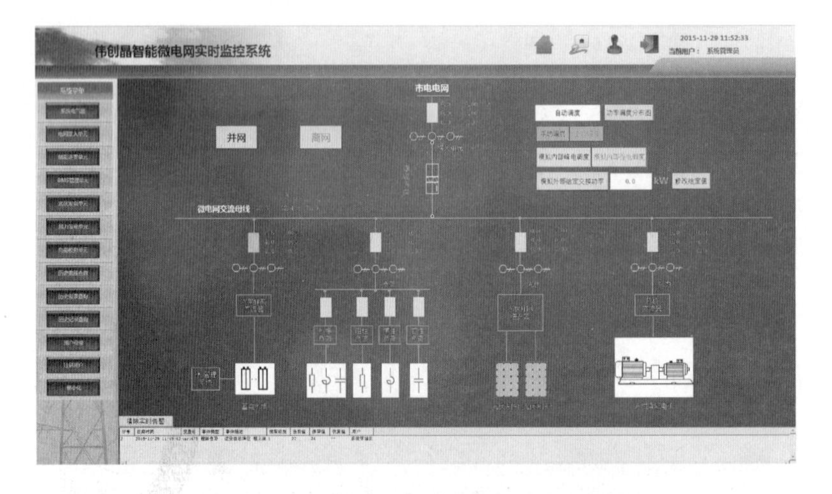

图 10.41　储能单元接入微电网母线主界面

（3）点击主界面左侧系统菜单栏的储能逆变监控按钮，进入储能逆变监控界面，如图 10.42 所示。将离网主被动模式选为“主动”，离网启停选为“启动”，点击“确认修改”按钮，储能变流器主动逆变后输出电压到微电网母线，储能离网逆变输出主界面如图 10.43 所示。由于离网时储能变流器处于 U/F 控制模式，需要在主界面右上角将微电网的调度模式设为“自动调度”，防止分布式电源功率过大导致蓄电池组充电过压保护。

（4）在主界面点击光伏保护开关节点，选择“控合”按钮，离网时光伏接入微电网主界面如图 10.44 所示。

（5）打开光伏发电监控界面，如图 10.45 所示。选择“启动”按钮，正常启动完成，光伏启动后监控界面如图 10.46 所示。

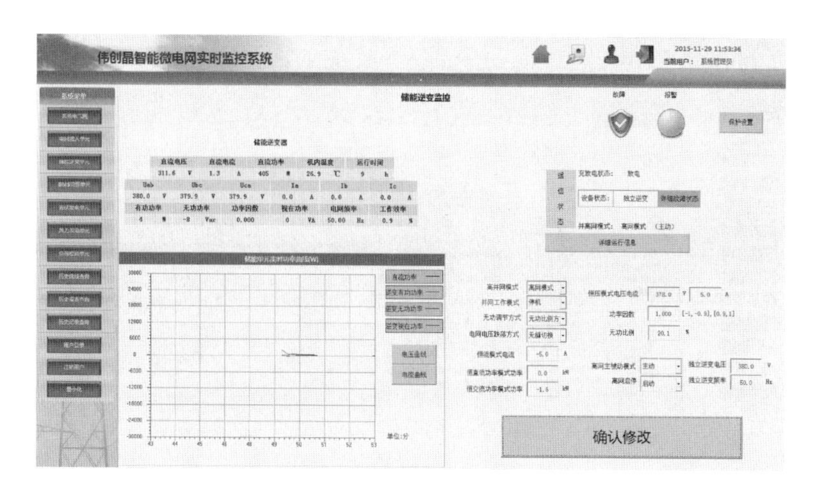

图 10.42 储能逆变监控界面

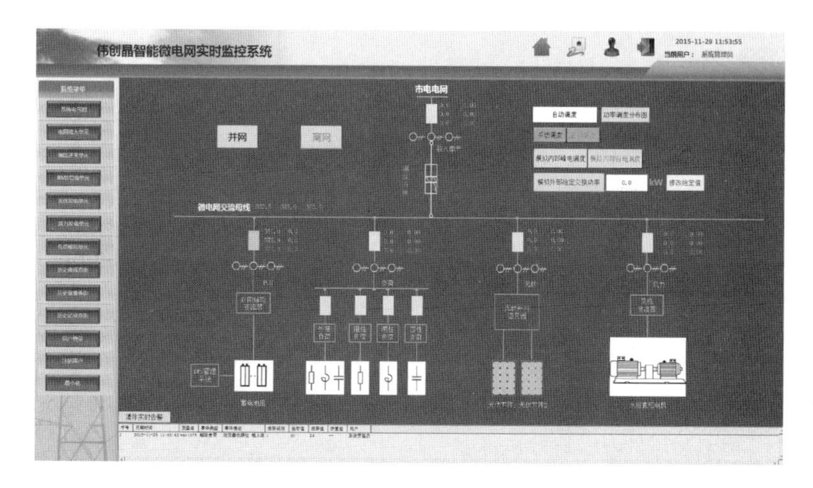

图 10.43 储能离网逆变输出主界面

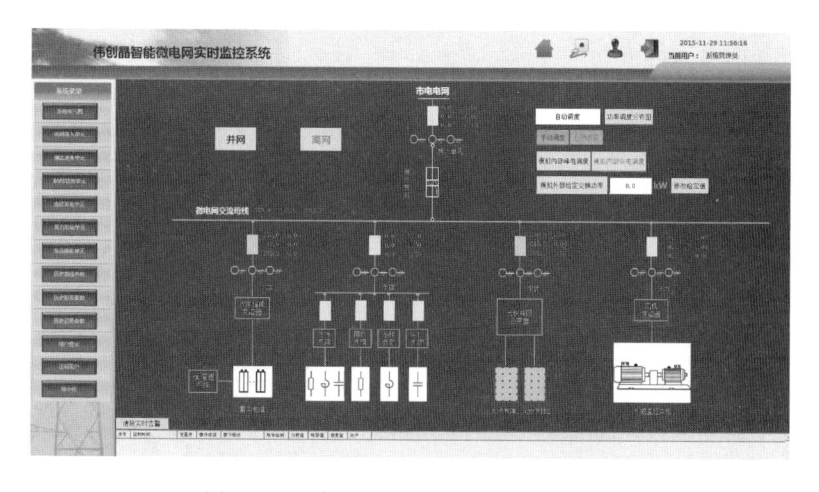

图 10.44 离网时光伏接入微电网主界面

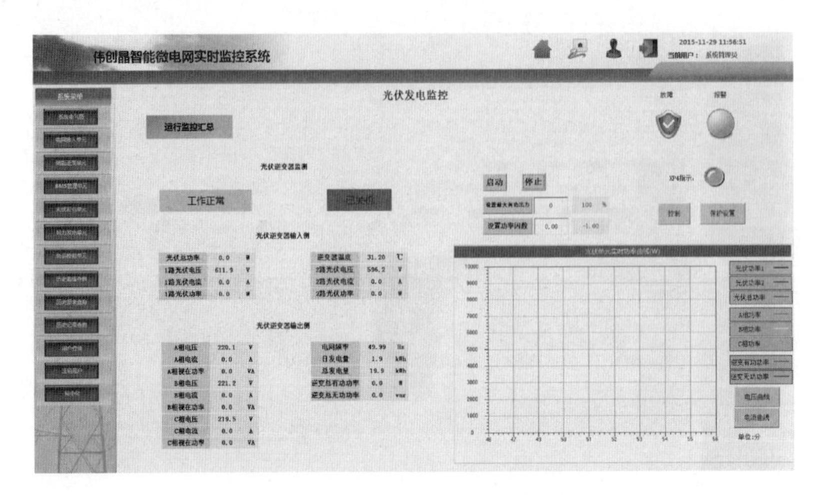

图 10.45 光伏发电监控界面

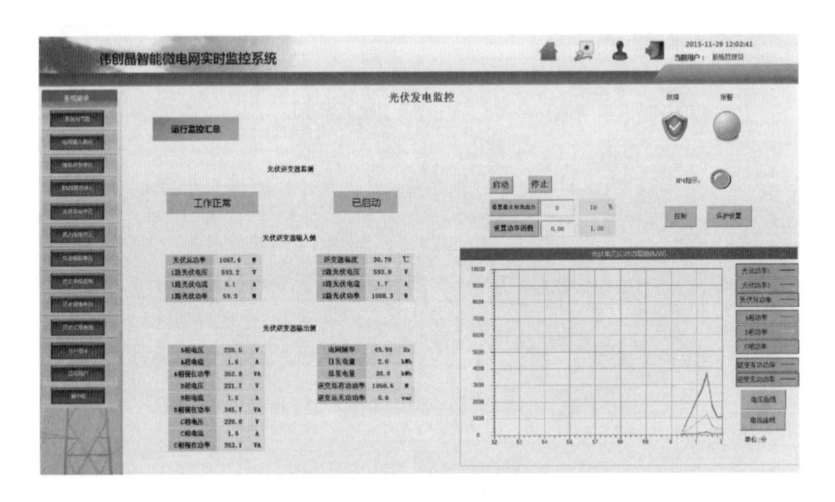

图 10.46 光伏启动后监控界面

(6) 在主界面点击风力保护开关节点，选择“控合”按钮，离网时风力接入微电网主界面如图 10.47 所示。

(7) 点击左侧菜单栏“风力发电监控”按钮，风力发电监控界面如图 10.48 所示。点击“网侧运行”按钮，风机变流器启动直流母线充电，当直流母线电压充到 680V 左右，完成充电。点击“电机启动”按钮，输入电机转速（转速范围 300～1000r/min），点击“给定电机转速”，电机启动后将返回实时电机转速。点击“并网”按钮，并网后可以手动输入机侧有功功率，再点击“给定机侧有功”按钮，风机变流器向微电网输出一定的有功功率。

(8) 在主界面点击负荷保护开关节点，选择“控合”按钮，可以将负荷接入微电网母线，再将各子负荷逐渐投入微电网母线中运行，离网时负荷投入后的主界面如图 10.49 所示。负荷监控界面如图 10.50 所示。

(9) 停止系统运行时，先将子负荷逐个退出微电网母线，再点击负荷保护开关节点，

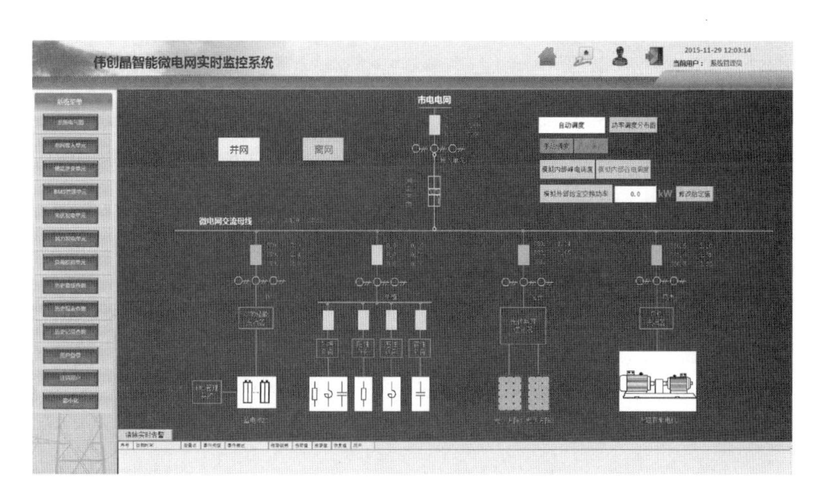

图 10.47 离网时风力接入微电网主界面

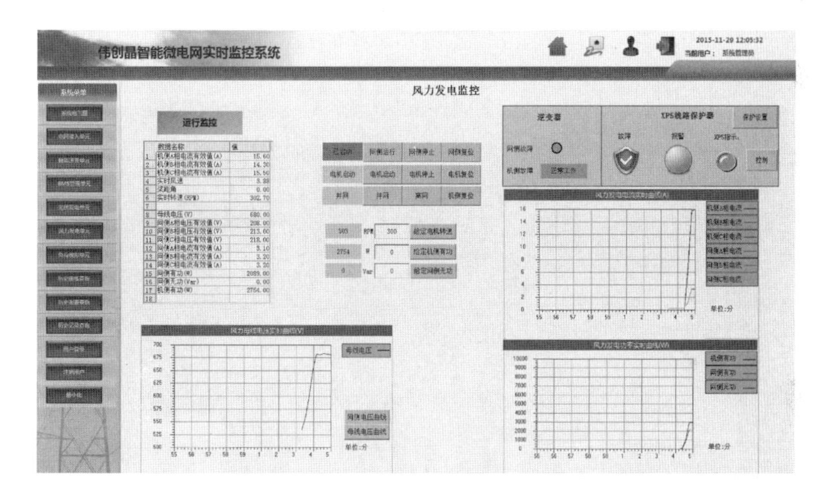

图 10.48 风力发电监控界面

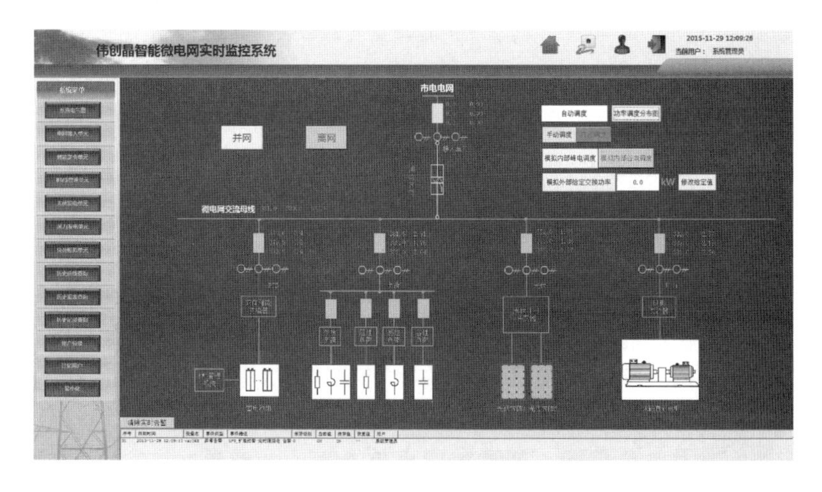

图 10.49 离网时负荷投入微电网母线运行主界面

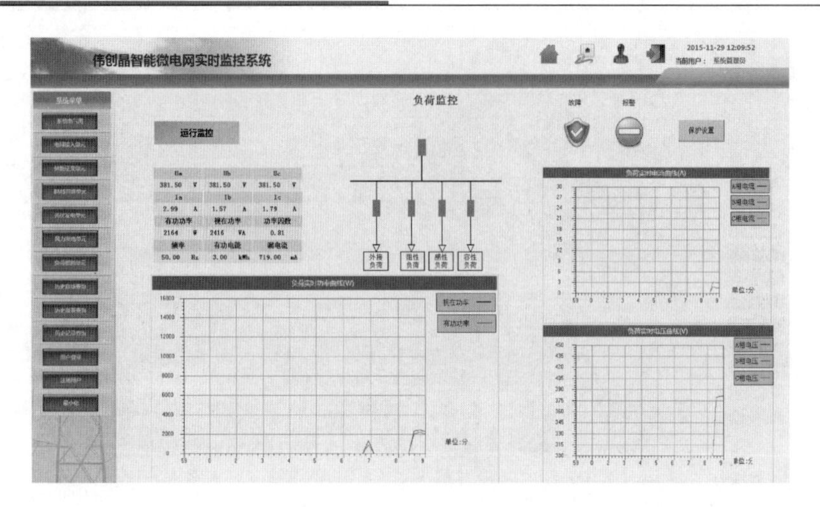

图 10.50　负荷监控界面

选择“控分”按钮，使负荷单元与微电网母线断开，负荷单元退出微电网母线主界面如图 10.51 所示。

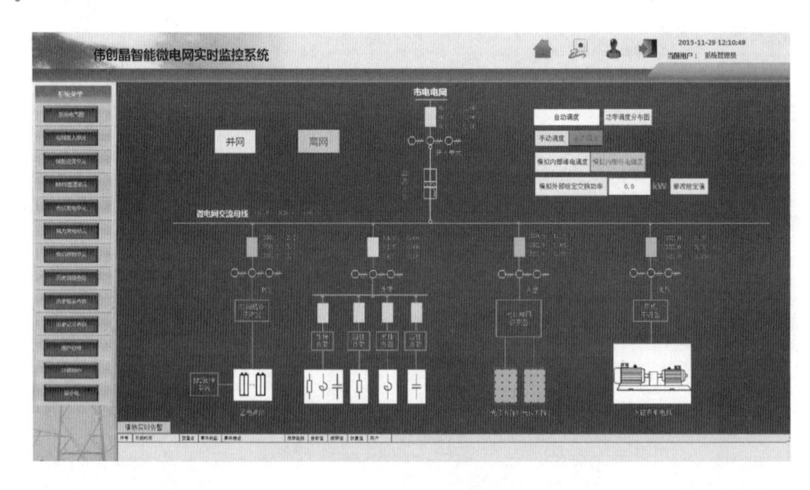

图 10.51　负荷单元退出微电网母线主界面

(10) 进入风力发电监控页面，点击“离网”按钮。将风机转速设为 0，点击“给定风机转速”按钮，风机停止后，点击电机停止“按钮”。再点击“网侧停止”按钮，网侧停止后，风机母线电压下降，变流器处于“待机中”状态。停机后风力发电监控界面如图 10.52 所示。风力单元退出微电网母线主界面如图 10.53 所示。

(11) 进入光伏发电监控页面，点击“停止”按钮。关机后返回“已关机”状态。停机后光伏发电监控界面如图 10.54 所示。光伏单元退出微电网母线主界面如图 10.55 所示。

(12) 在主界面点击储能单元保护开关节点，在弹出窗口中选择“控分”按钮，储能单元与微电网母线断开，此时微电网母线电压变为 0，储能单元退出微电网母线主界面如图 10.56 所示。

(13) 进入储能逆变监控界面，选择离网启停命令为“停机”，点击“确认修改”，储能逆变器停止输出并处于关机状态。停机后储能逆变监控界面如图 10.57 所示。

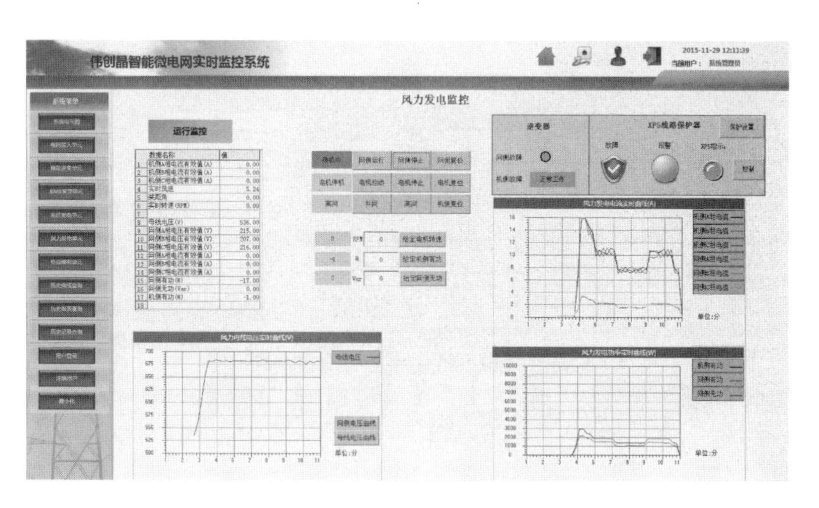

图 10.52 停机后风力发电监控界面

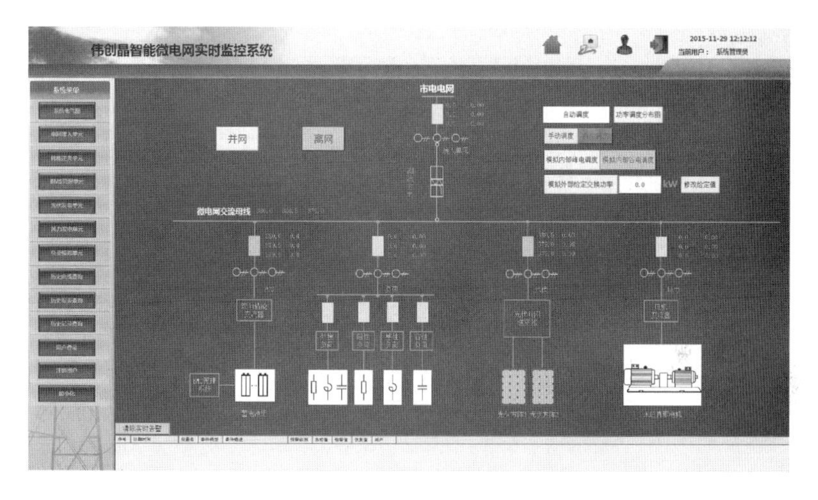

图 10.53 风力单元退出微电网母线主界面

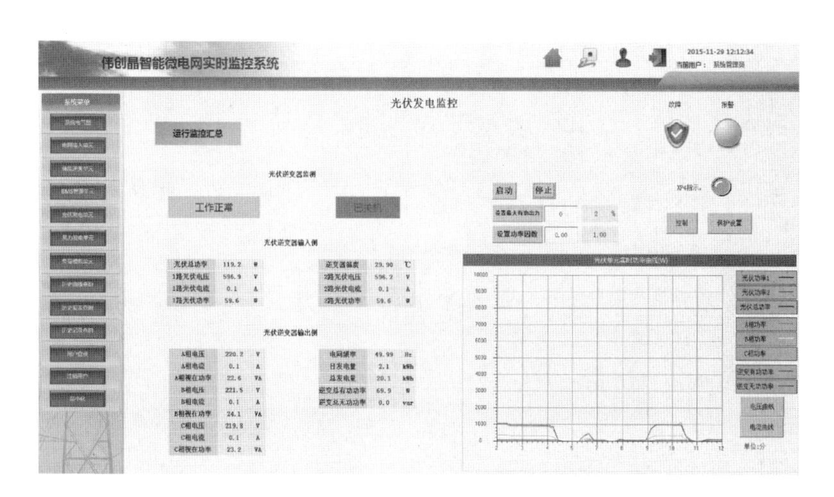

图 10.54 停机后光伏发电监控界面

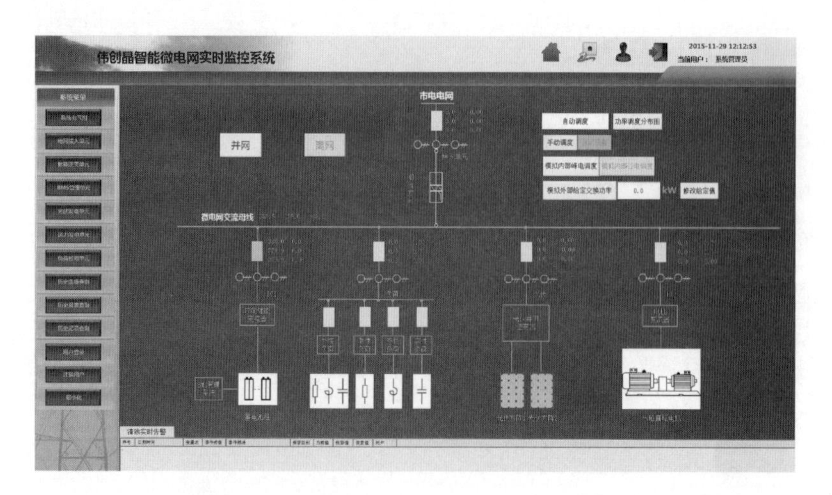

图 10.55　光伏单元退出微电网母线主界面

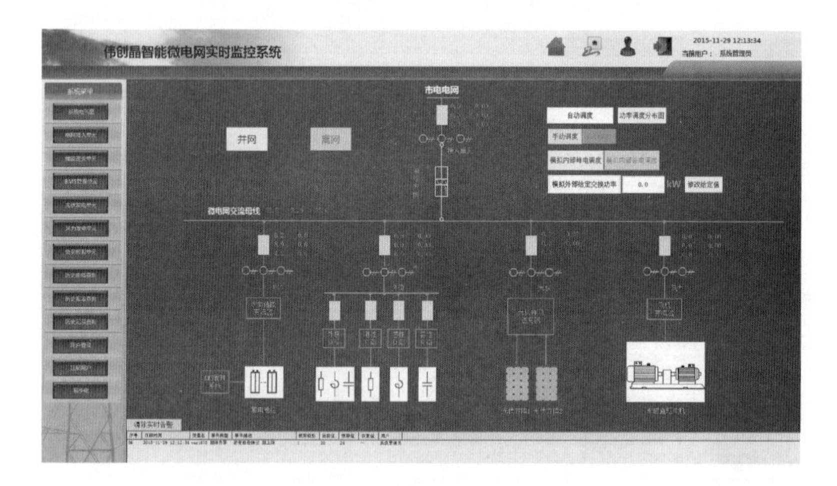

图 10.56　储能单元退出微电网母线主界面

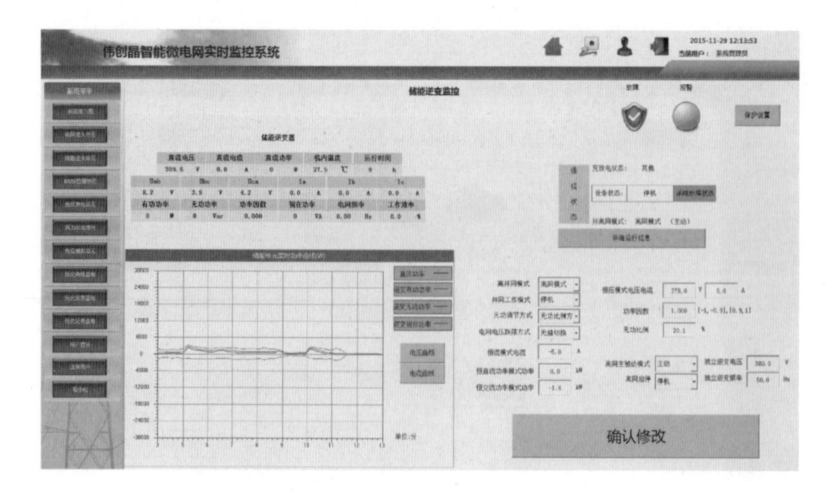

图 10.57　停机后储能逆变监控界面

(14) 结合10.1节，退出电力监控软件系统，切断系统及辅助供电。

10.3 微电网并离网无缝切换实验

10.3.1 实验目的

(1) 了解微电网并网转离网的运行过程。

(2) 验证在配电网断电状态下，微电网自动切换到离网模式并稳定运行。

(3) 掌握微电网转换的操作方法。

10.3.2 实验流程

(1) 结合10.1节，开启微电网辅助电源，打开微电网电力监控软件，微电网监控主界面如图10.58所示。

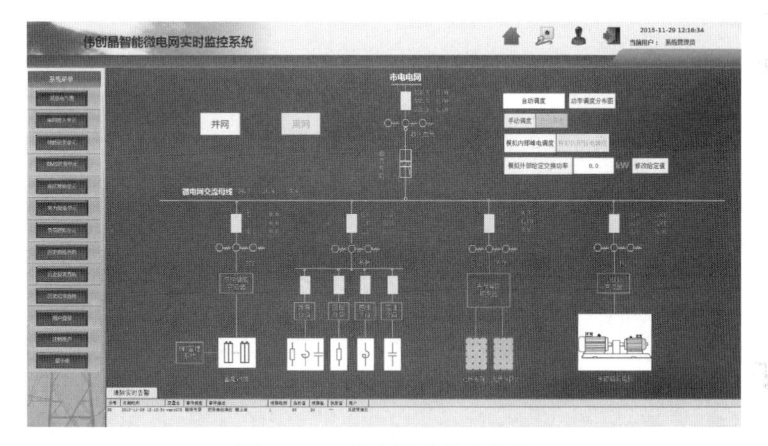

图10.58 微电网监控主界面

(2) 先点击储能单元保护开关节点，选择“控合”按钮。再点击微电网接入保护开关节点，选择“控合”按钮。储能与市电接入微电网母线界面如图10.59所示。

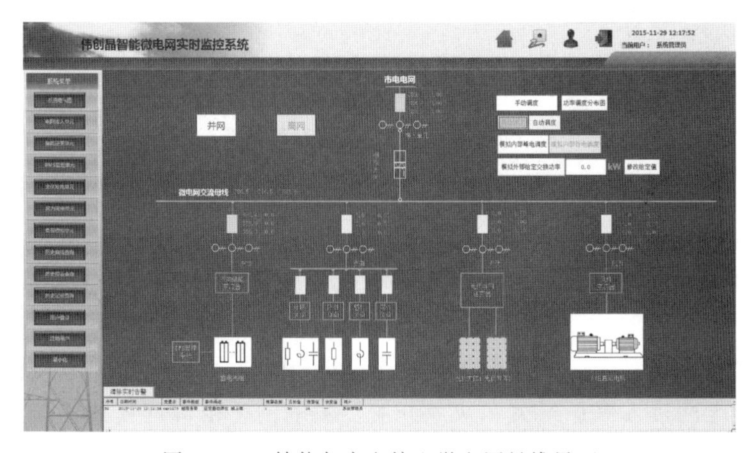

图10.59 储能与市电接入微电网母线界面

（3）在储能逆变监控界面里选择并网模式、恒压充电模式，点击“确认修改”，储能逆变监控界面如图 10.60 所示，并网运行主界面如图 10.61 所示。

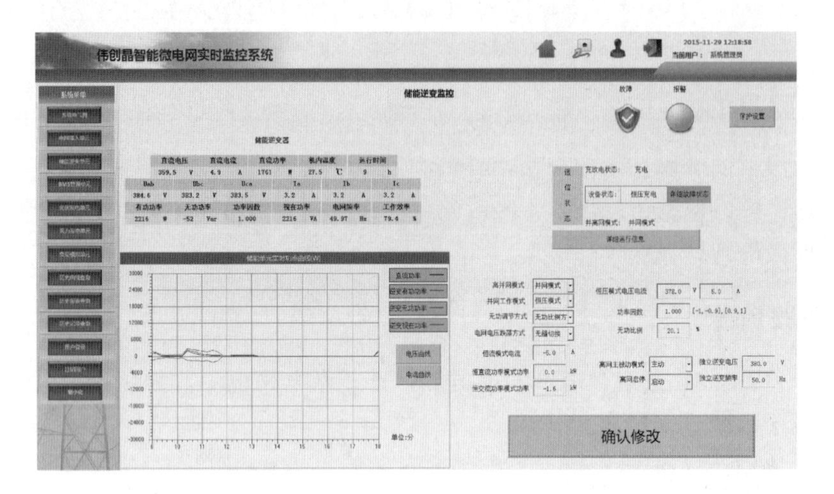

图 10.60　储能逆变监控界面

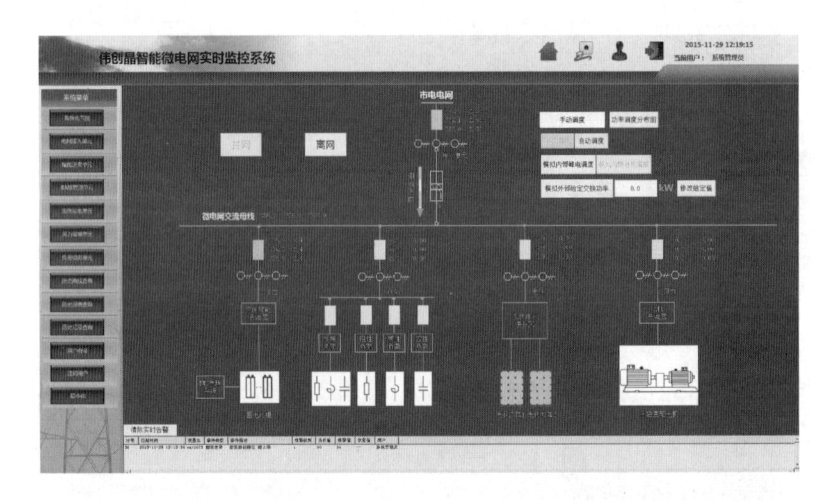

图 10.61　微电网并网运行主界面

（4）将微电网调度模式设为“自动调度”，分别将风力、光伏和负荷接入微电网母线中，如图 10.62 所示。

（5）点击主界面“离网”按钮，微电网接入保护开关将断开，使得微电网与市电电网切断，模拟电网故障。储能变流单元检测到电网故障后将立即给出指令，关断快速开关，同时储能逆变器由 P/Q 模式切换到 U/F 模式，微电网由并网切换到离网模式继续稳定运行，如图 10.63 所示。

（6）在自动调度状态下，可以手动点击“并网”按钮，或者 1min 后储能检测到电网恢复自动闭合微电网接入保护开关和快速开关，微电网将由离网模式切换到并网模式运行，如图 10.64 所示。

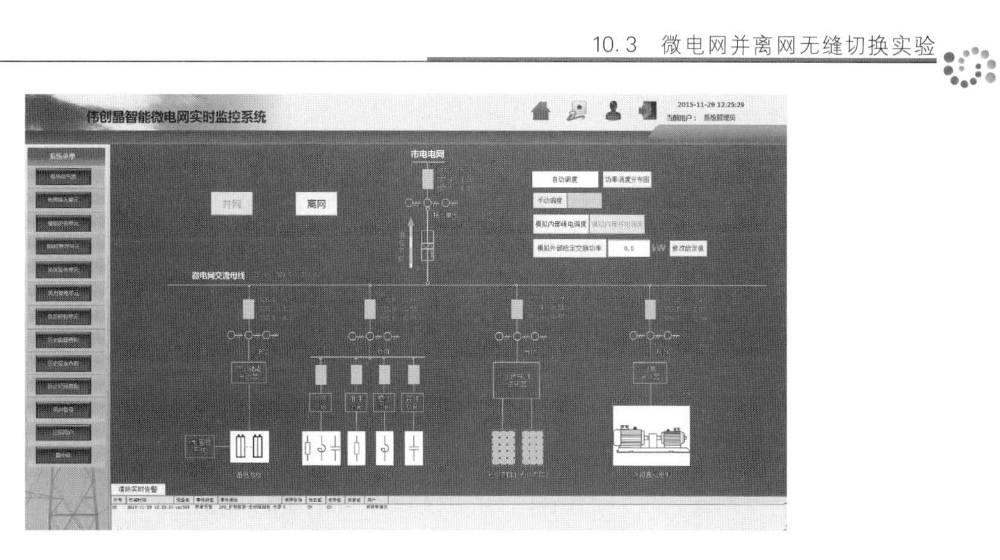

图 10.62　分布式电源接入微电网后并网主界面

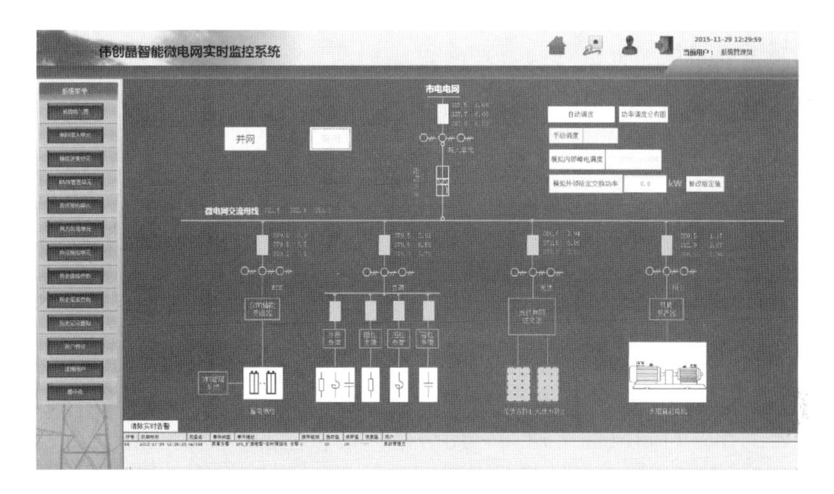

图 10.63　微电网由并网切换到离网运行主界面

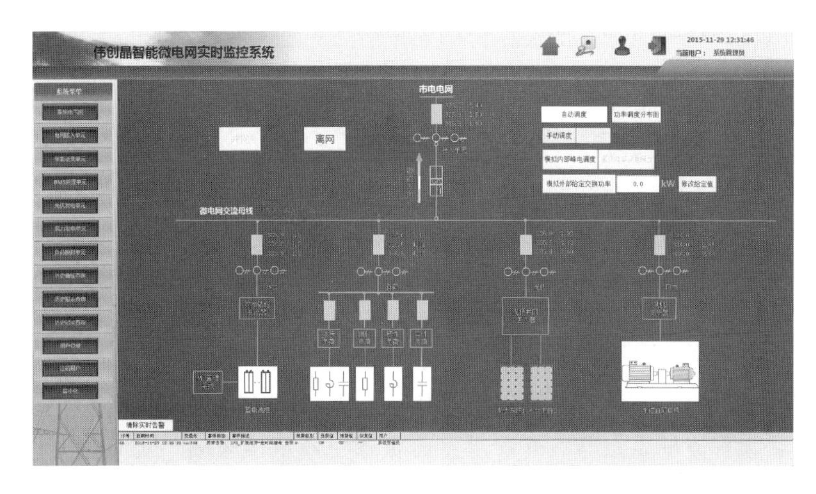

图 10.64　微电网由离网切换到并网运行主界面

第 11 章 永磁风力并网发电实验

11.1 并网过程实验

11.1.1 实验目的

（1）了解永磁同步风力发电并网过程的实现。

（2）理解永磁同步风力发电并网的原理。

11.1.2 实验流程

1. 系统开机前准备

（1）检查供电状态。仔细检查线路，确保无误后，合上柜体总断路器。正常供电后，柜体“带电指示”灯亮。

（2）接通控制电源和变频器电源。手动合上空气开关 QF1、QF2、QF3、QF4、QF5、QF6、QF7，闭合柜体面板上的控制电旋钮，此时控制电源指示灯亮，机侧变流器与网侧变流器上电开始工作。控制电源接通后，闭合柜体面板上的变频器旋钮，此时变频器开始工作。

（3）检查通信。双击打开永磁同步风力发电平台上位机应用程序图标，打开永磁同步风力发电机试验台监控程序主界面。如果控制电接入正常、通信正常，主界面应如图 11.1 所示。

如通信不正常，请检查通信串口和波特率设置是否正确。正确参数为：网侧变流器通信端口对应 COM1，波特率为 9600。机侧变流器通信端口对应 COM2，波特率为 9600。变频器通信端口对应 COM3，波特率为 9600。检查通信口各自对应的灯“连接状态”“通信状态”是否都为亮绿色，如果不都为亮绿色，说明通信没有成功。请认真检查串口连接线与端口号。正常连接后，观察状态变量窗口，各个值是否符合正常状态，所有的值都应该在零附近，温度的显示值要和周围环境温度一致。

2. 预充电

闭合机柜面板上的主电控制旋钮，主电接触器 KM1 吸合，主电指示灯亮，变流器将先进行预充电，为直流母线充电，查看主界面状态变量观察区域“实时母线电压 U_{dc}”参数，当其达到 430V 左右时，主接触器 KM2 闭合，“实时母线电压 U_{dc}”参数值达到 540V 左右，网侧三相电压有效值在 220V 左右，充电完成。此时，主界面如图 11.1 所示。

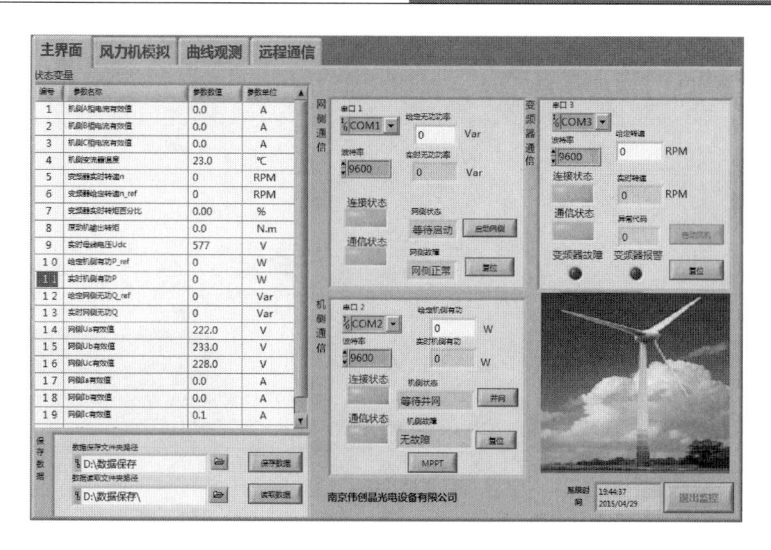

图 11.1　系统供电正常、通信正常上位机主界面

3. 启动网侧变流器

预充电完成后，网侧通信栏中网侧状态为“等待启动”，点击“启动网侧”按钮，此时会听到开关管高频动作的声音，观察直流母线电压参数值，直流母线电压值斜坡慢慢升到 680V。此时网侧通信区域的网侧状态框显示“启动完成”。图 11.2 为启动网侧完成母线电压升到 680V 时的“曲线观测界面”。网侧电压有效值在 220V 左右，母线电压 680V 左右。图 11.3 为网侧变流器启动完成母线电压升到 680V 时的主界面。

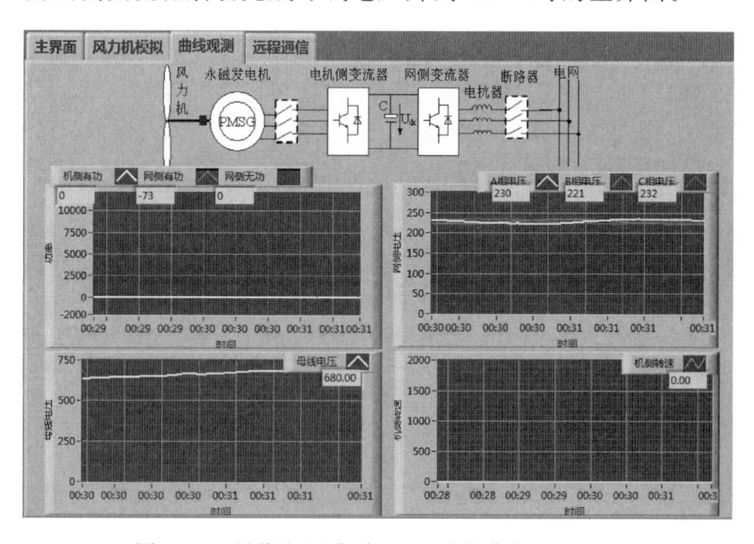

图 11.2　母线电压升到 680V 时的曲线观测界面

4. 启动风机

本平台选用的风速范围为 300r/min 到 1000r/min 之间，当原动机转速小于 280r/min 或者大于 1050r/min 时，系统将反馈“欠速”或者“超速”状态。

实际的风力发电系统中，并网之前风机的桨轮因为在风速作用下不可能是静止的，当达到一定的风速时，风机才开始并网。在现实的模拟过程中，会设置一个“切入风速”，

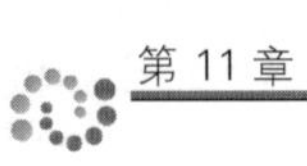

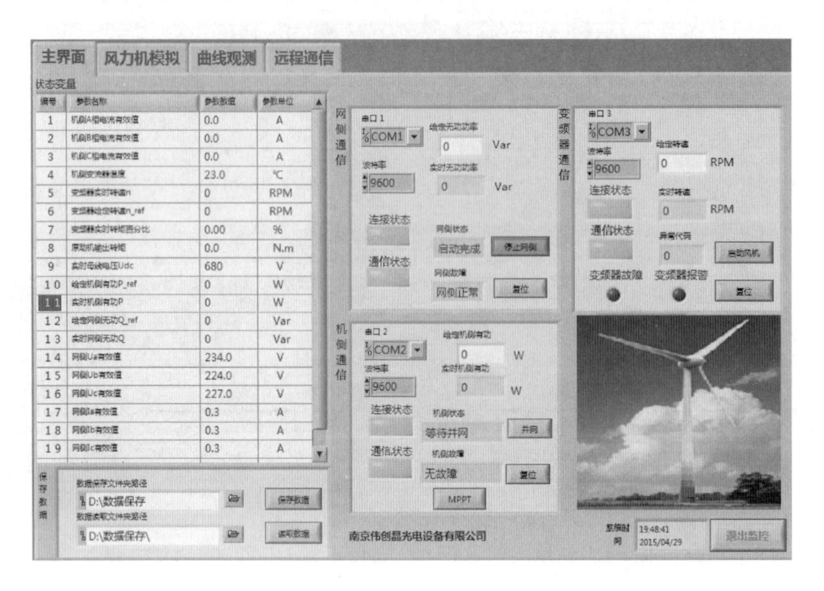

图 11.3　网侧变流器启动完成母线电压升到 680V 时的主界面

作为风机可以并网的临界风速值，即对应临界的拖动电机转速值。如此，既能很好地模拟风轮的特性，又能避免模拟平台中拖动电机的震动。本平台选择 300r/min 作为“切入风速”值。

启动原动机操作过程：电机变频器区域的“复位”按钮（需要点击此按钮的原因：本系统通过通信远程控制 ABB 变频器，ABB 变频器有一个故障信号是“没有收到通信信号”，但这是一个正常的故障信号，其实代表变频器已经准备好接受信号，并不传回标志位到上位机，还是需要点此按钮来清除此信号）。在“给定转速”框中输入 300r/min，然后点击“启动风机”按钮，此时能听到拖动电机启动的声音。观察“实时转速”框，转速慢慢爬升到 300r/min。此时，主界面图应如图 11.4 所示。此时“启动风机”按钮变为“停

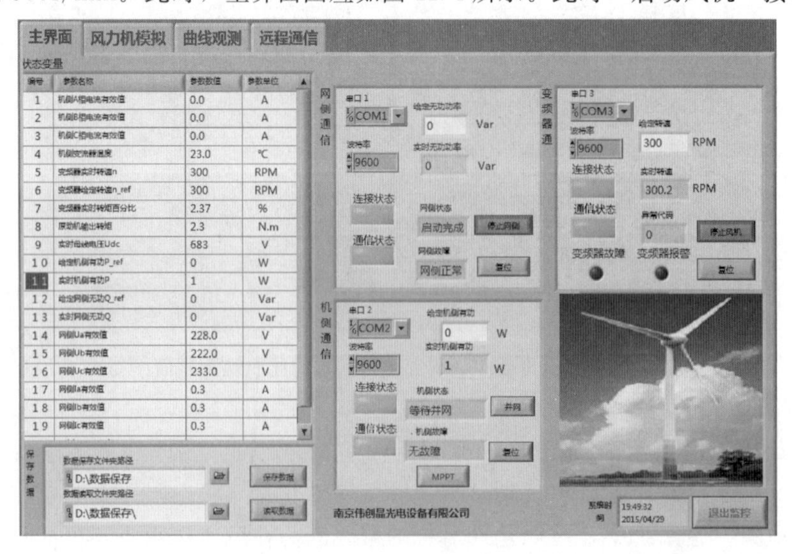

图 11.4　风机启动完成主界面

止风机”。观察“状态变量”区域，原动机转速显示在 300r/min，直流母线电压稳定在 680V 左右，网侧三相电压在 220V 左右。风机启动过程机侧转速曲线观测界面如图 11.5 所示。

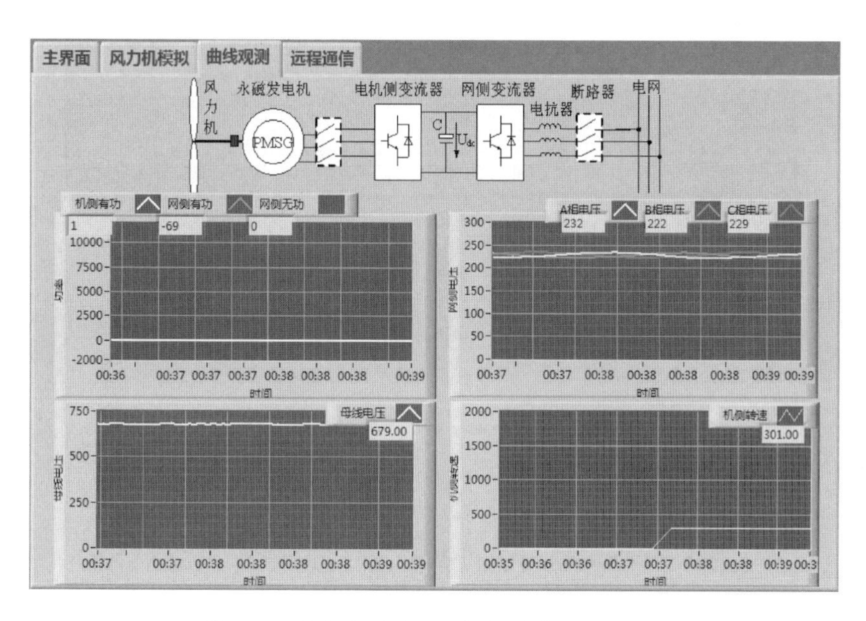

图 11.5 风机启动过程机侧转速曲线观测界面

5. 并网

机侧转速稳定在 300r/min 后，点击机侧通信区域的“并网”按钮，“机侧状态”框显示“并网运行”。并网成功后主界面如图 11.6 所示。并网后风机输出电压与电流波形图如图 11.7 所示。并网后网侧输出电压与电流波形如图 11.8 所示，其数据图如图 11.9 所示。

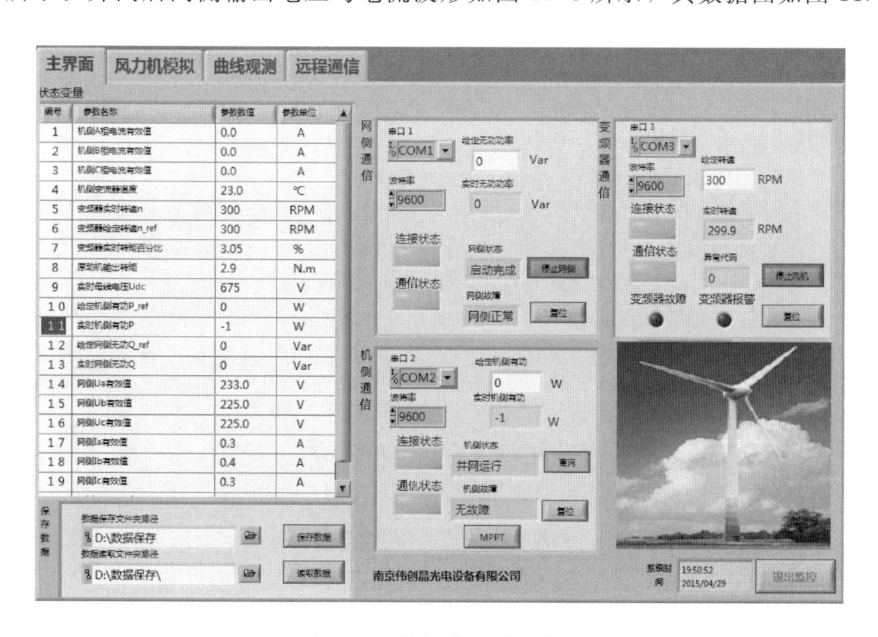

图 11.6 并网成功后主界面

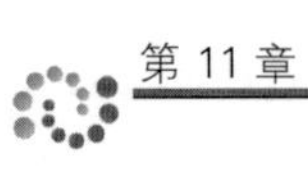

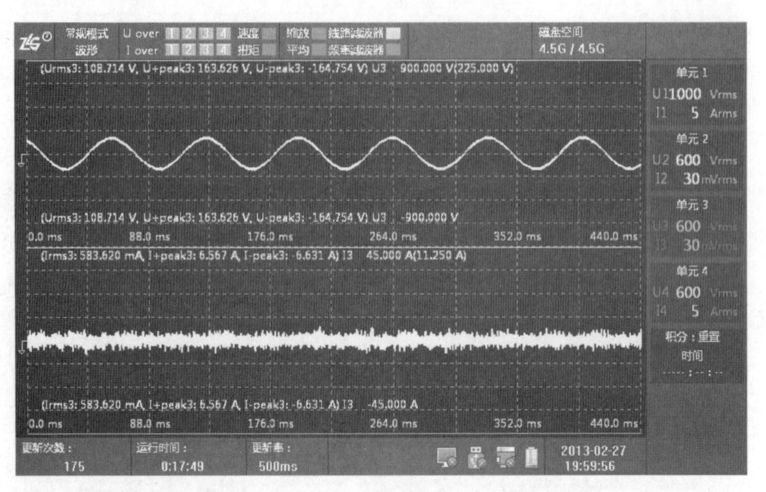

图 11.7　并网后风机输出电压与电流波形图

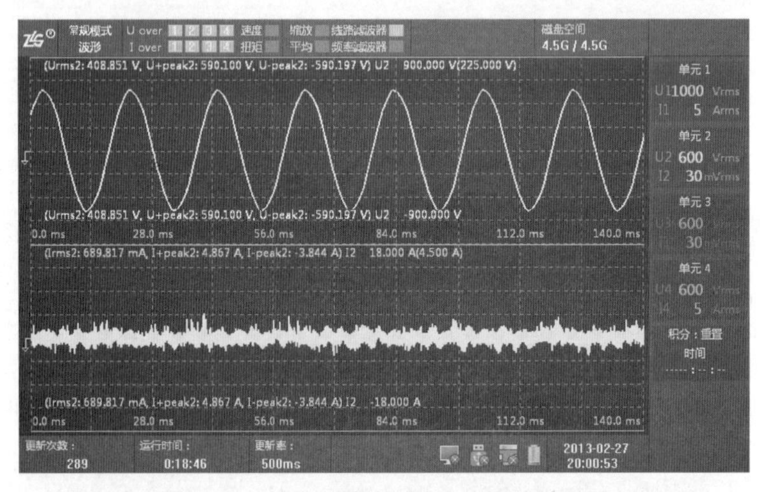

图 11.8　并网后网侧输出电压与电流波形图

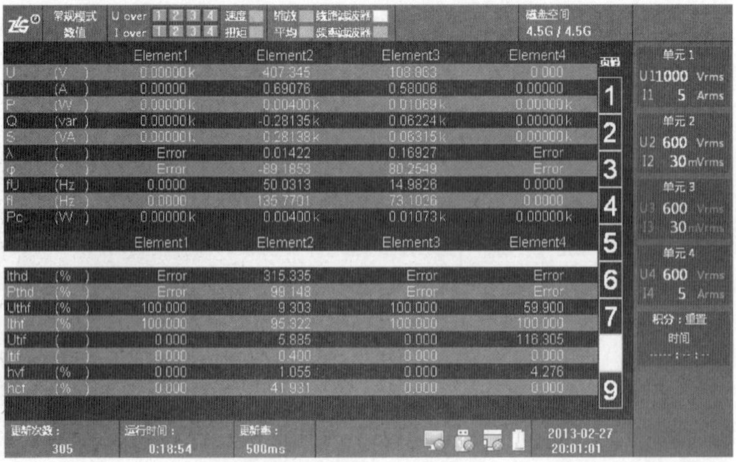

常规模式 数值　磁盘空间 4.5G / 4.5G

		Element1	Element2	Element3	Element4
U	(V)	0.00000k	407.345	108.863	0.000
I	(A)	0.00000	0.69076	0.58006	0.00000
P	(W)	0.00000k	0.00400k	0.01069k	0.00000k
Q	(var)	0.00000k	-0.28135k	0.06224k	0.00000k
S	(VA)	0.00000k	0.28138k	0.06315k	0.00000k
λ	( )	Error	0.01422	0.16927	Error
φ	(°)	Error	-89.1853	80.2549	Error
fU	(Hz)	0.0000	50.0313	14.9826	0.0000
fI	(Hz)	0.0000	135.7701	73.1026	0.0000
Pc	(W)	0.00000k	0.00400k	0.01073k	0.00000k

		Element1	Element2	Element3	Element4
Ithd	(%)	Error	315.335	Error	Error
Pthd	(%)	Error	99.148	Error	Error
Uthf	(%)	100.000	9.303	100.000	59.900
Ithf	(%)	100.000	95.322	100.000	100.000
Utif	( )	0.000	5.885	0.000	116.305
Itif	( )	0.000	0.400	0.000	0.000
hvf	(%)	0.000	1.055	0.000	4.276
hcf	(%)	0.000	41.931	0.000	0.000

更新次数：305　运行时间：0:18:54　更新率：500ms　2013-02-27 20:01:01

图 11.9　并网后网侧输出电压与电流数据图

6. 离网

点击主界面中“离网”按钮，离网成功后机侧状态显示为“等待并网”。离网成功后主界面如图 11.10 所示。

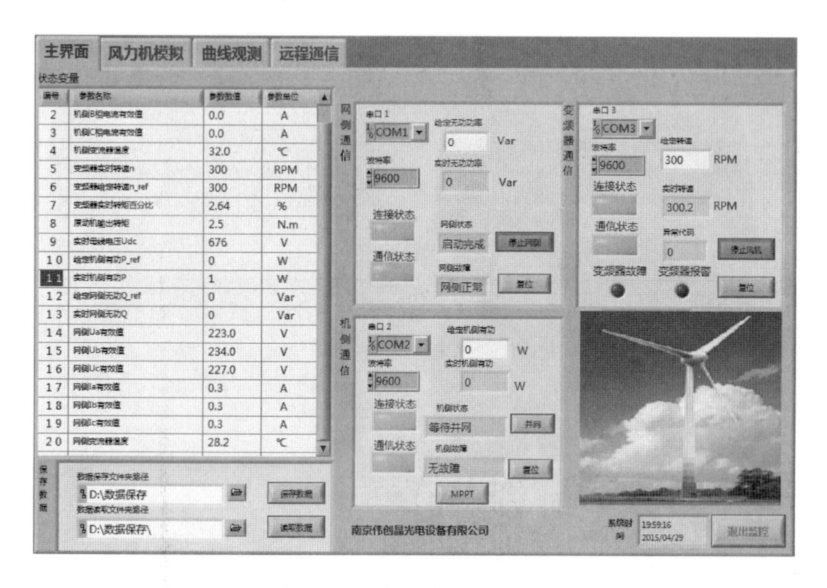

图 11.10　离网成功后主界面

7. 停机

离网完成后，将给定转速设为 0，当风机逐渐停止后，点击“停止风机”按钮，最后点击“停止网侧”按钮，直流母线电压逐渐下降到 540V 左右。停止风机后主界面如图 11.11 所示，停止网侧后主界面如图 11.12 所示。

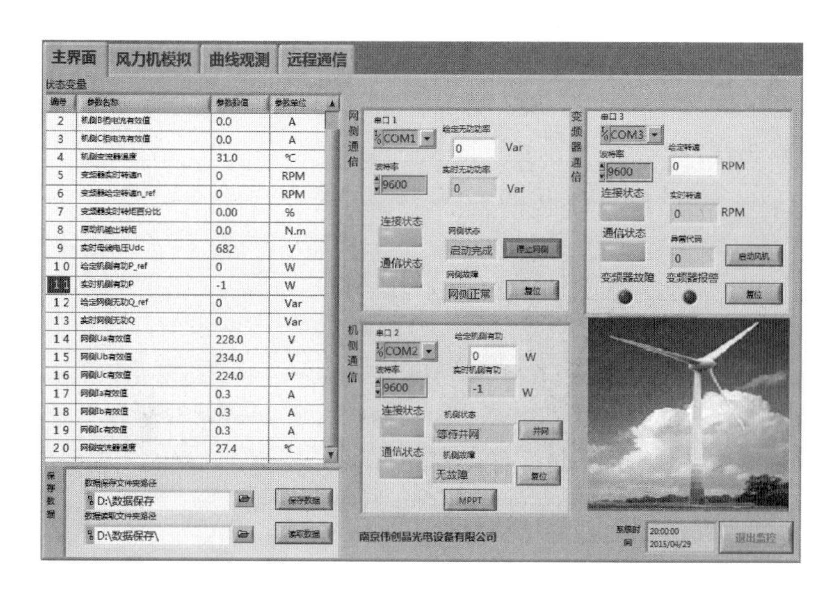

图 11.11　停止风机后主界面

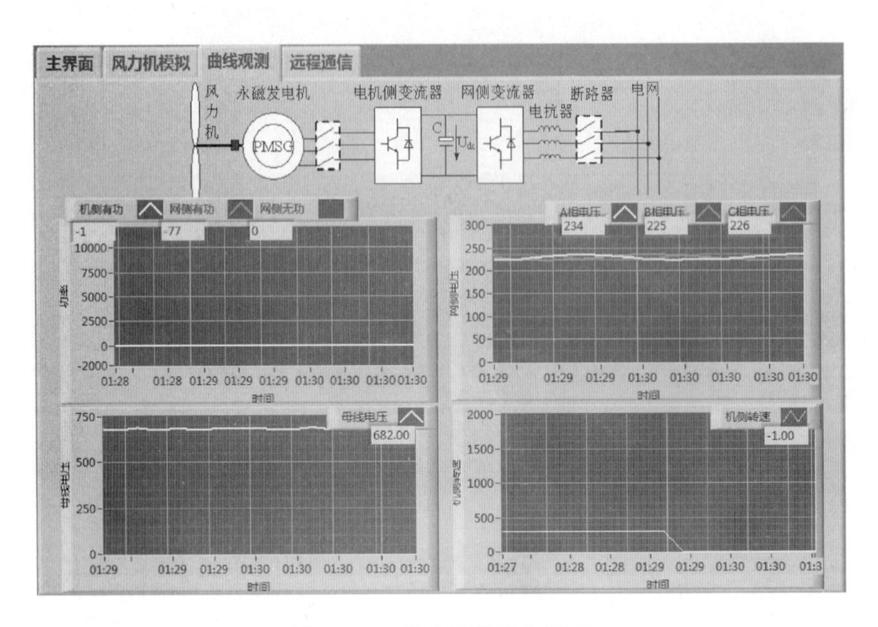

图 11.12　停止网侧后主界面

8. 关闭电源

停机完成后，先关闭变频器电源，再关闭主电旋钮，最后关闭控制电旋钮和总电源空开。

11.2　自由并网实验

11.2.1　实验目的

永磁同步风力发电机并网后通过改变电机转速模拟风机不同风速工况下并网运行。

11.2.2　实验流程

1. 并网运行

结合实验 1，将风机转速设为 300r/min，电机转速稳定后，点击“并网”按钮，风力发电机并网运行主界面如图 11.13 所示。

2. 低速并网运行

电机转速为 300r/min，将给定机侧有功设为 1000W，由于功率变化限速功能的作用，机侧功率匀速上升至给定值，转速 300r/min 时给定有功 1000W 并网曲线界面如图 11.14 所示。此时网侧变流器呈现一定的功率值，由于存在一定损耗，略小于机侧功率。

受到电机额定电流的限制，在额定转速以下，电机的最大输出转矩即电机电流是一定的，因此，电机输出的最大功率与电机转速为线性关系，额定转速时可输出额定功率，当转速下降为额定转速一半时，最大输出功率也为额定的一半。因此，在 300r/min 时输出的最大功率约为 1000W。

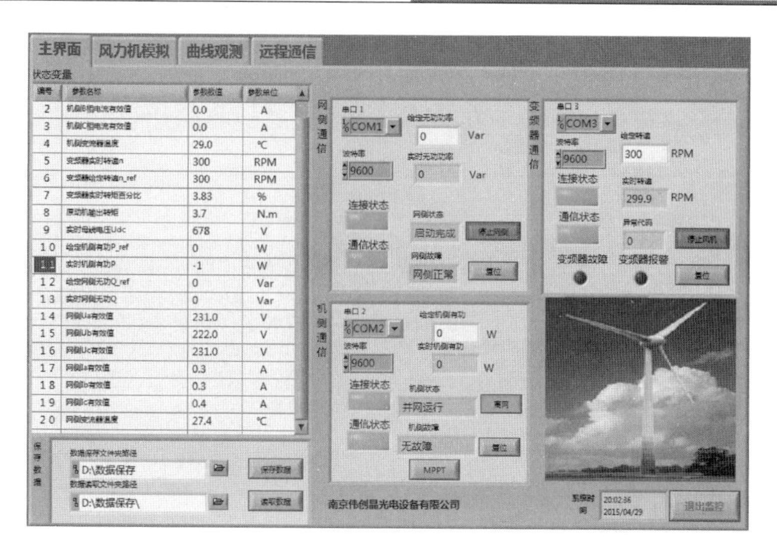

图 11.13　永磁同步风力发电机并网运行主界面

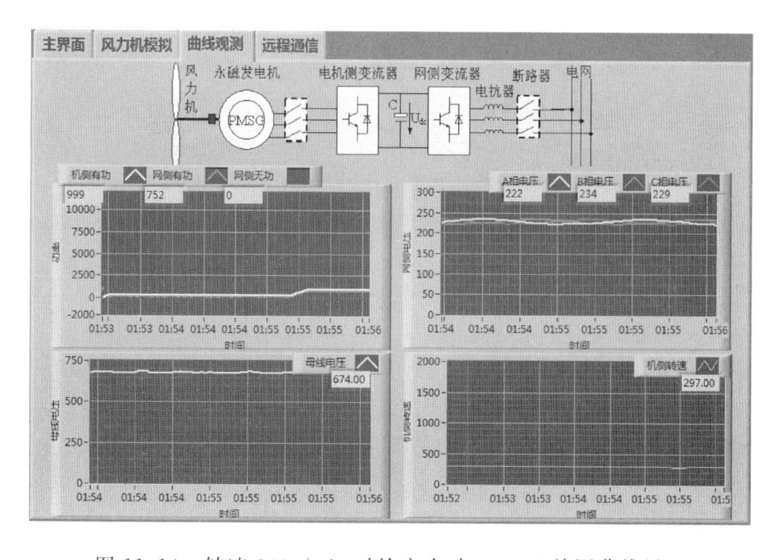

图 11.14　转速 300r/min 时给定有功 1000W 并网曲线界面

3. 额定转速并网运行

当电机转速为 1000r/min，发电机转速逐渐上升到额定转速 1000 r/min。此时机侧输出功率没有变化，但因转速上升，转矩下降，机侧电流也相应下降。转速 1000r/min 时给定有功 5000W 并网主界面和曲线界面如图 11.15 和图 11.16 所示。

将给定机侧有功设为 10000W，其主界面如图 11.17 所示。此时机侧输出功率和机侧电机电流逐渐上升，同时网侧输出功率和网侧电流也同时逐渐上升达到额定值，功率变化曲线界面如图 11.18 所示。

4. 离网

离网时，先将机侧给定有功由 10000W 变为 0，等待实际功率降为零后，点击“离网”按钮使机侧脱网。

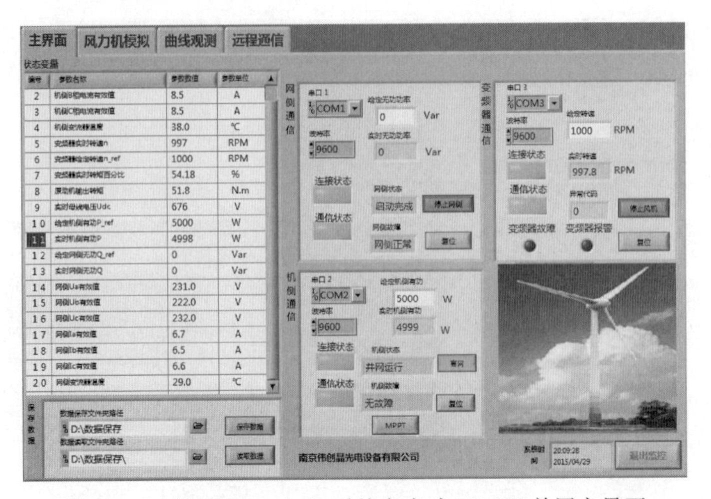

图 11.15　转速 1000r/min 时给定有功 5000W 并网主界面

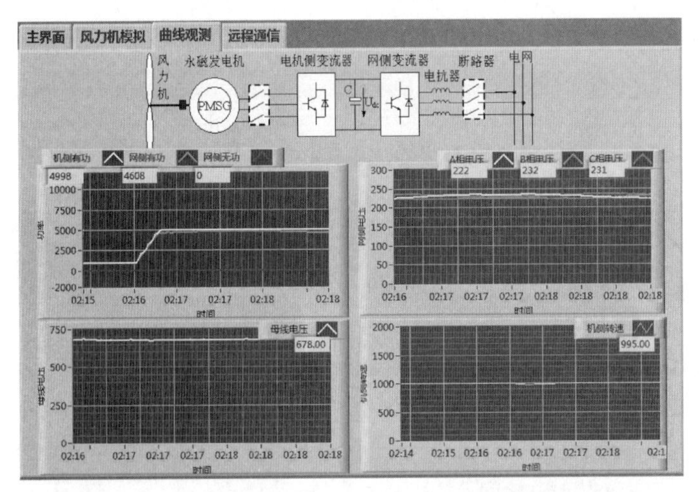

图 11.16　转速 1000r/min 时给定有功 5000W 并网曲线界面

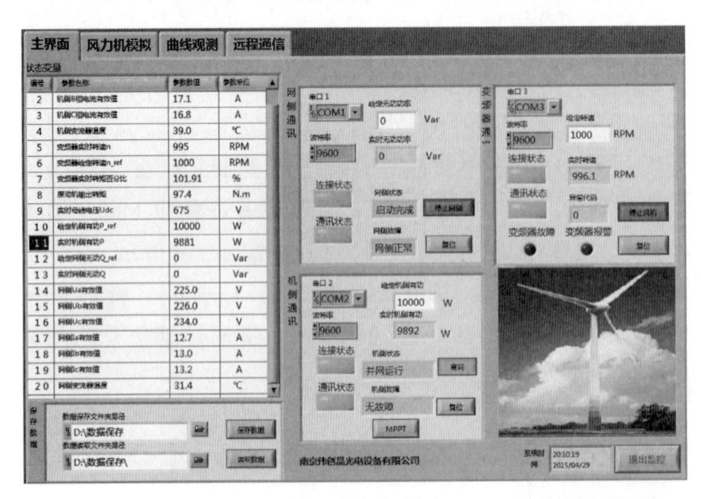

图 11.17　转速 1000r/min 时给定有功 10000W 并网主界面

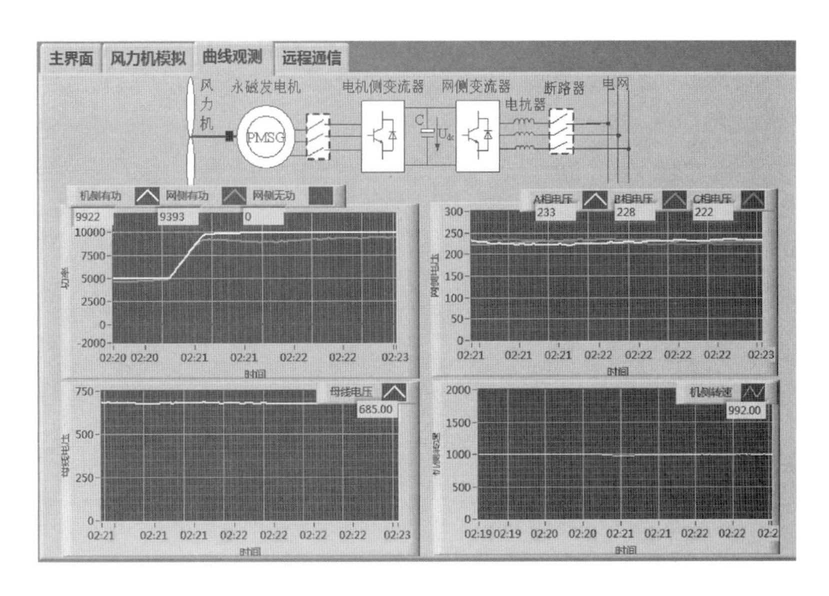

图 11.18　转速 1000r/min 时给定有功 10000W 并网曲线界面

11.3　发电机发电性能测试实验

11.3.1　实验目的

（1）了解空载时永磁同步风力发电机输出电压、频率与转速的对应关系。

（2）测试并网后永磁同步风力发电机输出电流、电压与功率。

11.3.2　实验流程

1. 空载测试

空载时将风机转速设为 300r/min，测量永磁同步风力发电机输出三相电压曲线。转速 300r/min，空载输出三相电压波形图如图 11.19 所示，空载输出三相电压数据图如图 11.20 所示。空载时永磁同步发电机输出电压是三相互差 120°的正弦波形。由于是直驱型，其三相输出频率与电机转速频率一致。

将风机转速设为 400r/min，风机运行稳定后，测量数据如下：

转速 400r/min，空载输出三相电压波形图如图 11.21 所示，空载输出三相电压数据图如图 11.22 所示。

将风机转速设为 500r/min，风机运行稳定后，测量数据如下：

转速 500r/min，空载输出三相电压波形图如图 11.23 所示，空载输出三相电压数据图如图 11.24 所示。

将风机转速设为 600r/min，风机运行稳定后，测量数据如下：

转速 600r/min，空载输出三相电压波形图如图 11.25 所示，空载输出三相电压数据图如图 11.26 所示。

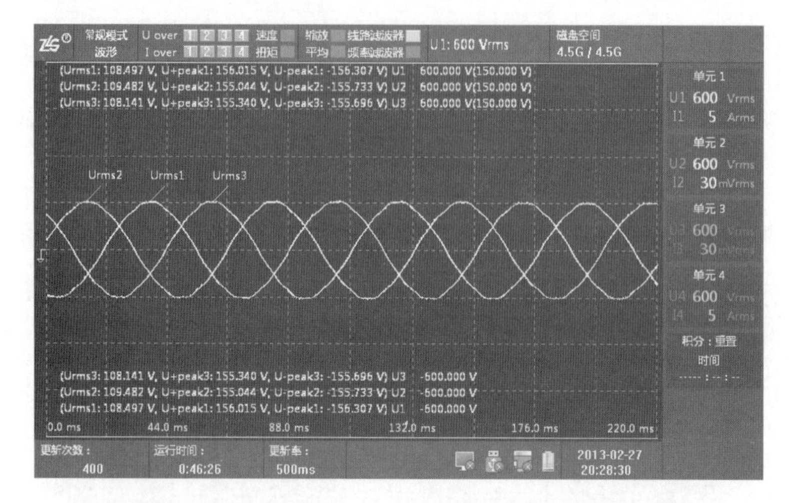

图 11.19　转速 300r/min 的空载输出三相电压波形图

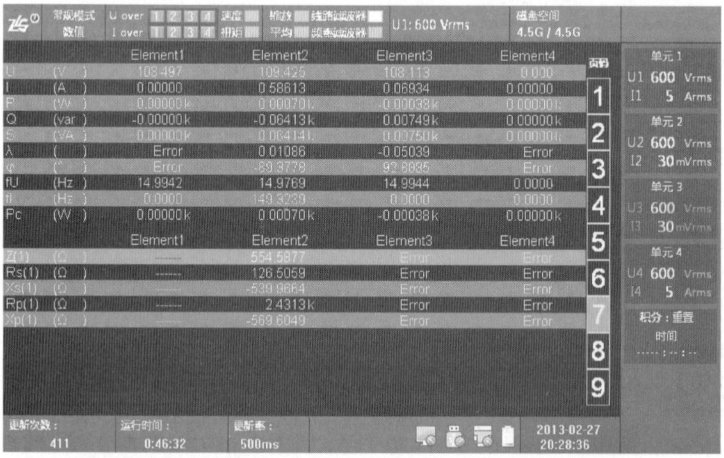

		Element1	Element2	Element3	Element4
U	(V)	108.497	109.425	108.113	0.000
I	(A)	0.00000	0.58613	0.06934	0.00000
P	(W)	0.00000k	0.00070k	-0.00038k	0.00000k
Q	(var)	-0.00000k	-0.06413k	0.00749k	0.00000k
S	(VA)	0.00000k	0.06414k	0.00750k	0.00000k
λ	( )	Error	0.01086	-0.05039	Error
φ	(°)	Error	-89.3778	92.8835	Error
fU	(Hz)	14.9942	14.9769	14.9944	0.0000
fI	(Hz)	0.0000	149.3239	0.0000	0.0000
Pc	(W)	0.00000k	0.00070k	-0.00038k	0.00000k
		Element1	Element2	Element3	Element4
Z(1)	(Ω)	------	554.5877	Error	Error
Rs(1)	(Ω)	------	126.5059	Error	Error
Xs(1)	(Ω)	------	-539.9664	Error	Error
Rp(1)	(Ω)	------	2.4313k	Error	Error
Xp(1)	(Ω)	------	-569.6049	Error	Error

更新次数：411　运行时间：0:46:32　更新率：500ms　2013-02-27 20:28:36

图 11.20　转速 300r/min 的空载输出三相电压数据图

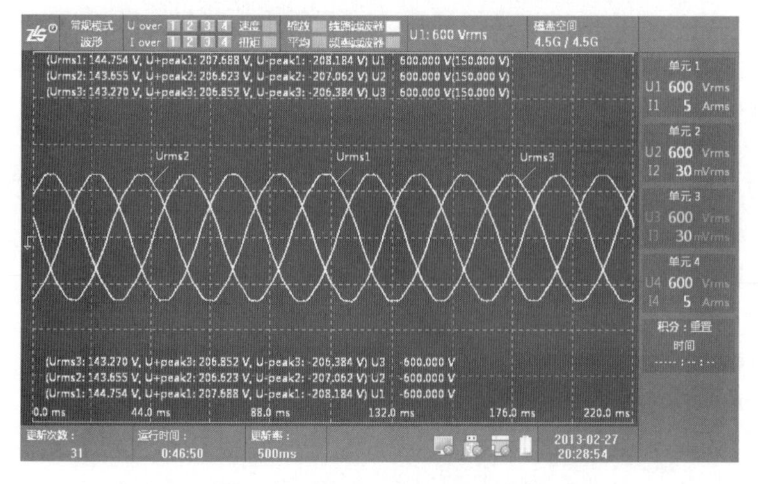

图 11.21　转速 400r/min 的空载输出三相电压波形图

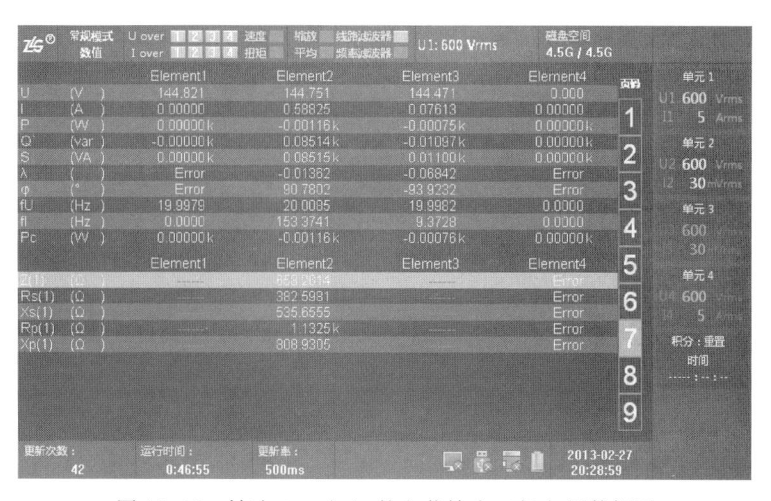

		Element1	Element2	Element3	Element4
U	(V)	144.821	144.751	144.471	0.000
I	(A)	0.00000	0.58825	0.07613	0.00000
P	(W)	0.00000k	-0.00116k	-0.00075k	0.00000k
Q	(var)	-0.00000k	0.08514k	-0.01097k	0.00000k
S	(VA)	0.00000k	0.08515k	0.01100k	0.00000k
λ	( )	Error	-0.01362	-0.06842	Error
φ	(°)	Error	90.7802	-93.9232	Error
fU	(Hz)	19.9979	20.0085	19.9982	0.0000
fI	(Hz)	0.0000	153.3741	9.3728	0.0000
Pc	(W)	0.00000k	-0.00116k	-0.00076k	0.00000k

		Element1	Element2	Element3	Element4
Z(1)	(Ω)	------	653.2614	------	Error
Rs(1)	(Ω)	------	382.5981	------	Error
Xs(1)	(Ω)	------	535.6555	------	Error
Rp(1)	(Ω)	------	1.1325k	------	Error
Xp(1)	(Ω)	------	808.9305	------	Error

图 11.22 转速 400r/min 的空载输出三相电压数据图

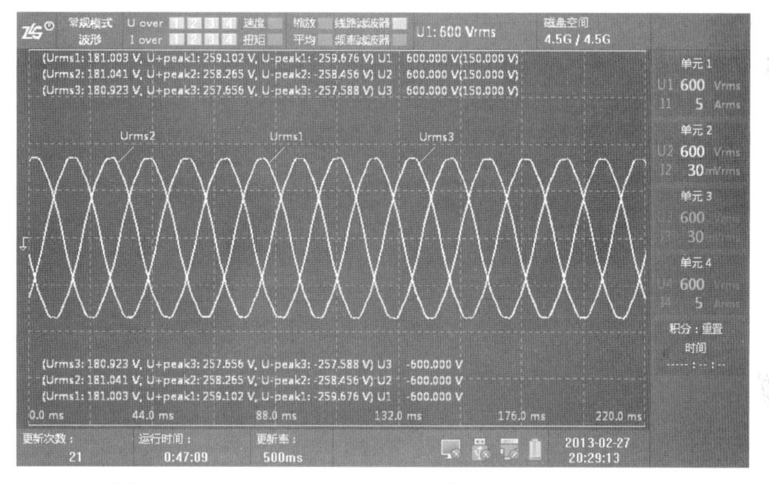

图 11.23 转速 500r/min 的空载输出三相电压波形图

		Element1	Element2	Element3	Element4
U	(V)	180.968	181.166	180.898	0.000
I	(A)	0.00000	0.58778	0.08614	0.00000
P	(W)	-0.00000k	0.00072k	-0.00191k	0.00000k
Q	(var)	0.00000k	-0.10650k	0.01546k	0.00000k
S	(VA)	0.00000k	0.10650k	0.01558k	0.00000k
λ	( )	Error	0.00673	-0.12267	Error
φ	(°)	Error	-89.6143	97.0462	Error
fU	(Hz)	24.9964	25.0011	24.9945	0.0000
fI	(Hz)	0.0000	158.0428	45.3825	0.0000
Pc	(W)	-0.00000k	0.00072k	-0.00192k	0.00000k

		Element1	Element2	Element3	Element4
Z(1)	(Ω)	Error	830.0255	12.6734k	Error
Rs(1)	(Ω)	Error	-717.3471	-12.3260k	Error
Xs(1)	(Ω)	Error	-417.5588	2.9470k	Error
Rp(1)	(Ω)	Error	-960.4030	13.0306k	Error
Xp(1)	(Ω)	Error	-1.6499k	54.5012k	Error

图 11.24 转速 500r/min 的空载输出三相电压数据图

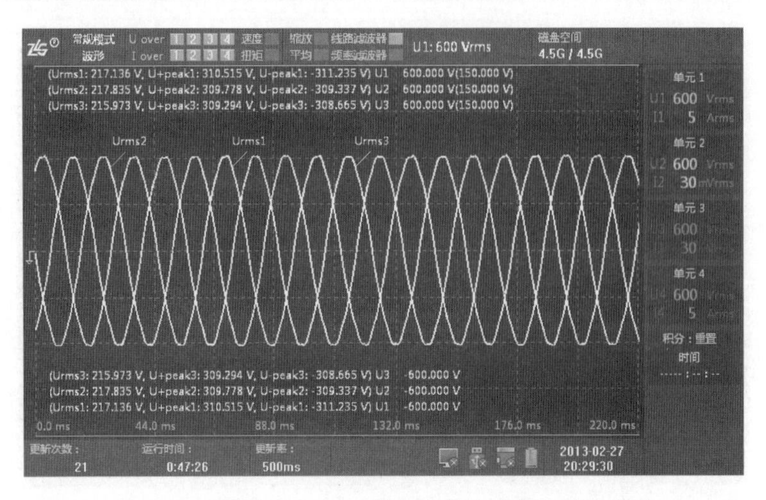

常规模式
波形
U over 1 2 3 4
I over 1 2 3 4
U1: 600 Vrms
磁盘空间
4.5G / 4.5G
(Urms1: 217.136 V, U+peak1: 310.515 V, U-peak1: -311.235 V) U1　600.000 V(150.000 V)
(Urms2: 217.835 V, U+peak2: 309.778 V, U-peak2: -309.337 V) U2　600.000 V(150.000 V)
(Urms3: 215.973 V, U+peak3: 309.294 V, U-peak3: -308.665 V) U3　600.000 V(150.000 V)
Urms2
Urms1
Urms3
(Urms3: 215.973 V, U+peak3: 309.294 V, U-peak3: -308.665 V) U3　-600.000 V
(Urms2: 217.835 V, U+peak2: 309.778 V, U-peak2: -309.337 V) U2　-600.000 V
(Urms1: 217.136 V, U+peak1: 310.515 V, U-peak1: -311.235 V) U1　-600.000 V
0.0 ms
44.0 ms
88.0 ms
132.0 ms
176.0 ms
220.0 ms
单元 1
U1 600 Vrms
I1 5 Arms
单元 2
U2 600 Vrms
I2 30 mVrms
单元 3
单元 4
U4 600 Vrms
积分：重置
时间
更新次数：21
运行时间：0:47:26
更新率：500ms
2013-02-27
20:29:30
图 11.25　转速 600r/min 的空载输出三相电压波形图

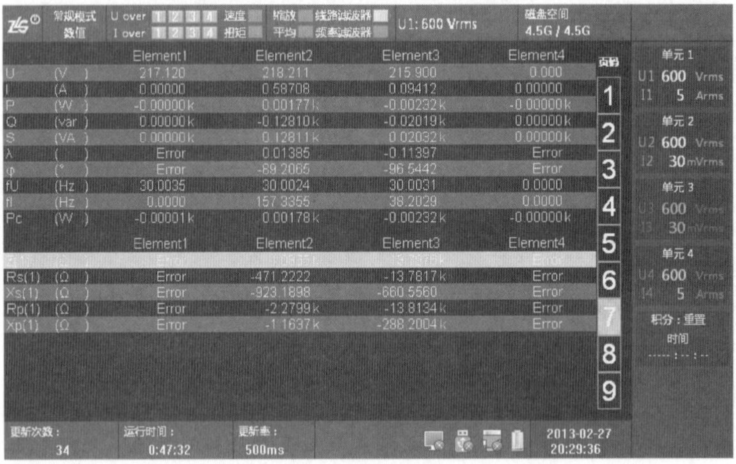

常规模式
数值
U over 1 2 3 4
I over 1 2 3 4
U1: 600 Vrms
磁盘空间
4.5G / 4.5G
Element1　Element2　Element3　Element4
U (V) 217.120　218.211　215.900　0.000
I (A) 0.00000　0.58708　0.09412　0.00000
P (W) -0.00000k　0.00177k　-0.00232k　-0.00000k
Q (var) 0.00000k　-0.12810k　-0.02019k　0.00000k
S (VA) 0.00000k　0.12811k　0.02032k　0.00000k
λ ( ) Error　0.01385　-0.11397　Error
φ (°) Error　-89.2065　-96.5442　Error
fU (Hz) 30.0035　30.0024　30.0031　0.0000
fI (Hz) 0.0000　157.3355　38.2029　0.0000
Pc (W) -0.00001k　0.00178k　-0.00232k　-0.00000k
Element1　Element2　Element3　Element4
Rs(1) (Ω) Error　-471.2222　-13.7817k　Error
Xs(1) (Ω) Error　-923.1898　-660.5560　Error
Rp(1) (Ω) Error　-2.2799k　-13.8134k　Error
Xp(1) (Ω) Error　-1.1637k　-288.2004k　Error
页码
1
2
3
4
5
6
7
8
9
单元 1
U1 600 Vrms
I1 5 Arms
单元 2
U2 600 Vrms
I2 30 mVrms
单元 3
单元 4
U4 600 Vrms
I4 5 Arms
积分：重置
时间
更新次数：34
运行时间：0:47:32
更新率：500ms
2013-02-27
20:29:36
图 11.26　转速 600r/min 的空载输出三相电压数据图

将风机转速设为 700r/min，风机运行稳定后，测量数据如下：

转速 700r/min，空载输出三相电压波形图如图 11.27 所示，空载输出三相电压数据图如图 11.28 所示。

将风机转速设为 800r/min，风机运行稳定后，测量数据如下：

转速 800r/min，空载输出三相电压波形图如图 11.29 所示，空载输出三相电压数据图如图 11.30 所示。

将风机转速设为 900r/min，风机运行稳定后，测量数据如下：

转速 900r/min，空载输出三相电压波形图如图 11.31 所示，空载输出三相电压数据图如图 11.32 所示。

将风机转速设为 1000r/min，风机运行稳定后，测量数据如下：

转速 1000r/min，空载输出三相电压波形图如图 11.33 所示，空载输出三相电压数据图如图 11.34 所示。

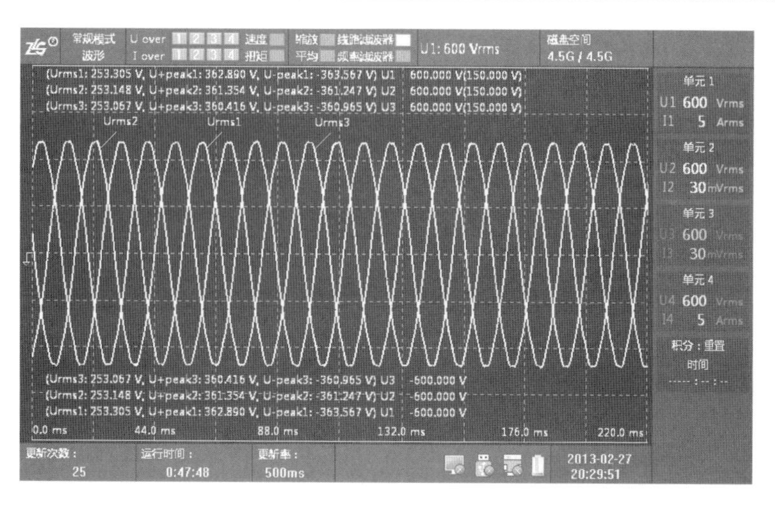

图 11.27 转速 700r/min 的空载输出三相电压波形图

		Element1	Element2	Element3	Element4
U	(V)	253.301	252.510	252.301	0.000
I	(A)	0.00000	0.58758	0.09944	0.00000
P	(W)	-0.00000k	0.00358k	-0.00386k	-0.00000k
Q	(var)	0.00000k	-0.14833k	-0.02479k	0.00000k
S	(VA)	0.00000k	0.14837k	0.02509k	0.00000k
λ	( )	Error	0.02416	-0.15405	Error
φ	(°)	Error	-88.6157	-98.8617	Error
fU	(Hz)	34.9926	34.9929	34.9921	0.0000
fI	(Hz)	0.0000	167.7992	57.6932	0.0000
Pc	(W)	-0.00001k	0.00359k	-0.00388k	-0.00000k

		Element1	Element2	Element3	Element4
Z(1)	(Ω)	Error	[illegible]	[illegible]	Error
Rs(1)	(Ω)	Error	994.1972	-12.9750k	Error
Xs(1)	(Ω)	Error	-951.8080	-5.6699k	Error
Rp(1)	(Ω)	Error	1.9054k	-15.4527k	Error
Xp(1)	(Ω)	Error	-1.9903k	-35.3618k	Error

图 11.28 转速 700r/min 的空载输出三相电压数据图

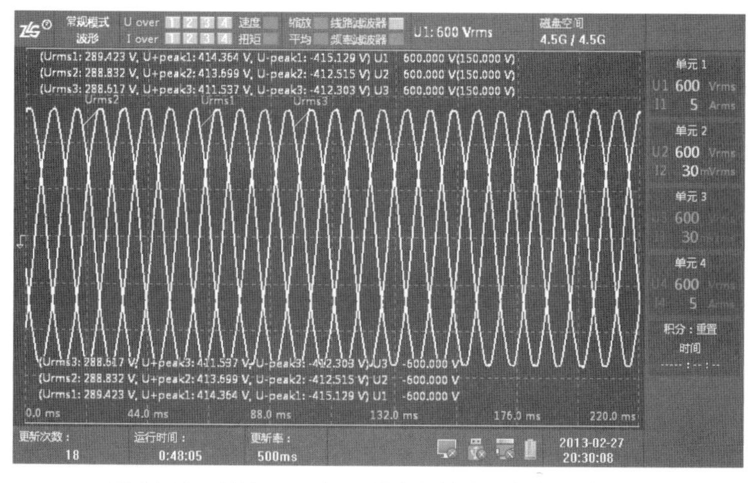

图 11.29 转速 800r/min 的空载输出三相电压波形图

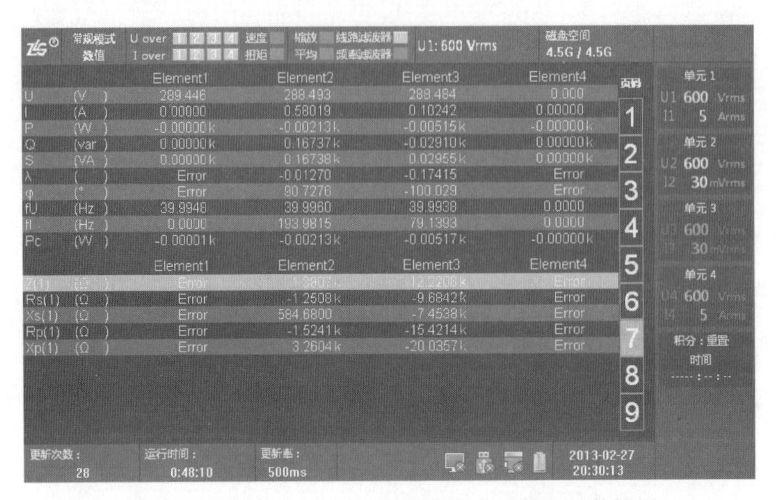

图 11.30　转速 800r/min 的空载输出三相电压数据图

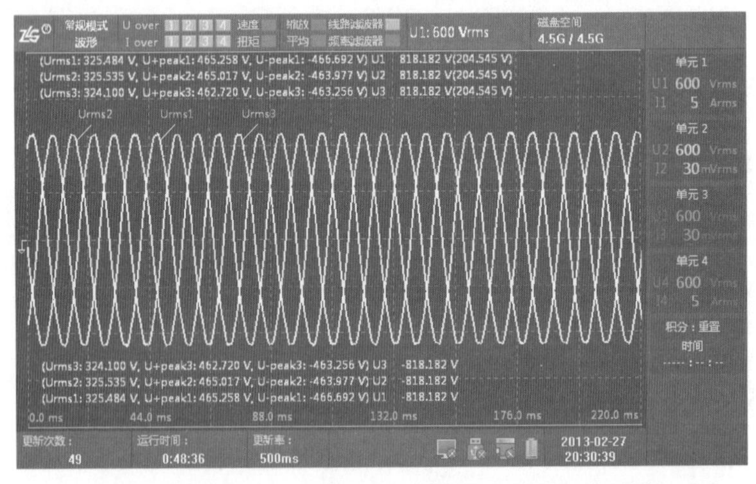

图 11.31　转速 900r/min 的空载输出三相电压波形图

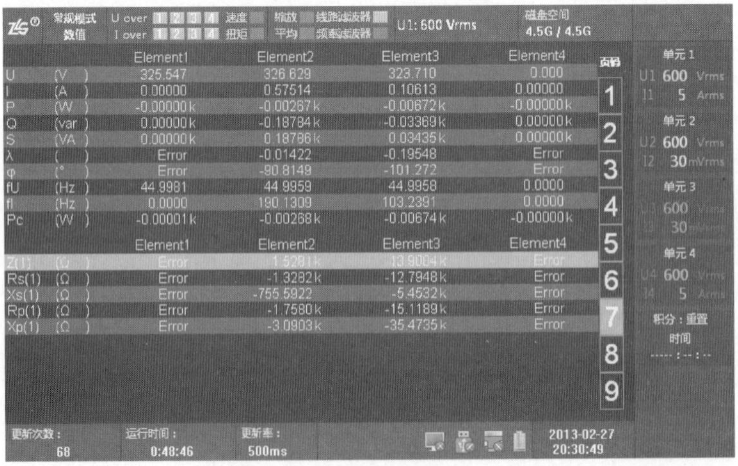

常规模式 数值　U1: 600 Vrms　磁盘空间 4.5G / 4.5G

		Element1	Element2	Element3	Element4
U	(V)	325.547	326.629	323.710	0.000
I	(A)	0.00000	0.57514	0.10613	0.00000
P	(W)	-0.00000k	-0.00267k	-0.00672k	-0.00000k
Q	(var)	0.00000k	-0.18784k	-0.03369k	0.00000k
S	(VA)	0.00000k	0.18786k	0.03435k	0.00000k
λ	( )	Error	-0.01422	-0.19548	Error
φ	(°)	Error	-90.8149	-101.272	Error
fU	(Hz)	44.9981	44.9959	44.9958	0.0000
fI	(Hz)	0.0000	190.1309	103.2391	0.0000
Pc	(W)	-0.00001k	-0.00268k	-0.00674k	-0.00000k

		Element1	Element2	Element3	Element4
Z(1)	(Ω)	Error	1.5281k	13.9004k	Error
Rs(1)	(Ω)	Error	-1.3282k	-12.7948k	Error
Xs(1)	(Ω)	Error	-755.5922	-5.4532k	Error
Rp(1)	(Ω)	Error	-1.7580k	-15.1189k	Error
Xp(1)	(Ω)	Error	-3.0903k	-35.4735k	Error

更新次数：68　运行时间：0:48:46　更新率：500ms　2013-02-27 20:30:49

图 11.32　转速 900r/min 的空载输出三相电压数据图

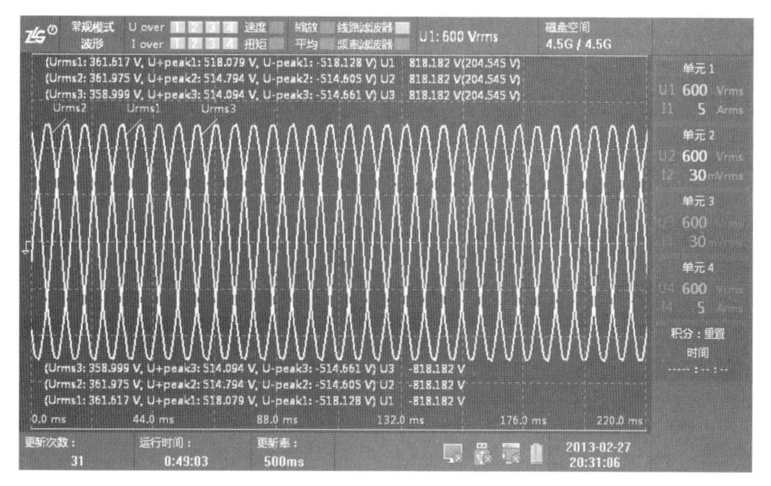

图 11.33　转速 1000r/min 的空载输出三相电压波形图

		Element1	Element2	Element3	Element4
U	(V)	361.633	362.705	359.521	0.000
I	(A)	0.00000	0.57739	0.11002	0.00000
P	(W)	-0.00000k	0.05348k	-0.00807k	-0.00000k
Q	(var)	0.00000k	0.20248k	-0.03872k	0.00000k
S	(VA)	0.00000k	0.20942k	0.03956k	0.00000k
λ	( )	Error	0.25536	-0.20409	Error
φ	(°)	Error	75.2050	-101.776	Error
fU	(Hz)	49.9949	49.9947	49.9953	0.0000
fI	(Hz)	0.0000	197.2296	96.4967	0.0000
Pc	(W)	-0.00001k	0.05372k	-0.00810k	-0.00000k

		Element1	Element2	Element3	Element4
Z(1)	(Ω)	2.1674M	1.6620k	12.3271k	Error
Rs(1)	(Ω)	626.5414k	1.1351k	-10.8050k	Error
Xs(1)	(Ω)	2.0748M	1.2139k	-5.9338k	Error
Rp(1)	(Ω)	7.4975M	2.4333k	-14.0637k	Error
Xp(1)	(Ω)	2.2640M	2.2754k	-25.6088k	Error

图 11.34　转速 1000r/min 的空载输出三相电压数据图

将风机转速设为 1100r/min，风机运行稳定后，测量数据如下：

转速 1100r/min，空载输出三相电压波形图如图 11.35 所示，空载输出三相电压数据图如图 11.36 所示。

2. 并网测试

将风机转速设为额定转速 1000r/min，点击“并网”按钮，并网成功后将给定机侧有功设为 1000W，稳定后其主界面如图 11.37 所示。永磁同步发电机输出的电压、电流、频率与功率曲线如图 11.38 所示，输出数据图如图 11.39 所示。

将给定机侧有功设为 2000W，并网主界面如图 11.40 所示。永磁同步发电机输出的电压、电流、频率与功率曲线如图 11.41 所示，输出数据图如图 11.42 所示。

将给定机侧有功设为 5000W，并网主界面如图 11.43 所示。永磁同步发电机输出的电压、电流、频率与功率曲线图如图 11.44 所示，其数据图如图 11.45 所示。

将给定机侧有功设为 10000W，并网主界面如图 11.46 所示。永磁同步发电机输出的电压、电流、频率与功率曲线图如图 11.47 所示，其数据图如图 11.48 所示。

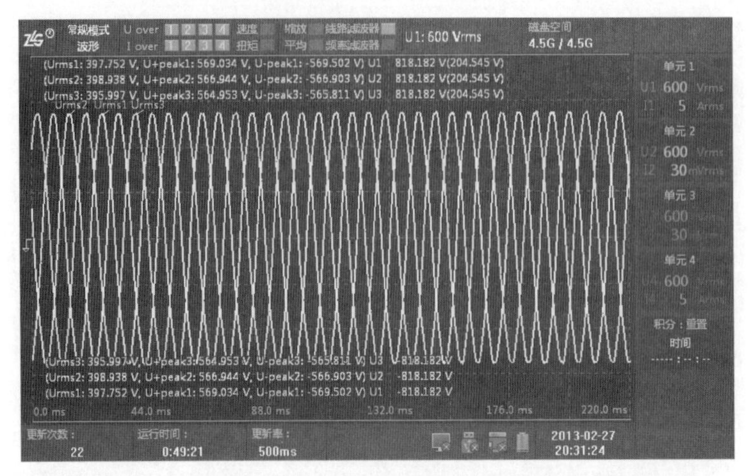

图 11.35　转速 1100r/min 的空载输出三相电压波形图

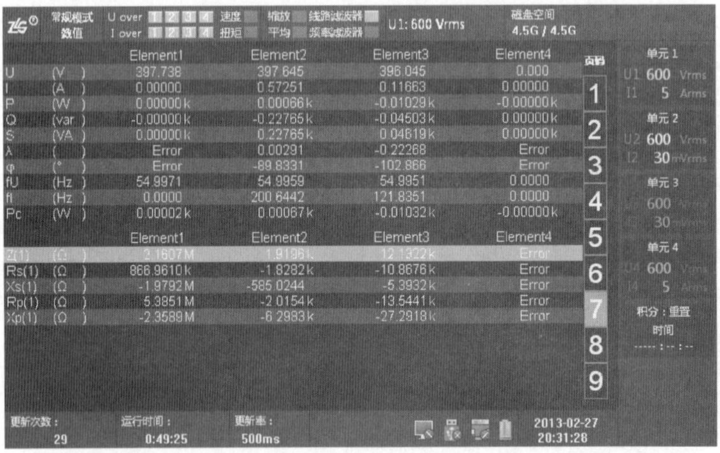

		Element1	Element2	Element3	Element4
U	(V)	397.738	397.645	396.045	0.000
I	(A)	0.00000	0.57251	0.11663	0.00000
P	(W)	0.00000k	0.00066k	-0.01029k	-0.00000k
Q	(var)	-0.00000k	-0.22765k	-0.04503k	0.00000k
S	(VA)	0.00000k	0.22765k	0.04619k	0.00000k
λ	( )	Error	0.00291	-0.22268	Error
φ	(°)	Error	-89.8331	-102.866	Error
fU	(Hz)	54.9971	54.9959	54.9951	0.0000
fI	(Hz)	0.0000	200.6442	121.8351	0.0000
Pc	(W)	0.00002k	0.00067k	-0.01032k	-0.00000k

		Element1	Element2	Element3	Element4
Z(1)	(Ω)	2.1607M	1.9196k	12.1322k	Error
Rs(1)	(Ω)	866.9610k	-1.8282k	-10.8676k	Error
Xs(1)	(Ω)	-1.9792M	-585.0244	-5.3932k	Error
Rp(1)	(Ω)	5.3851M	-2.0154k	-13.5441k	Error
Xp(1)	(Ω)	-2.3589M	-6.2983k	-27.2918k	Error

图 11.36　转速 1100r/min 的空载输出三相电压数据图

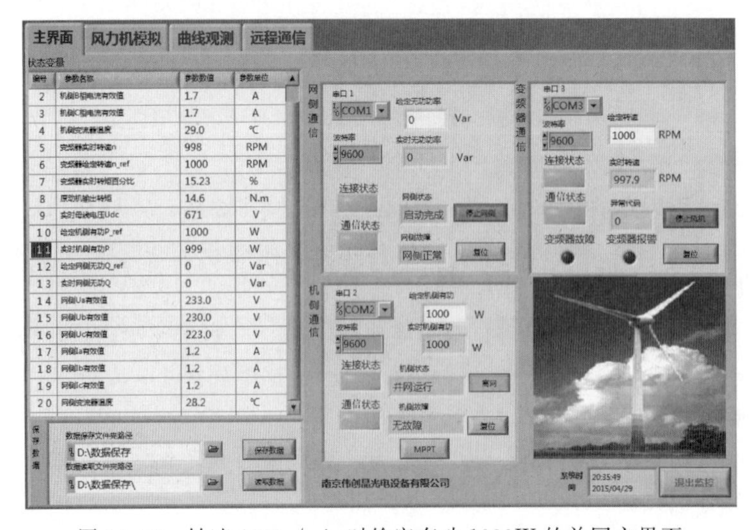

图 11.37　转速 1000r/min 时给定有功 1000W 的并网主界面

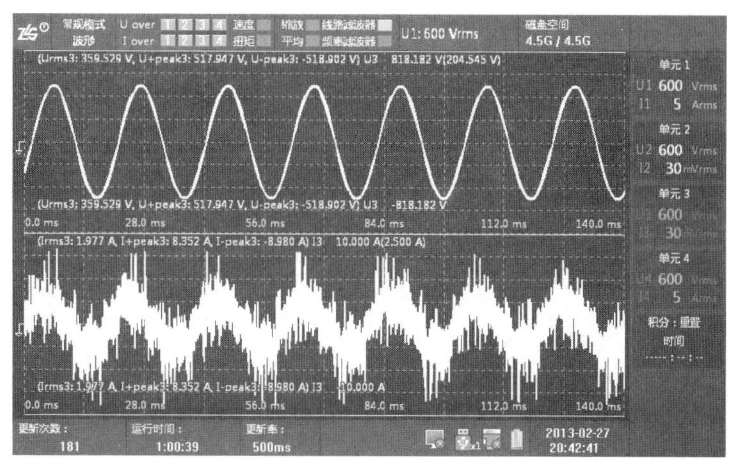

图 11.38 转速 1000r/min 时给定有功 1000W 的发电机输出曲线图

常规模式 数值 U over I over 速度 扭矩 缩放 平均 线路滤波器 频率滤波器 U1: 600 Vrms 磁盘空间 4.5G / 4.5G

		Element1	Element2	Element3	Element4
U	(V)	0.000	409.483	359.501	0.000
I	(A)	0.00000	1.32153	1.97964	0.00000
P	(W)	0.00000k	0.03184k	0.57776k	0.00000k
Q	(var)	0.00000k	0.54021k	-0.41556k	0.00000k
S	(VA)	0.00000k	0.54114k	0.71168k	0.00000k
λ	( )	Error	0.05884	0.81182	Error
φ	(°)	Error	86.6265	-35.7258	Error
fU	(Hz)	0.0000	50.0128	49.9574	0.0000
fI	(Hz)	0.0000	50.0137	49.9772	0.0000
Pc	(W)	0.00000k	0.03185k	0.57907k	0.00000k

		Element1	Element2	Element3	Element4
U(Tot)	(V)	0.542	409.457	364.222	0.44
I(Tot)	(A)	0.00026	1.09927	1.80627	0.00056
P(Tot)	(W)	0.00000k	0.05025k	0.54665k	0.00000k
Q(Tot)	(var)	0.00000k	0.41816k	-0.33330k	0.00000k
S(Tot)	(VA)	0.00000k	0.42116k	0.64025k	0.00000k
λ(Tot)	( )	Error	0.11931	0.85381	Error
φ(Tot)	(°)	Error	83.147	-31.372	Error
φU(Tot)	(°)				
φI(Tot)	(°)				

页码 1 2 3 4 5 6 7 8 9

单元 1 U1 600 Vrms I1 5 Arms
单元 2 U2 600 Vrms I2 30 mVrms
单元 3
单元 4
积分：重置
时间

更新次数： 201 运行时间： 1:00:49 更新率： 500ms 2013-02-27 20:42:51

图 11.39 转速 1000r/min 时给定有功 1000W 的发电机输出数据图

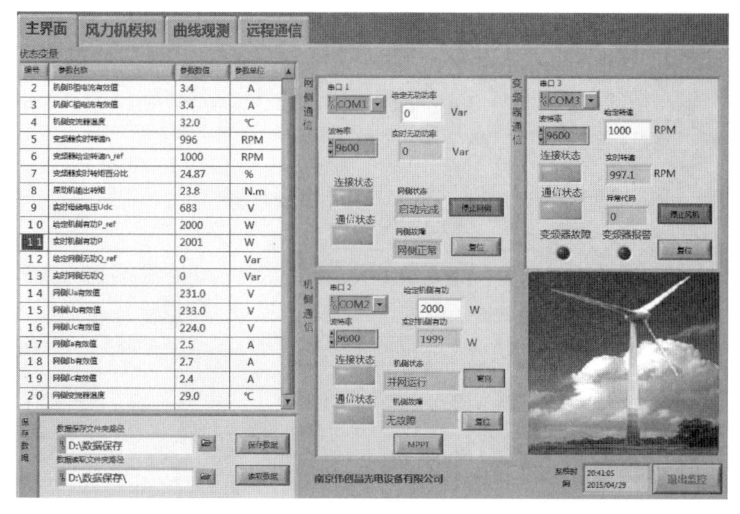

图 11.40 转速 1000r/min 时给定有功 2000W 的并网主界面

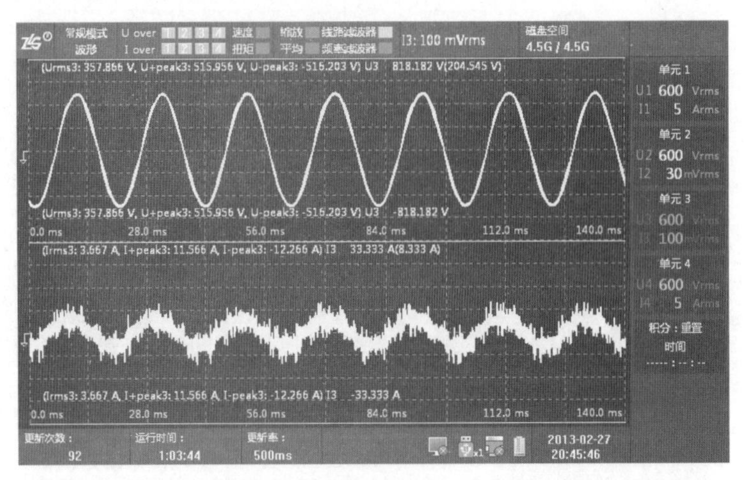

图 11.41　转速 1000r/min 时给定有功 2000W 的发电机输出曲线图

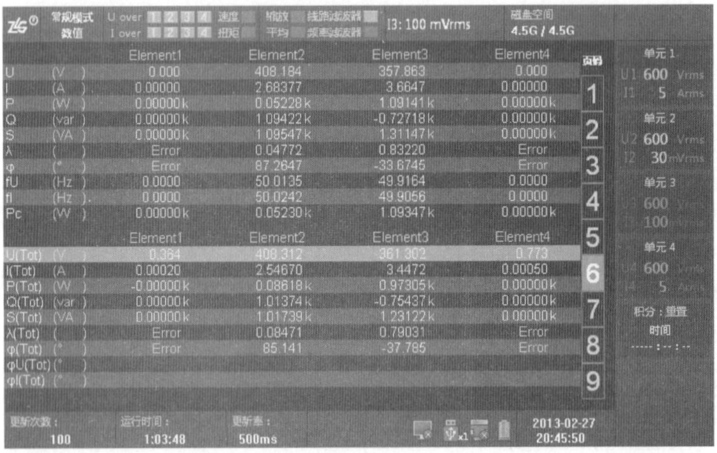

		Element1	Element2	Element3	Element4
U	(V)	0.000	408.184	357.863	0.000
I	(A)	0.00000	2.68377	3.6647	0.00000
P	(W)	0.00000k	0.05228k	1.09141k	0.00000k
Q	(var)	0.00000k	1.09422k	-0.72718k	0.00000k
S	(VA)	0.00000k	1.09547k	1.31147k	0.00000k
λ	( )	Error	0.04772	0.83220	Error
φ	(°)	Error	87.2647	-33.6745	Error
fU	(Hz)	0.0000	50.0135	49.9164	0.0000
fI	(Hz)	0.0000	50.0242	49.9056	0.0000
Pc	(W)	0.00000k	0.05230k	1.09347k	0.00000k

		Element1	Element2	Element3	Element4
U(Tot)	(V)	0.364	408.312	361.302	0.773
I(Tot)	(A)	0.00020	2.54670	3.4472	0.00050
P(Tot)	(W)	-0.00000k	0.08618k	0.97305k	0.00000k
Q(Tot)	(var)	0.00000k	1.01374k	-0.75437k	0.00000k
S(Tot)	(VA)	0.00000k	1.01739k	1.23122k	0.00000k
λ(Tot)	( )	Error	0.08471	0.79031	Error
φ(Tot)	(°)	Error	85.141	-37.785	Error
φU(Tot)	(°)				
φI(Tot)	(°)				

更新次数：100　运行时间：1:03:48　更新率：500ms　2013-02-27 20:45:50

图 11.42　转速 1000r/min 时给定有功 2000W 的发电机输出数据图

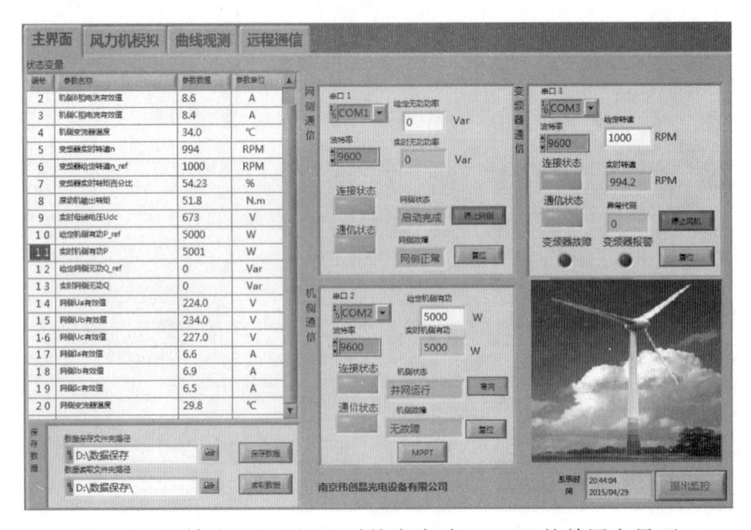

图 11.43　转速 1000r/min 时给定有功 5000W 的并网主界面

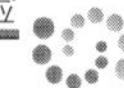

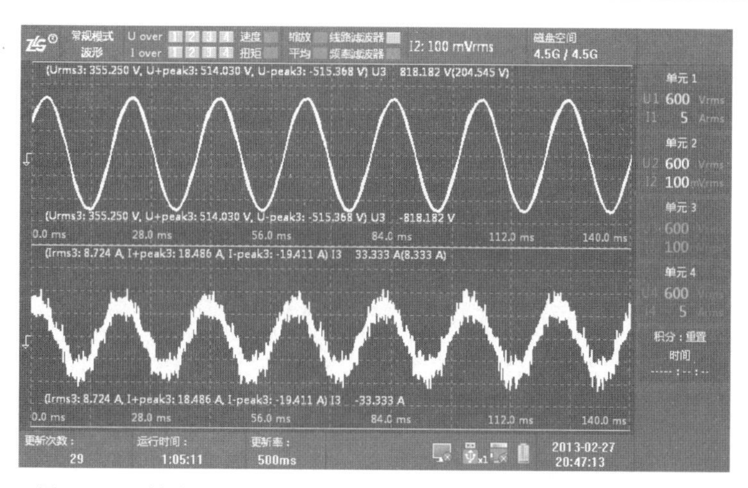

图 11.44　转速 1000r/min 时给定有功 5000W 的发电机输出曲线图

常规模式 数值　U over I over　速度 扭矩　缩放 平均　线路滤波器 频率滤波器　I2: 100 mVrms　磁盘空间 4.5G / 4.5G

		Element1	Element2	Element3	Element4
U	(V)	0.000	408.852	355.187	0.000
I	(A)	0.00000	6.8294	8.7261	0.00000
P	(W)	0.00000k	0.11536k	2.47545k	0.00000k
Q	(var)	0.00000k	2.78981k	-1.86506k	0.00000k
S	(VA)	0.00000k	2.79220k	3.09941k	0.00000k
λ	( )	Error	0.04131	0.79869	Error
φ	(°)	Error	87.6322	-36.9951	Error
fU	(Hz)	0.0000	50.0326	49.8117	0.0000
fI	(Hz)	0.0000	50.0349	49.8121	0.0000
Pc	(W)	0.00000k	0.11531k	2.48142k	0.00000k

		Element1	Element2	Element3	Element4
U(Tot)	(V)	0.914	408.863	353.049	0.322
I(Tot)	(A)	0.00029	6.8487	8.5177	0.00052
P(Tot)	(W)	-0.00000k	0.17644k	2.30932k	0.00000k
Q(Tot)	(var)	0.00000k	2.78080k	-1.98019k	0.00000k
S(Tot)	(VA)	0.00000k	2.78639k	3.04206k	0.00000k
λ(Tot)	( )	Error	0.06332	0.75913	Error
φ(Tot)	(°)	Error	86.370	-40.612	Error
φU(Tot)	(°)				
φI(Tot)	(°)				

更新次数：39　运行时间：1:05:16　更新率：500ms　2013-02-27 20:47:18

图 11.45　转速 1000r/min 时给定有功 5000W 的发电机输出数据图

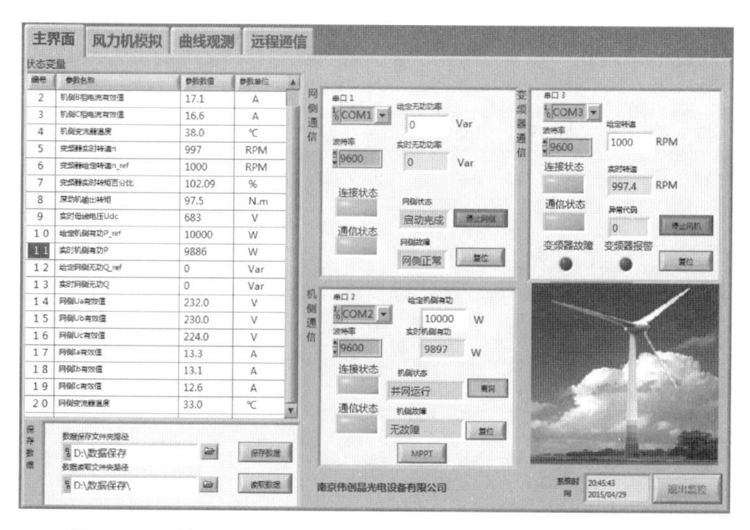

图 11.46　转速 1000r/min 时给定有功 10000W 的并网主界面

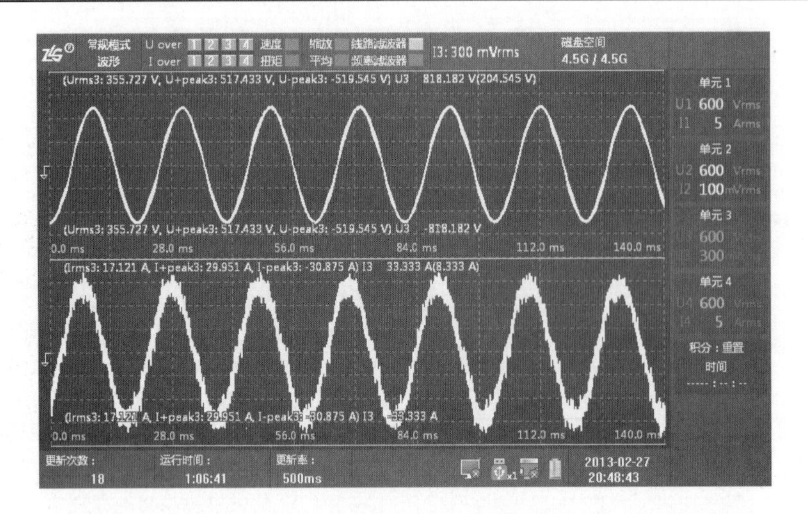

图 11.47　转速 1000r/min 时给定有功 10000W 的发电机输出曲线图

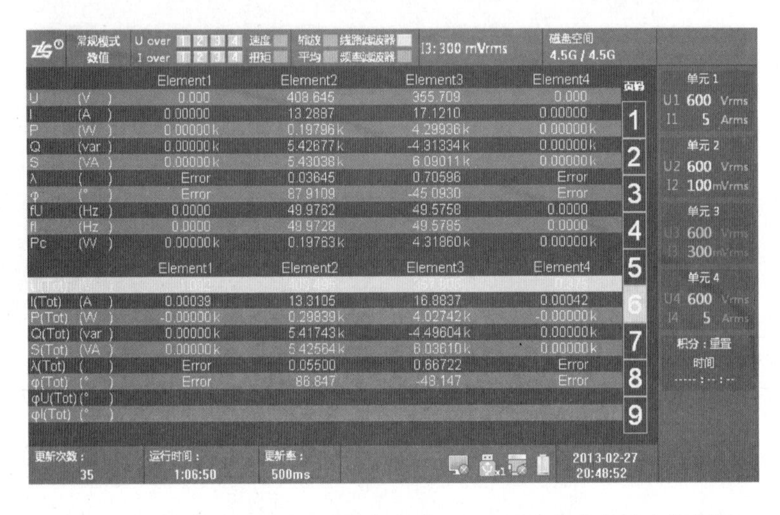

		Element1	Element2	Element3	Element4
U	(V)	0.000	408.645	355.709	0.000
I	(A)	0.00000	13.2887	17.1210	0.00000
P	(W)	0.00000k	0.19796k	4.29936k	0.00000k
Q	(var)	0.00000k	5.42677k	-4.31334k	0.00000k
S	(VA)	0.00000k	5.43038k	6.09011k	0.00000k
λ	( )	Error	0.03645	0.70596	Error
φ	(°)	Error	87.9109	-45.0930	Error
fU	(Hz)	0.0000	49.9762	49.5758	0.0000
fI	(Hz)	0.0000	49.9728	49.5785	0.0000
Pc	(W)	0.00000k	0.19763k	4.31860k	0.00000k

		Element1	Element2	Element3	Element4
U(Tot)	[illegible]	[illegible]	[illegible]	[illegible]	[illegible]
I(Tot)	(A)	0.00039	13.3105	16.8837	0.00042
P(Tot)	(W)	-0.00000k	0.29839k	4.02742k	-0.00000k
Q(Tot)	(var)	0.00000k	5.41743k	-4.49604k	0.00000k
S(Tot)	(VA)	0.00000k	5.42564k	6.03610k	0.00000k
λ(Tot)	( )	Error	0.05500	0.66722	Error
φ(Tot)	(°)	Error	86.847	-48.147	Error
φU(Tot)	(°)				
φI(Tot)	(°)				

图 11.48　转速 1000r/min 时给定有功 10000W 的发电机输出数据图

11.4　模拟 MPPT 跟踪实验

11.4.1　实验目的

永磁同步风力发电机在风速达到切入风速后开始进行并网发电。当风速不断变化时，变流器根据风速变化进行 MPPT 算法跟踪，实现最大功率并网发电。

11.4.2　实验流程

1. MPPT 运行

手动将给定转速设为 300r/min，在电机转速稳定后点击“并网”按钮。成功并网后点击“MPPT”按钮，“MPPT”按钮变绿，此时控制系统按风力机模拟环境运行发电，原

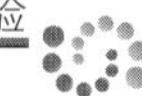

动机根据设定的模拟风电场特性运行，变流器进行 MPPT 最大功率跟踪运行，原动机转速和给定定子功率由跟踪算法自动进行调整。本风力机模拟设计的风机风轮直径为 2.4m，风机在最大功率运行时，风速和发电机转速耦合的设计参数为 6m/s、500r/min、12m/s、1000r/min。MPPT 运行主界面如图 11.49 所示。

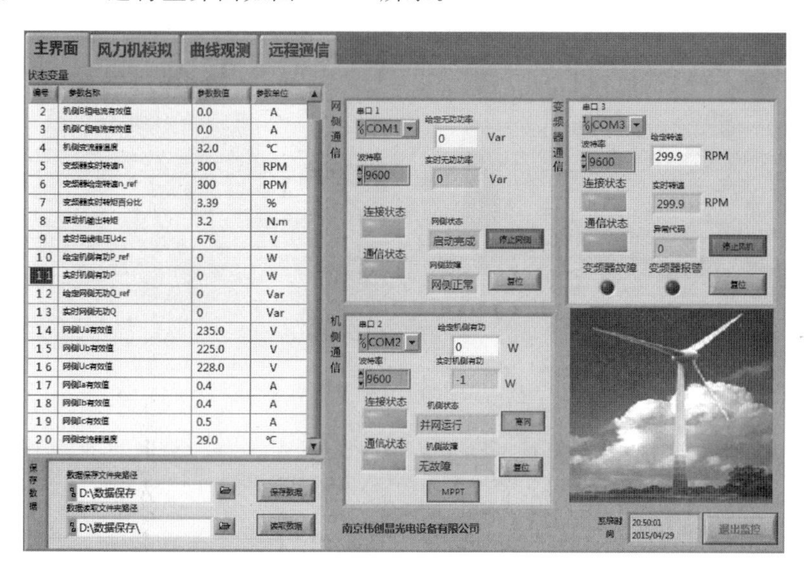

图 11.49　MPPT 运行主界面

2. 低速风况模拟

当风速小于 12m/s 时，风电场最大功率点在运行转速范围之内。此时在跟踪算法控制下，电机转速调整至最大功率点，输出功率为风机在此风速下能输出的最大功率。将基本风速设为 6m/s，变流器根据基本风的设定，自行调速模拟风速到 500r/min 左右。其跟踪曲线如图 11.50 所示，主界面如图 11.51 所示。

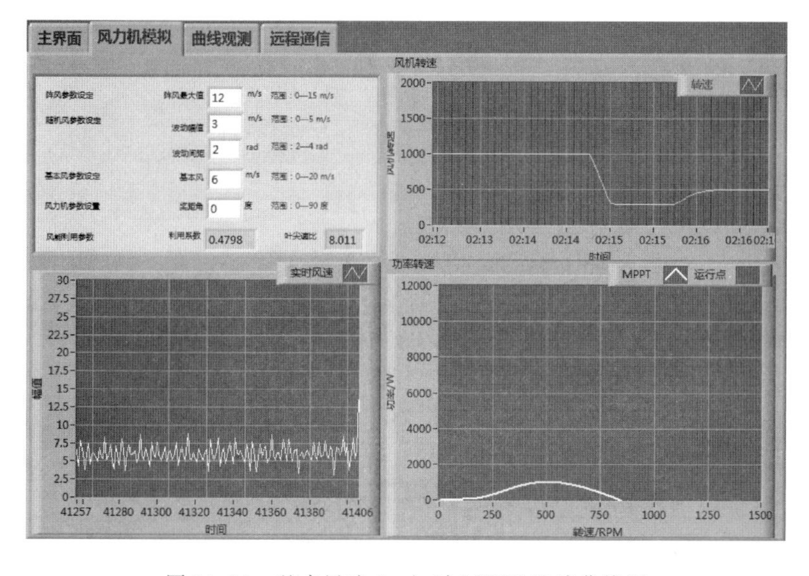

图 11.50　基本风速 6m/s 时 MPPT 跟踪曲线图

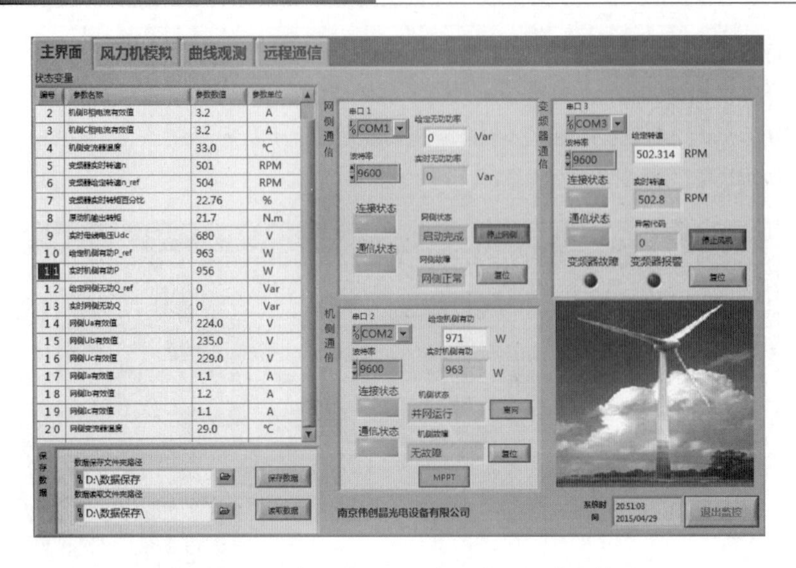

图 11.51　基本风速 6m/s 时 MPPT 跟踪主界面

将基本风速设为 8m/s，变流器根据基本风速的设定，自行调速模拟风速到 660r/min 左右。其跟踪曲线如图 11.52 所示，主界面如图 11.53 所示。

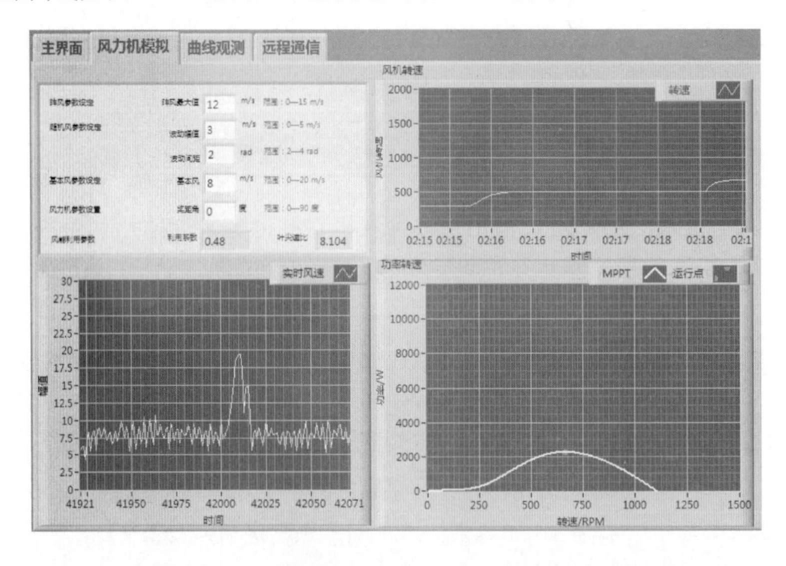

图 11.52　基本风速 8m/s 时 MPPT 跟踪曲线图

将基本风速设为 10m/s，变流器根据基本风速的设定，自行调速模拟风速到 883r/min 左右。其跟踪曲线如图 11.54 所示，主界面如图 11.55 所示。

3. 额定转速风况模拟

当风速大于 12m/s、小于 14m/s 时，则风电场最大功率点高于最大运行转速 1000r/min，此时发电机只能运行在 1000r/min，但因风电场在此运行点其最大输出转矩小于电机额定转矩，最大输出功率小于 3000W，因此电机采用恒转速运行模式。将基本风速设为 12m/s，变流器根据基本风速的设定，自行调速模拟风速到额定转速 1000r/min 左右。其跟踪曲线如图 11.56 所示，主界面如图 11.57 所示。

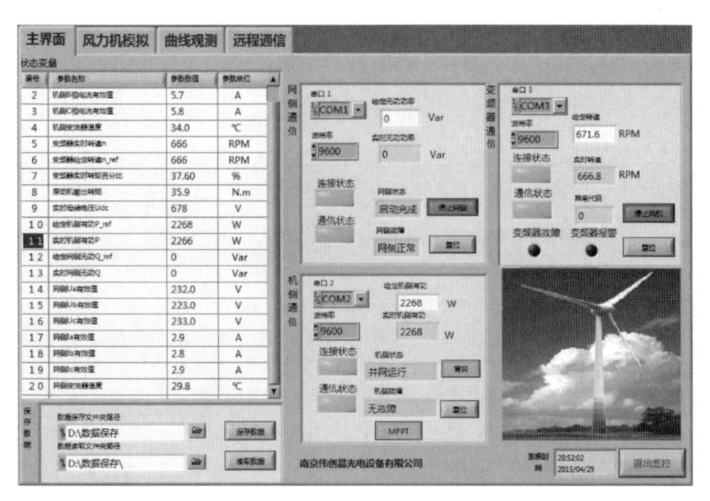

图 11.53　基本风速 8m/s 时 MPPT 跟踪主界面

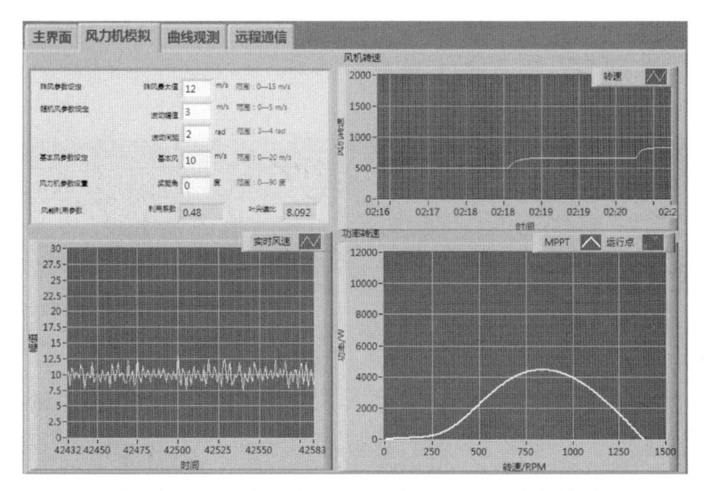

图 11.54　基本风速 10m/s 时 MPPT 跟踪曲线图

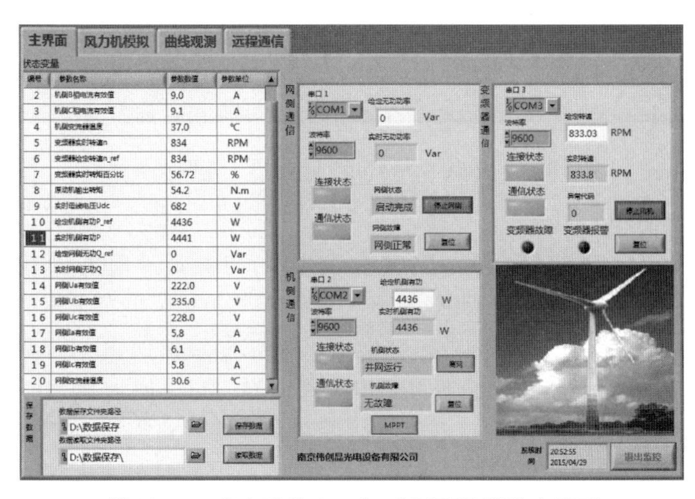

图 11.55　基本风速 10m/s 时 MPPT 跟踪主界面

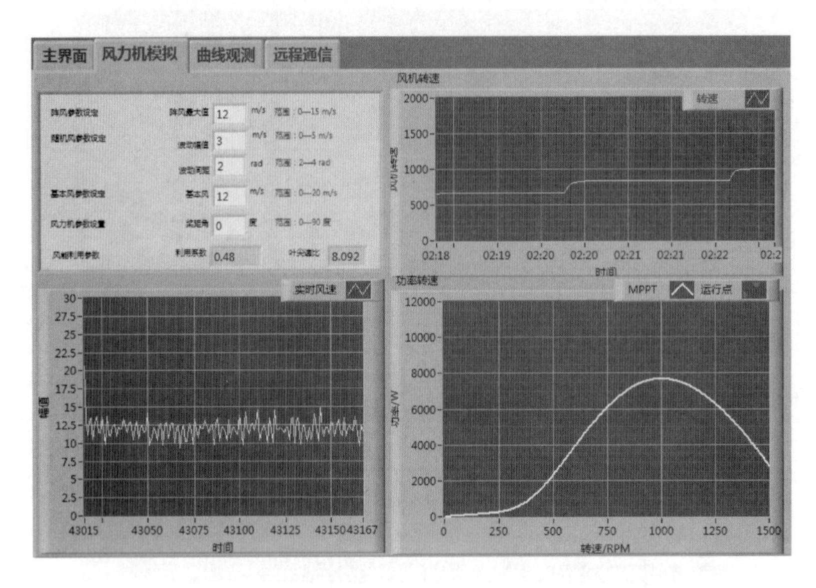

图 11.56　基本风速 12m/s 时 MPPT 跟踪曲线图

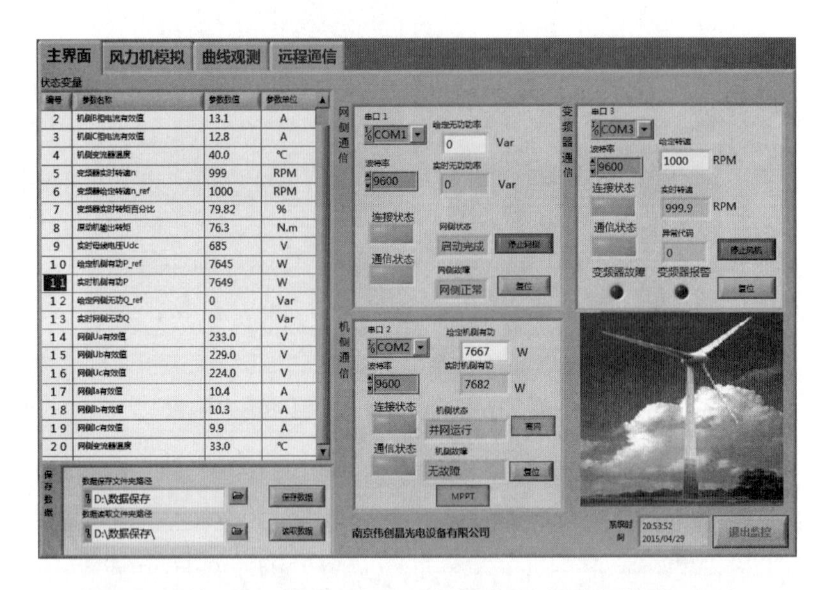

图 11.57　基本风速 12m/s 时 MPPT 跟踪主界面

4. *超速风况模拟*

当风速大于 14m/s 时，风电场在 1000r/min 运行点其最大输出转矩大于电机额定转矩，最大输出功率大于 3000W，因此风机必须进行变桨操作，电机采用最大转速的恒功率运行模式。将基本风速设为 15m/s 时，其 MPPT 跟踪曲线图如图 11.58 所示，此时最大并网功率 3000W，变桨角度 0.93°。当将基本风速设为 18m/s 时，其 MPPT 跟踪曲线如图 11.59 所示，此时最大并网功率亦为 3000W，变桨角度增加到 13.94°。当将基本风速继续增加到 20m/s 时，其 MPPT 跟踪曲线如图 11.60 所示，此时最大并网功率亦为 3000W，变桨角度增加到 19.66°。

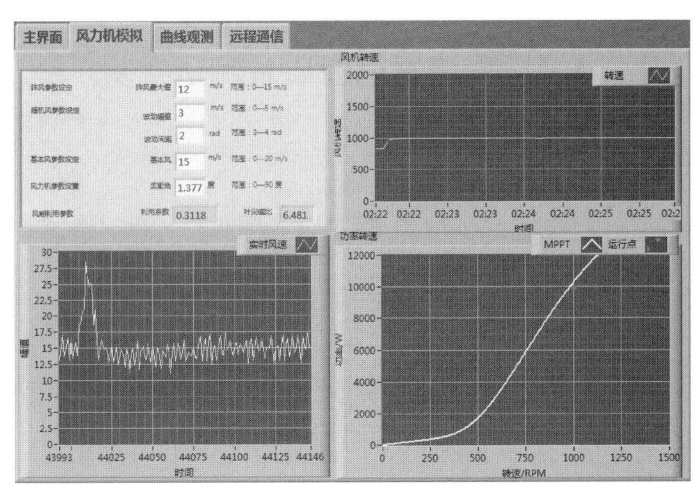

图 11.58　基本风速 15m/s 时 MPPT 跟踪曲线图

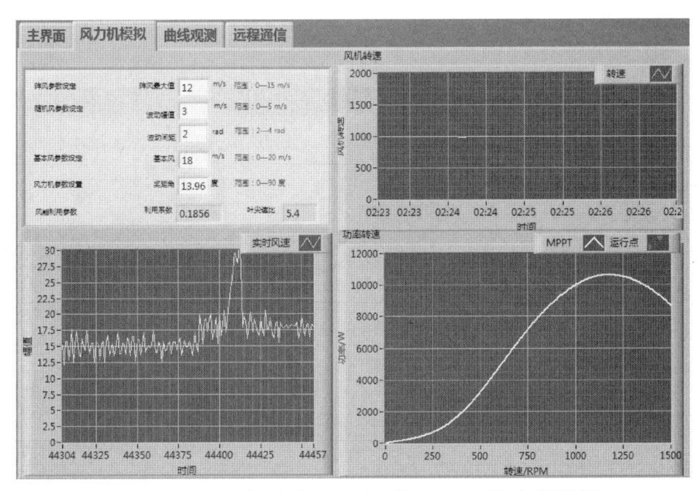

图 11.59　基本风速 18m/s 时 MPPT 跟踪曲线图

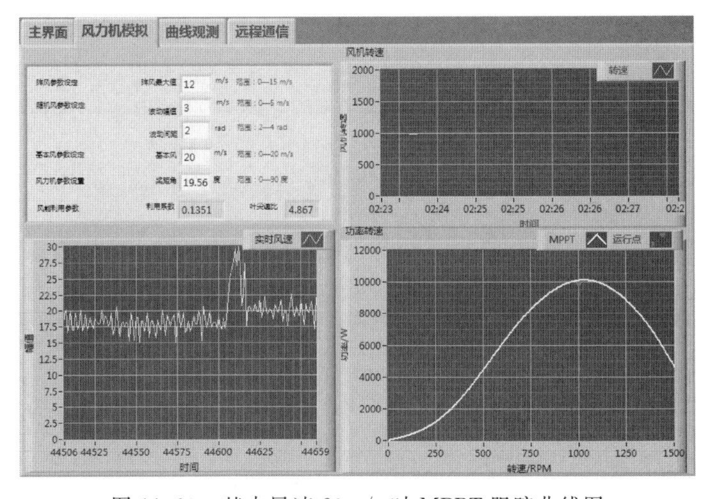

图 11.60　基本风速 20m/s 时 MPPT 跟踪曲线图

11.5　变流器电能质量测试实验

11.5.1　实验目的

（1）了解永磁同步风力发电机采用双 PWM 变流器设计，可以将风能输出的最大功率并网，也可对电网输出一定的无功功率。

（2）了解风机并网输出的有功和无功电能质量测量。

11.5.2　实验流程

1. 并网有功输出电能质量测量

永磁同步风力发电机并网后，启动 MPPT 跟踪功能，将基本风速设为 12m/s，并网稳定输出后最大功率输出主界面如图 11.61 所示。风机最大跟踪功率达到 2990W，通过功率分析仪测得 MPPT 最大功率输出电压与电流波形图如图 11.62 所示。电压谐波柱状图如图 11.63 所示。电流谐波柱状图如图 11.64 所示。

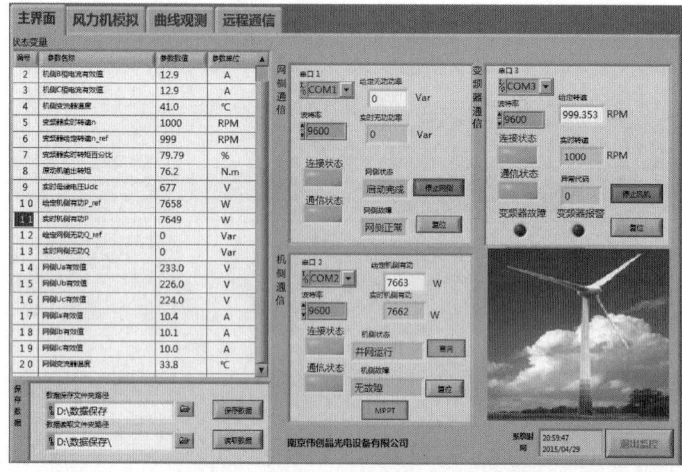

图 11.61　基本风速 12m/s 时 MPPT 最大功率输出主界面

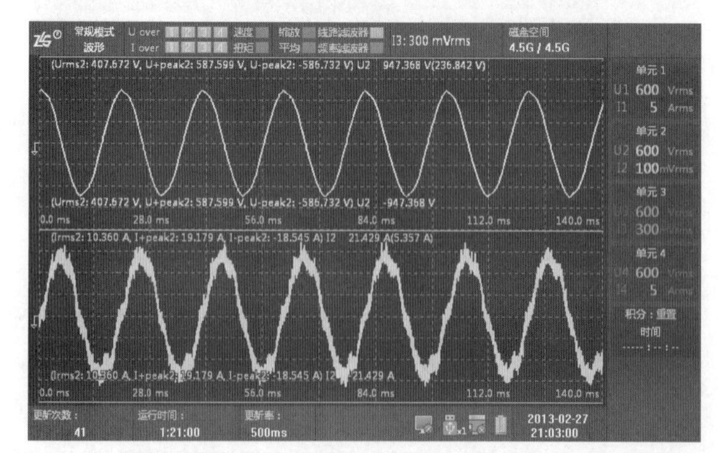

图 11.62　基本风速 12m/s 时 MPPT 最大功率输出电压与电流波形图

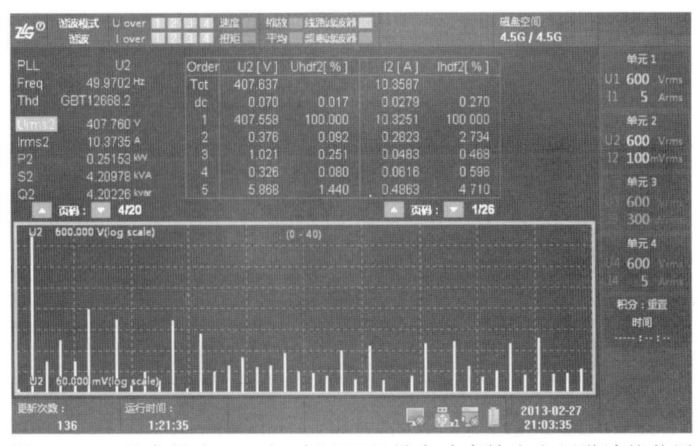

图 11.63　基本风速 12m/s 时 MPPT 最大功率输出电压谐波柱状图

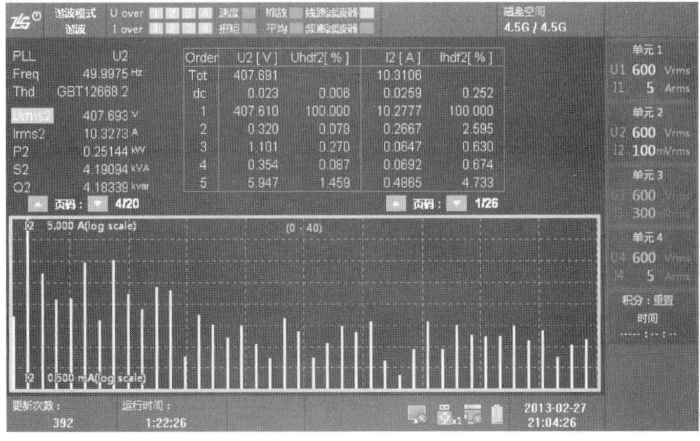

图 11.64　基本风速 12m/s 时 MPPT 最大功率输出电流谐波柱状图

2. 并网无功输出电能质量测量

永磁同步风力发电机并网后，也可向电网输出一定的无功功率，在给定转速 1000r/min 时，将给定无功功率设为 2000var，功率输出稳定后并网主界面如图 11.65 所示。网侧并网输

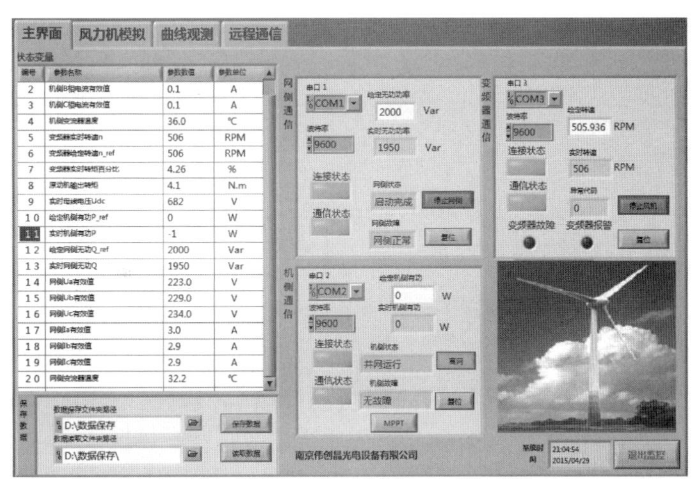

图 11.65　给定转速 1000r/min，给定无功 2000var 时并网主界面

出电压与电流波形图如图 11.66 所示。电压谐波柱状图如图 11.67 所示。电流谐波柱状图如图 11.68 所示。

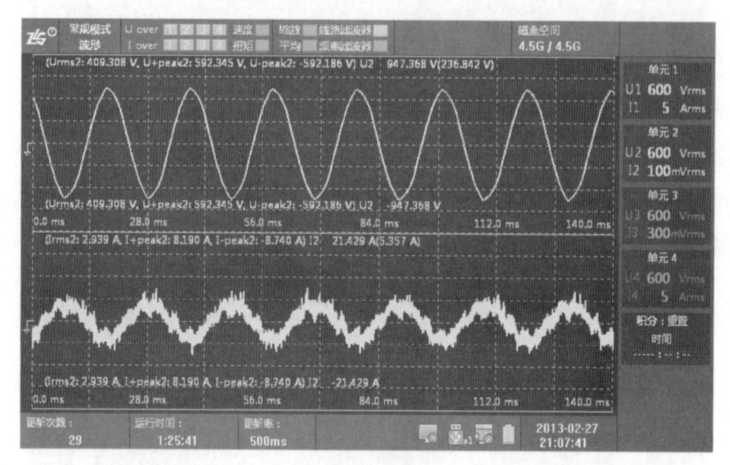

图 11.66　给定转速 1000r/min，给定无功 2000var 时并网电压与电流波形图

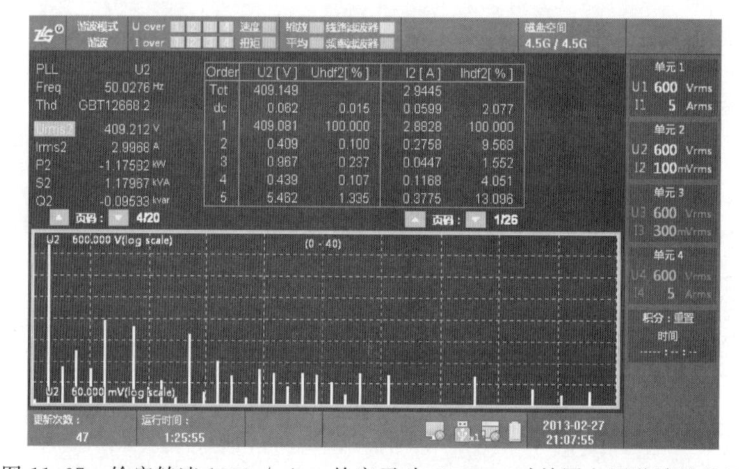

图 11.67　给定转速 1000r/min，给定无功 2000var 时并网电压谐波柱状图

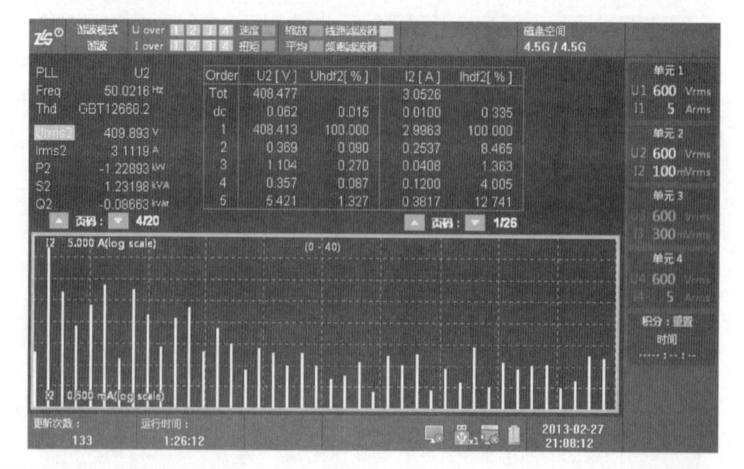

图 11.68　给定转速 1000r/min，给定无功 2000var 时并网电流谐波柱状图

第 12 章　光伏并网发电实验

12.1　光伏组件的测试与安装

12.1.1　实验目的

(1) 掌握光伏组件的测试方法。

(2) 掌握光伏组件室外安装的方法。

(3) 掌握光伏组件串并联连接与计算。

12.1.2　实验原理

光伏组件的安装一般要根据现场情况作全局的统筹规划，电池板安装方式多种多样。一般情况下常见的有固定安装和跟踪支架安装。

固定安装可以借助建筑物的倾斜角度直接铺设光伏组件，也可以在水平开阔的表面处固定有倾斜面的支架，再把电池板固定在支架上。如果水平面不允许直接固定支架，则在支架安装前要浇筑水泥基础。

光伏发电系统控制柜内一般均安装了完善的避雷器，可以预防雷电冲击波对线路和设备的损坏。如果光伏组件搭设在周围建筑物的高点还需要完善的预防直击雷措施。

1. 水泥基础

由于水泥基础需要一定的硬化凝固时间，所以水泥基础的浇筑要在主体工程开始前就开始。水泥基础包括水泥基础的本身和预埋件。

根据现场情况水泥基础也有多种形式，使用 325# 水泥与黄沙适当混合（具体混合比例以现场条件和工人施工情况为准），有整体浇筑和部分浇筑两种。

2kW 系统光伏组件水泥基础包括整体浇筑和部分浇筑两种形式。

预埋件是使用钢筋焊接而成的卯榫结构，下端与水泥基础紧密地连接成一个整体，上端露出和电池板的支架固定。预埋件可用 $\phi12$ 规格的丝杆焊接制成。

2. 支架的安装

水泥基础在凝固硬化过程中会导致不同的形变，所以水泥基础之间的参数会出现相应的误差，主要表现在水泥基础的预埋紧固件与支架的竖直支撑杆固定孔不吻合，出现这种情况可以适度敲击修正（敲击时，在丝杆上固定螺母，锤击作用在螺母上，不可直接敲击丝杆，以免损伤丝牙，无法安装）直到合适安装为止。

支架安装前首先熟悉场地，必须服从调度人员的安排，时刻牢记安全第一。

水泥基础整体浇筑形式如图 12.1 所示。水泥基础部分浇筑形式如图 12.2 所示。

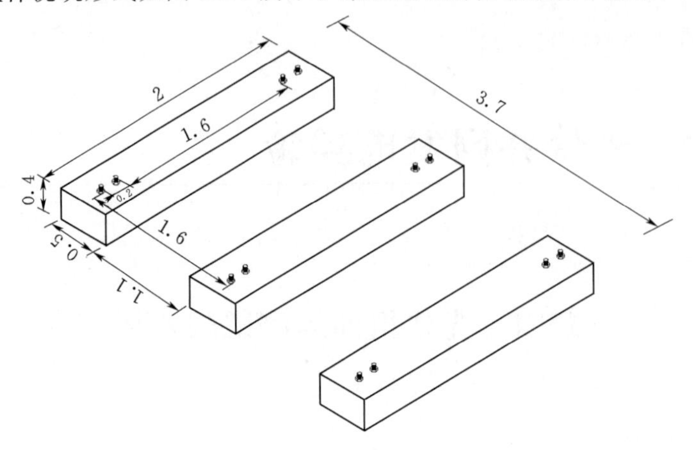

图 12.1　水泥基础整体浇筑形式（单位：m）

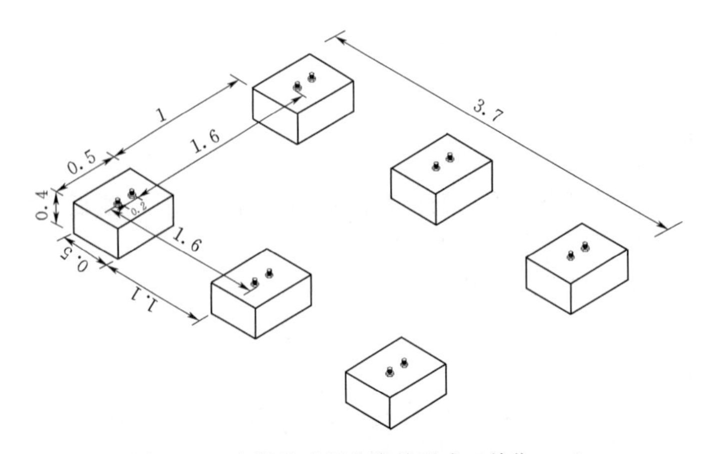

图 12.2　水泥基础部分浇筑形式（单位：m）

电池组件支架的种类如图 12.3 所示。

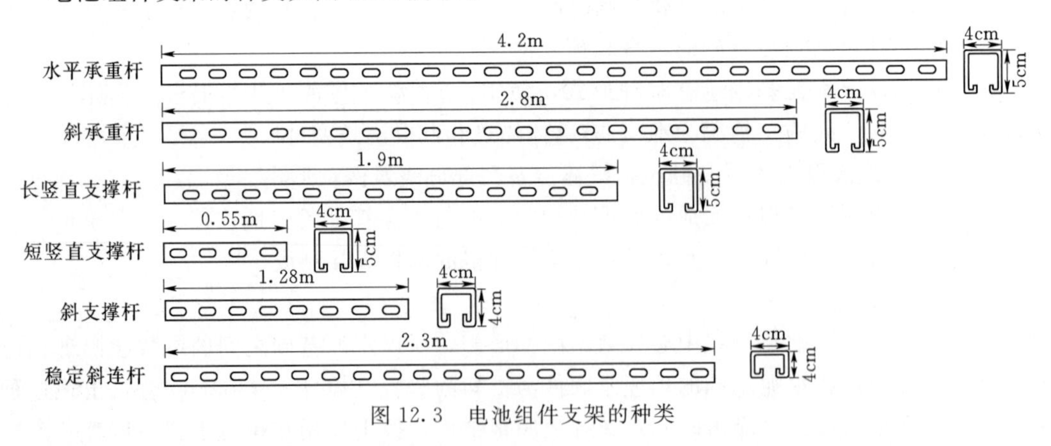

图 12.3　电池组件支架的种类

电池组件支架连接件的种类如图 12.4 所示。

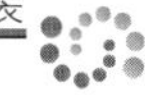

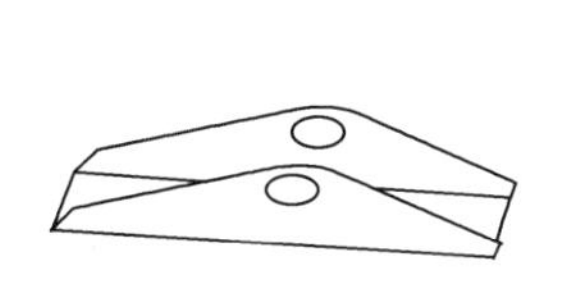

(a) 杆间连接件

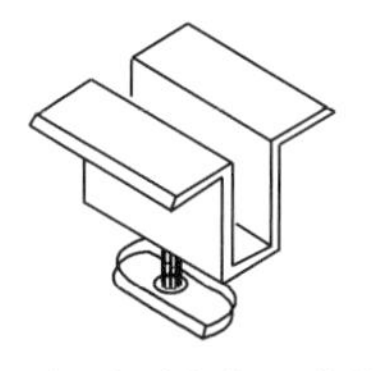

(b) 电池板间固定块

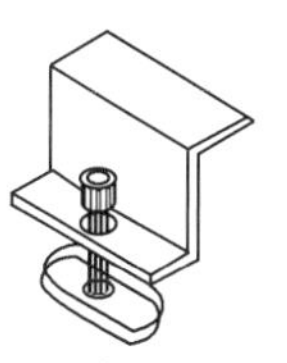

(c) 单边固定块

图 12.4 电池组件支架连接件的种类

光伏组件安装完成后需要对组件进行简单测试，可根据光伏组件背面的标签参数进行核对，一般要求对光伏组件的开路电压、短路电流进行量测，再根据并网逆变器的输入电压和功率要求等对光伏组件进行串并联连接。光伏组件串并联后在接入并网逆变器前应再次测量连接后的开路电压，满足并网逆变器工作条件后方可正式接入并网逆变器，以免高压损坏逆变器内部电路元件。

12.1.3 实验流程

（1）把竖直支撑杆、斜承重杆、斜支撑杆用杆间连接件按图 12.5 所示固定。

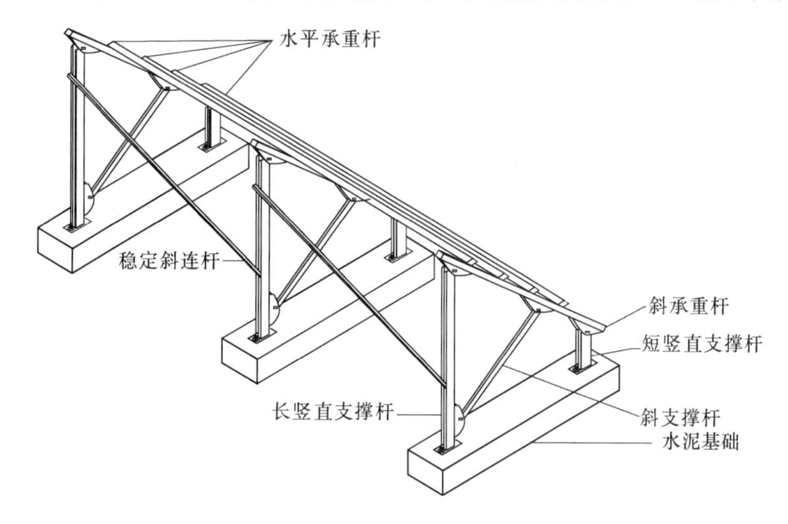

图 12.5 电池组件支架整体安装完成效果图

（2）把安装完成的整体部件放置在水泥基础上的卯榫螺杆上，保证支架与地面垂直，然后紧固螺母。以此方法安装完剩余的支架。

（3）水平承重杆起到连接各竖直支撑杆和承重电池板的作用，要求安装完成的承重杆与各部件连接稳固，目视与地面水平。

（4）稳定斜连杆最后安装，以起到稳定支架的作用，一定要安装到位并妥善固定。

（5）电池板顺势铺设在水平承重杆上，可以采用横向或纵向排列，为了与已完成安装的支架参数一致，采用纵向排列。电池组件纵向排列安装效果图如图 12.6 所示。

（6）安装完电池组件后，就可以对电池组件进行输出测试，测量单块电池组件时采用万用表的 100V 直流电压挡，将万用表的正负极插入光伏组件输出的 MC4 接头内测量光伏组件的输出开路电压，拔出表笔后，将万用表调到 20A 直流电流挡，短接光伏组件

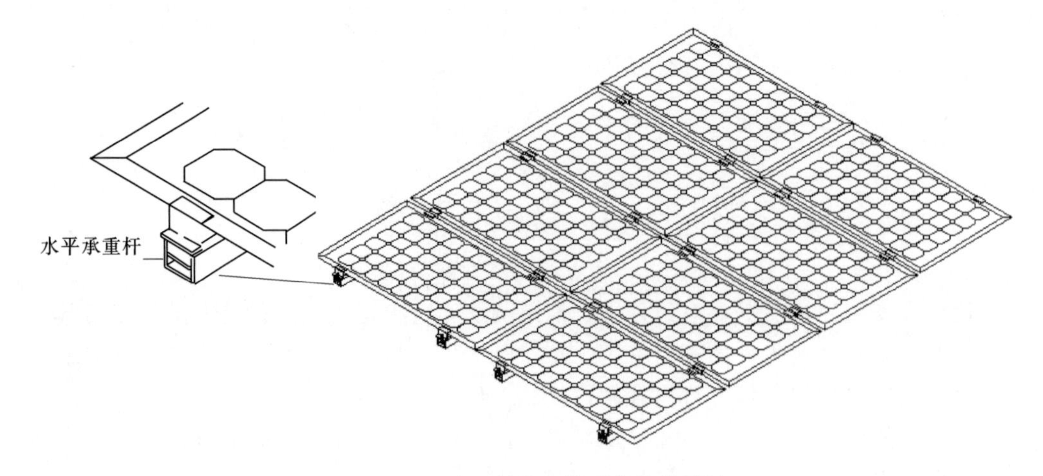

图 12.6　电池组件纵向排列安装效果图

正负输出极，测量光伏组件的短路电流值。根据电池组件背面的铭牌信息核对当前光伏组件的输出参数。需要注意的是，应在阳光充足的环境下测试，否则短路电流值将偏差较大。

（7）根据并网逆变器的输入电压与功率要求，计算出需要的光伏组件串并联数量，串联后光伏组件的电压将升高，并联后光伏组件的电流将增加，通过光伏组件输出的 MC4 公母接头进行串并接，最后用光伏电缆专用的导线送至并网逆变器输入端，闭合输入开关前应再次用万用表测量光伏组件的开路输出电压，满足供电条件后再闭合上电。

12.2　逆变器发电性能测试实验

12.2.1　实验目的

（1）测试光伏并网逆变器最大功率点（Maximum Powder Point，MPP）跟踪效率。

（2）测试光伏并网逆变器并网转换效率。

12.2.2　实验原理

MPP 跟踪效率是指在规定的测量周期时间内，被测逆变器获得的直流电能与理论上 PV 模拟器在该段时间内工作在 MPP 提供的电能的比值，即

$$\eta_{\mathrm{MPPT}}=\frac{\int_{0}^{TM}P_{\mathrm{DC}}(t)\mathrm{d}t}{\int_{0}^{TM}P_{\mathrm{MPP}}(t)\mathrm{d}t} \tag{12.1}$$

式中　$P_{\mathrm{DC}}(t)$ ——被测逆变器获得的瞬时输入功率；

$P_{\mathrm{MPP}}(t)$ ——理论上 PV 模拟器提供的瞬时 MPP 功率；

η_{MPPT}——MPP 跟踪效率。

逆变转换效率（Conversion Efficiency）是指在规定的测量周期时间内，由逆变器在交流端口输出的能量与在直流端口输入的能量的比值，即

$$\eta_{conv}=\frac{\int_0^{TM}P_{AC}(t)\mathrm{d}t}{\int_0^{TM}P_{DC}(t)\mathrm{d}t} \tag{12.2}$$

式中 $P_{AC}(t)$ ——逆变器在交流端口输出功率的瞬时值；

$P_{DC}(t)$ ——逆变器在直流端口输入功率的瞬时值；

η_{conv}——逆变转换效率。

总效率［Overall（total）Efficiency］是指在规定的测量周期时间内，逆变器在交流端口输出的能量与理论上 PV 模拟器在该段时间内提供的电能的比值，即

$$\eta_t=\frac{\int_0^{TM}P_{AC}(t)\mathrm{d}t}{\int_0^{TM}P_{MPP}(t)\mathrm{d}t}=\eta_{conv}\eta_{MPPT} \tag{12.3}$$

12.2.3 实验流程

（1）通过光伏模拟器将直流输出接入光伏并网逆变器。

（2）将光伏模拟曲线设置为与室外电池组件相同的参数。

（3）将最大功率设置为单路输入额定功率的 20%（以额定 3kW 为例）。

（4）启动光伏模拟器，将光伏并网逆变器输出接入电网。

（5）光伏并网逆变器正常工作后将启动最大功率跟踪功能，MPP 跟踪稳定后，模拟器输出曲线如图 12.7 所示，并网逆变器输出数据如图 12.8 所示，通道 1 为并网交流输出相电压与相电流。

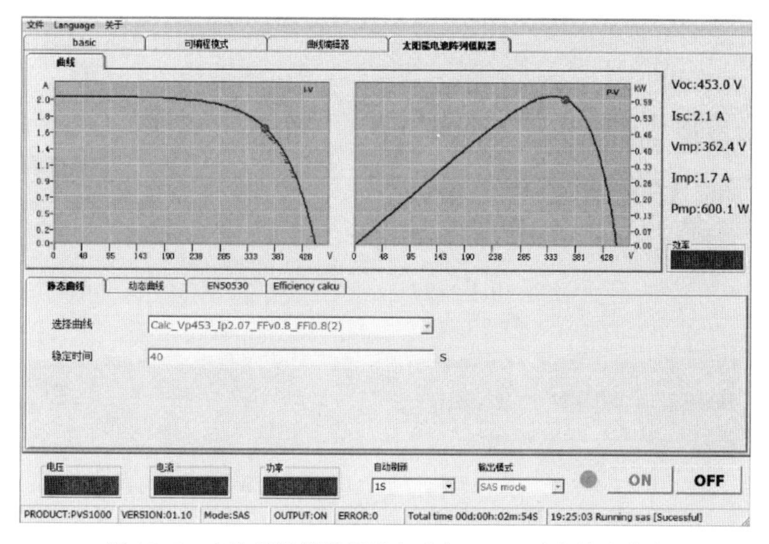

图 12.7 光伏模拟器模拟最大功率 600W 时的输出曲线

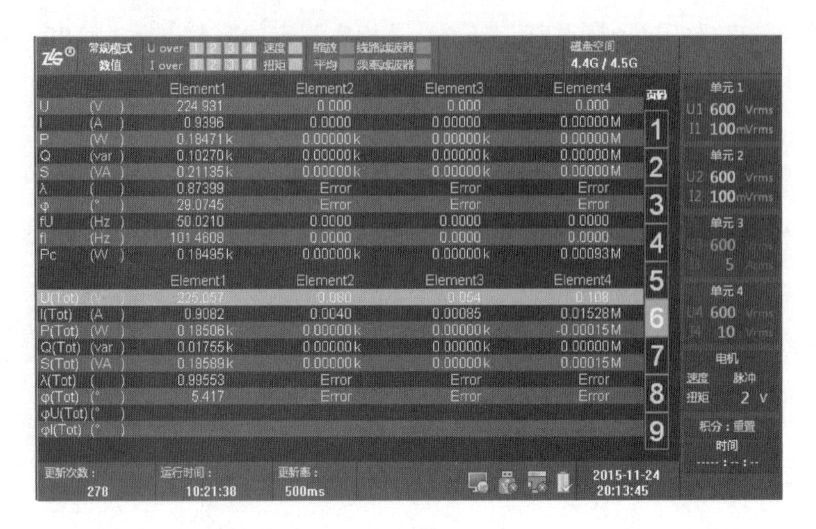

		Element1	Element2	Element3	Element4
U	(V)	224.931	0.000	0.000	0.000
I	(A)	0.9396	0.0000	0.00000	0.00000M
P	(W)	0.18471k	0.00000k	0.00000k	0.00000M
Q	(var)	0.10270k	0.00000k	0.00000k	0.00000M
S	(VA)	0.21135k	0.00000k	0.00000k	0.00000M
λ	( )	0.87399	Error	Error	Error
φ	(°)	29.0745	Error	Error	Error
fU	(Hz)	50.0210	0.0000	0.0000	0.0000
fI	(Hz)	101.4608	0.0000	0.0000	0.0000
Pc	(W)	0.18495k	0.00000k	0.00000k	0.00093M

		Element1	Element2	Element3	Element4
U(Tot)	(V)	225.057	0.080	0.054	0.108
I(Tot)	(A)	0.9082	0.0040	0.00085	0.01528M
P(Tot)	(W)	0.18506k	0.00000k	0.00000k	-0.00015M
Q(Tot)	(var)	0.01755k	0.00000k	0.00000k	0.00000M
S(Tot)	(VA)	0.18589k	0.00000k	0.00000k	0.00015M
λ(Tot)	( )	0.99553	Error	Error	Error
φ(Tot)	(°)	5.417	Error	Error	Error
φU(Tot)	(°)				
φI(Tot)	(°)				

图 12.8　光伏模拟器模拟最大功率 600W 时并网逆变器输出数据

（6）光伏模拟器最大功率 600W，实际光伏逆变器 MPPT 跟踪效率为 96.78%。

（7）光伏并网逆变器实际并网输出功率为 554.1W，计算并网逆变器的转换效率为 93.9%。

（8）计算光伏并网逆变器的总效率为 92.3%。

（9）将模拟最大输出功率提高到 100%。

（10）再次启动光伏并网逆变器。

（11）光伏并网逆变器正常工作后将启动 MPP 跟踪功能，MPP 跟踪稳定后，模拟器输出曲线如图 12.9 所示，并网逆变器输出数据如图 12.10 所示，通道 1 为并网交流输出相电压与相电流。

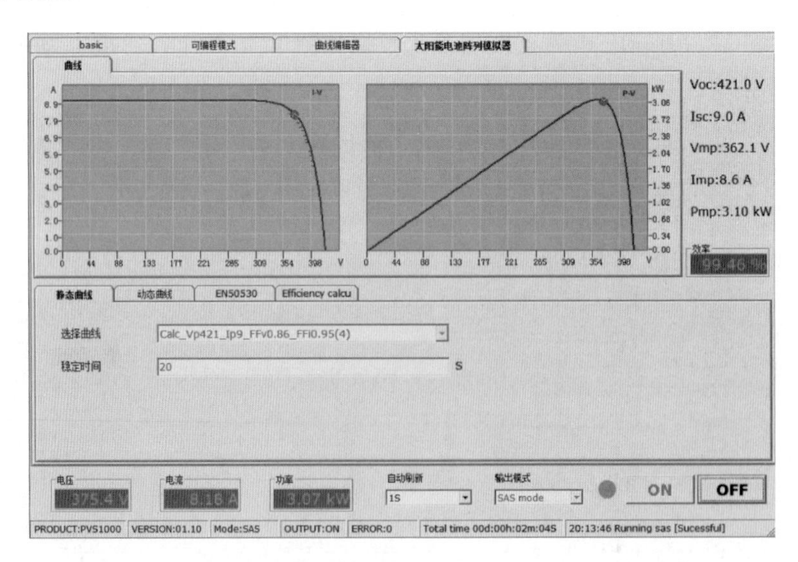

图 12.9　光伏模拟器模拟最大功率 3000W 时输出曲线

（12）光伏模拟器最大功率 3000W，实际光伏逆变器 MPPT 跟踪效率 99.46%。

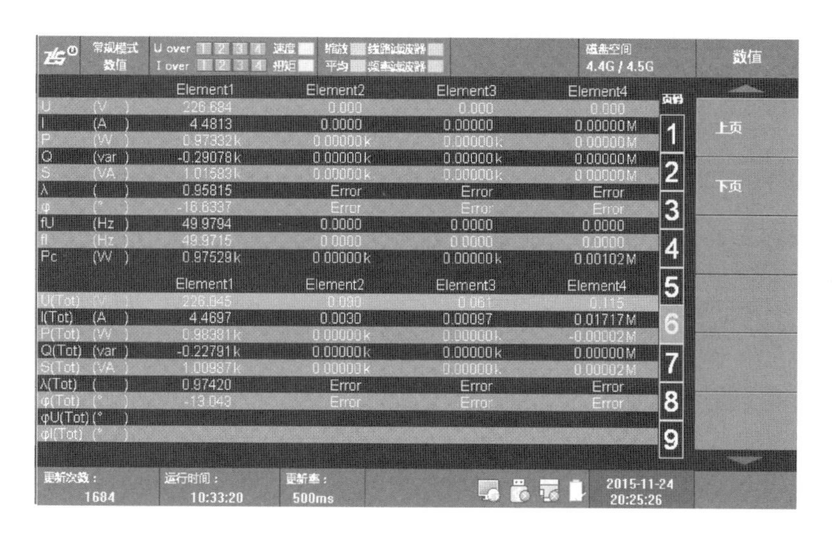

图 12.10 光伏模拟器模拟最大功率 3000W 时并网逆变器输出数据

（13）光伏并网逆变器实际并网输出功率为 2919.9W，计算并网逆变器的转换效率为 95.1%。

（14）计算光伏并网逆变器的总效率为 94.2%。

12.3 逆变器保护性能测试实验

12.3.1 实验目的

（1）了解并网逆变器的保护原理。

（2）掌握并网逆变器保护功能的测试。

12.3.2 实验原理

1. 电网故障保护

（1）防孤岛效应保护。逆变器应具有防孤岛效应保护功能。若逆变器并入的电网供电中断，逆变器应在 2s 内停止向电网供电，同时发出警示信号。

（2）低电压穿越。对专门适用于大型光伏电站的中高压型逆变器应具备一定的耐受异常电压的能力，避免在电网电压异常时脱离，引起电网电源的不稳定。逆变器交流侧电压跌至 20%标称电压时，逆变器能够保证不间断并网运行 1s；逆变器交流侧电压在发生跌落后 3s 内能够恢复到标称电压的 90%时，逆变器能够保证不间断并网运行。对电力系统故障期间没有切出的逆变器，其有功功率在故障清除后应快速恢复，自故障清除时刻开始，以至少 $10\%P_n/s$ 的功率变化率恢复至故障前的值。低电压穿越过程中逆变器宜提供动态无功支撑。

中高压型逆变器的低电压耐受能力要求如图 12.11 所示。当并网点电压在图 12.11 中电压轮廓线及以上的区域内时，该类逆变器必须保证不间断并网运行；并网点电压在图

12.11 中电压轮廓线以下时，允许停止向电网线路送电。

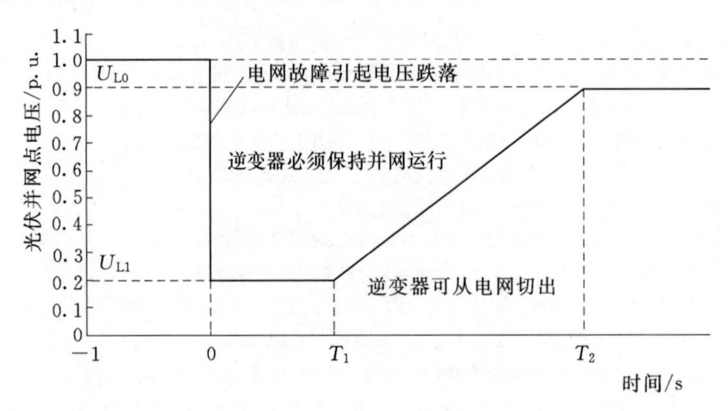

图 12.11 中高压型逆变器的低电压耐受能力要求

图 12.11 中，U_{L0}为正常运行的最低电压限值；U_{L1}为需要耐受的电压下限；T_1 为电压跌落到 U_{L1}时需要保持并网的时间；T_2 为电压跌落到 U_{L0}时需要保持并网的时间。

(3) 交流侧短路保护。逆变器应该具有短路保护的能力，当逆变器处于工作状态检测到交流侧发生短路时，逆变器应能停止向电网供电。如果在 1min 之内两次探测到交流侧保护，逆变器不得再次自动接入电网。

2. 防反放电保护

当逆变器直流侧电压低于允许工作范围或逆变器处于关机状态时，逆变器直流侧应无反向电流流过。

3. 极性反接保护

当光伏方阵线缆的极性与逆变器直流侧接线端子极性接反时，逆变器应能保护不至损坏。极性正接后，逆变器应能正常工作。

4. 直流过载保护

当光伏方阵输出的功率超过逆变器允许的最大直流输入功率时，逆变器应自动限流工作在允许的最大交流输出功率处，在持续工作 7h 或温度超过允许值情况下，逆变器可停止向电网供电。恢复正常后，逆变器应能正常工作。

5. 直流过压保护

当直流侧输入电压高于逆变器允许的直流方阵接入电压最大值时，逆变器不得启动或在 0.1s 内停机（正在运行的逆变器），同时发出警示信号。直流侧电压恢复到逆变器允许工作范围后，逆变器应能正常启动。

12.3.3 实验流程

(1) 在光伏并网逆变器正常并网后，用示波器或万用表测试并网逆变器的交流输出电压与电流。

(2) 切断交流输出断路器，人为模拟电网故障，再次检测光伏并网逆变器输出，此时光伏并网逆变器自动检测电网故障而进行孤岛保护，并网逆变器自动切断输出，并提示电网欠压故障，避免继续对电网供电，保护电网用电设备和人身安全。

(3) 再次闭合交流输出断路器，并网逆变器检测到电网故障恢复后继续向电网输出电能。

(4) 光伏并网逆变器的输入端为电池组件的正负极，将正负极反接，则光伏并网逆变器不再启动。

(5) 再将正负极换回来接上逆变器输入端，并网逆变器上电后启动运行。

(6) 在光伏电池输出电压低于启动电压时，并网逆变器处于关机状态，用仪器检测光伏组件线路电流，由于并网逆变器具有防反充功能，不会向光伏电池组件反向充电。

12.4 逆变器电能质量测试实验

12.4.1 实验目的

(1) 了解并网逆变器电能质量要求。

(2) 掌握并网逆变器电能的测试方法。

12.4.2 实验原理

1. 并网电流谐波

逆变器在运行时不应造成电网电压波形过度畸变和注入电网过度的谐波电流，以确保对连接到电网的其他设备不造成不利影响。

逆变器额定功率运行时，注入电网的电流谐波总畸变率限值为5%，奇次谐波电流含有率限值见表12.1，偶次谐波电流含有率限值见表12.2。其他负载情况下运行时，逆变器注入电网的各次谐波电流值不得超过逆变器额定功率运行时注入电网的各次谐波电流值。

表12.1　奇次谐波电流含有率限值

奇次谐波次数	含有率限值/%	奇次谐波次数	含有率限值/%	奇次谐波次数	含有率限值/%
$3^{rd}-9^{th}$	4.0	$17^{rd}-21^{th}$	1.5	35^{th}以上	0.3
$11^{rd}-15^{th}$	2.0	$23^{rd}-33^{th}$	0.6		

表12.2　偶次谐波电流含有率限值

偶次谐波次数	含有率限值/%	偶次谐波次数	含有率限值/%	偶次谐波次数	含有率限值/%
$2^{nd}-10^{th}$	1.0	$18^{nd}-22^{th}$	0.375	36^{th}以上	0.075
$12^{nd}-16^{th}$	0.5	$24^{nd}-34^{th}$	0.15		

2. 功率因数

当逆变器输出有功功率大于其额定功率的50%时，功率因数（Power Factor，PF）应不小于0.98（超前或滞后），输出有功功率在20%～50%之间时，PF应不小于0.95（超前或滞后）。

PF的计算公式为

$$PF=\frac{P_{\text{out}}}{\sqrt{P_{\text{out}}^2+Q_{\text{out}}^2}} \tag{12.4}$$

式中　P_{out}——逆变器输出总有功功率；

Q_{out}——逆变器输出总无功功率。

3. 电网电压响应

对于单相交流输出 220V 逆变器，当电网电压在额定电压的－15％到 10％范围内变化时，逆变器应能正常工作。对于三相交流输出 380V 逆变器，当电网电压在额定电压 10％范围内变化时，逆变器应能正常工作。如果逆变器交流侧输出电压等级为其他值，电网电压在《电能质量　供电电压偏差》（GB/T 12325—2008）中对应的电压等级所允许的偏差范围内时，逆变器应能正常工作。

逆变器交流输出端电压超出此电压范围时，允许逆变器切断向电网供电，切断时应发出警示信号。逆变器对异常电压的反应时间应满足表 12.3 电网电压响应时间的要求。在电网电压恢复到允许的电压范围时逆变器应能正常启动运行。此要求适用于多相系统中的任何一相。

表 12.3　　电网电压的响应时间

电压（逆变器交流输出端）	最大跳闸时间/s	电压（逆变器交流输出端）	最大跳闸时间/s
$U<50\%U_{标称}$	0.1	$110\%\leqslant U<135\%U_{标称}$	2.0
$50\%\leqslant U<85\%U_{标称}$	2.0	$135\%U_{标称}\leqslant U$	0.05

4. 电网频率响应

电网频率在额定频率变化时，逆变器的工作状态应满足表 12.4 电网频率的响应时间的要求。当因为频率响应的问题逆变器切出电网后，在电网频率恢复到允许运行的电网频率时，逆变器能重新启动运行。

表 12.4　　电网频率的响应时间

频率范围	逆变器响应
低于 48Hz	逆变器 0.2s 内停止运行
48～49.5Hz	逆变器运行 10min 后停止运行
49.5～50.2Hz	逆变器正常运行
50.2～50.5Hz	逆变器运行 2min 后停止运行，此时处于停动状态的逆变器不得并网
高于 50.5Hz	逆变器 0.2s 内停止向电网供电，此时处于停运状态的逆变器不得并网

5. 直流分量

逆变器额定功率并网运行时，向电网馈送的直流电流分量应不超过其输出电流额定值的 0.5％或 5mA，取两者中较大值。

6. 电压不平衡度

逆变器并网运行时（三相输出），引起接入电网公共连接点的三相电压不平衡度不超过《电能质量　三相电压不平衡》（GB/T 15543—2008）规定的限值，公共连接点的负序电压不平衡度应不超过 2％，短时不得超过 4％；逆变器引起的负序电压不平衡度不超过

1.3%，短时不超过2.6%。

12.4.3 实验流程

(1) 将光伏电池组件或光伏电池模拟器接入光伏并网逆变器，逆变器正常供电后启动运行。

(2) 并网逆变器启动MPP进行最大功率跟踪，在额定功率20%左右时（额定功率3kW为例），用仪器测量逆变输出的电能参数数据图如图12.12所示。

(3) 测量此时的输出电压、电流波形如图12.13所示。

(4) 测量的谐波分析图如图12.14所示。

(5) 当直流输入功率达到额定值附近时，测量电能参数数据图如图12.15所示。

(6) 额定功率输出时电压、电流波形如图12.16所示。

(7) 额定功率输出时谐波分析图如图12.17所示。

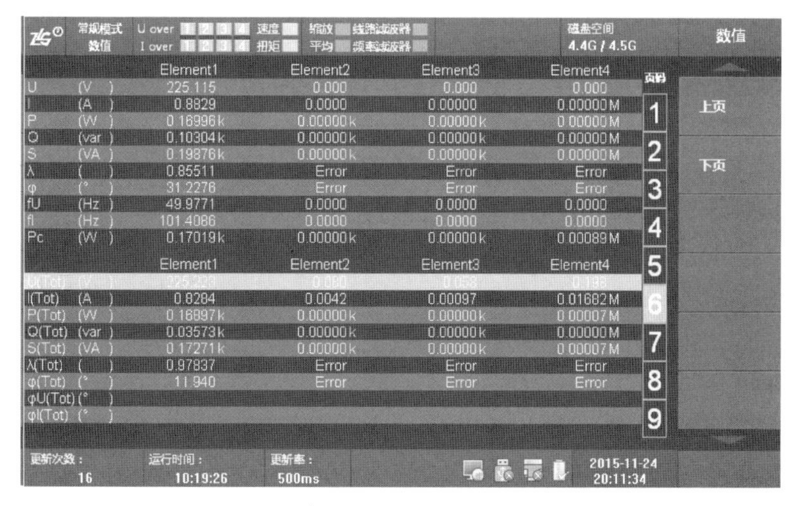

图12.12 20%额定功率输出时电能参数数据图

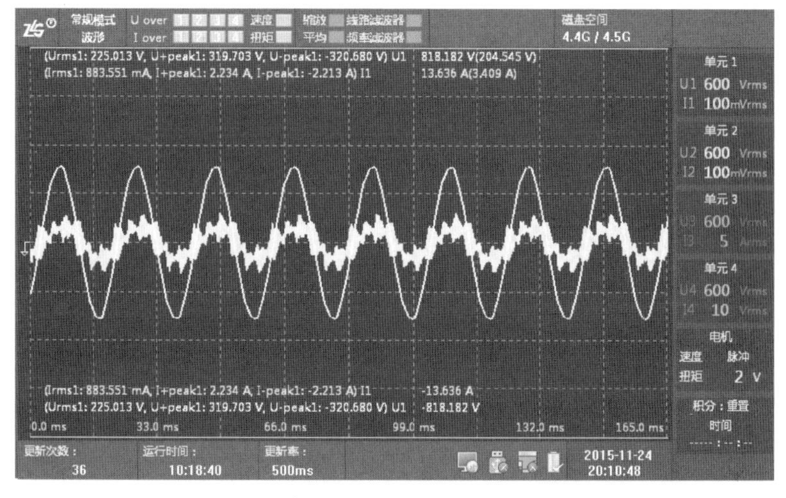

图12.13 20%额定功率输出时电压、电流波形图

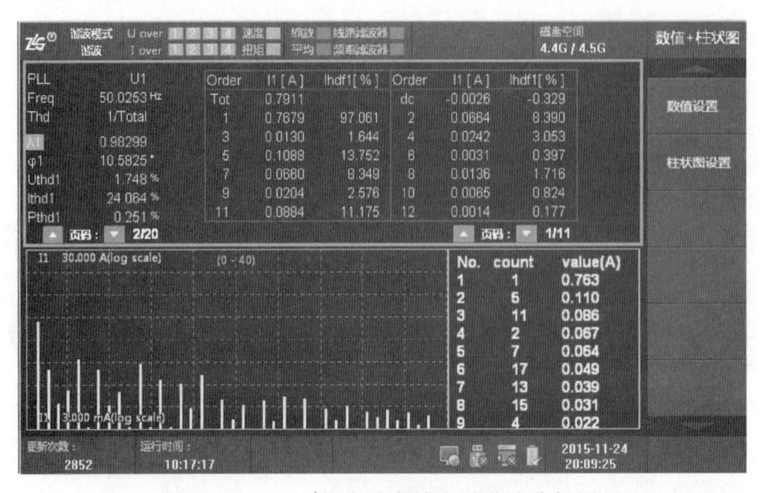

图 12.14　20%额定功率输出时谐波分析图

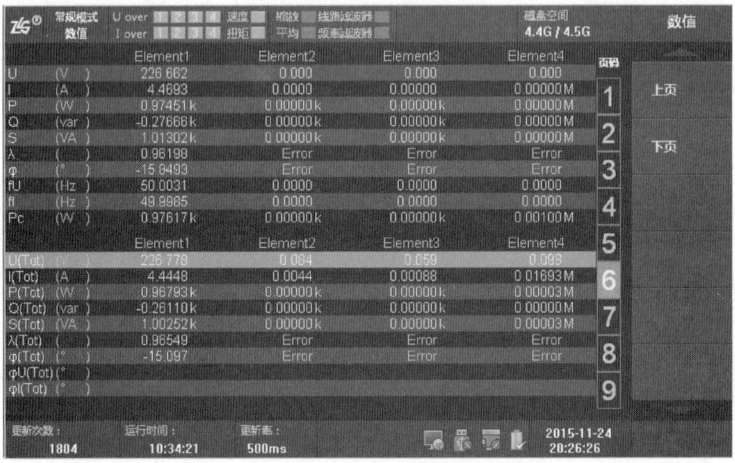

常规模式 数值　U over　I over　速度　扭矩　缩放　平均　线路滤波器　频率滤波器　磁盘空间 4.4G / 4.5G　数值

		Element1	Element2	Element3	Element4
U	(V)	226.662	0.000	0.000	0.000
I	(A)	4.4693	0.0000	0.00000	0.00000M
P	(W)	0.97451k	0.00000k	0.00000k	0.00000M
Q	(var)	-0.27666k	0.00000k	0.00000k	0.00000M
S	(VA)	1.01302k	0.00000k	0.00000k	0.00000M
λ	( )	0.96198	Error	Error	Error
φ	(°)	-15.9493	Error	Error	Error
fU	(Hz)	50.0031	0.0000	0.0000	0.0000
fI	(Hz)	49.9985	0.0000	0.0000	0.0000
Pc	(W)	0.97617k	0.00000k	0.00000k	0.00100M
		Element1	Element2	Element3	Element4
U(Tot)	(V)	226.778	0.084	0.059	0.098
I(Tot)	(A)	4.4448	0.0044	0.00088	0.01693M
P(Tot)	(W)	0.96793k	0.00000k	0.00000k	0.00003M
Q(Tot)	(var)	-0.26110k	0.00000k	0.00000k	0.00000M
S(Tot)	(VA)	1.00252k	0.00000k	0.00000k	0.00003M
λ(Tot)	( )	0.96549	Error	Error	Error
φ(Tot)	(°)	-15.097	Error	Error	Error
φU(Tot)	(°)				
φI(Tot)	(°)				

页码 1 2 3 4 5 6 7 8 9　上页　下页

更新次数：1804　运行时间：10:34:21　更新率：500ms　2015-11-24 20:26:26

图 12.15　额定功率输出时电能参数数据图

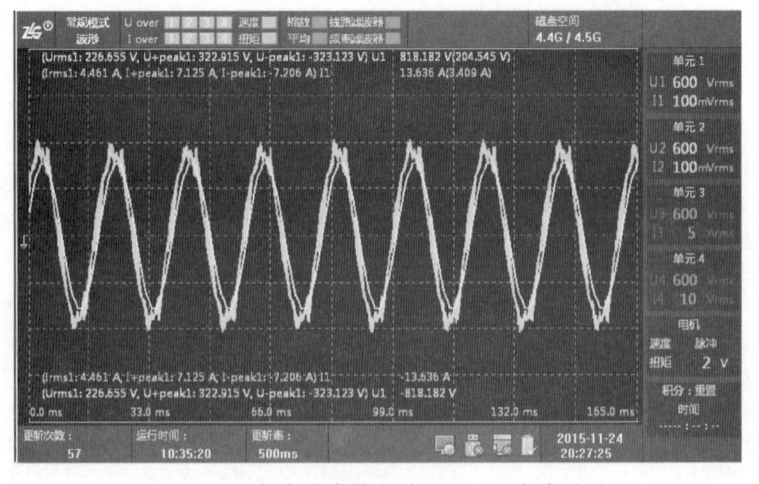

图 12.16　额定功率输出时电压、电流波形图

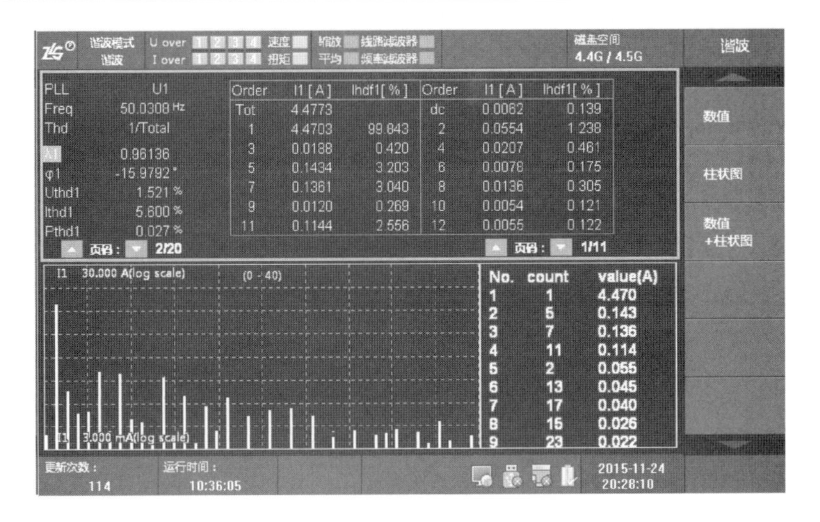

图 12.17　额定功率输出时谐波分析图

第13章　控制软件编程实验

13.1　PLC编程与控制实验

13.1.1　实验目的

（1）了解 PLC 的工作原理。

（2）熟悉西门子 PLC 的使用方法。

（3）熟悉西门子 PLC 编程软件的使用。

（4）掌握 TIA Portal 软件的编程与调试。

13.1.2　实验原理

1. S7－1200PLC 简介

S7－1200 控制器使用灵活、功能强大，可用于控制各种各样的设备以满足您的自动化需求。S7－1200 设计紧凑、组态灵活且具有功能强大的指令集，这些优势的组合使它成为控制各种应用的完美解决方案。CPU 将微处理器、集成电源、输入和输出电路、内置 PROFINET、高速运动控制 I/O 以及板载模拟量输入组合到一个设计紧凑的外壳中以形成功能强大的控制器。在您下载用户程序后，CPU 将包含监控应用中设备所需的逻辑。CPU 根据用户程序逻辑监视输入与更改输出，用户程序逻辑可以包含布尔逻辑、计数、定时、复杂数学运算以及与其他智能设备的通信。为了与编程设备通信，CPU 提供了一个内置 PROFINET 端口。借助 PROFINET 网络，CPU 可以与 HMI 面板或其他 CPU 通信。为了确保应用程序安全，每个 S7－1200 CPU 都提供密码保护功能，用户通过它可以组态对 CPU 功能的访问。S7－1200 系统 CPU 参数见表 13.1。

2. S7－1200 扩展模块简介

S7－1200 系列提供了各种信号模块和信号板用于扩展 CPU 的能力，还可以安装附加的通信模块以支持其他通信协议。S7－1200 系统扩展模块参数见表 13.2。

3. TIA Portal 软件简介

TIA Portal 软件采用了全新的工程构架，TIA Portal 将所有的自动化软件工具都统一到唯一的开发环境中。TIA Portal 代表了软件开发的里程碑，它是行业内第一款采用唯一工程开发环境的自动化软件，一个软件工程可适用于所有的自动化任务。

全集成自动化入口是自动化软件 TIA STEP 7 和 TIA WinCC 的工程构架。STEP 7 可以实现对 S7 系列模块控制器 S7－1200、S7－300 和 S7－400，包括对故障防范系统的编

表 13.1　　S7－1200 系统 CPU 参数

特　征	CPU 1211C	CPU 1212C	CPU 1214C
物理尺寸/(mm×mm×mm)	90×100×75	90×100×75	110×100×75
用户存储器			
工作存储器	25kB	25kB	50kB
装载存储器	1MB	1MB	2MB
保持存储器	2kB	2kB	2kB
本地板载 I/O	6 点输入	8 点输入	14 点输入
数字量	4 点输出	6 点输出	10 点输出
模拟量	2 路输入	2 路输入	2 路输入
过程映像大小			
输入	1024 个字节	1024 个字节	1024 个字节
输出	1024 个字节	1024 个字节	1024 个字节
位存储器	4096 个字节	4096 个字节	8192 个字节
信号模块扩展	无	2	8
信号板	1	1	1
通信模块	3	3	3
高速计数器	3	4	6
单相	3 个，100kHz	3 个，100kHz 1 个，30kHz	3 个，100kHz 3 个，30kHz
正交相位	3 个，80kHz	3 个，80kHz 1 个，20kHz	3 个，80kHz 3 个，20kHz
脉冲输出 1	2	2	2
存储卡（选件）	有	有	有
实时时钟保持时间	通常为 10 天/40 摄氏度时最少 6 天		
实数数学运算执行速度	18μs/指令		
布尔运算执行速度	0.1μs/指令		

表 13.2　　S7－1200 系统扩展模块参数

模　块		仅输入	仅输出	输入/输出组合
信号模块	数字量	8×DC 输入	8×DC 输出	8×DC 输入/8×DC 输出
			8×继电器输出	8×DC 输入/8×继电器输出
		16×DC 输入	16×DC 输出	16×DC 输入/16×DC 输出
			16×继电器输出	16×DC 输入/16×继电器输出
	模拟量	4×模拟量输入	2×模拟量输出	4×模拟量输入/2×模拟量输出
		8×模拟量输入	4×模拟量输出	
信号板	数字量	—	—	2×DC 输入/2×DC 输出
	模拟量	—	1×模拟量输出	—

程。同时，PLC SIMATIC WinAC RTX 也可实现对 S7－mEC 嵌入式控制器和基于 PC 的自动化系统的编程。

WinCC 可以实现从基础控制面板到全新 Comfort 面板，再到可移动控制面板和 x70 系列控制面板，以及多控制面板和基于 PC 的图形系统和 SCADA 应用的人机界面装置的配置工作。

TIA Portal 为诸如数据管理、应用库、诊断和仿真，以及远程控制系统等软件应用程序提供了一致的用户界面和技术服务。

13.1.3　实验流程

1. TIA Portal 安装

(1) 双击安装目录下“Start.exe”文件启动安装。软件安装提示重启，尤其是重复提示重启的情况，请打开注册表找到 HEEY _ LOCAL _ MACHINE\SYSTEM\CURRENTCONTROLSET\CONTROL\SESSION MANAGE\下的 PendingFileRemameOpeaations 键，查看该键，将该键所指向的目录文件删除，然后删除该键，不需要重新启动，即可继续软件安装。TIA Portal 安装文件如图 13.1 所示。

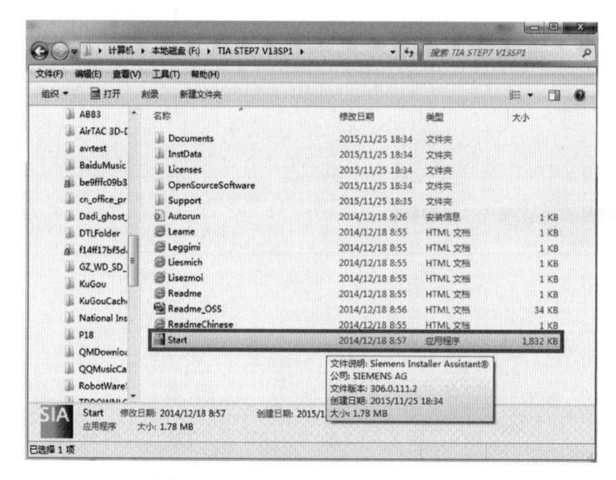

图 13.1　TIA Portal 安装文件

(2) 选择安装的语言。然后单击“下一步”(Next) 按钮。选择 TIA Portal 安装如图 13.2 所示。选择 TIA Portal 产品语言如图 13.3 所示。

(3) 选择产品组态的对话框。选择需要的安装，单击“下一步”(Next) 按钮。选择 TIA Portal 产品组态如图 13.4 所示。

如果要在桌面上创建快捷方式，请选中“创建桌面快捷方式”(Create desktop shortcut) 复选框。

如果要更改安装的目标目录，请单击“浏览”(Browse) 按钮，更改安装目录。

(4) 选中图 13.4 中的两选项单击“下一步”(Next) 按钮。TIA Portal 产品许可选项如图 13.5 所示。

(5) 要继续安装 TIA Portal 时需要更改安全和权限设置，选中并单击“下一步”。TIA Portal 产品安全控制如图 13.6 所示。

(6) 单击“安装”(Install) 按钮，开始安装。TIA Portal 产品配置概览如图 13.7 所示。

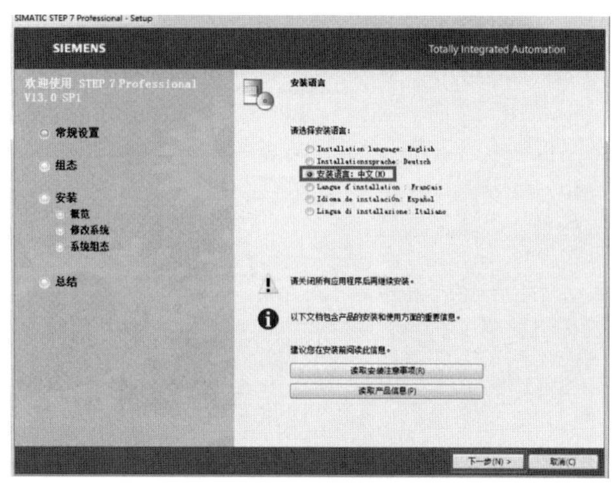

图 13.2　选择 TIA Portal 安装

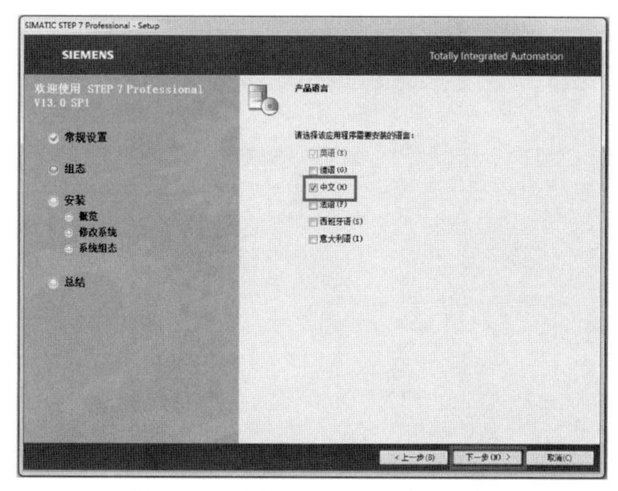

图 13.3　选择 TIA Portal 产品语言

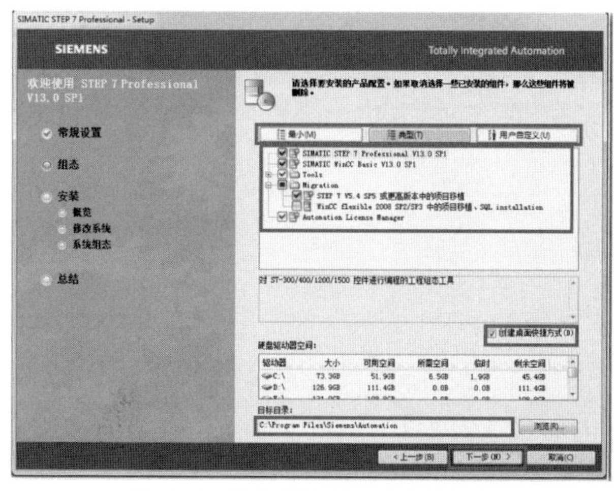

图 13.4　选择 TIA Portal 产品组态

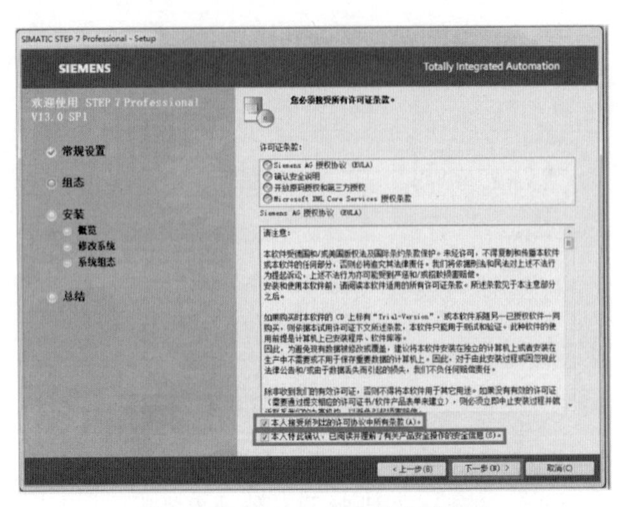

图 13.5　TIA Portal 产品许可选项

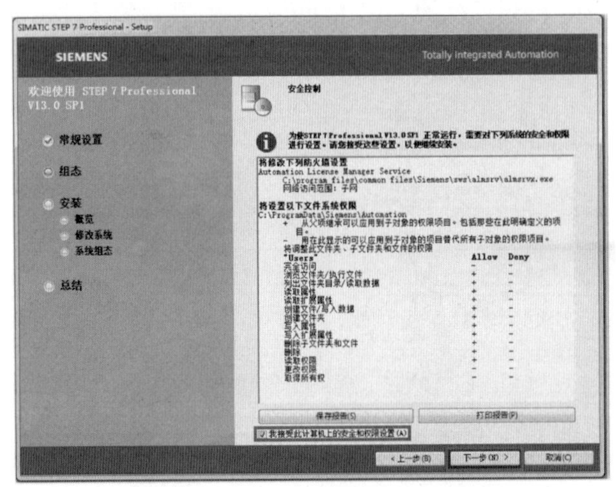

图 13.6　TIA Portal 产品安全控制

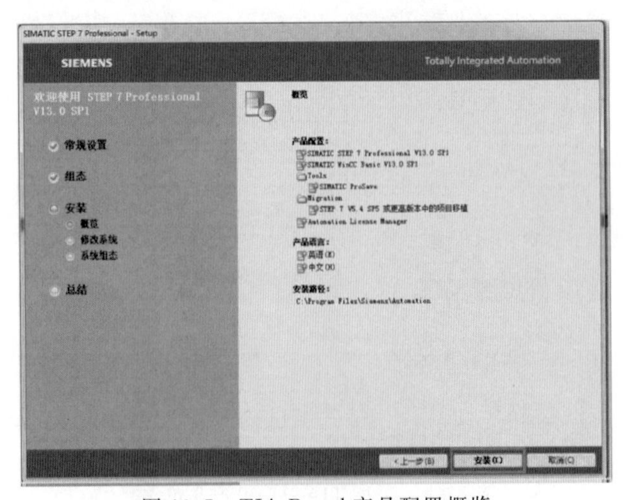

图 13.7　TIA Portal 产品配置概览

（7）安装随即启动。TIA Portal 启动安装如图 13.8 所示。

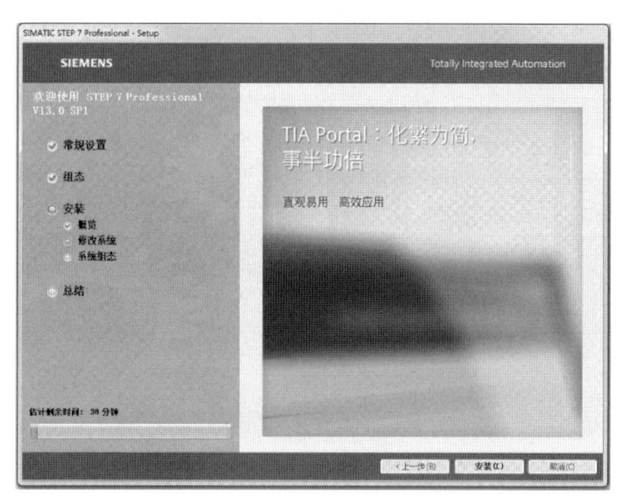

图 13.8 TIA Portal 启动安装

如果安装过程中未找到许可密钥，则可以将其传送到用户的电脑中。如果跳过许可密钥传送，稍后可通过 Automation License Manager 进行注册。TIA Portal 产品许可证传送如图 13.9 所示。

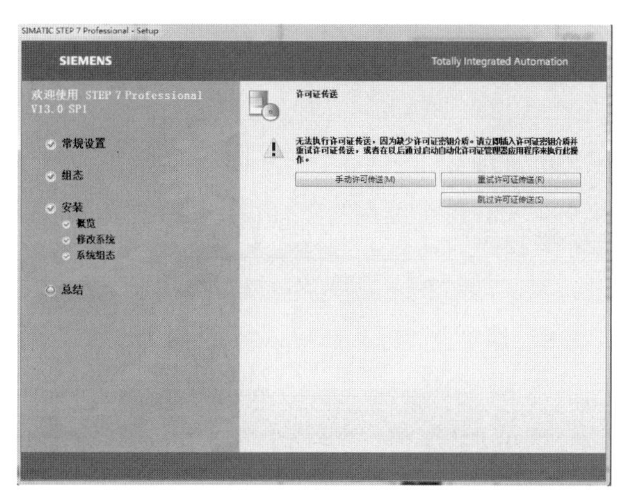

图 13.9 TIA Portal 产品许可证传送

安装后，将收到一条消息，指示安装是否成功。可能需要重新启动计算机。在这种情况下，请选择“是，立即重启计算机”选项按钮，然后单击“重启”。如果不想重启计算机，选择“否，稍后重启计算机”选项按钮，后单击“退出”。TIA Portal 安装成功如图 13.10 所示。

2. 快速创建新项目

（1）打开 STEP 7 TIA Portal 软件。点击“Create new project”，TIA Portal 启动窗口如图 13.11 所示。

用户可在右侧填写项目名称、保存路径、作者名称和项目注释。填写完成后点击“Creat”按钮即生成一个新用户项目。

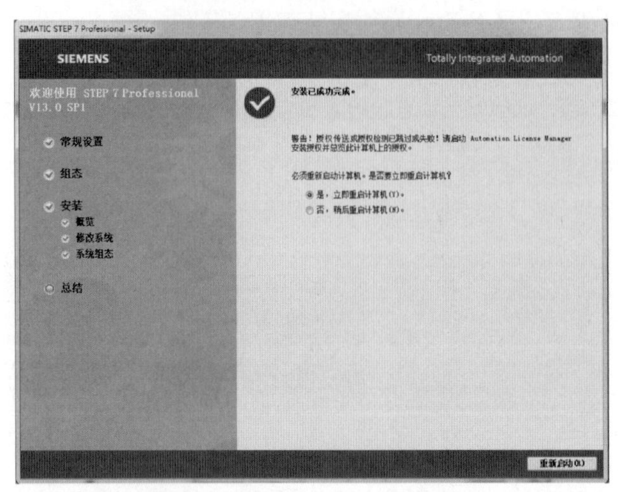

图 13.10　TIA Portal 安装成功

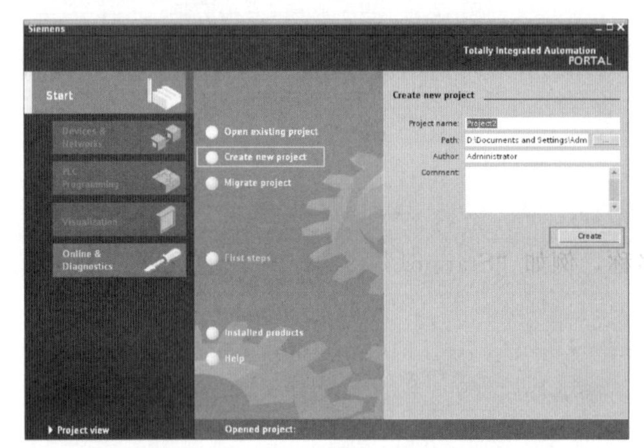

图 13.11　TIA Portal 启动窗口

（2）切换到项目视图。即点击“Project view”，如图 13.12 所示。

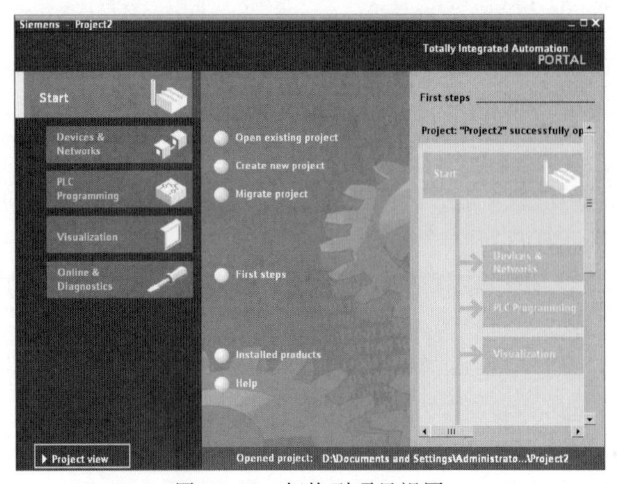

图 13.12　切换到项目视图

3. 完成设备配置

(1) 添加 PLC，如图 13.13 所示。

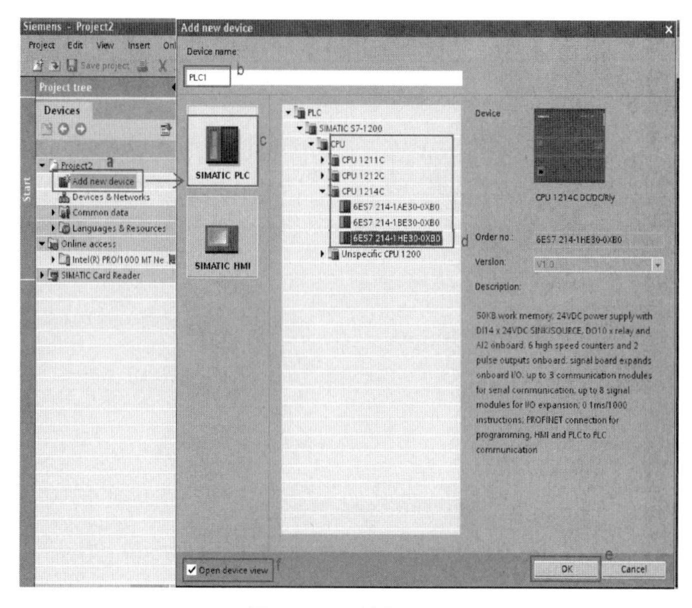

图 13.13 添加 PLC

1) 双击“Add new device”，打开添加设备窗口。

2) 填写设备名称，例如“Station1”或“PLC1”。

3) 点击“SIMATIC PLC”，打开 PLC 产品目录。

4) 在 PLC 目录中，找到您实际使用的 S7-1200PLC 的订货号。

5) 点击“OK”，添加设备。

6) 如果勾选“Open device view”，点击“OK”后 STEP 7 TIA Portal 会自动打开项目视图。

(2) 在项目视图中添加其他模块。用户可以使用鼠标拖拽的方式向不同的槽位添加不同的模块，添加扩展模块如图 13.14 所示。

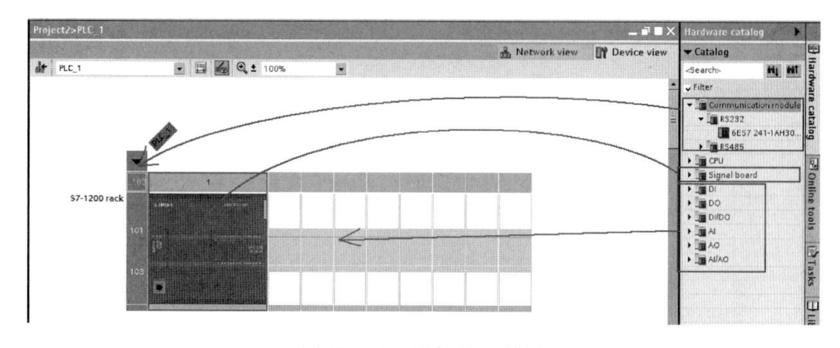

图 13.14 添加扩展模块

4. 添加程序块

设备配置完成后，用户可继续根据自动化任务设计用户程序。用户可以在 CPU 中添加：OB（组织功能块）、FC（功能块）、FB（带背景数据的功能块）、DB（数据块）。

用户点击左侧的项目树中的“Add new block”即可打开添加新程序块的窗口，如图 13.15 所示。

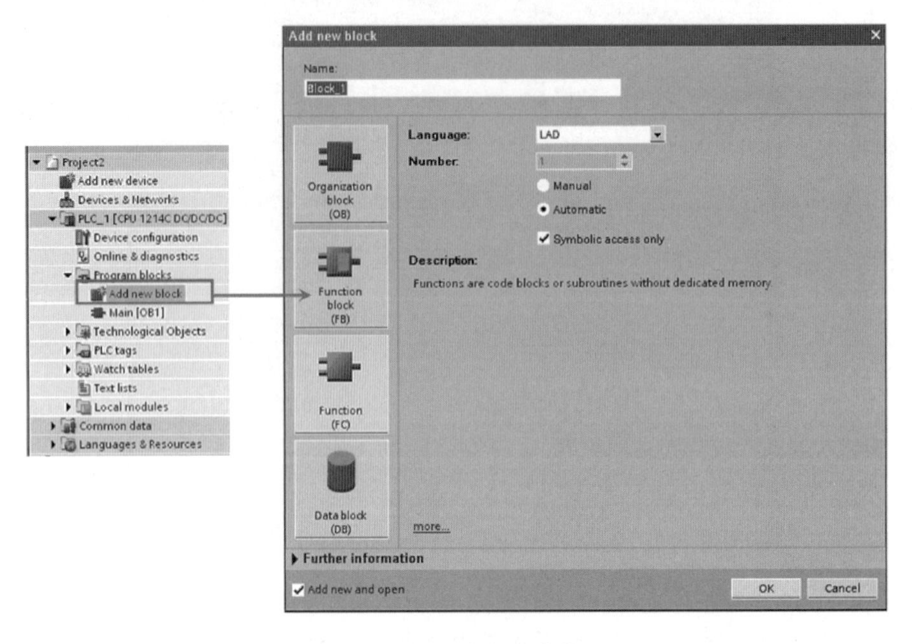

图 13.15　添加新程序块

5. 为 CPU 的 I/O 创建变量

“PLC 变量”是 I/O 和地址的符号名称。用户创建 PLC 变量后，STEP 7 Basic 会将变量存储在变量表中。项目中的所有编辑器（例如程序编辑器、设备编辑器、可视化编辑器和监视表格编辑器）均可访问该变量表。创建变量如图 13.16 所示。

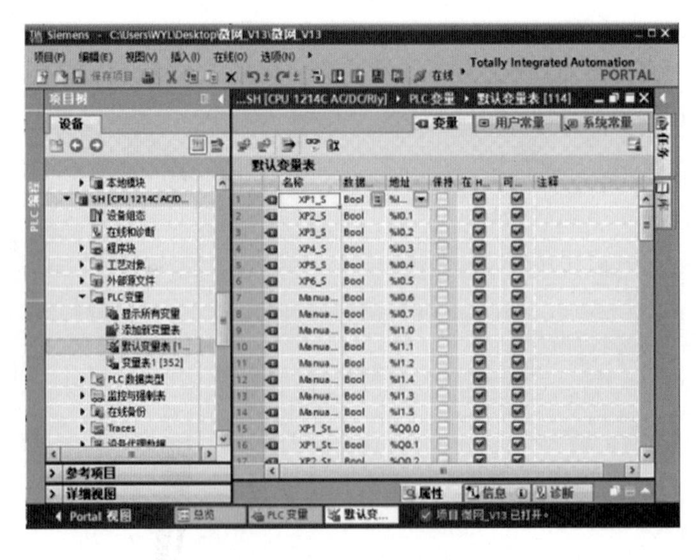

图 13.16　创建变量

6. 在用户程序中创建一个简单程序段

程序代码由 PLC 依次执行的指令组成。现仅介绍使用梯形图创建程序代码。要打开程序编辑器，请按以下步骤操作：

(1) 在项目树中展开“程序块”(Program blocks) 文件夹以显示“Main [OB1]”块。

(2) 双击“Main [OB1]”块。程序编辑器将打开程序块 (OB1)。

使用“收藏夹”(Favorites) 上的按钮将触点和线圈插入程序段中：(鼠标放在相应的按钮上会有指令的提示)。

单击“收藏夹”(Favorites) 上的“常开触点”按钮向程序段添加一个触点。添加触点如图 13.17 所示。

(3) 添加第二个触点。

(4) 单击“输出线圈”(Output coil) 按钮插入一个线圈。插入线圈如图 13.18 所示。

图 13.17 添加触点

“收藏夹”(Favorites) 还提供了用于创建分支的按钮：单击“打开分支”(Open branch) 图标向程序段的电源线添加分支。创建分支如图 13.19 所示。

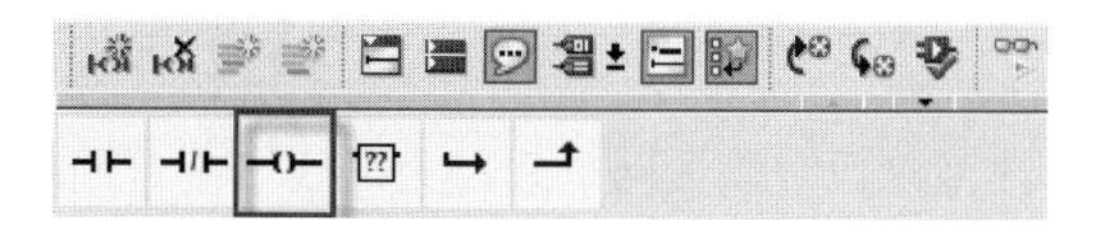

图 13.18 插入线圈

图 13.19 创建分支

(5) 在打开的分支中插入另一个常开触点。

(6) 将双向箭头拖动到第一梯级上断开和闭合触点之间的一个连接点位置。分支的添加如图 13.20 所示。

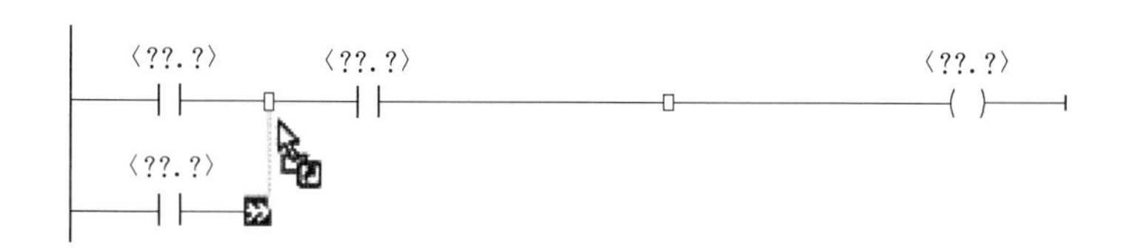

图 13.20 分支的添加

要保存项目，请单击工具栏中的“保存项目”(Save project) 按钮。请注意，在保存前务必完成对梯级进行编辑。程序段创建完成如图 13.21 所示。

图 13.21 程序段创建完成

现在已经创建了一个 LAD 指令的程序段。现在可以将变量名称与这些指令进行关联，或者直接输入指令地址。

使用变量表中的 PLC 变量对指令进行寻址。

使用变量表，用户可以快速输入对应触点和线圈地址的 PLC 变量。

1）双击第一个常开触点上方的默认地址。

2）单击地址右侧的选择器图标打开变量表中的变量。

3）从下拉列表中，为第一个触点选择“Start”。

4）对于第二个触点，重复上述步骤并选择变量“Stop”。

5）对于线圈和锁存触点，选择变量“Running”。

这样一个简单程序段就已经创建成功。程序变量连接如图 13.22 所示。

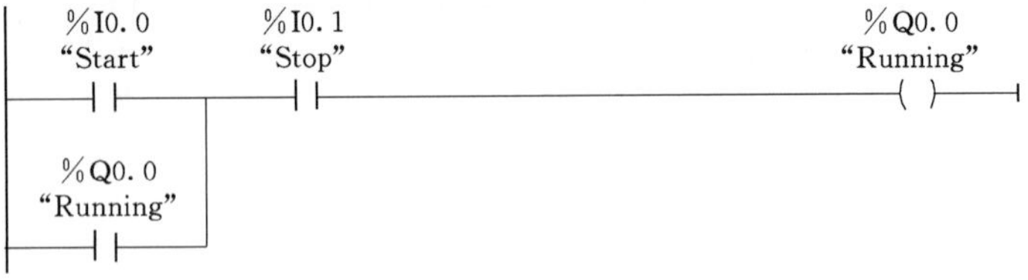

%I0.0 “Start”　%I0.1 “Stop”　%Q0.0 “Running”

%Q0.0 “Running”

图 13.22　程序变量连接

7. 项目下载

完成项目编辑后，S7-1200 的用户项目文件可以通过以太网卡和以太网线下载。用户可以使用交叉网线直接连接 S7-1200 CPU 和电脑网卡，或者使用直联网线将 S7-1200 CPU 的通信口、电脑网卡的网口连接到交换机上，构成一个简单的局域网。

用户可以点击 STEP 7 TIA Portal 软件的下载快捷按钮“  ”，或者在项目树中右击 CPU，选择下载。程序下载方式选择如图 13.23 所示。

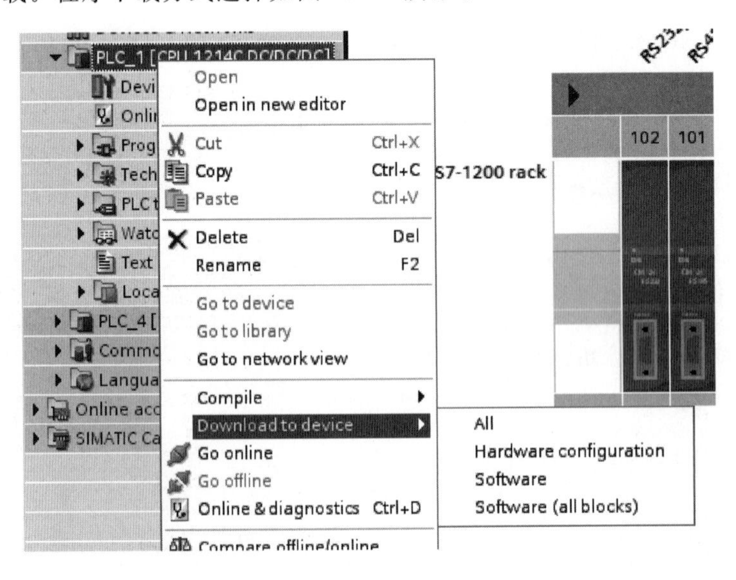

图 13.23　程序下载方式选择

用户可以使用四种下载方式：

(1) 选择所使用的网卡。

(2) 当在线浏览不到S7-1200PLC时，勾选“Show all accessible devices”，再次刷新寻找。

(3) 如果网络上有多个S7-1200PLC，用户可以点击“Flash LED”按钮以确认下载对象，按下此按钮后，对应S7-1200CPU的三个状态指示灯会交替闪烁。

(4) 选中目标CPU，点击“Load”按钮即开始下载。需要注意的是，有编译错误时，下载任务会被取消。程序下载方式见表13.3，程序下载窗口如图13.24所示。

表13.3　　程序下载方式

下载方式	注释
ALL	下载全部硬件和软件信息
Hardware configuration	仅下载硬件配置信息
Software	仅下载离线和在线不同的程序块
Software (all block)	下载全部的程序块

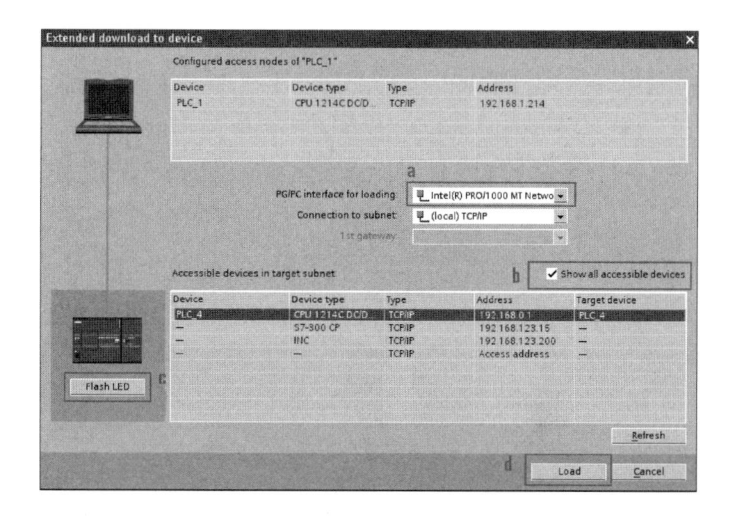

图13.24　程序下载窗口

8. 项目的上载

可以使用“上传设备作为新站（硬件和软件）”功能从在线连接的设备上将硬件配置与软件一起上传，并在项目中使用这些数据创建一个新站。

(1) 在项目树中选择项目名称。在“在线”（Online）菜单中，选择“上传设备作为新站（硬件和软件）”[Upload device as new station (hardware and software)]。打开“将设备上传到PG/PC”（Upload device to PG/PC）对话框。上传设备作为新站（硬件和软件）如图13.25所示。

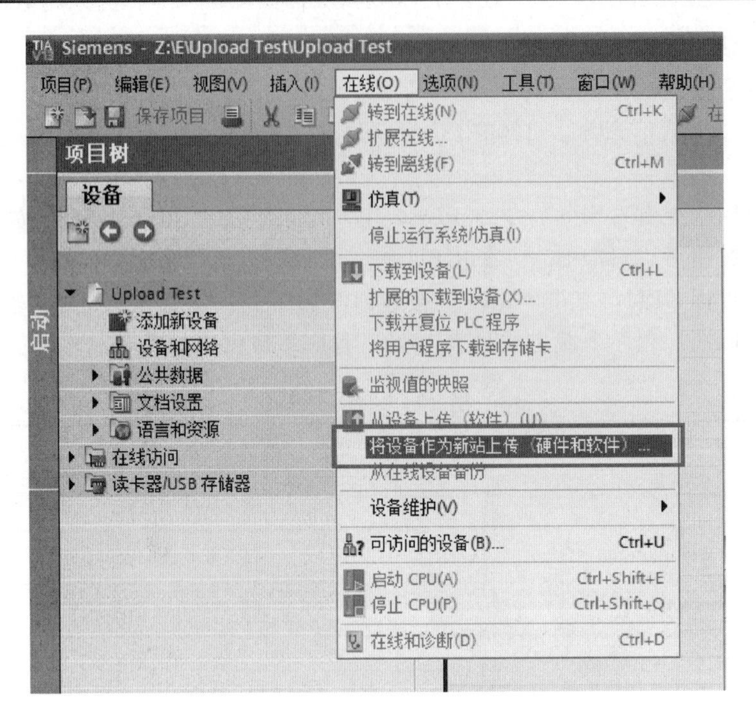

图 13.25　上传设备作为新站（硬件和软件）

（2）上传。在“PG/PC 接口类型”下拉列表中，选择装载操作所需的接口类型，从“PG/PC 接口”（PG/PC interface）下拉列表中，选择要使用的接口。然后单击“PG/PC 接口”（PG/PC interface）下拉列表右侧的“组态接口”（Configure interface）按钮，以修改选定接口的设置。可以通过选择相应的选项并单击“开始搜索”（Start search）命令来显示所有兼容的设备。在可访问的设备表中，选择要上传项目数据的设备。单击“从设备上传”（Upload）按钮。将设备上传到 PG/PC 如图 13.26 所示。

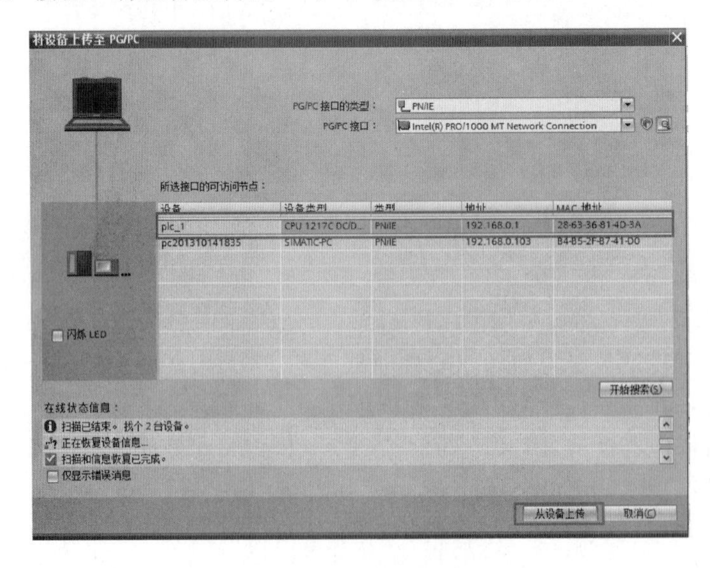

图 13.26　将设备上传到 PG/PC

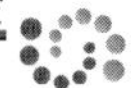

上载成功后，可以获取 CPU 完整的硬件配置和软件信息。上载成功如图 13.27 所示。

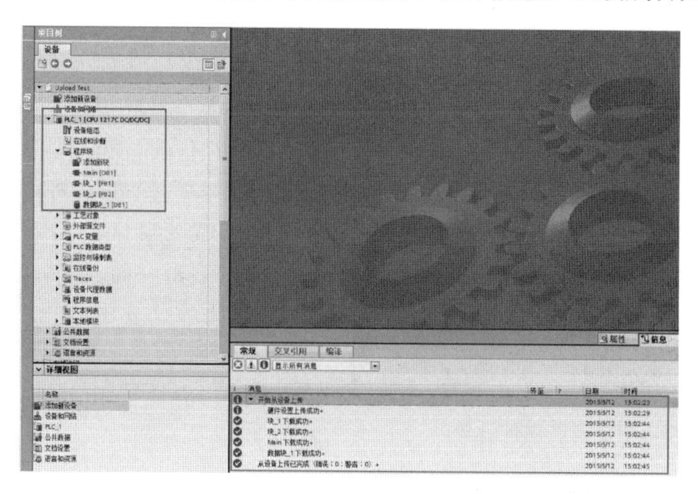

图 13.27 上载成功

13.2 MCGS组态编程实验

13.2.1 实验目的

（1）了解组态软件的使用方法。

（2）掌握组态软件开发流程。

（3）掌握组态软件监控数据的采集。

（4）熟悉组态软件曲线的制作。

（5）掌握组态软件脚本的编写。

13.2.2 实验流程

1. 创建工程

（1）鼠标单击文件菜单中“新建工程”选项，如果 MCGS 嵌入版安装在 D 盘根目录下，则会在 D:\MCGSE\WORK\下自动生成新建工程，默认的工程名为：“新建工程X.MCE”（X 表示新建工程的顺序号，如：0、1、2 等）。

（2）选择文件菜单中的“工程另存为”菜单项，弹出文件保存窗口。

（3）在文件名一栏内输入“风力发电管理系统”，点击“保存”按钮，工程创建完毕。

2. 制作工程页面

（1）建立画面。

1）在“用户窗口”中单击“新建窗口”按钮，建立“窗口 0”。

2）选中“窗口 0”，单击“窗口属性”，进入“用户窗口属性设置”。

3）将窗口名称改为：主控页面；其他不变，单击“确认”。用户窗口属性设置如图 13.28 所示。

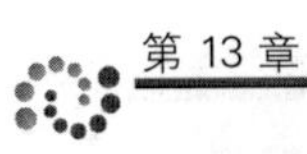

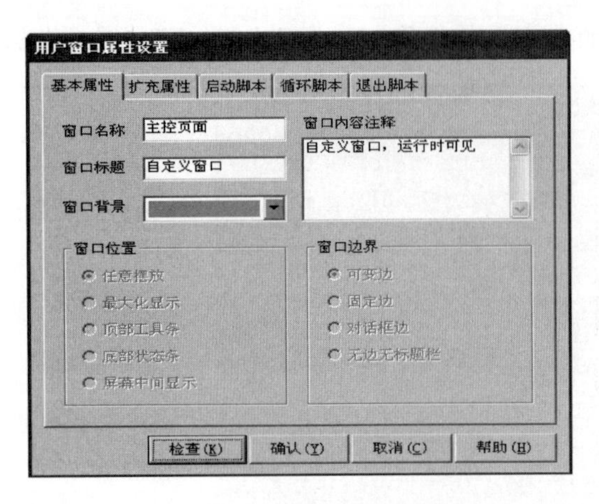

图 13.28　用户窗口属性设置

4）同样再建立三个窗口分别对应名为“电压实时曲线”“电压历史曲线”“报警页面”。用户窗口管理如图 13.29 所示。

5）在“用户窗口”中，选中“主控页面”，点击右键，选择下拉菜单中的“设置为启动窗口”选项，将该窗口设置为运行时自动加载的窗口。

（2）编辑画面。

1）选中“主控页面”窗口图标，单击“动画组态”，或者鼠标左键双击“主控页面”，进入动画组态窗口，开始编辑画面。

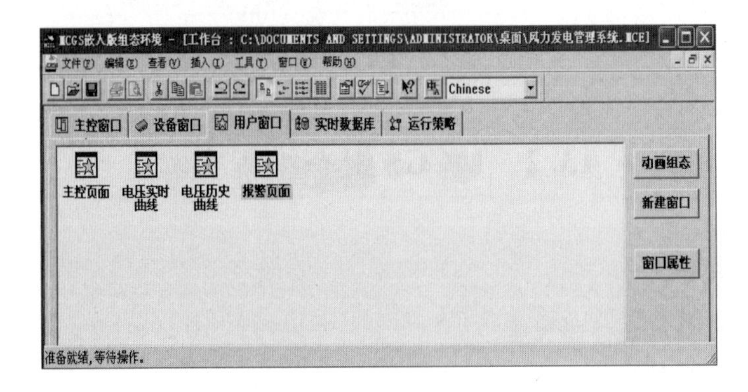

图 13.29　用户窗口管理

2）制作文本。单击工具条中的“工具箱”按钮，打开绘图工具箱。选择“工具箱”内的“标签”按钮，鼠标的光标呈“十字”形，在窗口顶端中心位置拖拽鼠标，根据需要拉出一个一定大小的矩形，或在右下框内输入适量数值。确定顶矩形分辨率如图 13.30 所示。

3）在光标闪烁位置输入文字“风力发电管理系统”，按回车键或在窗口任意位置用鼠标点击一下，文字输入完毕。文字建立如图 13.31 所示。

图 13.30　确定顶矩形分辨率

图 13.31　文字建立

4）文字框设置。点击工具条上的（填充色）按钮，设定文字框的背景颜色为：没有填充。点击工具条上的（线色）按钮，设置文字框的边线颜色为：没有边线。点击工具条上的（字符字体）按钮，设置文字字体为：黑体；字形为：粗体；大小为：一号。点击工具条上的（字符颜色）按钮，将文字颜色设为：黄色。

双击鼠标左键，或者右击鼠标右击，点击属性，也可以改上述文本。字体设置如图 13.32 所示。

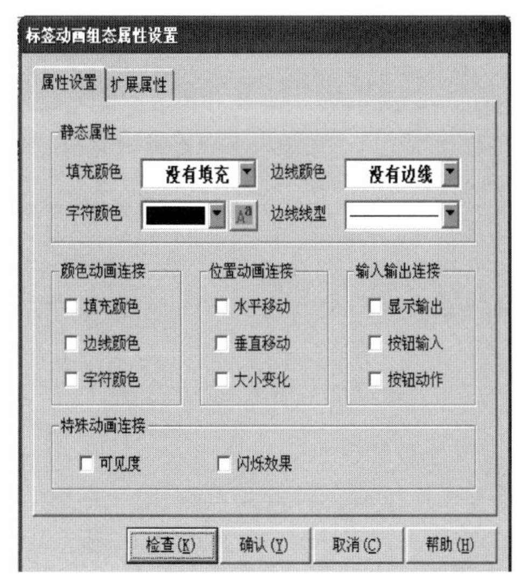

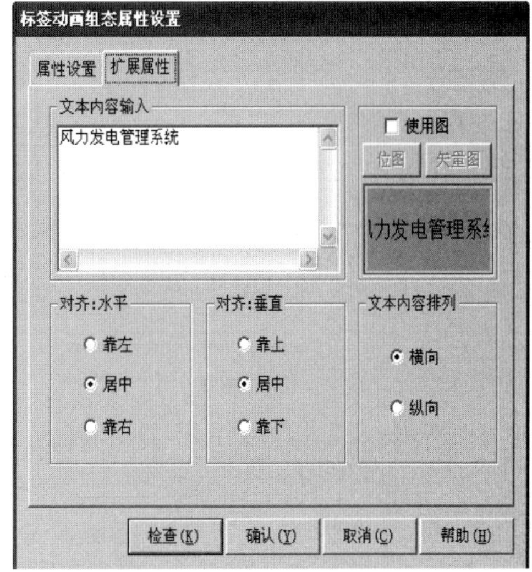

图 13.32　字体设置

（3）插入图片。

1）将图片通过 PS 等工具做成 BMP 格式，保存在桌面文件夹中。图片格式设置如图 13.33 所示。

2）点击“标签”A按钮，拖拉一个空白矩形。

文件名(N): 风力发电控制系统背景图片　保存(S)
格式(F): BMP (*.BMP;*.RLE;*.DIB)　取消

图 13.33　图片格式设置

3）鼠标左键双击矩形框，弹出“标签动画组态属性设置”页面，点击扩展属性。标签动画组态属性设置背景图片如图 13.34 所示。

4）点击勾选右上角使用图前的空白框，点击位图，弹出“对象元件库管理”页面。选择背景图片如图 13.35 所示。

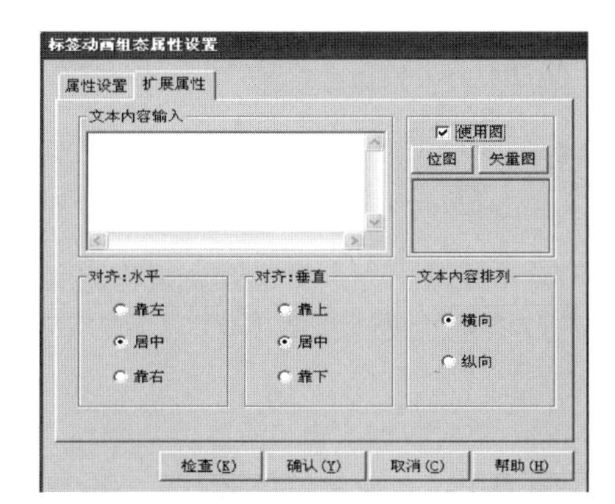

图 13.34　标签动画组态属性设置背景图片

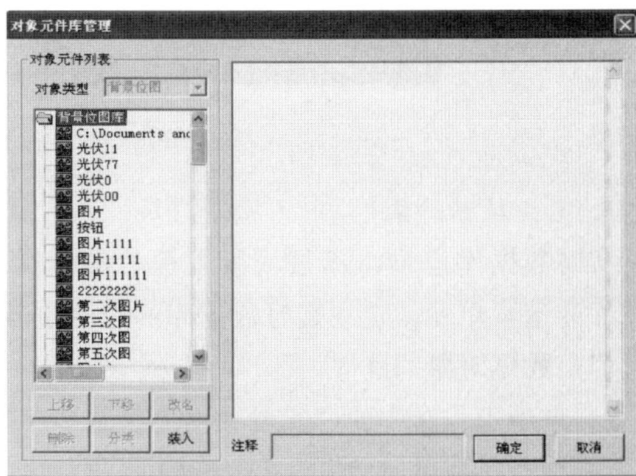

图 13.35　选择背景图片

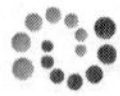

5）点击“装入”按钮，弹出查找页面，图片文件的查找如图 13.36 所示。

6）找出你保存图片的文件夹，选择“风力发电控制系统背景图 .bmp”图片，点击打开。背景图片的选取如图 13.37 所示。

图 13.36　图片文件的查找

图 13.37　背景图片的选取

7）点击“对象元件库管理”中的确定按钮，图片被插入到矩形框中。

图 13.38　图片位置及大小的设置

8）将矩形框拖拉放大将背景框铺满，或者在右下角空白框中输入 0，0；800，480 的数据。图片位置及大小的设置如图 13.38 所示。

9）背景效果图如图 13.39 所示。

图 13.39　背景效果图

3. 定义数据对象

实时数据库是 MCGS 嵌入版工程的数据交换和数据处理中心。数据对象是构成实时数据库的基本单元，建立实时数据库的过程也就是定义数据对象的过程。

（1）数据对象的建立。

1）单击工作台中的“实时数据库”窗口标签，进入实时数据库窗口页。

2）单击“新增对象”按钮，在窗口的数据对象列表中，增加新的数据对象，系统缺省定义的名称为“Data1”“Data2”“Data3”等（多次点击该按钮，则可增加多个数据对

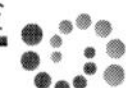

象)。也可以点击“成组增加”按钮，一次编辑多个数据。

3) 选中对象，按“对象属性”按钮，或双击选中对象，则打开“数据对象属性设置”窗口。数据对象属性设置如图13.40所示。

4) 将对象名称改为：发电电压；对象类型选择：数值型；单击“确认”。

5) 按照此步骤，设置其他数据对象。实时数据库如图13.41所示。

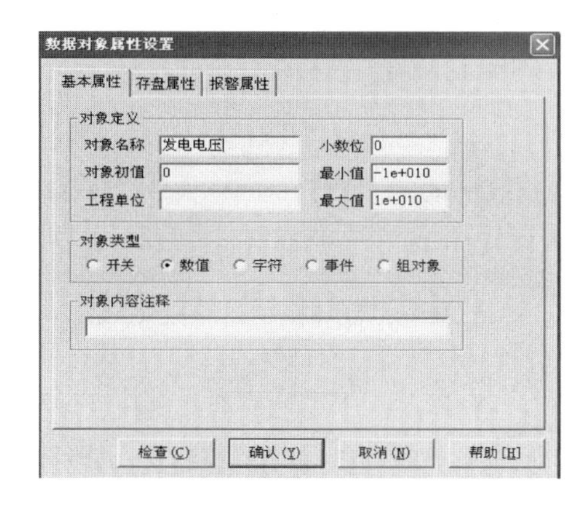

图13.40 数据对象属性设置

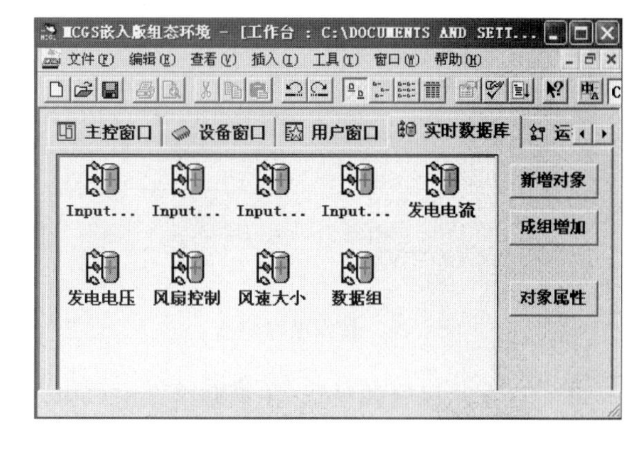

图13.41 实时数据库

(2) 组对象的建立。

1) 在数据对象列表中，双击“数据组”，打开“数据对象属性设置”窗口。

2) 选择“组对象成员”标签，在左边数据对象列表中选择“发电电压”，点击“增加”按钮，数据对象“发电电压”被添加到右边的“组对象成员列表”中。按照同样的方法将“发电电流”等其他数据添加到组对象成员中。组对象成员的设置如图13.42所示。

3) 单击“存盘属性”标签，在“数据对象值的存盘”选择框中，选择：定时存盘，并将存盘周期设为：20s。

4) 单击“确认”，组对象设置完毕。

4. 编写控制脚本

用户脚本程序是由用户编制的，用来完成特定操作和处理的程序，为了简化组态的过程，优化控制过程。

(1) 循环脚本。

1) 在“运行策略”中，点击新建策略，选择其中的循环策略，点击确定，系统缺省定义的名称为“策略1”。新建循环策略如图13.43所示。

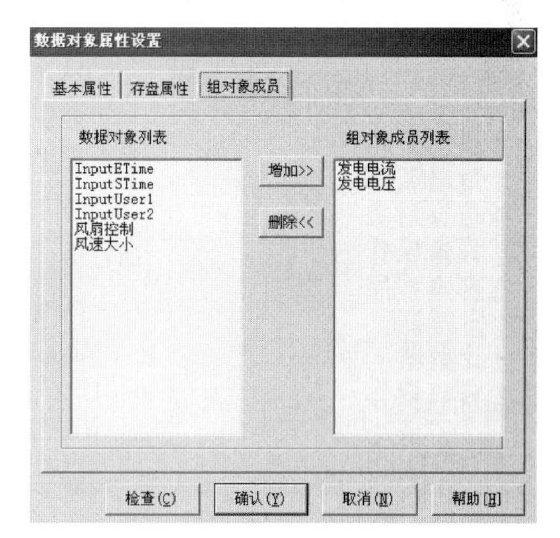

图13.42 组对象成员的设置

2) 选中“策略1”，点击“策略属性”按钮，进入策略属性设置页面，将策略名称改为风扇转动；循环时间设为：1000ms，按“确认”。策略属性设置如图13.44所示。

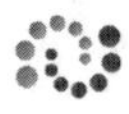

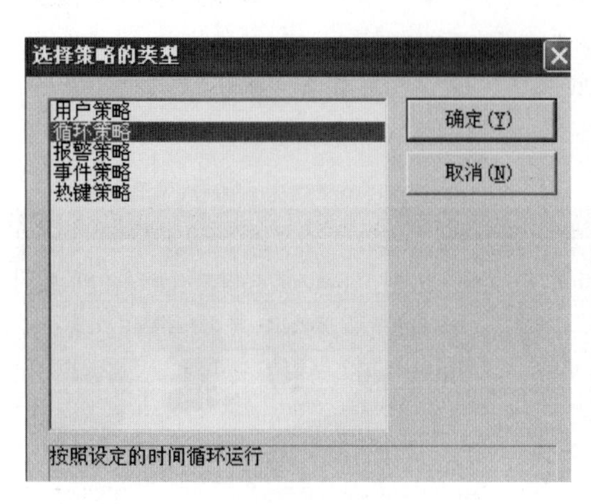

图 13.43　新建循环策略

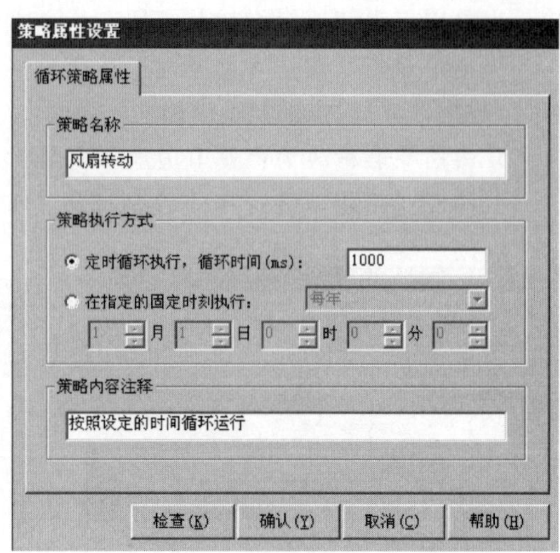

图 13.44　策略属性设置

3）双击“风扇转动”，在策略组态窗口中，单击工具条中的（新增策略行）图标，增加一策略行。新增策略行如图 13.45 所示。

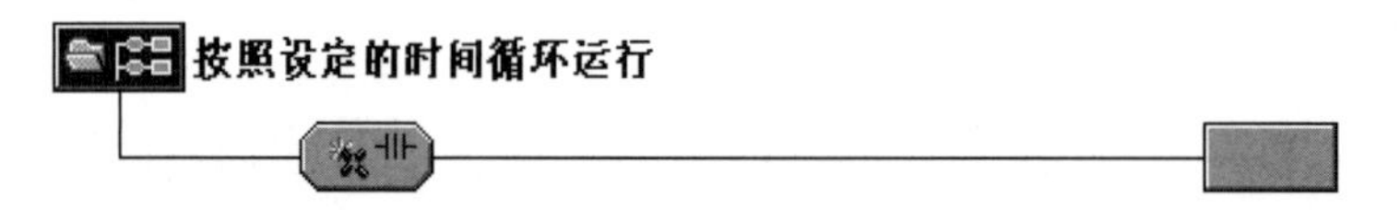

图 13.45　新增策略行

4）单击工具条中的（工具箱）图标，弹出“策略工具箱”。策略的选择如图 13.46 所示。

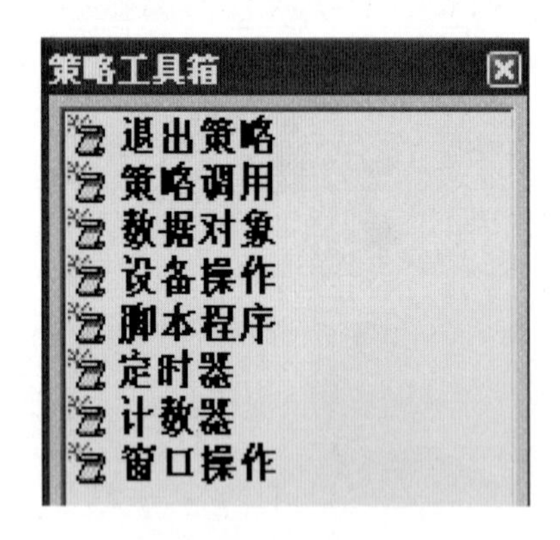

图 13.46　策略的选择

5）单击“策略工具箱”中的“脚本程序”，将鼠标指针移到策略块图标上，单击鼠标左键，添加脚本程序构件。脚本程序如图 13.47 所示。

6）双击进入脚本程序编辑环境，输入下面的程序：

```
IF 风扇控制.Value>2 THEN
风扇控制.Value=1
ELSE
风扇控制.Value=风扇控制.Value+1
ENDIF
```

图 13.47　脚本程序

7）单击“确认”，脚本程序编写完毕。

（2）策略脚本。

1）同上循环策略的制作一样，制作一个事件策略，系统缺省定义的名称为“策略2”。

2）选中“策略2”，点击“策略属性”按钮，进入策略属性设置页面：策略名称改为：风速大小；关联数据对象：风速大小；事件内容：数据对象的值有改变时，执行一次。

3）按“确认”。策略属性设置如图13.48所示。

4）单击“策略工具箱”中的“脚本程序”，将鼠标指针移到策略块图标上，单击鼠标左键，添加脚本程序构件。

5）双击进入脚本程序编辑环境，输入下面的程序：

！ChangeLoopStgy（风扇转动，（12.5－风速大小）*50）（注释：该函数为改变上一循环策略周期的函数。）

6）单击“确认”，脚本程序编写完毕。

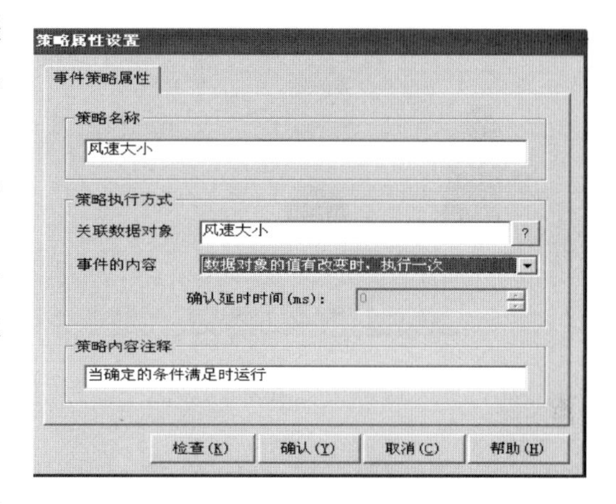

图13.48　策略属性设置

5. 动画连接

由图形对象搭制而成的图形画面是静止不动的，需要对这些图形对象进行动画设计，可以通过一定的脚本程序对其进行动画连接，使其达到真实运动的效果。

（1）构造风扇。

1）输入A、B、C三张图片。动态图片的选取如图13.49所示。

图13.49　动态图片的选取

2）双击A图，勾选中“可见度”前的空白框，点击“可见度”按钮，在表达式中输入“风扇控制.Value＝1”，勾选“对应图符可见”。动态图片属性设置如图13.50所示。

3）同样对B中输入“风扇控制.Value＝2”，对C中输入“风扇控制.Value＝3”。

4）按住“Ctrl”键，分别点A、B、C三幅图片，点击（等高宽）按钮，使其同样大小。

5）将A移到合适的位置，按住“Ctrl”键，分别点B、C、A三幅图片，选中后，A四周的小方框为黑色实心。点击（中心对齐）按钮，使B、C与A重叠在一起。动态图片的处理如图13.51所示。

（2）风力控制器。

1）进入“主控页面”窗口。

2）选中“工具箱”中的（滑动输入器）图标，当鼠标呈“＋”后，拖动鼠标到适

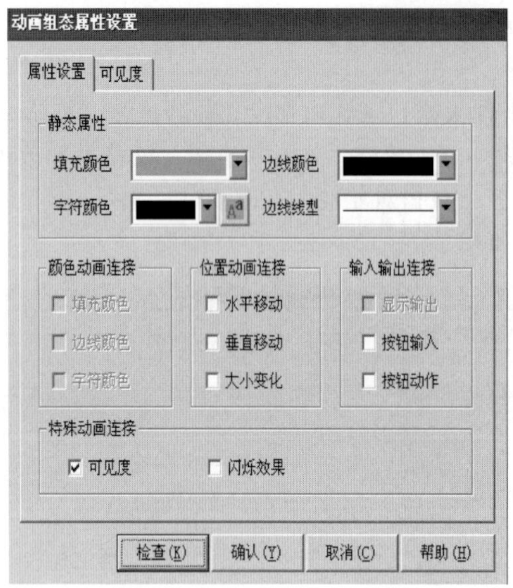

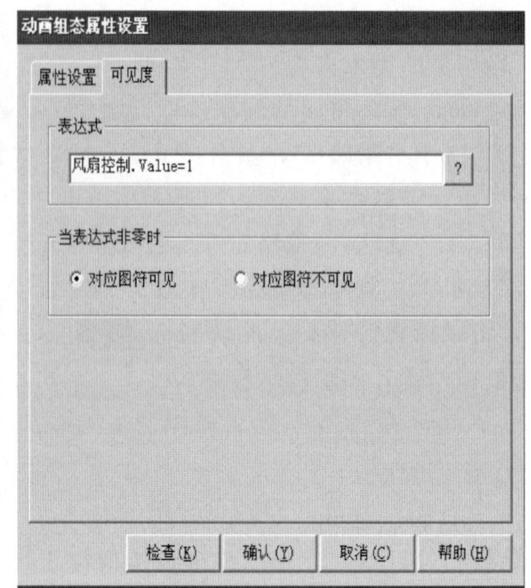

图 13.50　动态图片属性设置

当大小，滑动输入器构件的构造如图 13.52 所示。

图 13.51　动态图片的处理

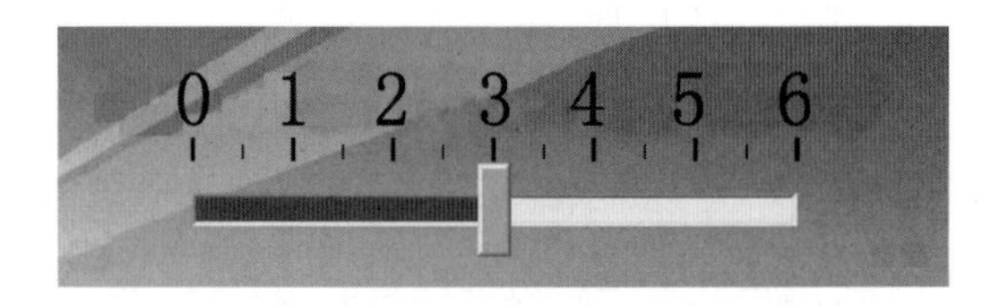

图 13.52　滑动输入器构件的构造

图 13.53　滑动输入器构件属性设置

3）双击滑动输入器构件，进入属性设置窗口。

按照下面的值设置各个参数："基本属性"页中：滑轮高度：20；滑块宽度：8；滑轨高度：7；滑块指向：指向左（上）；"刻度与标注属性"页：划线数目：6；颜色：藏青色；次划线数目：2，颜色：蓝色；标注颜色：黄色。

"操作属性"页：对应数据对象名称：风速大小；滑块在最右（下）边时对应的值：12；滑动输入器构件属性设置如图 13.53 所示。

滑动输入器效果图如图 13.54 所示。

4）在制作好的滑块下面适当的位置，制作一文字标签，按下面的要求进行设置。

输入文字：风速控制器；文字大小：宋体、粗体、小二；文字颜色：藏青色；框图填充颜色：没有填充框；图边线颜色：没有边线。

5）点击工具箱中的 ab|（输入框）按钮，当鼠标呈“＋”后，拖动鼠标到适当大小。输入框的构造如图 13.55 所示。

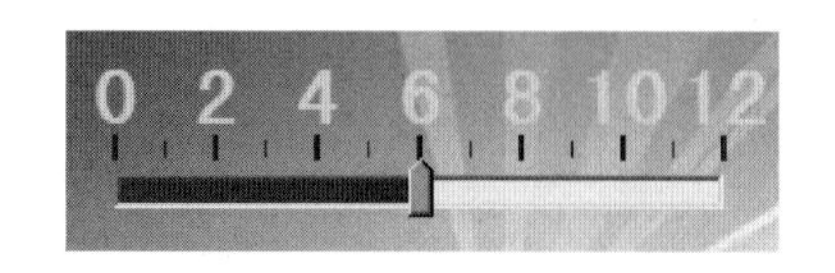

图 13.54　滑动输入器效果图

图 13.55　输入框的构造

6）双击滑动输入器构件，进入属性设置窗口。

在“操作属性”页面，按下面配置设置：对应数据对象的名称：风速大小；小数位数：0；最小值：0；最大值：12；输入框构件属性设置如图 13.56 所示。

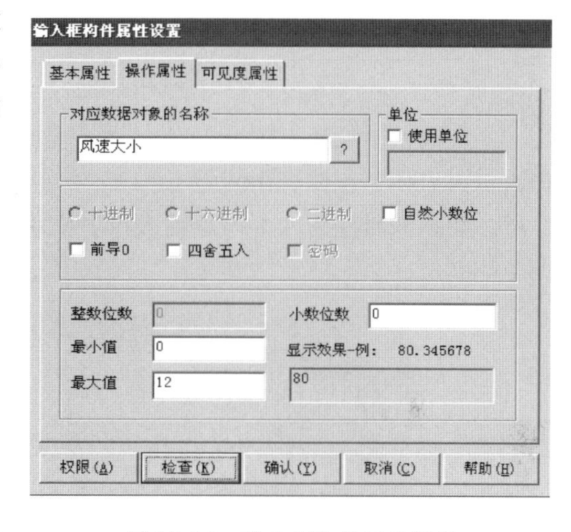

图 13.56　输入框构件属性设置

7）在输入框前对应制作一文字标签，按下面的要求进行设置：

输入文字：风速控制器；文字大小：宋体、粗体、小二；文字颜色：藏青色；框图填充颜色：没有填充；框图边线颜色：没有边线。标签的设置如图 13.57 所示。

6. 实时监测数据

在输入框前对应制作一文字标签，双击后弹出“标签动画组态属性设置”页面。

（1）在属性设置中设置如下：

填充颜色：没有填充；边线颜色：蓝色；字符颜色：黑色；字体：宋体、常规、小四；勾选：输入输出连接中的显示输出，会多弹出显示输出页面。标签动画组态属性设置 1 如图 13.58 所示。

图 13.57　标签的设置

（2）在扩展属性的文本内容输入中输入：0.0。

（3）在显示输出页面设置如下：

表达式：发电电压；输出值类型：数值型输出；将自然小数位前的勾点掉，在小数位数中输入 1。标签动画组态属性设置 2 如图 13.59 所示。

（4）用同样的方法再建造一个文字标签，在显示输出的表达式中分别输入：发电电流。

（5）在两个表达式文字标签前分别建造一个文字标签，双击标签。

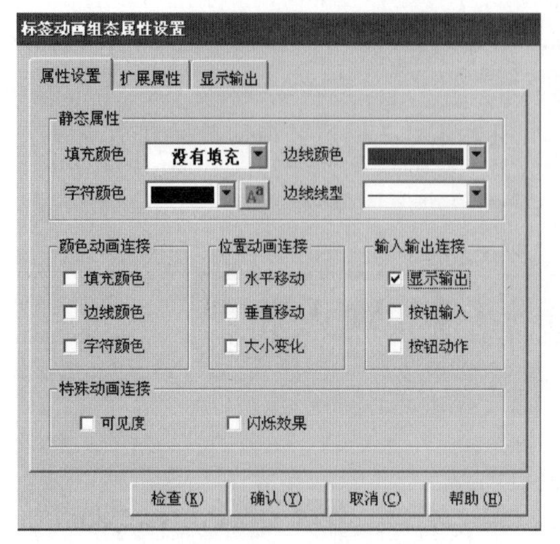

图 13.58　标签动画组态属性设置 1

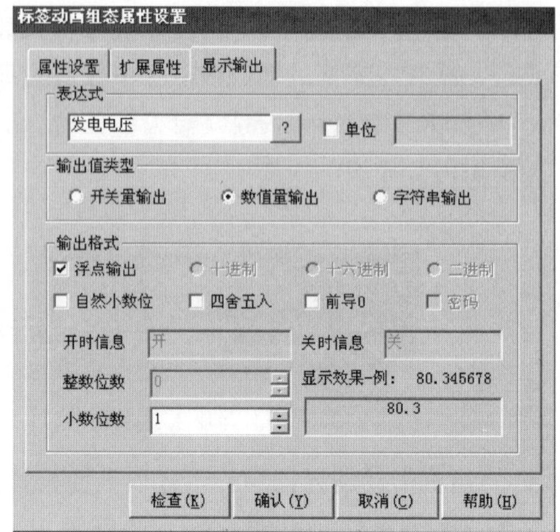

图 13.59　标签动画组态属性设置 2

（6）在属性中设置：填充颜色：没有填充；边线颜色为没有边线；字符颜色为黄色；字体大小为宋体、粗体、小三号。

（7）在扩展属性的文本内容输入中分别填入：发电电压和发电电流。主控页面效果图如图 13.60 所示。

图 13.60　主控页面效果图

7. 曲线制作

（1）实时曲线。

1）双击进入“实时曲线”组态窗口。在上方中间处，使用标签构件制作一个标签，输入文字：实时曲线。

2）单击“工具箱”中的图标（实时曲线），在标签下方绘制一个实时曲线，并调整大小。

3）双击曲线，弹出“实时曲线构件属性设置”窗口，设置：

在基本属性页中，X轴主划线设为：18；Y轴主划线设为：5；其他不变。

在标注属性页中，标注间隔设为：4；时间单位设为：分钟；最大值设为：10；其他不变。

在画笔属性页中，曲线1对应的表达式设为：发电电压；颜色为：蓝色。曲线2对应的表达式设为：发电电流；颜色为：红色。

4）点击“确认”即可。实时曲线的建立如图13.61所示。

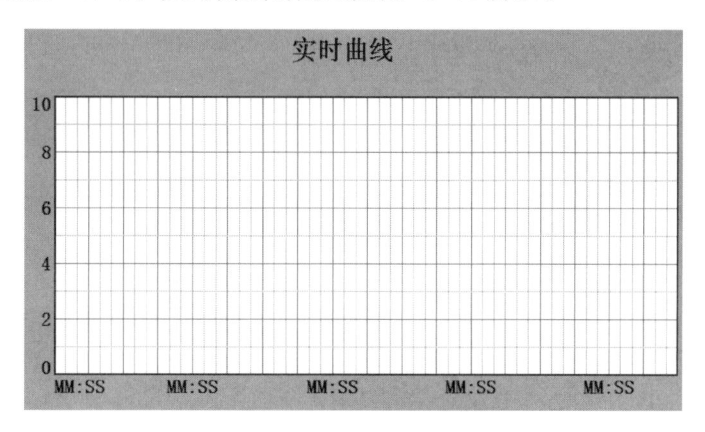

图13.61 实时曲线的建立

（2）历史曲线。

1）双击进入“电压历史曲线”组态窗口。在上方中间处，使用标签构件制作一个标签，输入文字：历史曲线。

2）在标签下方，使用“工具箱”中的“历史曲线”构件，绘制一个一定大小的历史曲线图形。

3）双击该曲线，弹出“历史曲线构件属性设置”窗口，进行如下设置：

在基本属性页中，设置：曲线名称设为：发电历史曲线；X轴主划线设为：18；Y轴主划线设为：5；背景颜色设为：白色。

在存盘数据属性页中，存盘数据来源选择组对象对应的存盘数据，并在下拉菜单中选择：数据组。

在曲线标识页中，选中曲线1：曲线内容设为：发电电压；曲线颜色设为：蓝色；工程单位设为：V；小数位数设为：1；最大值设为：10；实时刷新设为：发电电压；其他不变。

选中曲线2：曲线内容设为：发电电流；曲线颜色设为：红色；小数位数设为：1；最大值设为：10；实时刷新设为：发电电流。历史曲线构件属性设置1如图13.62所示。

在高级属性页中，选中：运行时显示曲线翻页操作按钮；运行时显示曲线放大操作按钮；运行时显示曲线信息显示窗口；运行时自动刷新，将刷新周期设为：60s；并选择在1s后自动恢复刷新状态。历史曲线构件属性设置2如图13.63所示。

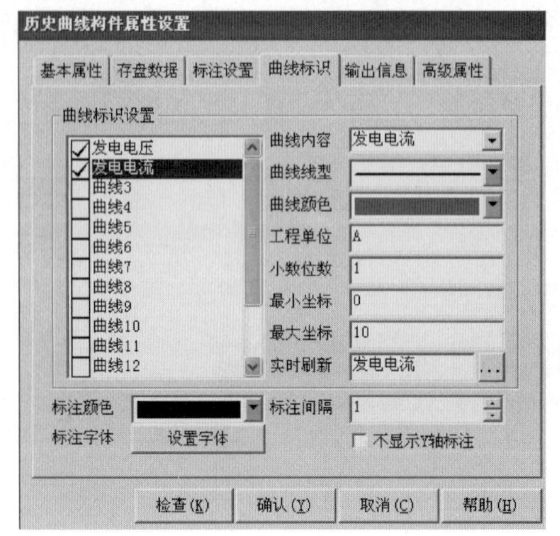

图 13.62　历史曲线构件属性设置 1

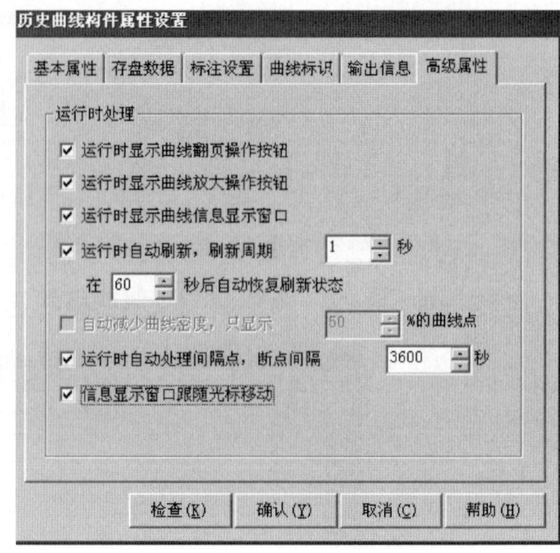

图 13.63　历史曲线构件属性设置 2

8. 报警显示

(1) 定义报警数据。

1) 进入实时数据库，双击数据对象“发电电压”。

选中“报警属性”标签；选中“允许进行报警处理”，报警设置域被激活；选中报警设置域中的“下限报警”，报警值设为：3；选中“上限报警”，报警值设为：8；按“确认”按钮，“发电电压”报警设置完毕。

2) 同理设置“液位 2”的报警属性。需要改动的设置为：

下限报警：报警值设为 2；上限报警：报警值设为 7。

(2) 制作报警显示画面。

1) 双击“用户窗口”中的“报警页面”窗口，进入组态画面。

选取“工具箱”中的[报警显示图标]构件（报警显示）。鼠标指针呈“+”后，在适当的位置，拖动鼠标至适当大小。报警显示构件的构造如图 13.64 所示。

时间	对象名	报警类型	报警事件	当前值	界限值
11-04 20:46:07	Data0	上限报警	报警产生	120.0	100.0
11-04 20:46:07	Data0	上限报警	报警结束	120.0	100.0
11-04 20:46:07	Data0	上限报警	报警应答	120.0	100.0

图 13.64　报警显示构件的构造

2) 选中该图形，双击，再双击弹出报警显示构件属性设置窗口，在基本属性页中，将对应的数据对象的名称设为：数据组；最大记录次数设为：100。单击“确认”即可。报警显示构件属性设置如图 13.65 所示。

3) 按钮制作。在主控页面，单击工具箱中的[标准按钮图标]按钮（标准按钮），鼠标的光标呈“+”字形，移动鼠标至窗口的预定位置，点击一下鼠标左键，移动鼠标，在鼠标光标后

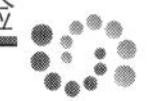

形成一道虚框，拖动到一定大小后，点击鼠标左键，生成一个按钮；标准按钮的构造如图 13.66 所示。

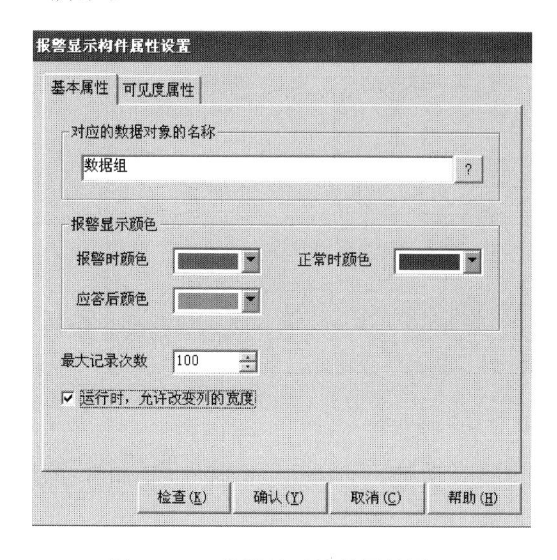

报警显示构件属性设置
基本属性
可见度属性
对应的数据对象的名称
数据组
?
报警显示颜色
报警时颜色
正常时颜色
应答后颜色
最大记录次数
100
运行时，允许改变列的宽度
检查(K)
确认(Y)
取消(C)
帮助(H)

图 13.65　报警显示构件属性设置

按钮

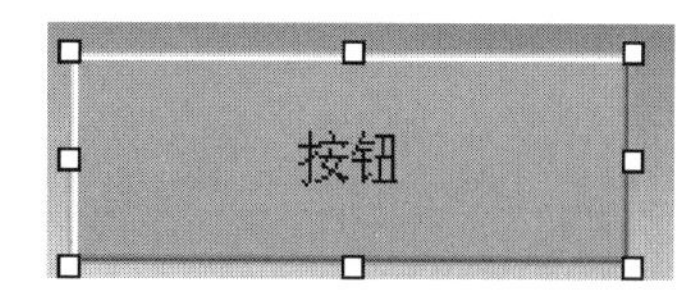

图 13.66　标准按钮的构造

双击按钮，进入“标准按钮构件属性设置”，在基本属性的文本中写入“实时曲线”，在操作属性中，勾选“打开用户窗口”，并在后面对应选中“电压实时曲线”，标准按钮构件属性设置如图 13.67 所示。

标准按钮构件属性设置
基本属性
操作属性
脚本程序
可见度属性
抬起功能
按下功能
执行运行策略块
打开用户窗口
电压实时曲线
关闭用户窗口
打印用户窗口
退出运行系统
数据对象值操作
置1
按位操作
指定位：变量或数字
清空所有操作
权限(A)
检查(K)
确认(Y)
取消(C)
帮助(H)

图 13.67　标准按钮构件属性设置

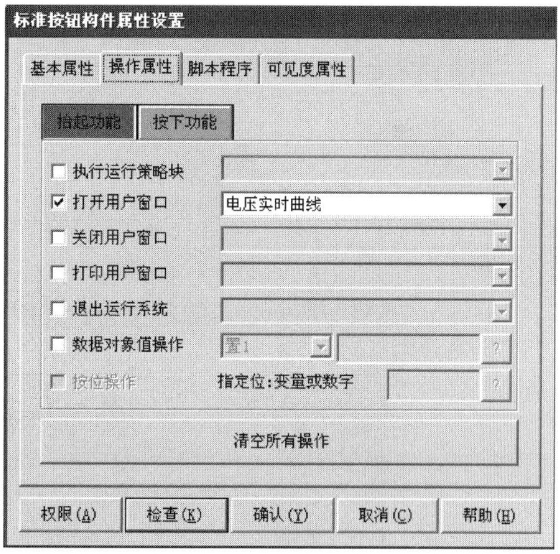

以同样的方式在主控页面中再建两个按钮，分别是到“电压历史曲线”和“报警页面”；在“电压历史曲线”页面做三个按钮，分别是到“主控页面”“电压实时曲线”与“报警页面”；在“电压实时曲线”页面做三个按钮，分别是到“主控页面”“电压历史曲线”与“报警页面”；在“报警”页面做三个按钮，分别是到“主控页面”“电压实时曲线”与“电压历史曲线”。

9. 设备连接

(1) 设备串口构造。

1) 在“设备窗口”中双击“设备窗口”图标进入。

2) 点击工具条中的 图标（工具箱），打开“设备工具箱”。

3) 单击“设备工具箱”中的“设备管理”按钮，弹出窗口设备管理的选取，如图 13.68 所示。

4) 在可选设备列表中，双击“通用设备”。

5) 双击“ModbusRTU”，在下方出现莫迪康 ModbusRTU 图标。

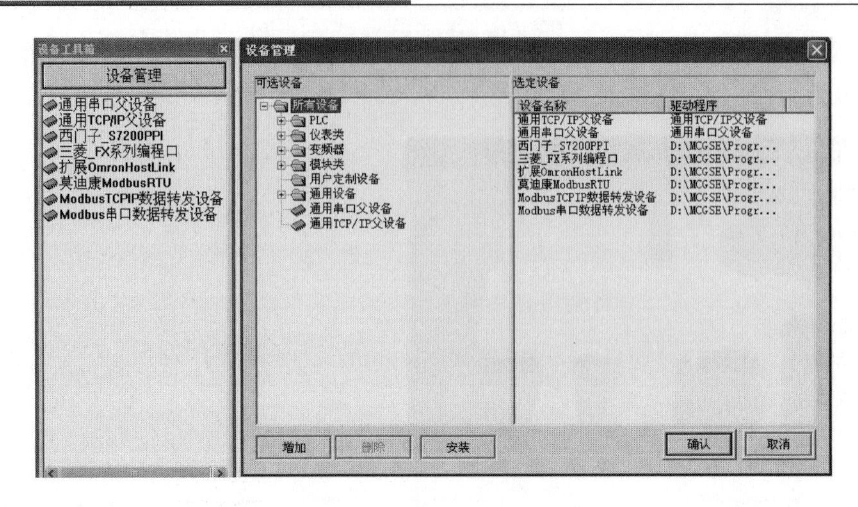

图 13.68　设备管理的选取

6）双击莫迪康 ModbusRTU 图标，即可将“莫迪康 ModbusRTU”添加到右测选定设备列表中。

7）同样将“通用串口父设备”添加到右侧选定设备列表中。

8）双击“设备工具箱”中的“通用串口父设备”，“通用串口父设备”被添加到设备组态窗口中。

图 13.69　串口子设备的构造

9）双击“设备工具箱”中的“莫迪康 ModbusRTU”，“莫迪康 ModbusRTU”被添加到设备组态窗口中“通用串口父设备”下面。串口子设备的构造如图 13.69 所示。

（2）设备串口的设置。

1）双击“设备 0 -- [莫迪康 ModbusRTU]”，进入“设备编辑窗口”窗口。设备编辑窗口如图 13.70 所示。

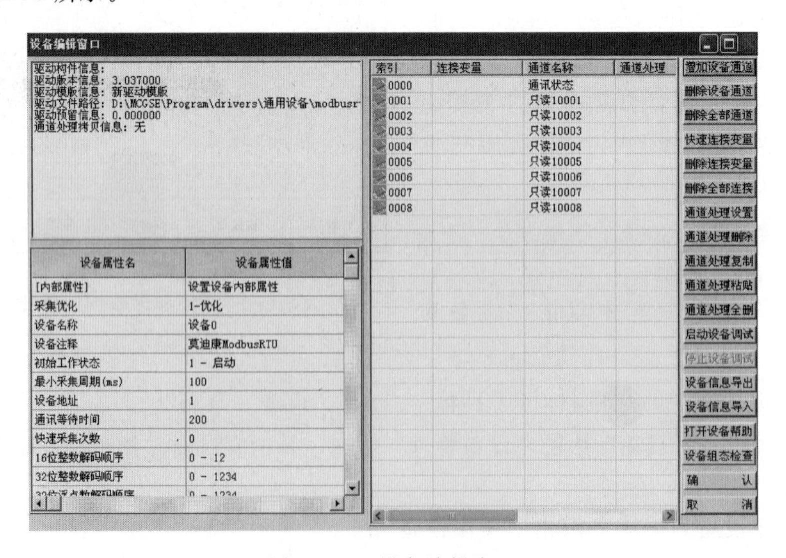

图 13.70　设备编辑窗口

2）设置设备内部属性，会弹出“莫迪康 ModbusRTU 通道属性设置”页面，点击全部删除，删除现有所有通道；连接数据的删除如图 13.71 所示。

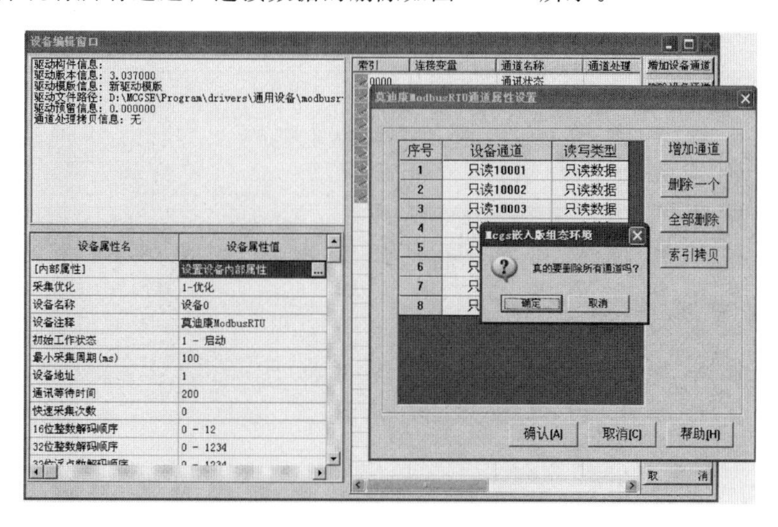

图 13.71 连接数据的删除

3）点击增加通道，会弹出“增加通道”页面，设置：寄存器类型：[3 区] 输入寄存器；数据类型：32 位浮点型；寄存器地址：1；通道数量：2；增加通道如图 13.72 所示。

4）双击“连接变量”下 0001 行空白处，弹出“变量选择”页面，在选择变量中，选择“发电电压”，同样在 0002 行空白处，写入“发电电流”，完成连接变量设备编辑如图 13.73 所示。

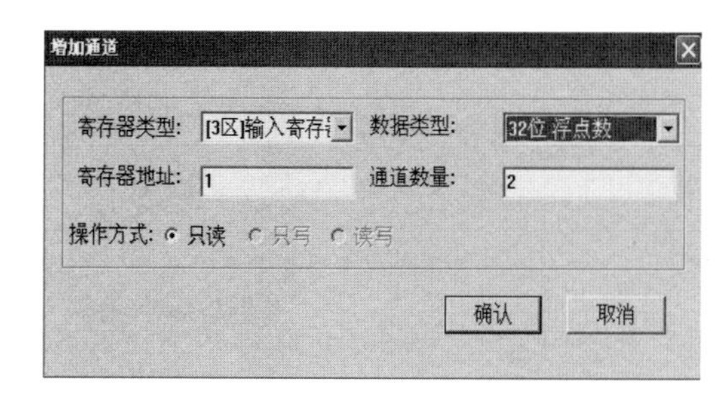

图 13.72 增加通道

图 13.73 完成连接变量设备编辑

5）按“确认”按钮，完成设备属性设置。

6）双击“通用串口父设备 0—［通用串口父设备］”，进入“通用串口设备属性编辑”窗口，设置：串口端口号：0—COM1；通信波特率：9600；数据位位数：1—8 位；停止位位数：0—1 位；数据校验方式：0—无校验；点击确定。串口父设备的设置如图 13.74 所示。

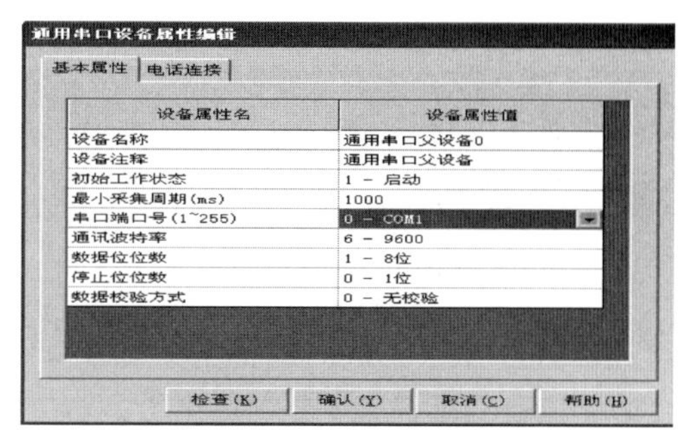

图 13.74 串口父设备的设置

13.3　远程电力监控编程实验

13.3.1　实验目的

（1）掌握电力监控软件编辑与设置。

（2）掌握电力监控软件程序的编写。

（3）掌握软件的调试与数据监视。

13.3.2　实验流程

（1）打开电力监控编程软件文档，双击安装文件“qtouch2.2.msi”，电力监控软件安装文件如图 13.75 所示。

QTouch_Setup_Cn.rar	2015/7/24 10:...	WinRAR 压缩文件	58,146 KB
qtouch2.2.msi	2015/10/8 9:14	Windows Install...	54,951 KB

图 13.75　电力监控软件安装文件

（2）弹出 QTouch 电力软件安装向导界面，如图 13.76 所示。

（3）单击“下一步”，安装程序将提示你指定安装的目录，如果用户没有指定，系统缺省安装到 C:\Qtouch\目录下，建议使用缺省安装目录，电力监控软件安装路径选择如图 13.77 所示。

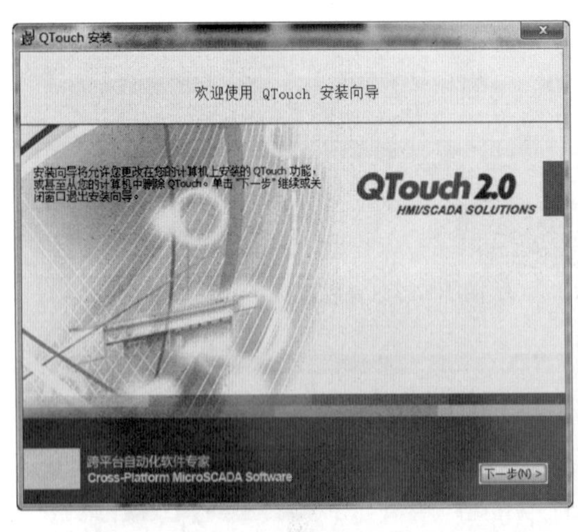

图 13.76　电力监控软件安装向导

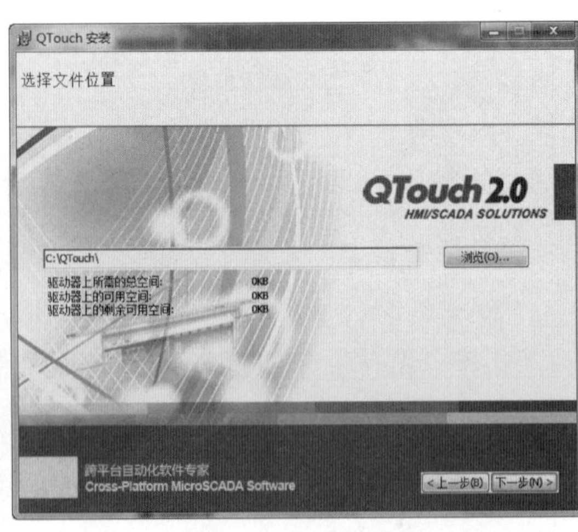

图 13.77　电力监控软件安装路径选择

（4）点击“下一步”，再单击“安装”，电力监控软件安装开始选择如图 13.78 所示。

（5）软件自动开始安装到电脑上，如图 13.79 所示。安装过程将持续数分钟。

（6）等待安装进度完成，软件安装成功，如图 13.80 所示。

图 13.78 电力监控软件安装开始选择

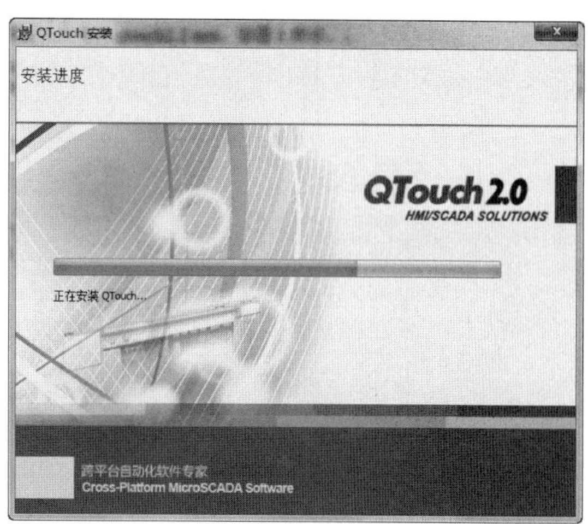

图 13.79 软件开始安装

（7）点击“关闭”，Windows 操作系统的桌面上会添加用于启动 QTouch 软件的启动图标和运行最近一次打开的工程图标，工程管理器与运行桌面图标如图 13.81 所示。编程软件安装完毕，工程开发及运行环境自动配置完成。

图 13.80 软件安装完成

图 13.81 工程管理器与运行桌面图标

（8）运行 Qtouch 工程管理器，主界面如图 13.82 所示。在菜单栏的“帮助”选项下可以打开详细的帮助文档，如图 13.83 所示。

（9）点击菜单栏“新建”按钮，弹出窗口如图 13.84 所示。按照界面提示，配置工程名称、文件路径等必要的信息，点击“确定”完成工程的配置。

（10）建立工程后，可在左侧窗口查看工程的树形结构图，方便了解工程的总体结构和快捷的切换修改配置。完成新建工程如图 13.85 所示。

图 13.82　工程管理器主界面

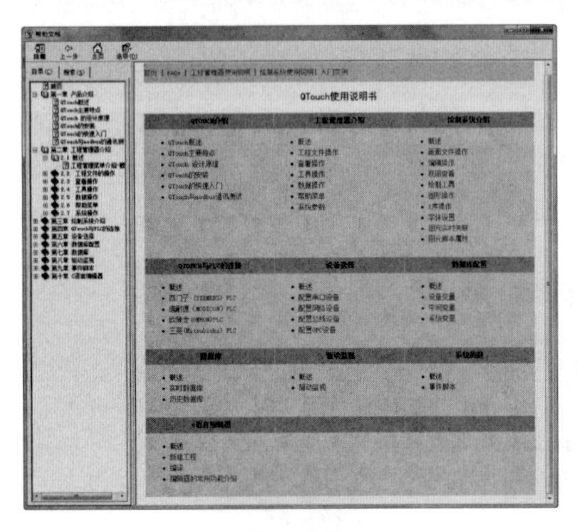

图 13.83　帮助文档

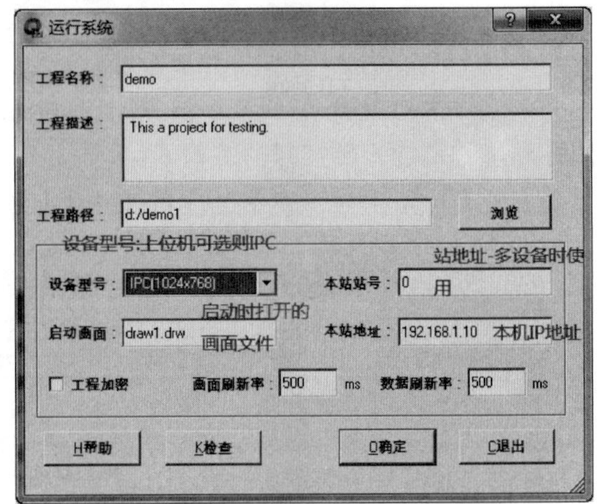

图 13.84　工程配置

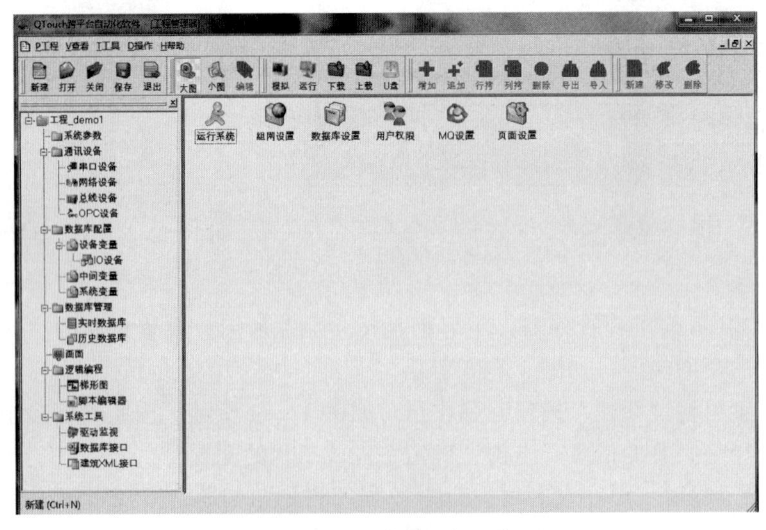

图 13.85　完成新建工程

（11）建立工程后，点击“系统参数”分支，系统参数的设置包括设置当前工程的运行参数，对组网进行设置和设置系统的使用用户，以及对用户进行授权等。默认设置就可以运行一个工程。工程系统参数如图 13.86 所示。

图 13.86 工程系统参数

（12）与通信设备进行连接，以 modbusTcp 设备为例。TCP 属于网络设备，点击“通信设备”，在右侧出现建立四种类型的通信设备的选项，工程通信设备选择如图 13.87 所示。

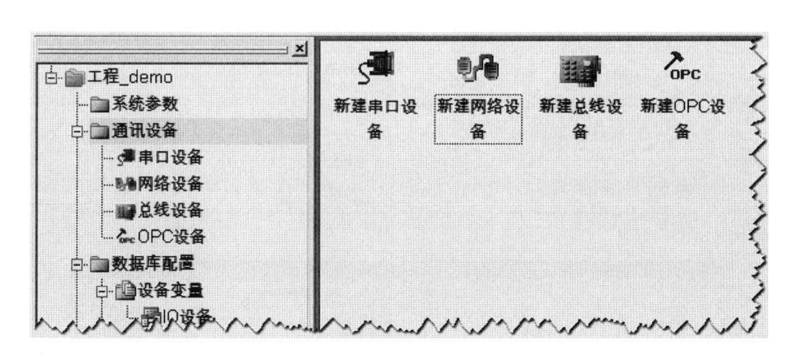

图 13.87 工程通信设备选择

（13）双击“新建网络设备”，弹出网络设备的配置窗口。网络设备基本配置如图 13.88 所示。网络设备端口配置如图 13.89 所示。

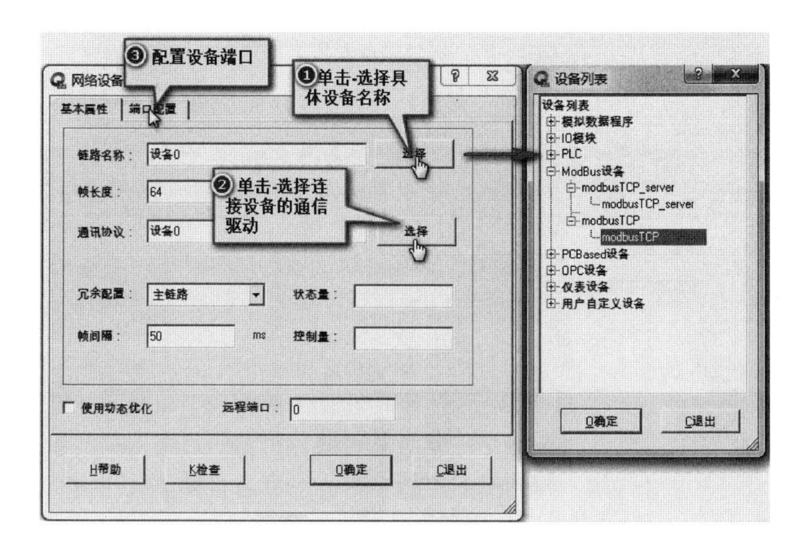

图 13.88 网络设备基本配置

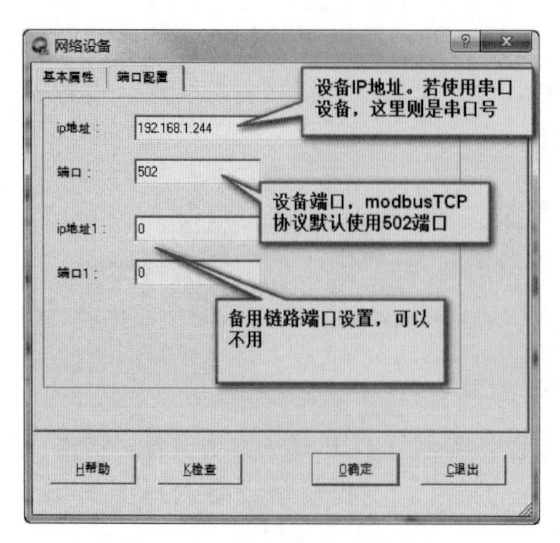

图 13.89　网络设备端口配置

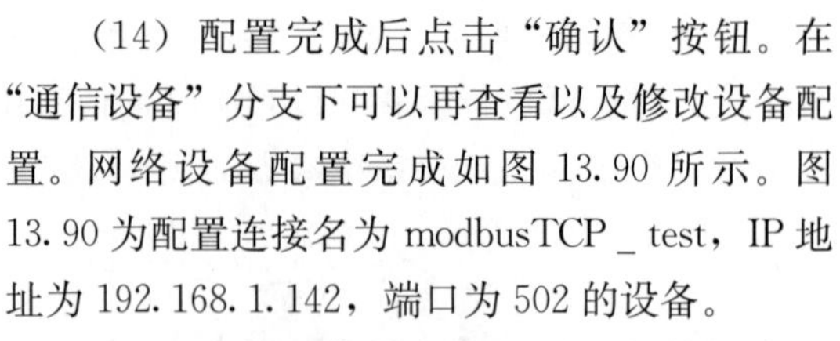

（14）配置完成后点击“确认”按钮。在“通信设备”分支下可以再查看以及修改设备配置。网络设备配置完成如图 13.90 所示。图 13.90 为配置连接名为 modbusTCP _ test，IP 地址为 192.168.1.142，端口为 502 的设备。

（15）连接通信设备后，可进行数据库配置。数据库配置中包设备变量、中间变量、系统变量。一般只需使用设备变量，关联设备类型的变量（如：IO 设备等）。按图 13.91 数据库配置连接设备寄存器，即可将该寄存器内数据与软件数据库内变量关联，还可以对变量设置变比，报警条件和存盘记录条件，实现对数据的处理和转换。

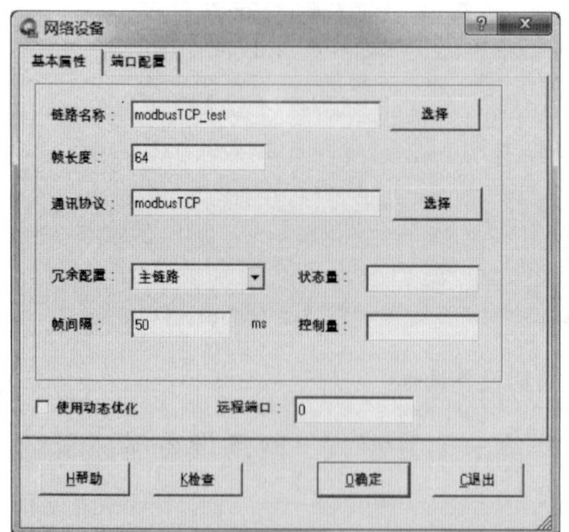

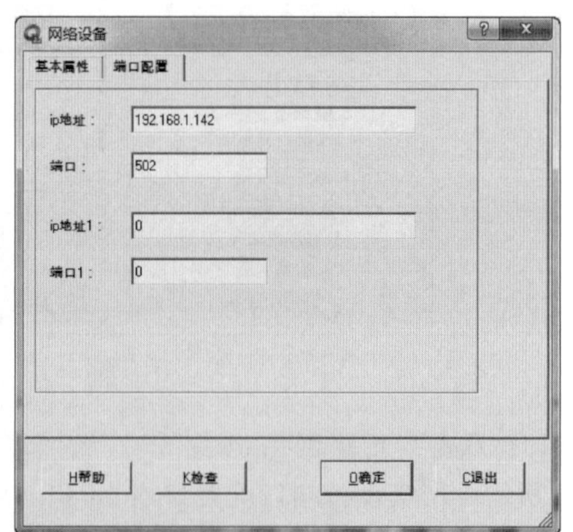

图 13.90　网络设备配置完成

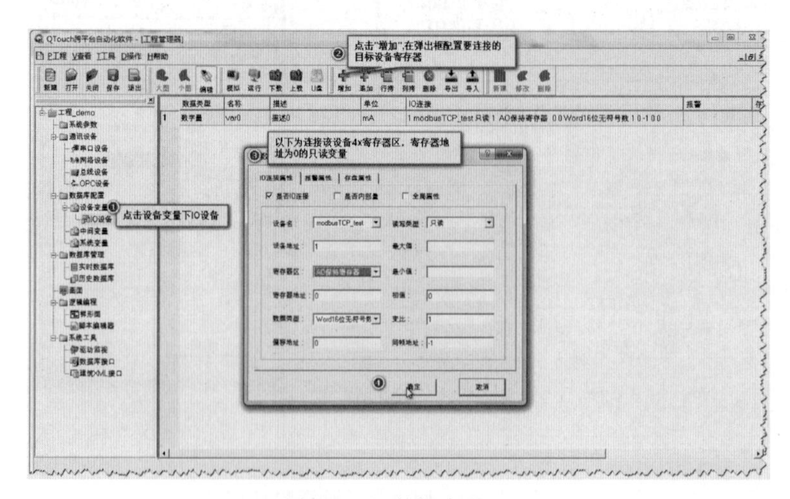

图 13.91　数据库配置

（16）点击“画面”分支，在右侧空白处，右键菜单中“新建”一个画面文件。新建画面如图 13.92 所示，建立一个名为 draw1 的文件（注意：建立工程时配置启动画面便是此文件名，这意味着工程启动第一个打开的就是这个文件）。

（17）双击“draw1”图标，打开绘制系统软件，系统绘制如图 13.93 所示。

（18）选择矩形工具，在绘图区域绘制一个矩形，在属性—实时关联中点击“…”按钮，在弹出的关联窗口中关联前面建立的设备 var0，设置刷新方式为文本，小数点位数为 2，绘制图形如图 13.94 所示。

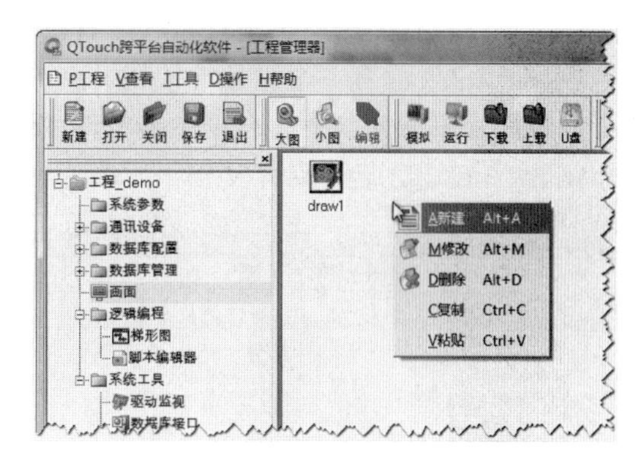

图 13.92 新建画面

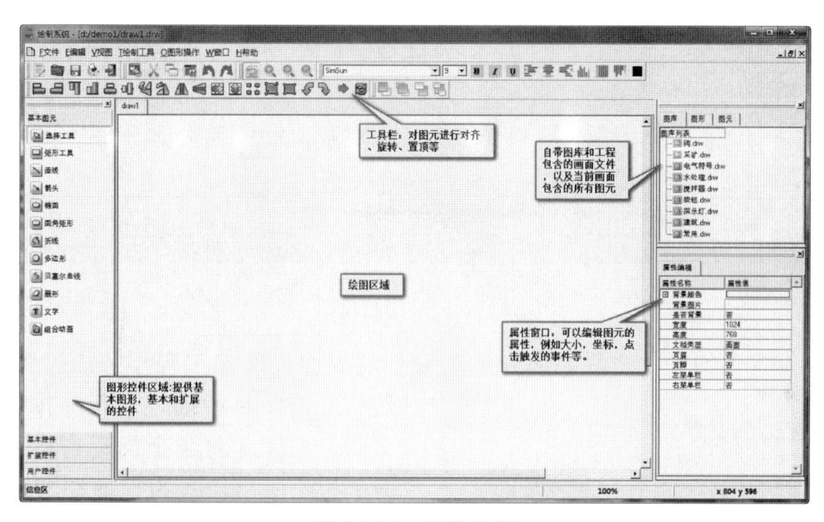

图 13.93 系统绘制

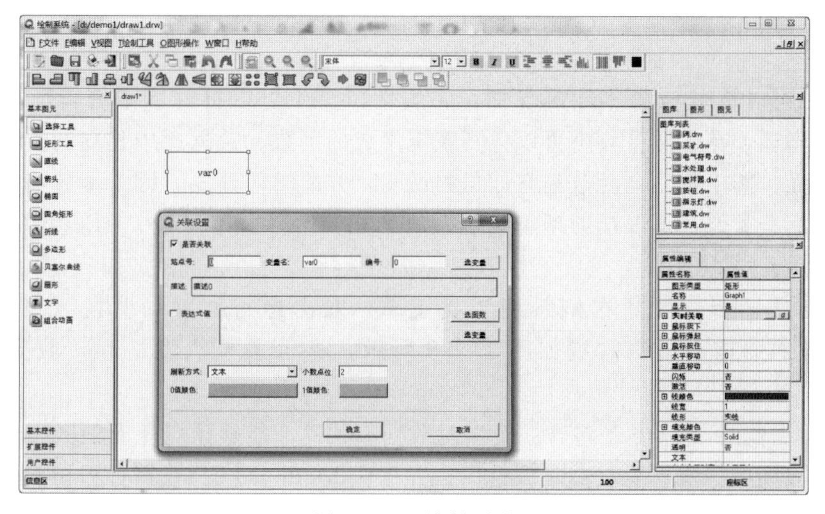

图 13.94 绘制图形

（19）在基本控件中选择普通按钮，绘制按钮如图 13.95 所示，把名字改为“退出”，鼠标按下事件设置为退出。设置完成之后在属性——脚本中会显示一个函数［需要注意的是，“鼠标按下”后有一个绿色的按钮，点击可以进入 javascript 脚本编辑界面，也能实现界面的编程。事件窗口中还有很多函数可以调用，包括写值到设备（下发控制）等实用的脚本函数］。确定之后，保存文档。

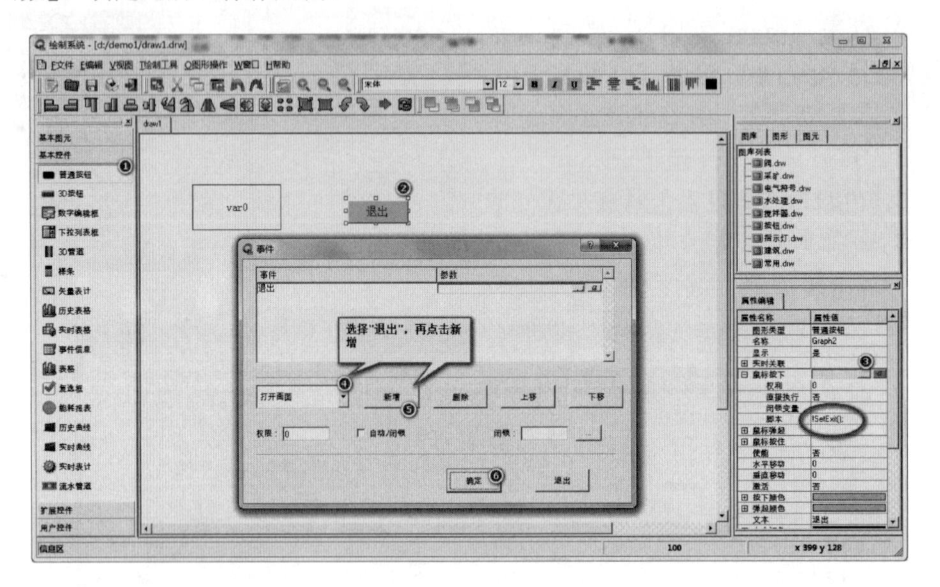

图 13.95　绘制按钮

（20）绘制完界面文件之后，回到工程管理器界面，确保工程添加的设备可以连接。然后点击工具栏的“运行”按钮运行工程文件。工程启动会全屏运行，程序运行如图 13.96 所示，其为前面完成的显示变量值，在这里读到的值是 1.00，两位小数。

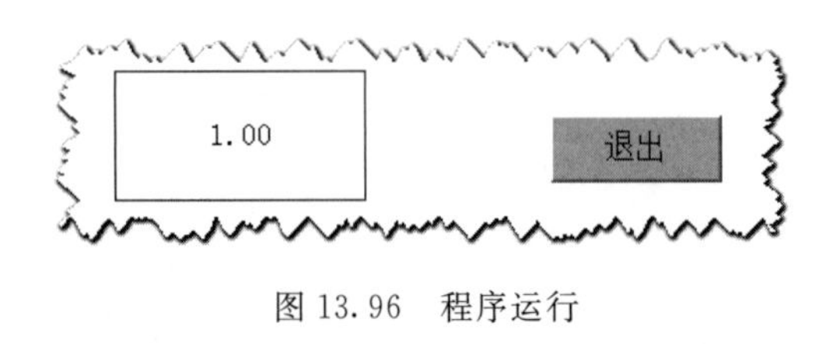

图 13.96　程序运行

（21）点击“退出”按钮可以停止工程运行。

（22）也可以使用 js 脚本绘制界面，在属性窗口中可以打开脚本编辑环境 jsEditor。进入脚本编辑器，在左侧窗口中可以找到系统集成的函数、数据库中建立的变量，画面文件包含的图元。其中每一个函数都有详尽的说明，方便学习开发。因为函数与绘制系统中的事件脚本完全类似，可以帮助理解绘制系统的相关事件脚本函数。jsEditor 脚本编辑如图 13.97 所示。

（23）调试运行。展开右侧系统工具菜单，双击运行“驱动监视”，可用于调试 modbus 设备的通信。驱动监视如图 13.98 所示，显示了本机发送和接收到的数据帧信息。

（24）数据监测，Qtouch 包含一个实时数据库软件，能够预览所有的数据库变量状态值。当工程启动后会建立一个实时数据库，并提供 ModbusTCP 数据远程访问的接口，端口默认为 502。数据监测如图 13.99 所示。

```
1  function Fresh()
2  {
3
4      //首次加载一个页面
5      if(Global.prototype.GetSysValue("sys162")==0)
6      {
7              Global.prototype.DrawPos("item1.0.drw", 161,100,1439,768);
8
9              Global.prototype.SetSysValue("sys162",1);
10     }
11
12     //table_item1
13
14     if(Global.prototype.GetSysValue("sys159")==1)
15     {
16         Global.prototype.DrawPos("item1.0.drw", 161,100,1439,768);
17         Global.prototype.SetSysValue("sys159",0);
18         Global.prototype.CloseDrawPosWindow("item1.1.drw");
19         Global.prototype.CloseDrawPosWindow("item1.2.drw");
20         Global.prototype.CloseDrawPosWindow("item1.3.drw");
21     }
```

图 13.97　jsEditor 脚本编辑

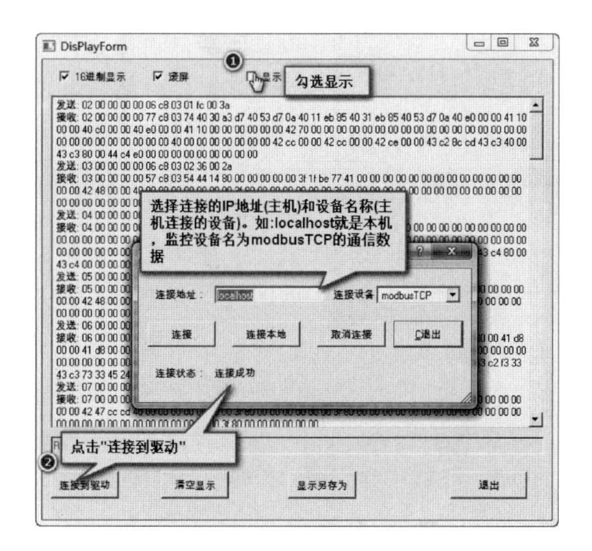

图 13.98　驱动监视

实时数据库 - [RtdbView]

内存编号	名称	描述	设备信息	逻辑值	状态 报警
53	var53	XP1_A相电流	1 XP1 只读 1 AO保持寄存器 0 0\	3.230	0 0
54	var54	XP1_B相电流	1 XP1 只读 1 AO保持寄存器 1 0\	2.560	0 0
55	var55	XP1_C相电流	1 XP1 只读 1 AO保持寄存器 2 0\	2.340	0 0
56	var56	XP1_平均电流	1 XP1 只读 1 AO保持寄存器 3 0\	2.710	0 0
57	var57	XP1_最大电流	1 XP1 只读 1 AO保持寄存器 4 0\	3.230	0 0
58	var58	XP1_A相电流与额定	1 XP1 只读 1 AO保持寄存器 5 0\	9.000	0 0
59	var59	XP1_B相电流与额定	1 XP1 只读 1 AO保持寄存器 6 0\	7.000	0 0
60	var60	XP1_C相电流与额定	1 XP1 只读 1 AO保持寄存器 7 0\	6.000	0 0
61	var61	XP1_平均电流与额定	1 XP1 只读 1 AO保持寄存器 8 0\	7.000	0 0
62	var62	XP1_最大电流与额定	1 XP1 只读 1 AO保持寄存器 9 0\	9.000	0 0
63	var63	XP1_剩余电流/接地	1 XP1 只读 1 AO保持寄存器 10 0	0.000	0 0
64	var64	XP1_漏电流	1 XP1 只读 1 AO保持寄存器 11 0	35.000	0 0
65	var65	XP1_备用65		0.000	0 0
66	var66	XP1_备用66		0.000	0 0

图 13.99　数据监测

13.4　中央管理机控制编程实验

13.4.1　实验目的

（1）掌握中央管理机的使用。

（2）掌握中央管理机的编程与调试。

13.4.2　实验流程

（1）建立中央管理机工程，创建工程的方法与远程电力监控上位机的工程类似，设备型号需选择 SmartDAQ，IP 要设置为管理机的 IP 地址。新建工程设置如图 13.100 所示。

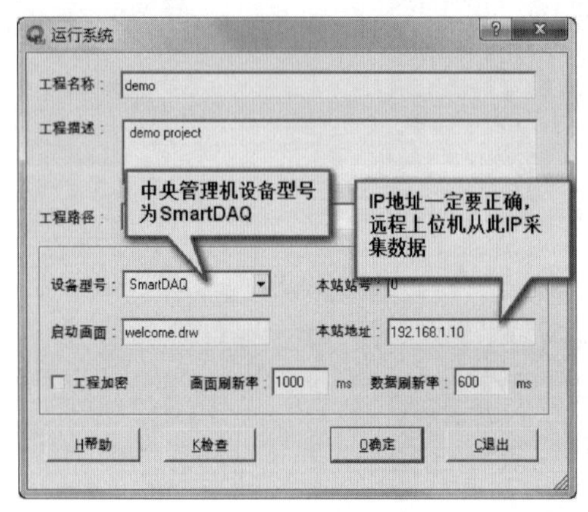

图 13.100　新建工程设置

（2）建立管理机数据库。管理机可做透传，也可以存储转发。透传时管理机将 COM 口数据映射到 5002 的网络端口上，上位机可以从此端口访问数据，但管理机并不存储和处理数据。存储转发使用管理机内置实时数据库，上位机可以通过 ModbusTCP 协议来连接数据库。本实验需要管理机做自动调度，所以需要存储数据。因此工作在存储转发的模式。管理机含 8 个 RS485 串口和一个以太网网口，支持从串口和网口采集数据。

（3）新建串口设备，选择 ModbusRTU 来配置串口，新建串口设备如图 13.101 所示。

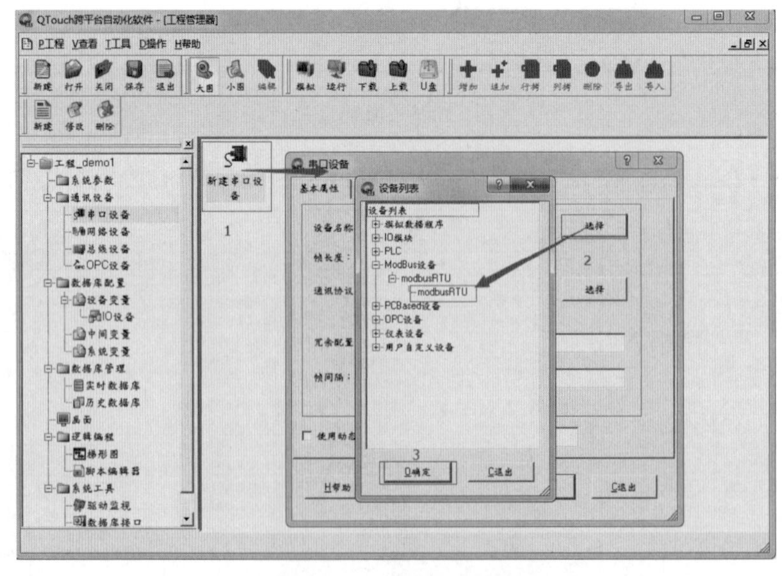

图 13.101　新建串口设备

（4）串口设备配置如图 13.102 所示。

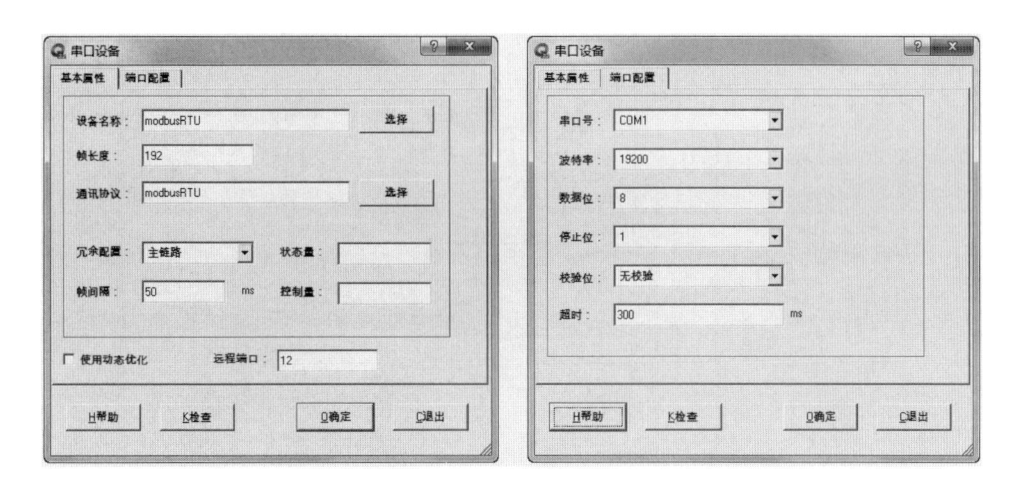

图 13.102　串口设备配置

（5）设备数据配点，按图 13.103 设备数据配点所示步骤对设备数据库变量进行配置。

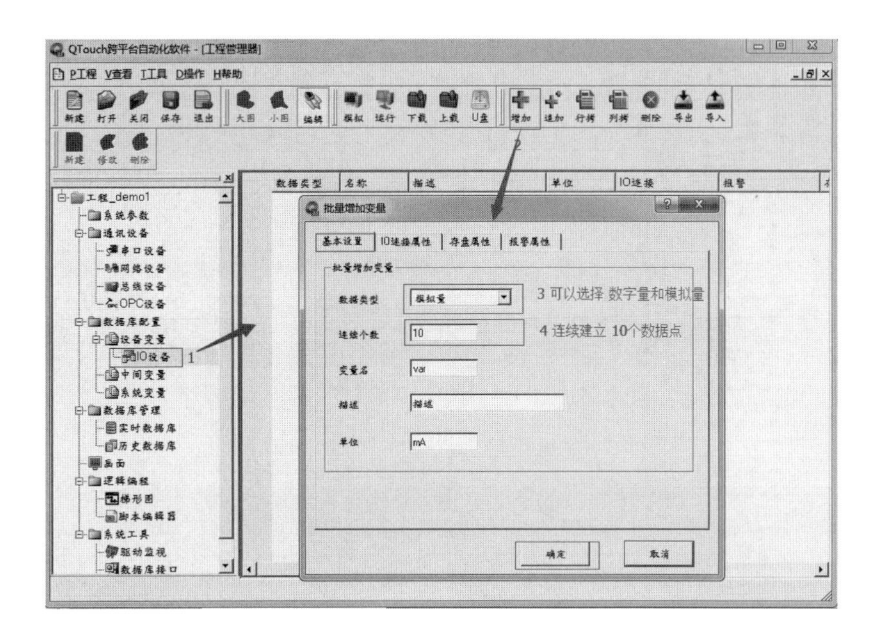

图 13.103　设备数据配点

（6）对设备变量 I/O 连接属性进行配置，如图 13.104 所示。

（7）数据库变量配置完成如图 13.105 所示。

（8）将配好的工程下载到 SmartDAQ 智能数据采集器，点击“下载”按钮，在工程下载框中确认 IP 地址，再点击“确认”。如果要更新下位机的 qtouch 则需要勾选“更新主程序”选项。等待进度条结束，下载工程完毕，管理机会自动重新启动以运行更新的工程文件。工程下载如图 13.106 所示。

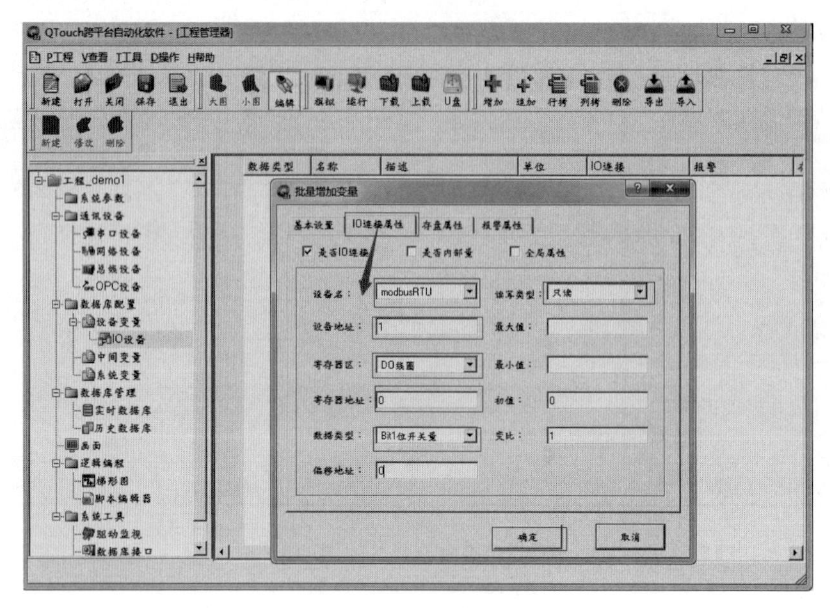

图 13.104　I/O 连接属性配置

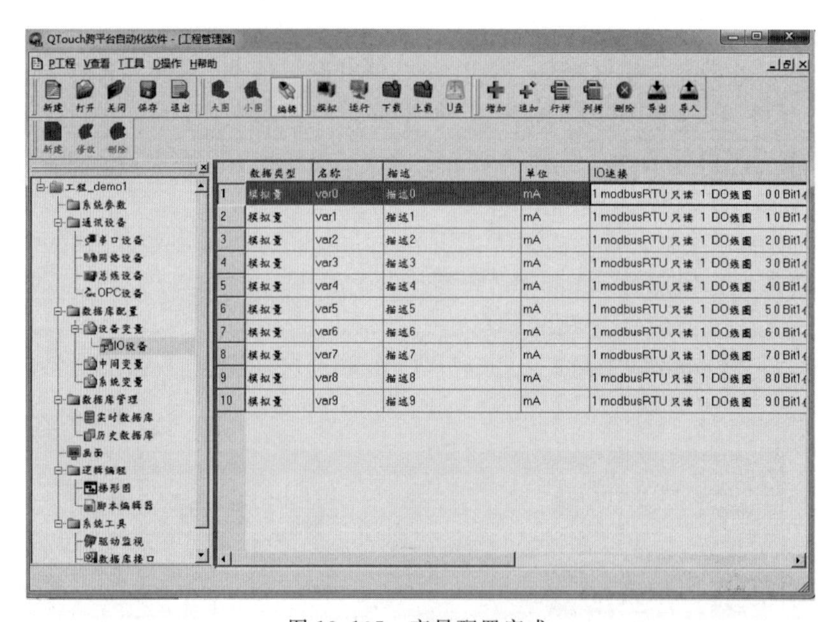

图 13.105　变量配置完成

(9) 查看管理机实时数据。使用实时数据库软件查看，等待管理机启动完毕，打开实时数据库软件，点击“连接”按钮，输入要连接的管理机 IP 地址。当连接状态显示“连接成功”，表示成功与管理机的实时数据库同步，此时就能够显示数据库的实时数据。查看数据库如图 13.107 所示。

(10) 通过远程上位机工程读取数据库数据。管理机实时数据库的设备地址是固定地址：200；寄存器区是：AO 保持寄存器；寄存器地址是：以 0 开始，以 2 递增；数据类型：Float 单精度数据。上位机读取数据库数据如图 13.108 所示。

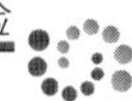

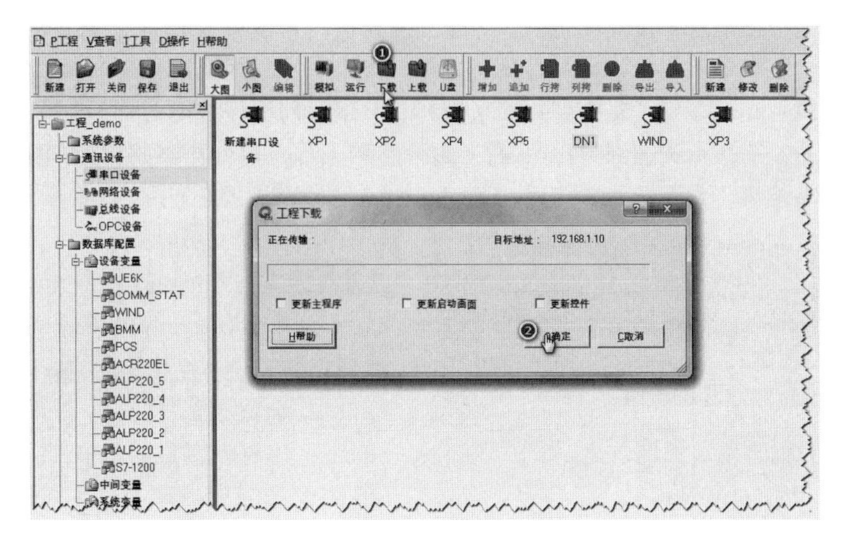

图 13.106 工程下载

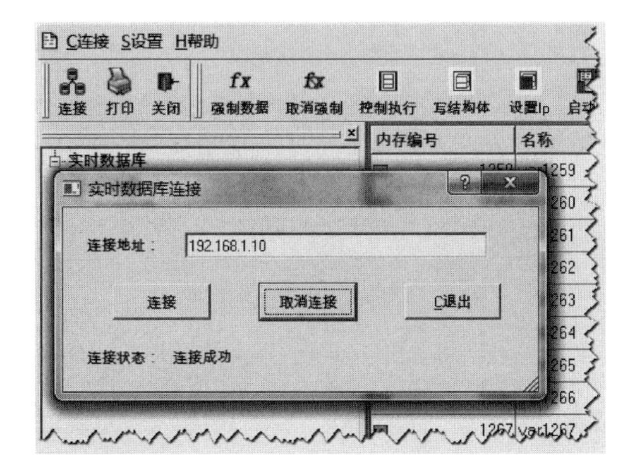

图 13.107 查看数据库

P工程 V查看 T工具 D操作 H帮助

新建 打开 关闭 保存 退出 大图 小图 编辑 模拟 运行 下载 上载 U盘 增加 追加 行拷 列拷 删除 导出 导入 新建 修改 删除

工程_demo1
系统参数
通讯设备
串口设备
网络设备
总线设备
OPC设备
数据库配置
设备变量
ALP220
S7-200
中间变量
系统变量
数据库管理
实时数据库
历史数据库
画面
逻辑编程
梯形图
脚本编辑器
系统工具
驱动监视
数据库接口
建筑XML接口

	数据类型	名称	描述	单位	IO连接	报警
1	数字量	var0	Q0.0线圈写	mA	1 modbusTCP 只写 200 AO保持寄存器 0 0 Float单精度浮点数 1 0-1 0 0	
2	数字量	var1	Q0.1线圈写	mA	1 modbusTCP 只写 200 AO保持寄存器 2 0 Float单精度浮点数 1 0-1 0 0	
3	数字量	var2	Q0.2线圈写	mA	1 modbusTCP 只写 200 AO保持寄存器 4 0 Float单精度浮点数 1 0-1 0 0	
4	数字量	var3	Q0.3线圈写	mA	1 modbusTCP 只写 200 AO保持寄存器 6 0 Float单精度浮点数 1 0-1 0 0	
5	数字量	var4	Q0.4线圈写	mA	1 modbusTCP 只写 200 AO保持寄存器 8 0 Float单精度浮点数 1 0-1 0 0	
6	数字量	var5	Q0.5线圈写	mA	1 modbusTCP 只写 200 AO保持寄存器 10 0 Float单精度浮点数 1 0-1 0 0	
7	数字量	var6	Q0.6线圈写	mA	1 modbusTCP 只写 200 AO保持寄存器 12 0 Float单精度浮点数 1 0-1 0 0	
8	数字量	var7	Q0.7线圈写	mA	1 modbusTCP 只写 200 AO保持寄存器 14 0 Float单精度浮点数 1 0-1 0 0	
9	数字量	var8	Q1.0线圈写	mA	1 modbusTCP 只写 200 AO保持寄存器 16 0 Float单精度浮点数 1 0-1 0 0	
10	数字量	var9	Q1.1线圈写	mA	1 modbusTCP 只写 200 AO保持寄存器 18 0 Float单精度浮点数 1 0-1 0 0	
11	数字量	var10	Q1.2线圈写	mA	1 modbusTCP 只写 200 AO保持寄存器 20 0 Float单精度浮点数 1 0-1 0 0	
12	数字量	var11	Q1.3线圈写	mA	1 modbusTCP 只写 200 AO保持寄存器 22 0 Float单精度浮点数 1 0-1 0 0	
13	数字量	var12	Q1.4线圈写	mA	1 modbusTCP 只写 200 AO保持寄存器 24 0 Float单精度浮点数 1 0-1 0 0	
14	数字量	var13	Q1.5线圈写	mA	1 modbusTCP 只写 200 AO保持寄存器 26 0 Float单精度浮点数 1 0-1 0 0	
15	数字量	var14	Q1.6线圈写	mA	1 modbusTCP 只写 200 AO保持寄存器 28 0 Float单精度浮点数 1 0-1 0 0	
16	数字量	var15	Q1.7线圈写	mA	1 modbusTCP 只写 200 AO保持寄存器 30 0 Float单精度浮点数 1 0-1 0 0	
17	数字量	var16	备用16	mA		
18	数字量	var17	备用17	mA		
19	数字量	var18	备用18	mA		

图 13.108 上位机读取数据库数据

（11）C 语言编程。Qtouch 提供 C 语言编程接口，能够实现对数据点的读写操作，默认会启动工程目录下名为 script 的程序文件。实验中可利用此特性完成调度。因为管理机使用嵌入式 Linux 系统，需要使用交叉编译工具编译的程序才能运行。首先在左侧中打开脚本编辑器，依次点击文件-打开工程，打开示例工程。打开脚本编辑器如图 13.109 所示。打开脚本编辑工程如图 13.110 所示。

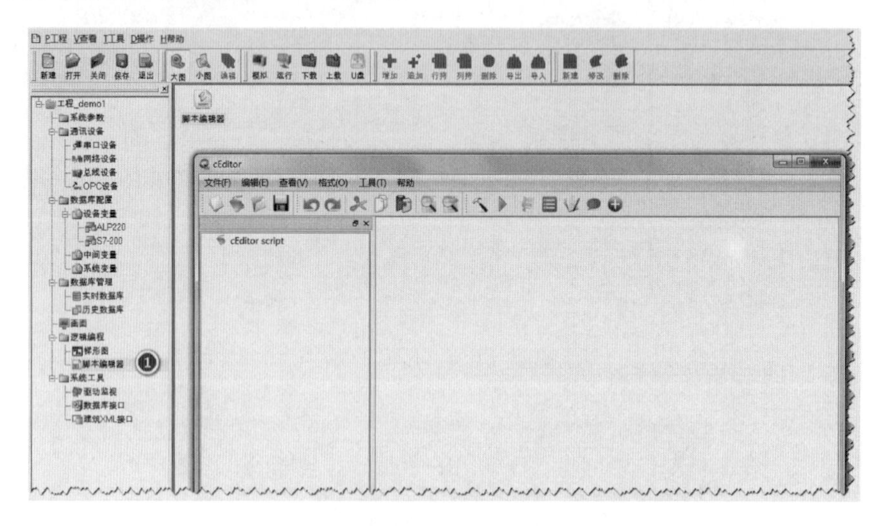

图 13.109　打开脚本编辑器

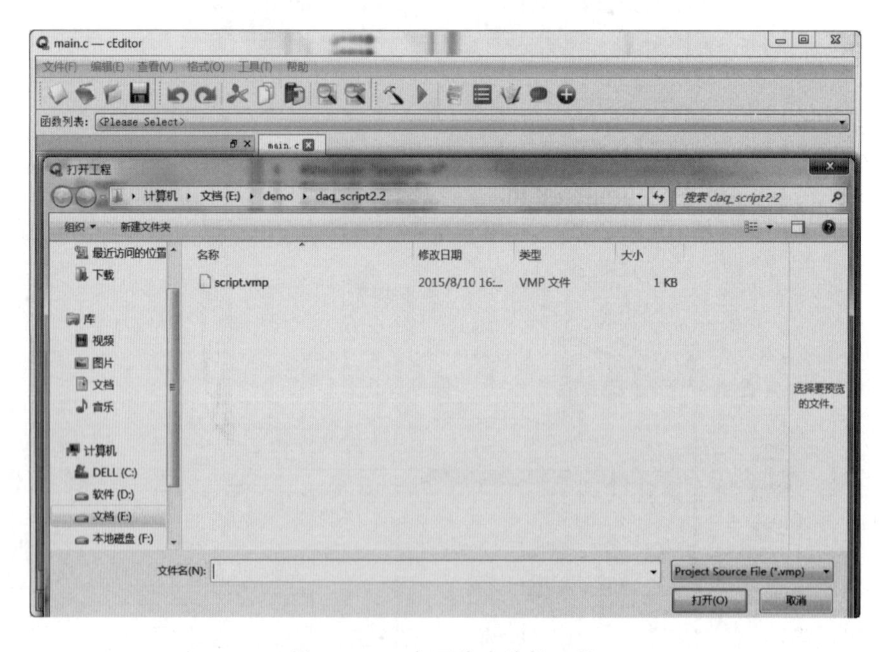

图 13.110　打开脚本编辑工程

（12）配置交叉编译工具，如图 13.111 所示。

（13）管理机编译 C 语言脚本时，将 script.h 文件下的 # define OS _ UNIX 改成 # define OS _ WIN。修改宏定义如图 13.112 所示。

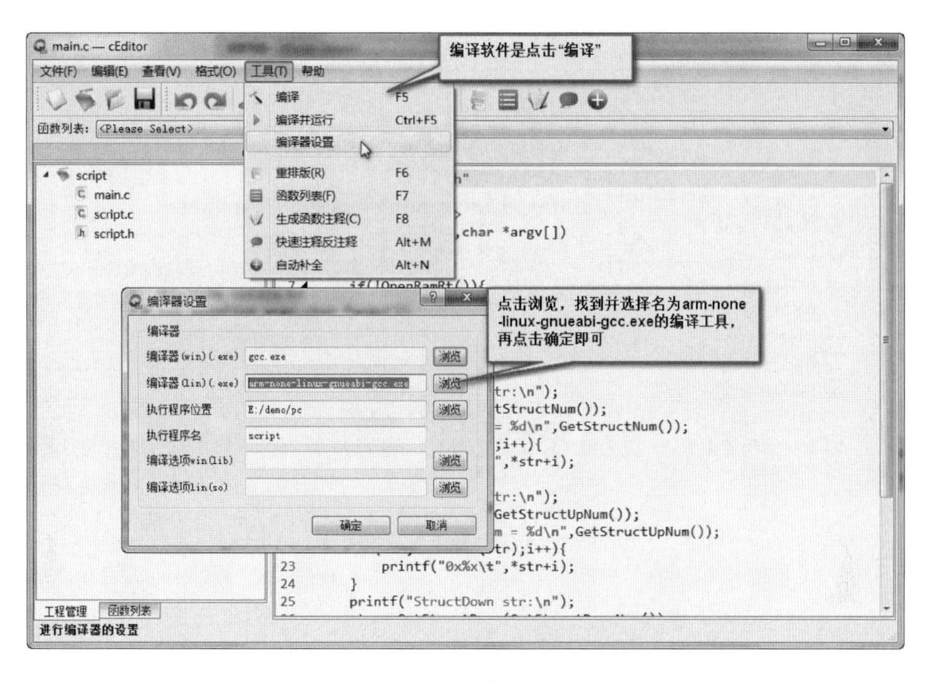

图 13.111　配置交叉编译工具

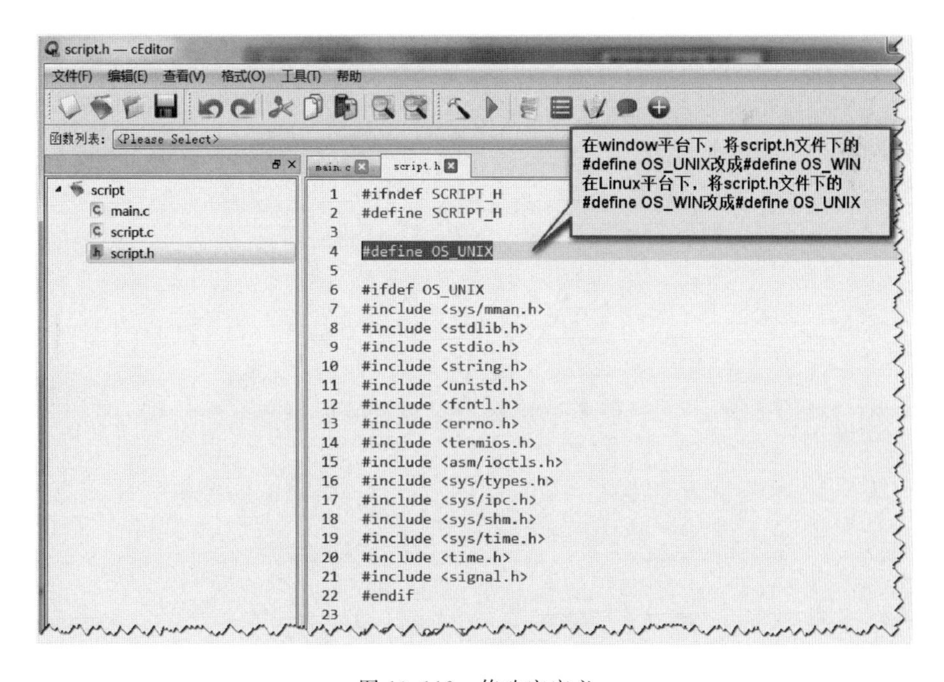

图 13.112　修改宏定义

（14）下载编译好的脚本到管理机，然后下载管理机工程即可。编译生成文件如图13－113所示。

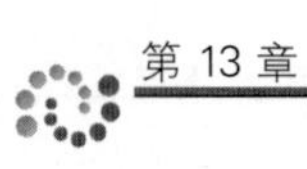

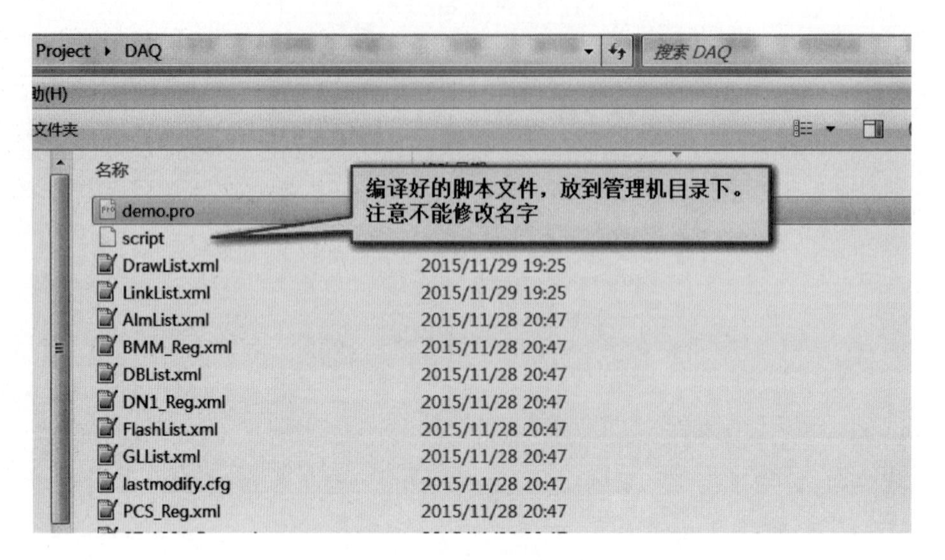

图 13.113　编译生成文件

第14章 微电网调度与能量管理实验

14.1 继电保护与控制实验

14.1.1 实验目的

(1) 了解继电保护的原理。

(2) 了解继电保护的功能方法。

(3) 了解继电保护的控制方式。

14.1.2 实验原理

1. 高定时限过流保护

高定时限过流保护，通过对三相电流的监测，实现保护功能。

高定时限过流保护投入可选择脱扣或报警，当高定时限过流保护功能模块监测到线路运行电流达到或超过“高定时限过流保护动作值”时，高定时限过流保护报警或脱扣启动并计时，在设定的脱扣时间内发出报警或脱扣命令。

2. 低定时限过流保护

低定时限过流保护，通过对三相电流的监测，实现保护功能。

低定时限过流保护投入可选择脱扣或报警，当低定时限过流保护功能模块监测到线路运行电流达到或超过“低定时限过流保护动作值”时，低定时限过流保护报警或脱扣启动并计时，在设定的脱扣时间内发出报警或脱扣命令。

3. 反时限过流保护

反时限过流保护共有8簇反时限特性曲线可供选择，通过对三相电流的监测，实现保护功能。反时限过流保护曲线动作特性见表14.1。

反时限过流保护时间特性为

$$t=T_{re}\left[\frac{K}{\left(\frac{I}{I_s}\right)^{\alpha}-1}+L\right] \tag{14.1}$$

式中 t——跳闸时间；

K——系数，见表14.1；

I——电流测量值；

I_s——程序设定的门限值；

α——系数，见表 14.1；

L——ANSI/IEEE 系数（对 IEC 曲线为 0）；

T_{re}——时间因子，$T_{re}=1$。

表 14.1　　反时限过流保护曲线动作特性

特性序号	特性类型	标准	K 因子	α 因子	L 因子
IEC1	标准反时限	IEC	0.14	0.02	0
IEC2	非常反时限	IEC	13.5	1	0
IEC3	极端反时限	IEC	80	2	0
CO2	短时反时限	CO2	0.00342	0.02	0.00242
CO8	长时反时限	CO8	5.95	2	0.18
IEEE1	中度反时限	ANSI/IEEE	0.0515	0.02	0.114
IEEE2	非常反时限	ANSI/IEEE	19.61	2	0.491
IEEE3	极端反时限	ANSI/IEEE	28.2	2	0.1215

反时限过流保护复位时间特性：

IEC1、IEC2、IEC3 复位特性：

(1) 反时限过流保护动作前：当三相电流回复到 $I<I_s$ 时返回。

(2) 反时限过流保护动作后：报警在故障原因消失后返回。脱扣保持，脱扣复位通过复位键或者接收到复位命令复位。

反时限过流保护曲线复位特性见表 14.2。

表 14.2　　反时限过流保护曲线复位特性

特性序号	特性类型	标准	K 因子	α 因子
CO2	短时反时限	CO2	0.323	2
CO8	长时反时限	CO8	5.95	2
IEEE1	中度反时限	ANSI/IEEE	4.85	2
IEEE2	非常反时限	ANSI/IEEE	21.6	2
IEEE3	极端反时限	ANSI/IEEE	29.1	2

适用于 CO2、CO8、IEEE1、IEEE2、IEEE3 的复位特性曲线为

$$t=T_{re}\left[\frac{K}{1-\left(\frac{I}{I_s}\right)^{\alpha}}\right] \tag{14.2}$$

式中　t——复位时间；

K——系数，见表 14.2；

I——电流测量值；

I_s——程序设定的门限值（启动值）；

α——系数，见表 14.2；

T_{re}——复位时间因子，$T_{re}=1$。

反时限过流保护动作前：当三相电流回复到 $I<I_s$ 时，按复位公式返回。

反时限过流保护动作后：报警在报警条件消失后返回。脱扣保持，脱扣复位通过复位键或者接收到复位命令复位。

4. 高定时限零序保护

高定时限零序保护投入可选择脱扣或报警，当高定时限零序保护功能模块监测到零序电流达到或超过“高定时限零序保护动作值”时，高定时限零序保护报警或脱扣启动并计时，在设定的脱扣时间内发出报警或脱扣命令。

5. 低定时限零序保护

低定时限零序保护投入可选择脱扣或报警，当低定时限零序保护功能模块监测到零序电流达到或超过“低定时限零序保护动作值”时，低定时限零序保护报警或脱扣启动并计时，在设定的脱扣时间内发出报警或脱扣命令。

6. 反时限零序保护

反时限零序保护一共有 3 簇反时限特性可供选择，选择其中一簇，通过对零序电流的监测，实现保护功能。低设定定时限零序保护特性参数见表 14.3。

表 14.3　　低设定定时限零序保护特性参数

特性序号	特性类型	标准	K 因子	α 因子
IEC1	标准反时限	IEC	0.14	0.02
IEC2	非常反时限	IEC	13.5	1
IEC3	极端反时限	IEC	80	2

反时限零序保护时间特性为

$$t=T_{re}\left[\frac{K}{\left(\frac{I}{I_s}\right)^{\alpha}-1}\right] \tag{14.3}$$

式中　t——跳闸时间；

K——系数，见表 14.3；

I——电流测量值；

I_s——程序设定的启动值；

α——系数，见表 14.3；

T_{re}——整定的时间系数，$T_{re}=1$。

返回值：

反时限零序保护报警启动后，延时结束前，电流回复到 $I<I_{se}$时返回，反时限零序保护脱扣动作后，按复位键复位。

7. 断相/不平衡保护

断相/不平衡故障运行时对线路的危害很大，当线路发生断相或三相电流严重不平衡时，如不平衡率达到保护设定值时，保护器按照设定的要求保护，发出跳闸或报警，确保线路的安全运行。

8. 漏电保护

漏电保护是通过增加漏电互感器，以检测出故障电流，主要用于非直接接地的保护，以保证人身安全。

9. 需量保护

采用滑差方式计算需量电流，时间窗口固定为 1min，动作特性如下：

(1) 需量电流大于 1.1 倍设定值持续 1min 后，发出报警信号，达到或超过设定的延时时间后，执行脱扣。

(2) 发生过 1 次需量保护，重新合闸后，一段时间内，需量电流仍不小于 1.1 倍设定值，延时 1min 后发出报警信号，经 3min 后脱扣。

(3) 发生过 2 次需量保护，重新合闸后，一段时间内，需量电流仍不小于 1.1 倍设定值，延时 1min 后发出报警信号，经 2min 后脱扣，脱扣后须经 30min 冷却后才能执行复位。

(4) 在首次执行需量脱扣后，若一段时间内，没有再次发生需量保护，同时，经过此段时间后，若再次发生需量保护，则应重新执行 (1) ～ (3) 过程。

10. 欠压保护

当线路电压低于设定的欠电压保护值时，保护器按设定的要求进行保护，在动作设定时间内动作或报警。

11. 过压保护

当线路电压超过设定的保护电压时，保护器按设定的要求进行保护，在设定时间内动作或报警，以保证线路安全。

14.1.3　实验流程

(1) 结合微电网并离网启停实验，开启微电网辅助电源，打开微电网电力监控软件，使微电网运行于并网模式，其主界面如图 14.1 所示。

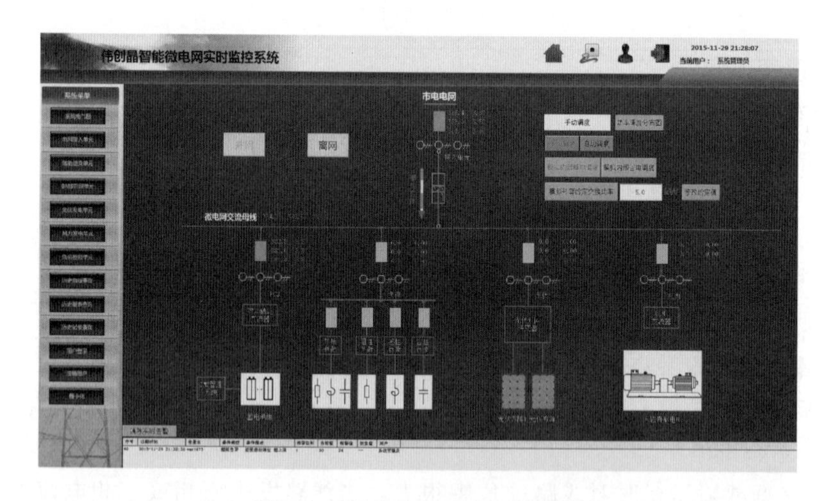

图 14.1　微电网并网运行主界面

(2) 点击负荷监控菜单，进入负荷监控界面，如图 14.2 所示。点击保护设置按钮，进入保护设置界面，负荷默认保护设置界面如图 14.3 所示。

(3) 将当前额定电流设为 1A，点击“修改为”按钮，设置成功后返回当前值。其界面如图 14.4 所示。

(4) 在主界面中将阻性负荷投入，如图 14.5 所示。延时一会，负荷保护开关节点故障跳开，保护节点将变为黄色警示，负荷故障跳闸并警示如图 14.6 所示。

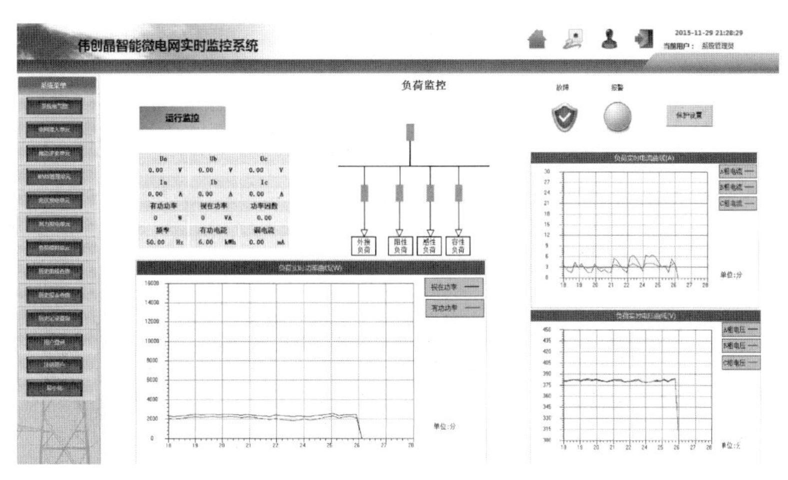

图 14.2 负荷监控界面

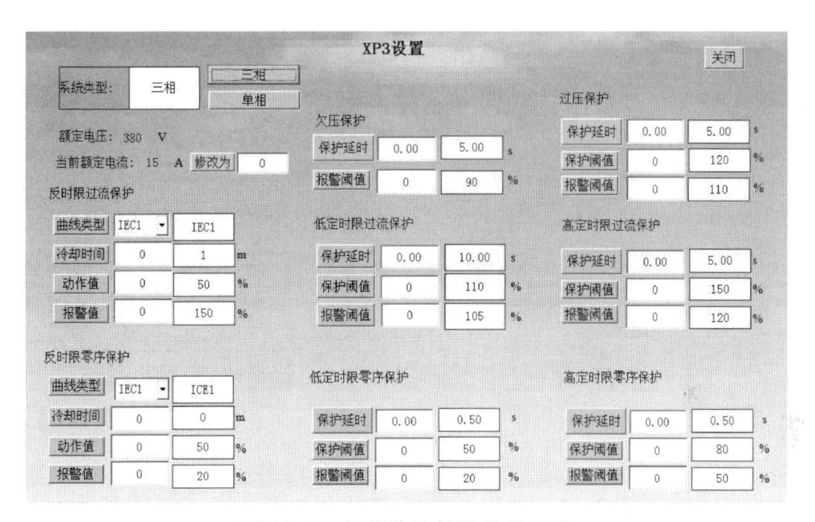

图 14.3 负荷默认保护设置界面

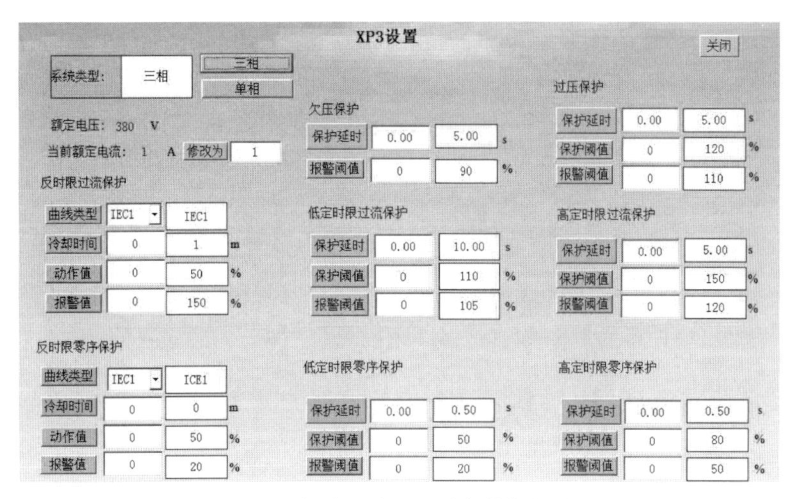

图 14.4 设置额定电流 1A 时负荷保护设置界面

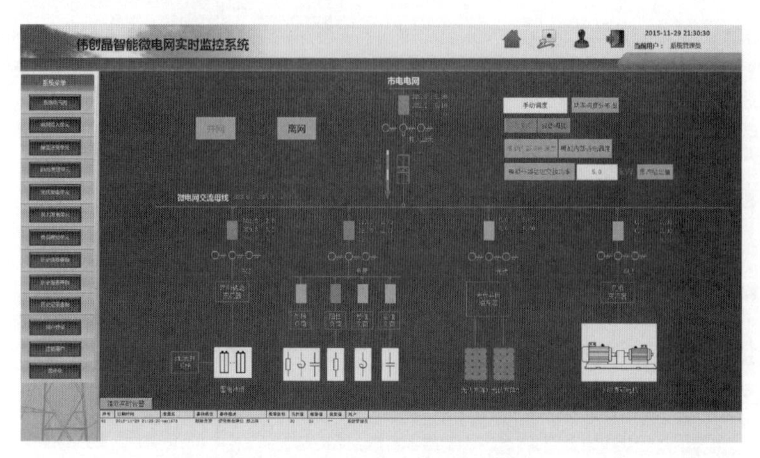

图 14.5 投入阻性负荷主界面

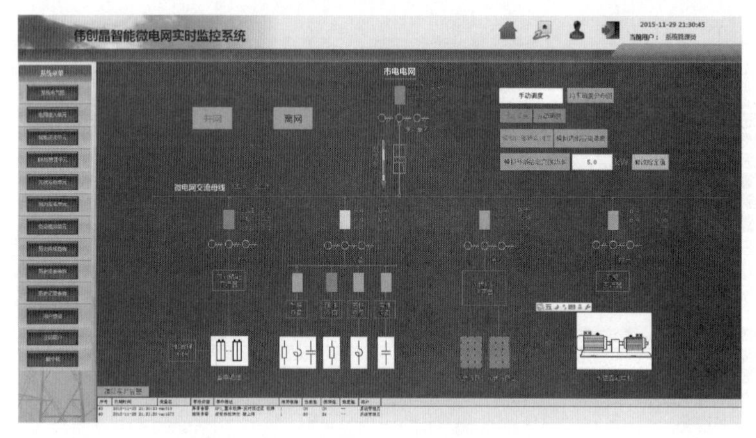

图 14.6 负荷故障跳闸并警示

(5) 点击保护开关黄色节点，弹出操作窗口，负荷单元开关节点状态与控制如图 14.7 所示。弹出窗口提示故障，开关状态为“已分闸”。在复位前点击“控合”按钮将失效，只有在排除故障后，先点击“复位”按钮，复位完成后方可再“控合”操作。

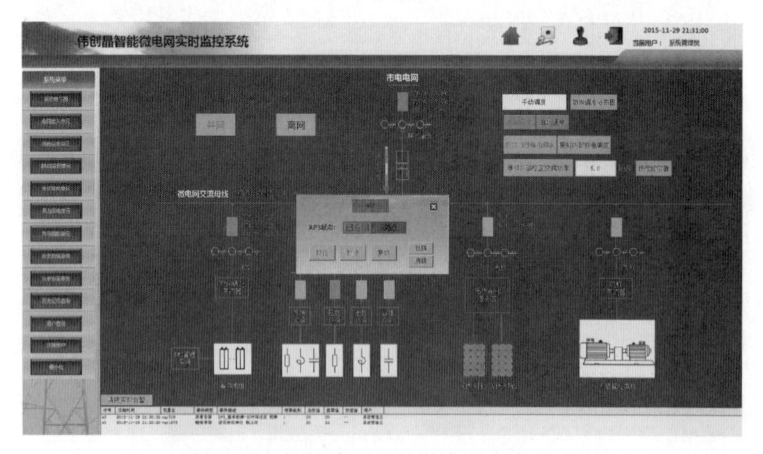

图 14.7 负荷单元开关节点状态与控制

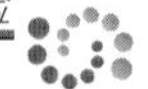

(6) 点击负荷监控菜单，进入负荷故障监控界面，如图 14.8 所示。此时负荷监控提示故障，点击故障图标，弹出故障状态弹窗，显示“反时限过流”故障，负荷报警及故障弹窗如图 14.9 所示，点击右上角“关闭”关闭弹窗。

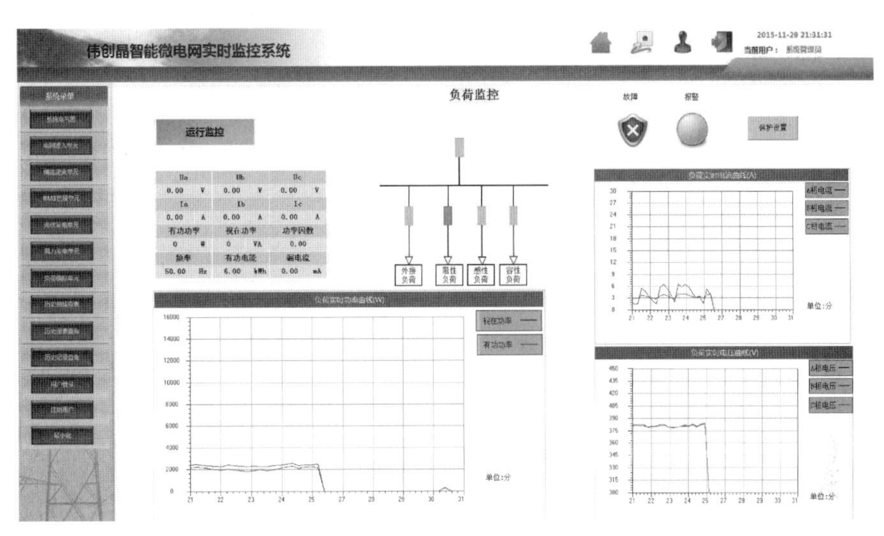

图 14.8 负荷故障监控界面

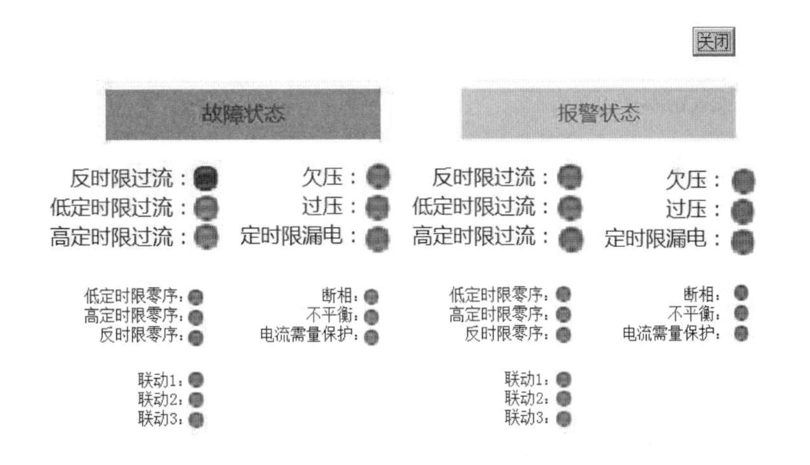

图 14.9 负荷报警及故障弹窗

(7) 将当前额定电流设为 2A，反时限过流保护动作值设为 100%，负荷保护设置界面如图 14.10 所示。

(8) 在主界面中先将故障复位，再将阻性负荷投入，10s 后负荷故障保护跳闸。进入故障状态弹窗查看故障状态，显示“低定时限过流”故障，负荷报警及故障弹窗 1 如图 14.11 所示。

(9) 在主界面中将故障复位，同时投入阻性和容性负荷，如图 14.12 所示。5s 后再次故障保护跳闸。进入故障状态弹窗查看故障状态，显示“高定时限过流”故障，负荷报警及故障弹窗 2 如图 14.13 所示。

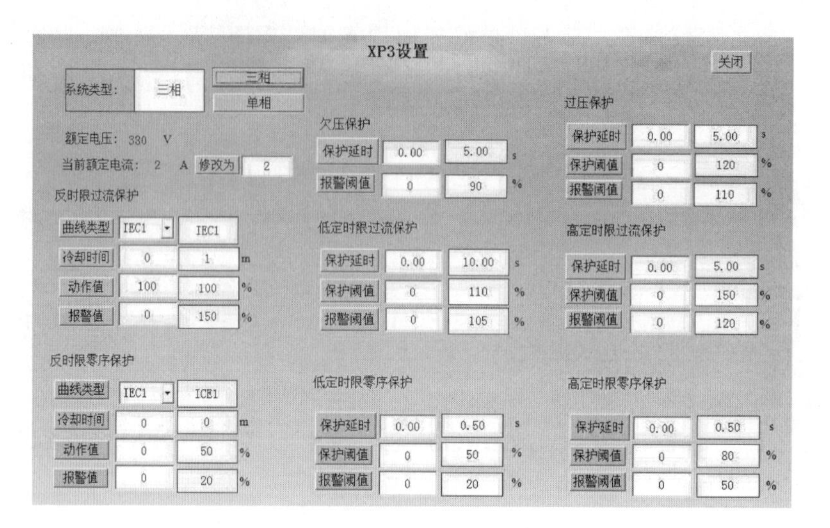

图 14.10　设置额定电流 2A 时负荷保护设置界面

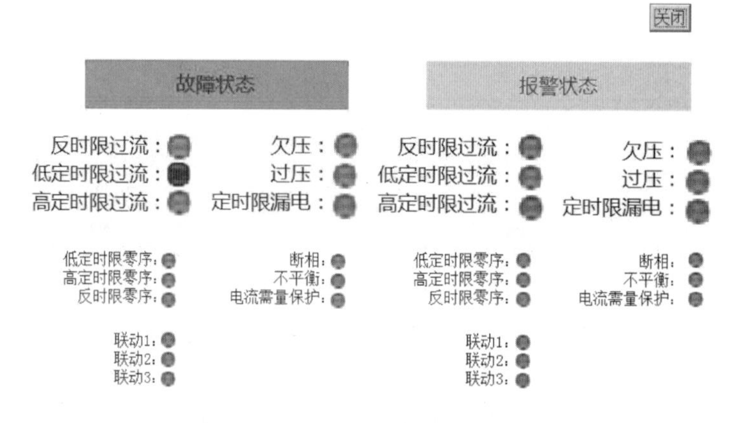

图 14.11　负荷报警及故障弹窗 1

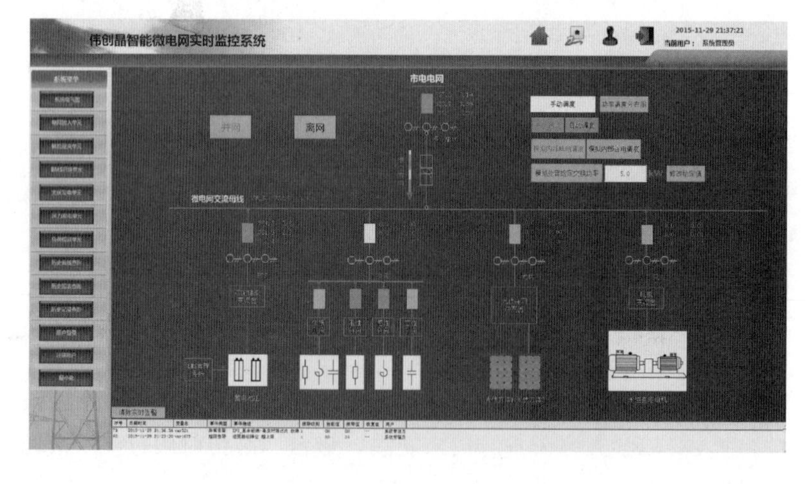

图 14.12　同时投入阻性与容性负荷

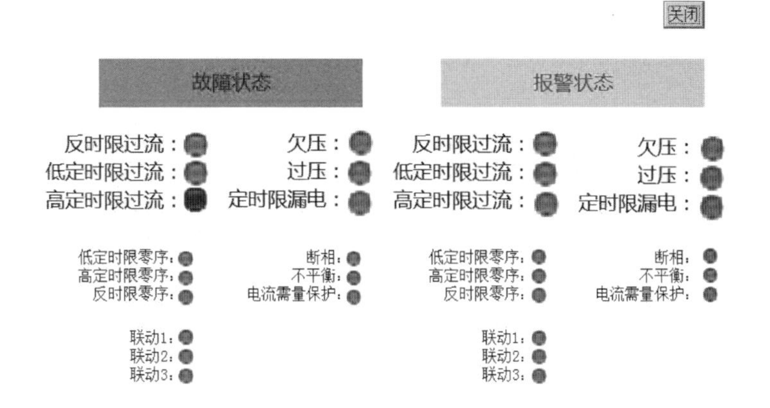

图 14.13　负荷报警及故障弹窗 2

14.2　手动自由功率调度实验

14.2.1　实验目的

（1）掌握功率调度的操作方法。

（2）理解实现功率调度的意义。

14.2.2　实验流程

（1）结合微电网并离网启停实验，开启微电网辅助电源，打开微电网电力监控软件，使微电网运行于并网模式，启动分布式电源及负荷，将调度模式切换到“手动调度”模式，其主界面如图 14.14 所示。

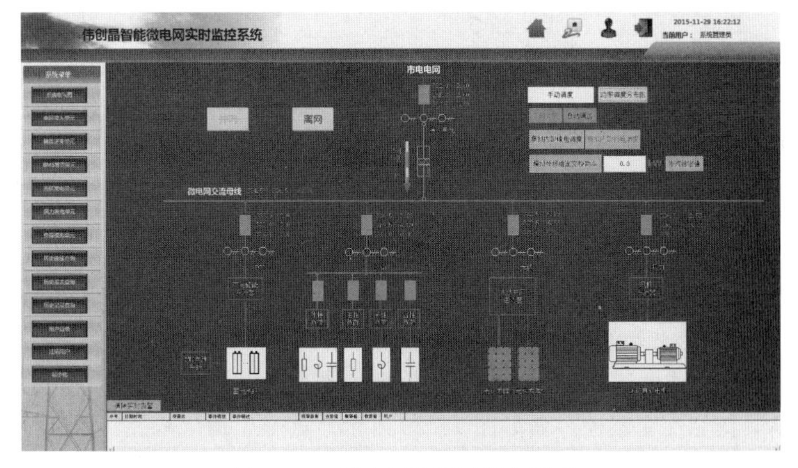

图 14.14　微电网并网运行主界面

（2）点击“功率调度分布图”，查看分布式电源、储能及 PCC 点的功率状态，如图 14.15 所示。

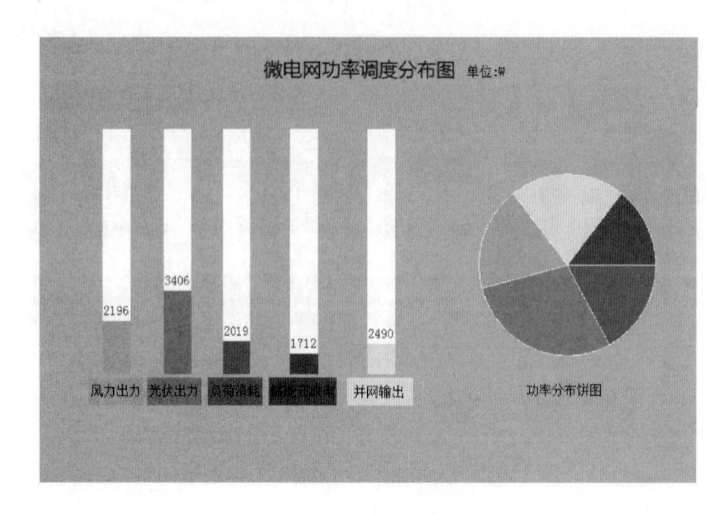

图 14.15　微电网功率调度分布图

（3）进入光伏发电监控界面，默认光伏最大出力为 100%，不限功率光伏发电监控界面如图 14.16 所示。将“设置最大有功出力”设为 20%，成功设置后返回 20%状态，延时一会，光伏输出功率将下降到 2000W 左右（额定功率 10kW），光伏发电监控界面如图 14.17 所示。

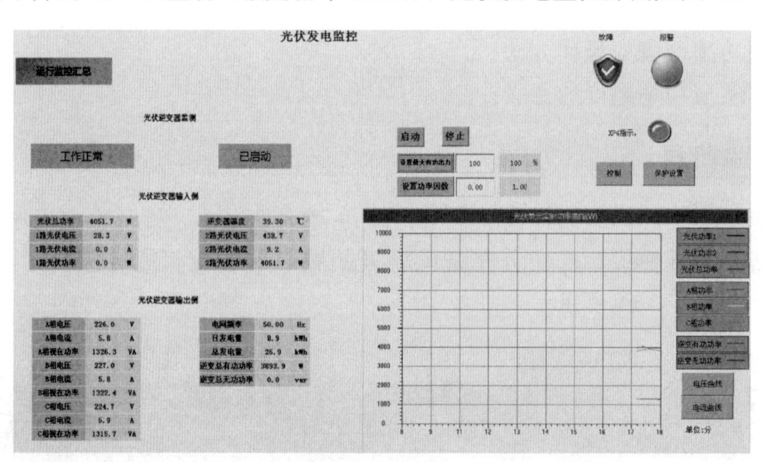

图 14.16　不限功率光伏发电监控界面

（4）进入风力发电监控界面，在给定电机转速 300r/min 时，风机最大可输出 3000W 的有功功率（额定功率 10kW 风机），监控界面如图 14.18 所示。

（5）在转速不变的情况下，将给定有功功率设为 2000W，延时一会，风机输出功率将下降到 2000W 左右，监控界面如图 14.19 所示。

（6）进入储能逆变监控界面，将并网工作模式改为“恒功率模式”“恒交流功率模式”，功率设为 5kW，储能逆变监控界面如图 14.20 所示。点击“确认修改”，延时一会，储能将向外输送 5kW 的电能，微电网功率调度分配图如图 14.21 所示。

（7）在储能逆变监控界面，将“恒交流功率模式”功率设为 10kW，储能逆变监控界面如图 14.22 所示。点击“确认修改”，延时一会，储能将向外输送 10kW 的电能，微电网功率调度分配图如图 14.23 所示。

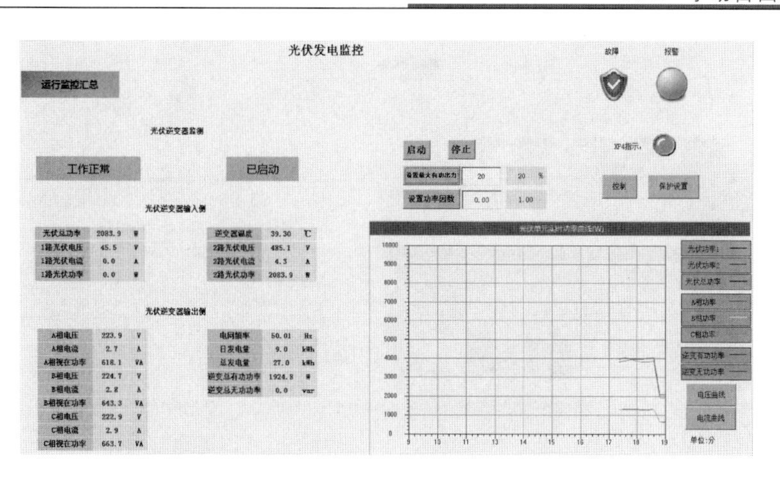

图 14.17 20%限功率光伏发电监控界面

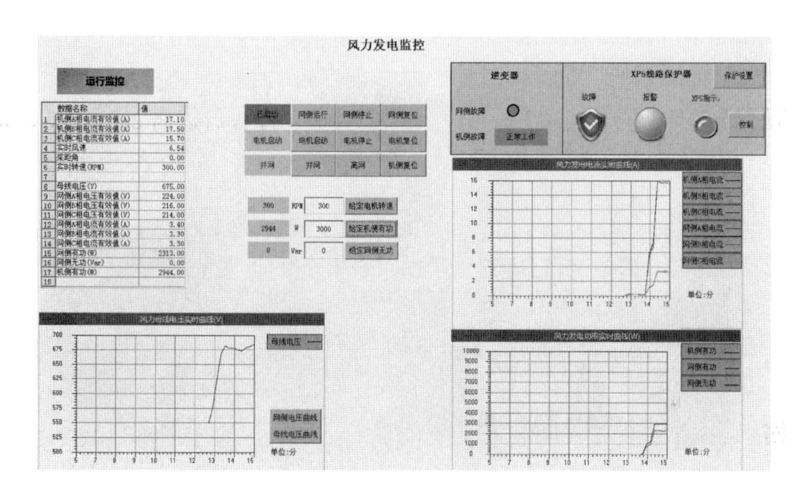

图 14.18 最大输出时风力发电监控界面

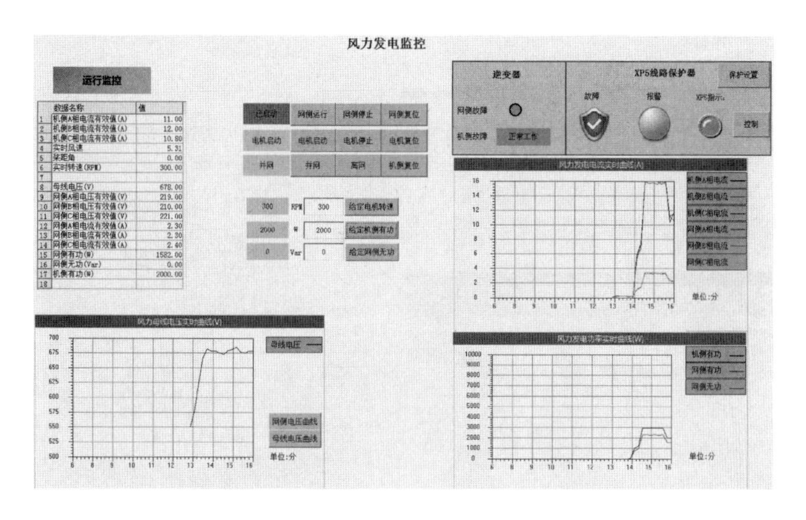

图 14.19 限定 2000W 输出功率时风力发电监控界面

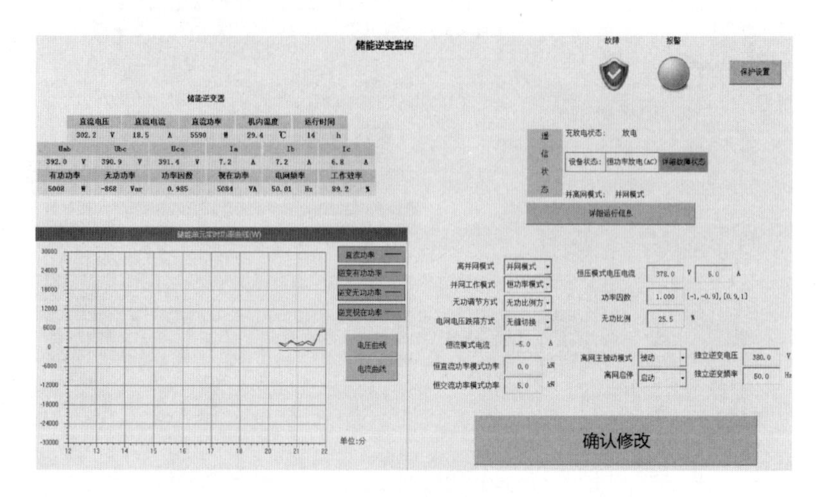

图 14.20　储能逆变监控界面

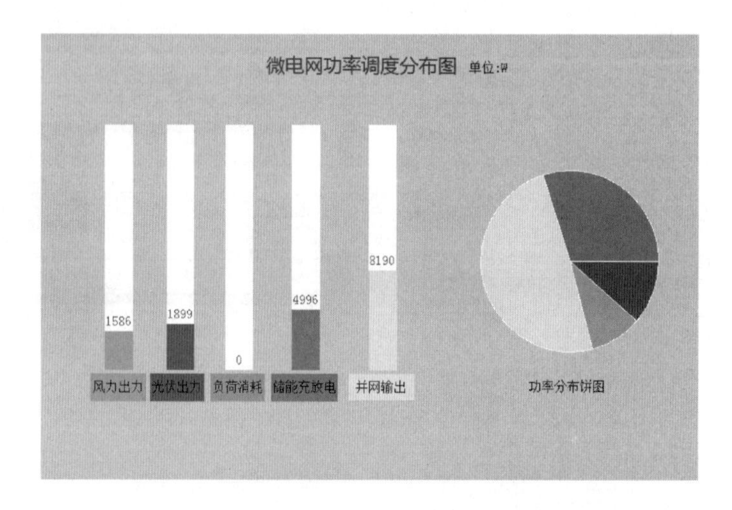

图 14.21　储能输出 5kW 时微电网功率调度分配图

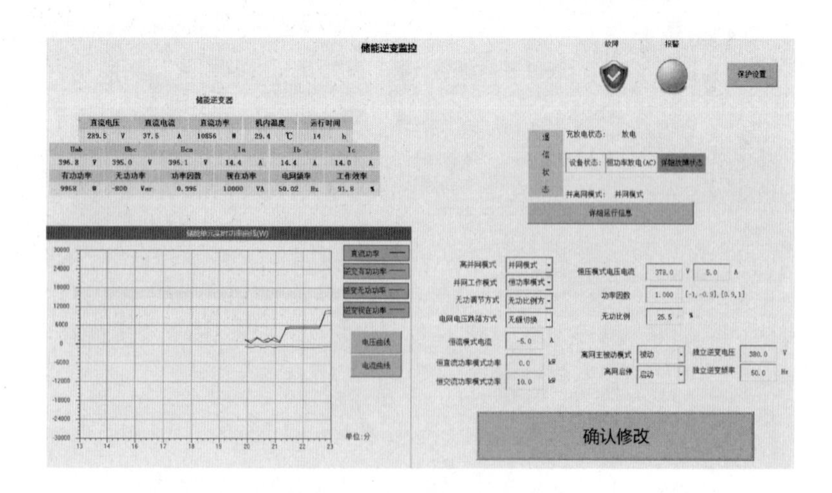

图 14.22　储能逆变监控界面

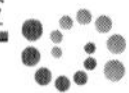

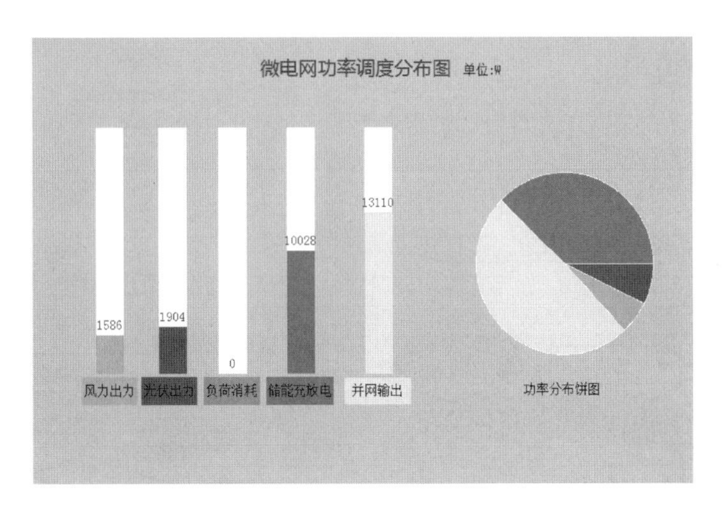

图 14.23 储能输出 10kW 时微电网功率调度分配图

14.3 模拟交换功率调度实验

14.3.1 实验目的

（1）了解配电网调度方法。

（2）了解电网调度原理。

（3）理解电网调度的意义。

14.3.2 实验原理

微电网系统并网运行时，可以接收配电网的调度指令，从而给配电网提供一定的功率支撑，使配电网尽快恢复和稳定运行。微电网接受交换功率指令后，系统自动调节储能、光伏、风力及其他分布式能源，使实际对外的交换功率尽量靠近调度要求的交换功率，实现内外功率平衡。模拟交换功率调度流程图如图 14.24 所示。

14.3.3 实验流程

（1）结合微电网并离网启停实验，开启微电网辅助电源，打开微电网电力监控软件，使微电网运行于并网模式，启动分布式电源，其主界面如图 14.25 所示。

（2）在主界面点击“自动调度”按钮，将调度模式切换到自动调度运行。再点击“模拟外部给定交换功率”，微电网自动调度并网运行主界面 1 如图 14.26 所示。

（3）将给定外部交换功率设为 5kW，点击“修改给定值”按钮，微电网自动调度并网运行主界面 2 如图 14.27 所示。微电网运行于交换功率调度模式状态，稳定后其调度功率分布图 1 如图 14.28 所示。

（4）将负荷投入到微电网母线中，微电网自动调度并网运行主界面 3 如图 14.29 所示。稳定后其功率调度分布图 2 如图 14.30 所示。

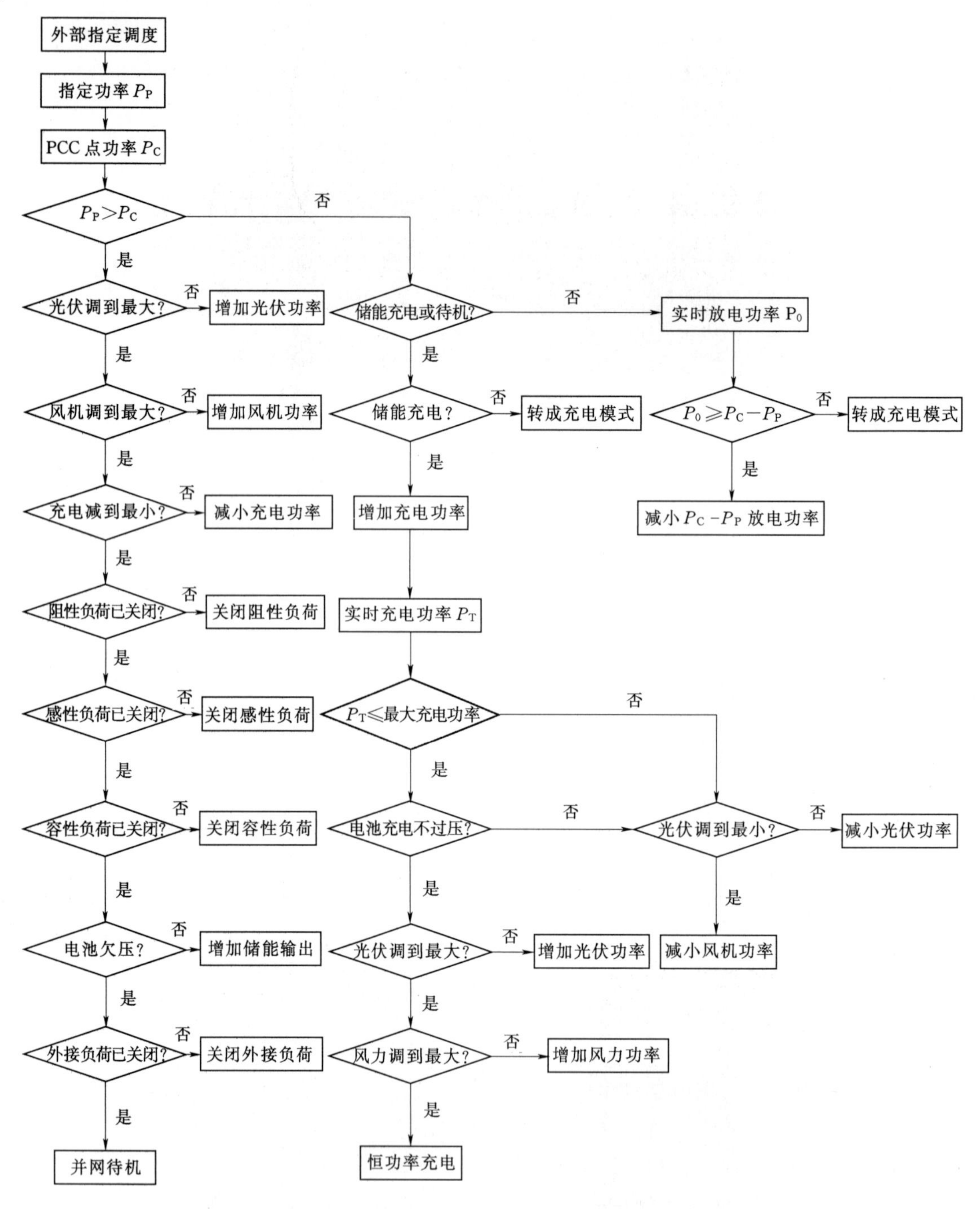

图 14.24　模拟交换功率调度流程图

（5）将风机转速调到 300r/min，此时风机最大出力约为 3000W，分布式电源总体出力将不足以支持负荷消耗与并网输出的功率，调度系统将切出一部分负荷维持功率平衡，微电网自动调度并网运行主界面 4 如图 14.31 所示。稳定后其功率调度分布图 3 如图 14.32所示。

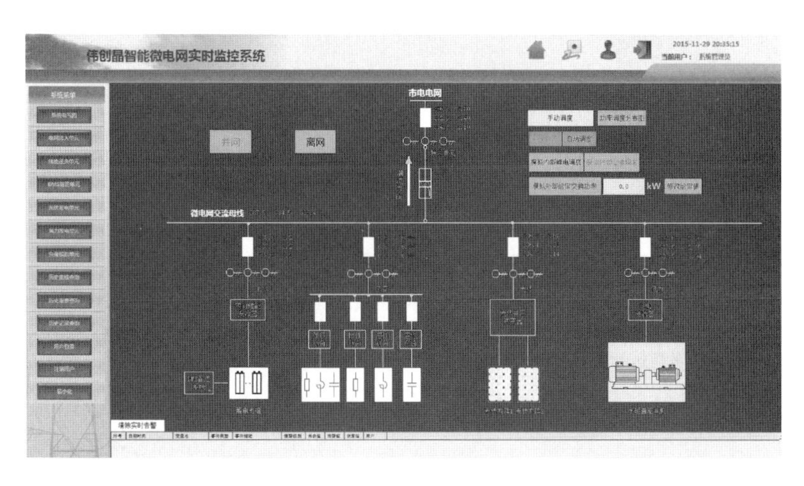

图 14.25 微电网并网运行主界面

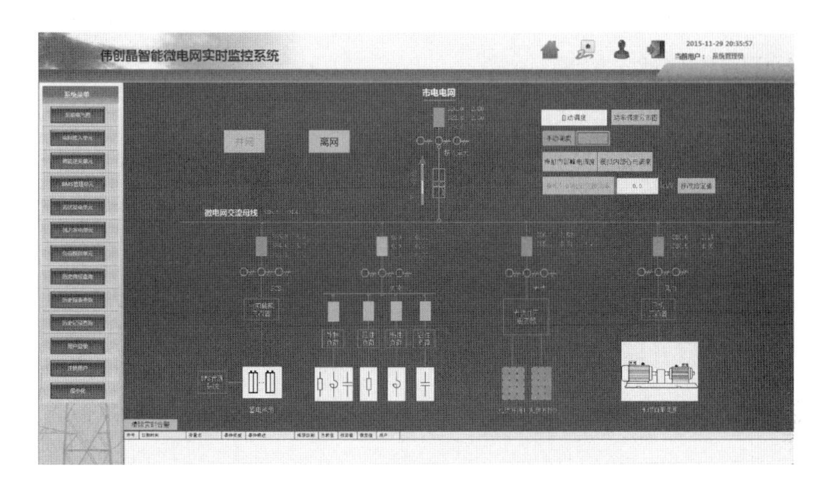

图 14.26 微电网自动调度并网运行主界面 1

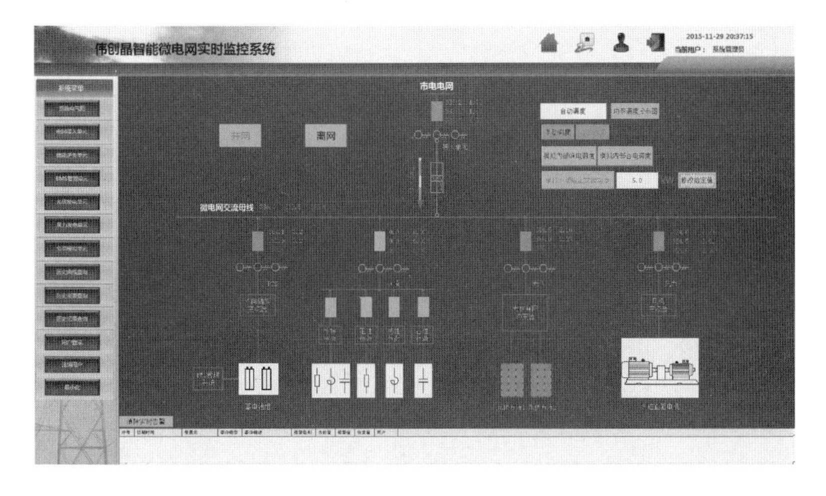

图 14.27 微电网自动调度并网运行主界面 2

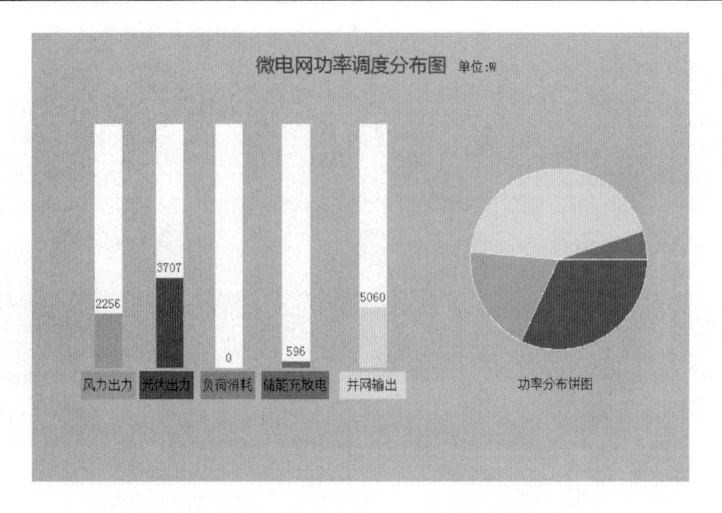

图 14.28　指定交换功率 5kW 时功率调度分布图 1

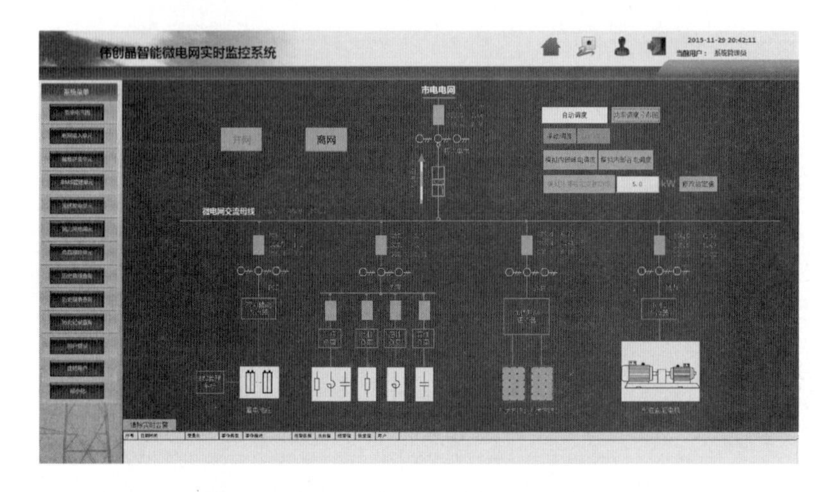

图 14.29　微电网自动调度并网运行主界面 3

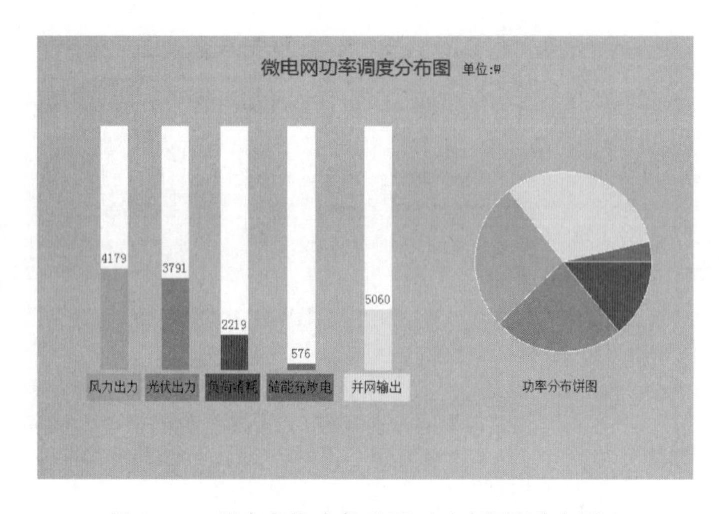

图 14.30　指定交换功率 5kW 时功率调度分布图 2

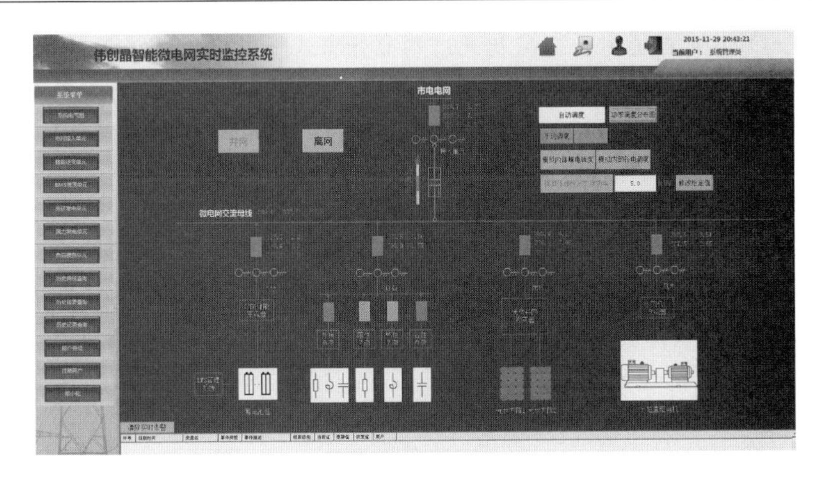

图 14.31　微电网自动调度并网运行主界面 4

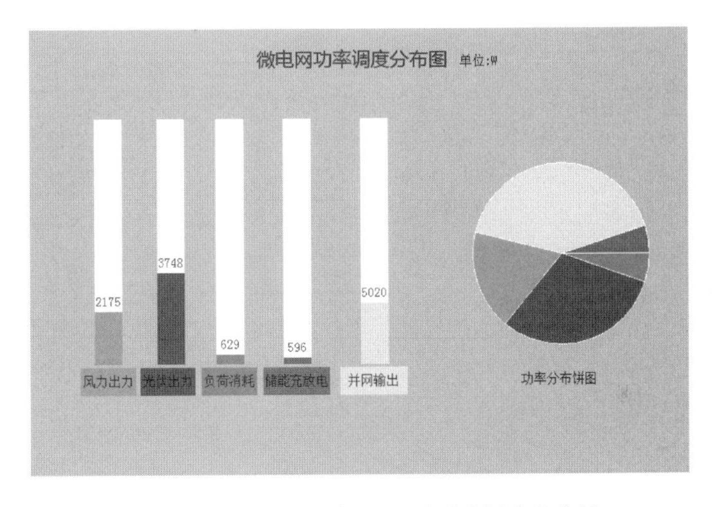

图 14.32　指定交换功率 5kW 时功率调度分布图 3

14.4　自动功率平衡调度实验

14.4.1　实验目的

（1）了解自动功率平衡调度算法的实现。

（2）了解微电网调度的意义。

（3）了解微电网内部调度平衡特性。

14.4.2　实验原理

微电网并网运行时，根据负荷峰谷时段用电情况、光伏发电情况形成储能的预期充放电曲线，微电网能量管理系统根据该曲线实时控制储能的充放电状态以及充放电功率，实现微电网移峰填谷、平滑用电负荷和分布式电源出力的功能。

微电网离网后，离网能量平衡控制通过调节分布式发电出力、储能出力、负荷用电，实现离网后整个微电网的稳定运行，在充分利用分布式发电的同时保证重要负荷的持续供电，同时提高分布式发电利用率和负荷供电可靠性。微电网离网自动调度流程图如图 14.33 所示。微电网并网自动调度流程图如图 14.34 所示。

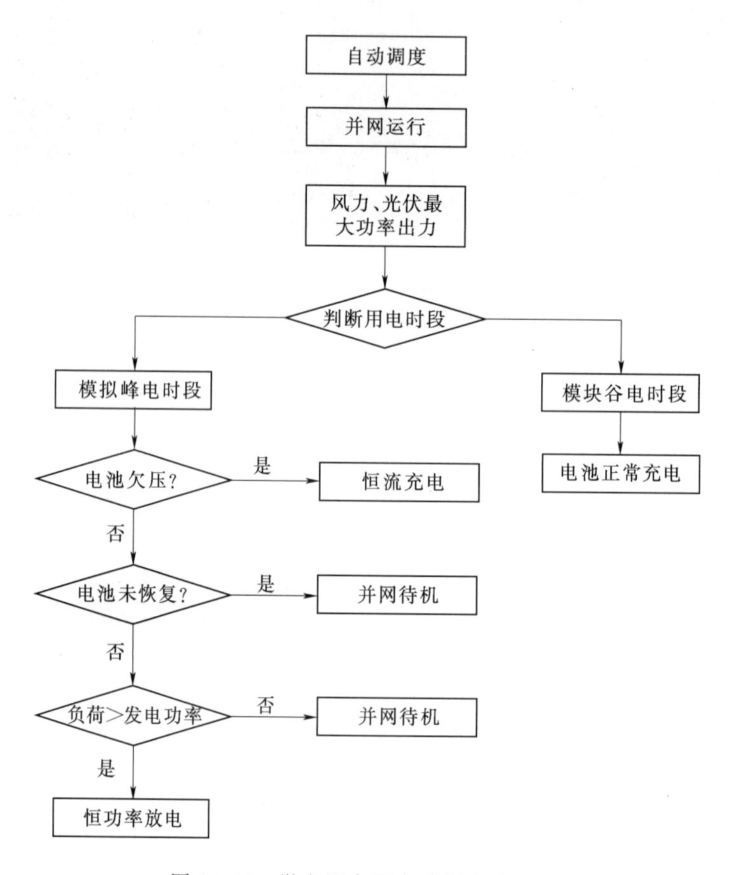

图 14.33　微电网离网自动调度流程图

14.4.3　实验流程

(1) 结合微电网并离网启停实验，开启微电网辅助电源，打开微电网电力监控软件，使微电网运行于并网模式，启动分布式电源，点击“自动调度”切换到自动调度模式，再点击“模拟内部峰电调度”，其主界面 1 如图 14.35 所示。

(2) 在模拟峰电时段，由于是用电高峰，微电网尽可能多的向外发出电能，在储能不欠压的情况下减少充电的功率，调度稳定后其功率分布图 1 如图 14.36 所示。

(3) 将负荷投入到微电网母线中，微电网自动调度并网运行主界面 2 如图 14.37 所示。稳定后其功率调度分布图 2 如图 14.38 所示。

(4) 点击“模拟内部谷电调度”按钮，将调度模式切换到谷电调度，微电网自动调度并网运行主界面 3 如图 14.39 所示。在谷电并网调度时，分布式电源最大出力，储能尽可能多的充电，稳定后其功率调度分布图 3 如图 14.40 所示。

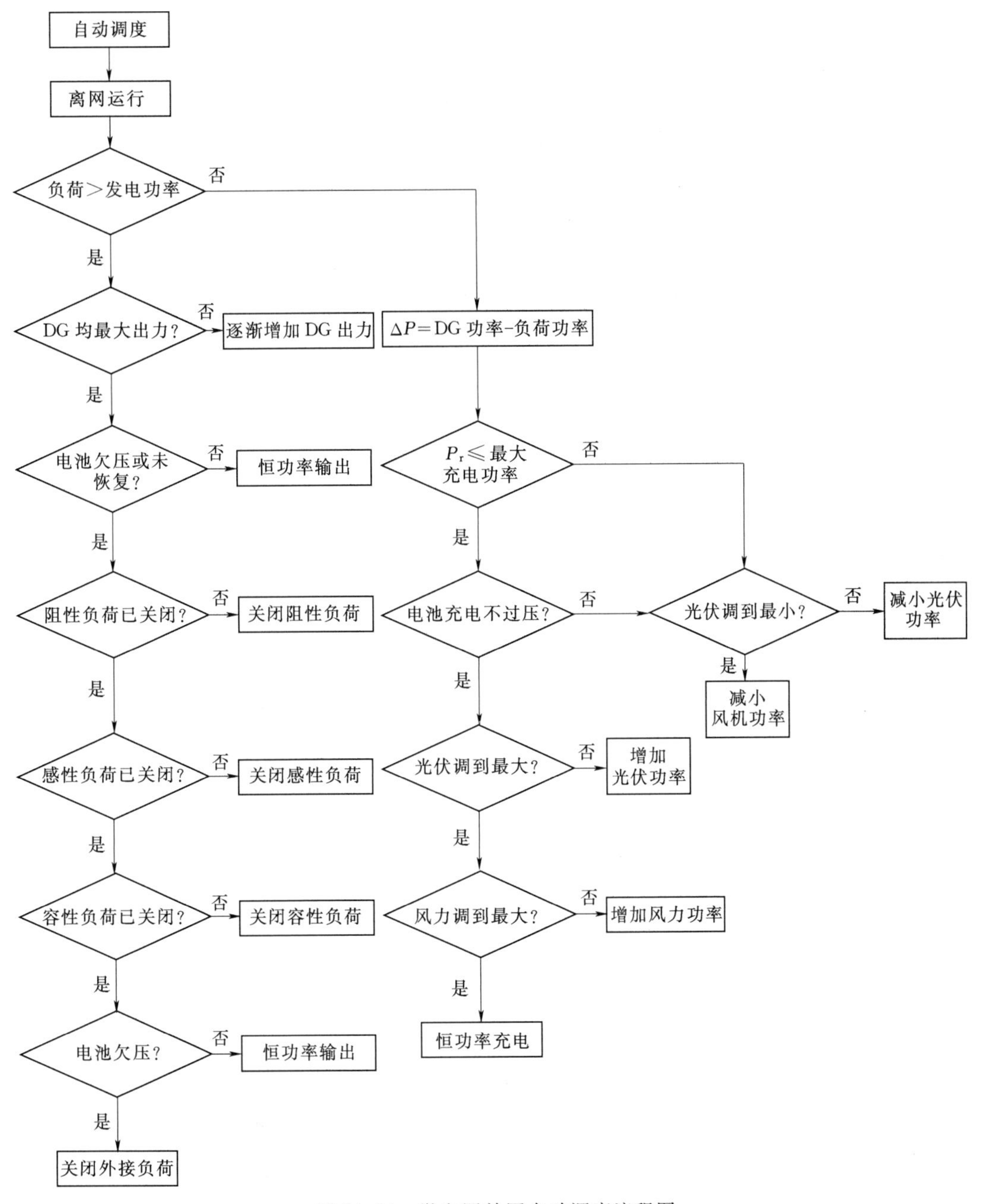

图 14.34 微电网并网自动调度流程图

(5) 将负荷从微电网母线中切出，微电网自动调度并网运行主界面 4 如图 14.41 所示。稳定后其功率调度分布图 4 如图 14.42 所示。

(6) 手动将微电网从市电网中断开，微电网系统自动切换到离网运行模式，微电网自动调度离网运行主界面 5 如图 14.43 所示。离网模式时，储能逆变器切换到 U/F 控制方式，调度程序要保持内部功率平衡，一方面要尽可能最大功率充电；另一方面要将多余的分布式电源功率切除，稳定后其功率调度分布图 5 如图 14.44 所示。

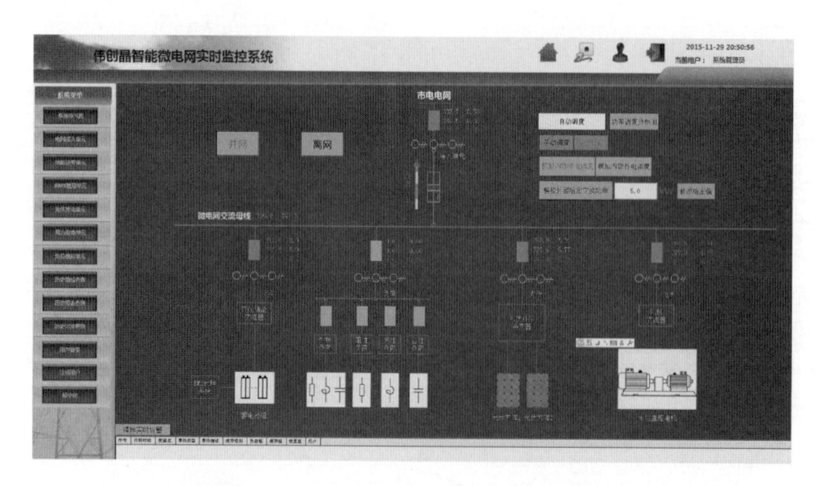

图 14.35　微电网自动调度并网运行主界面 1

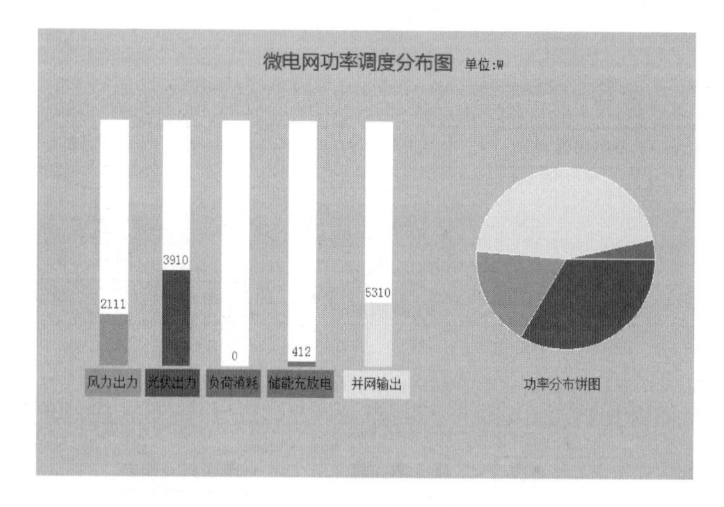

图 14.36　模拟峰电时段功率调度分布图 1

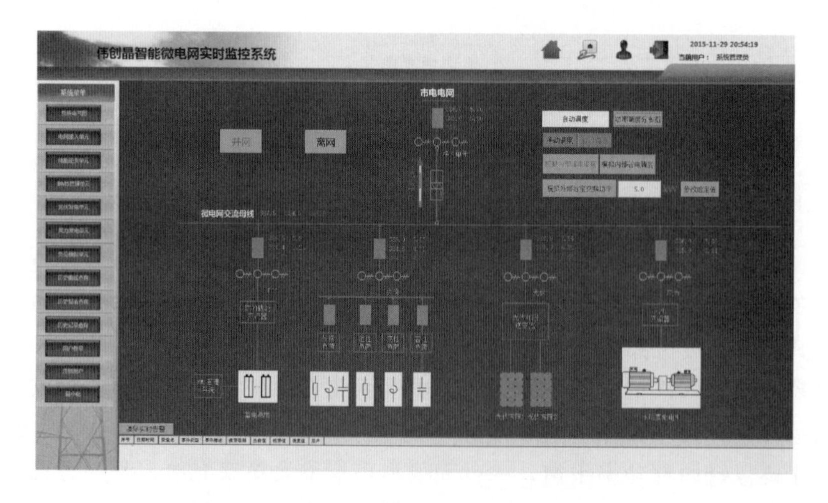

图 14.37　微电网自动调度并网运行主界面 2

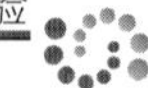

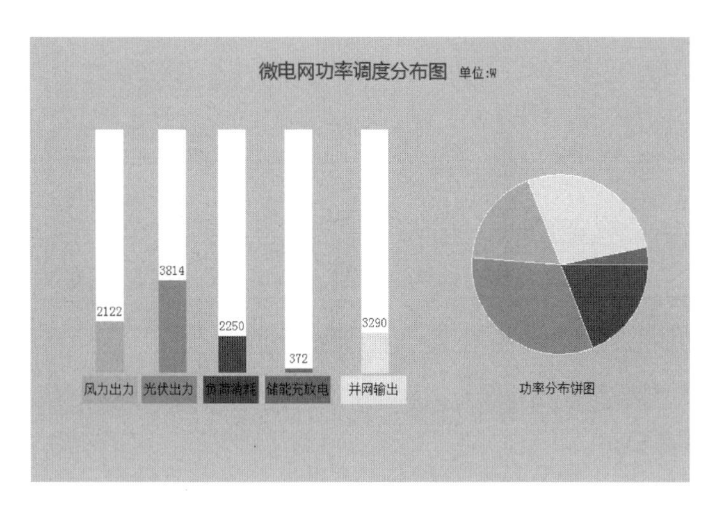

图 14.38 模拟峰电时段功率调度分布图 2

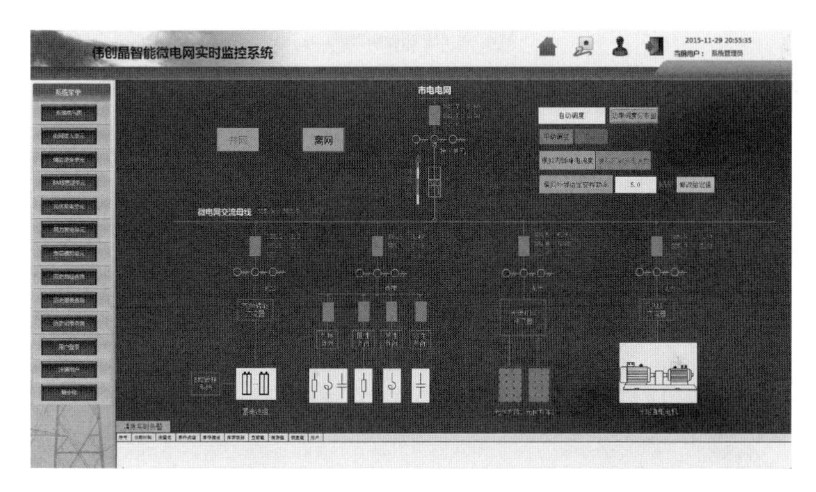

图 14.39 微电网自动调度并网运行主界面 3

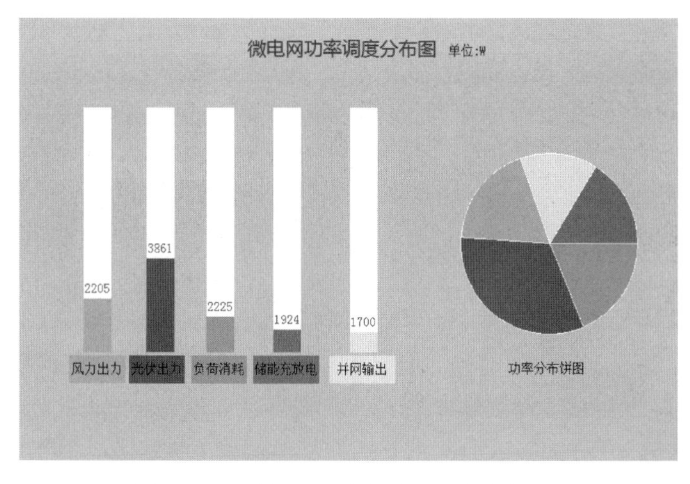

图 14.40 模拟谷电时段功率调度分布图 3

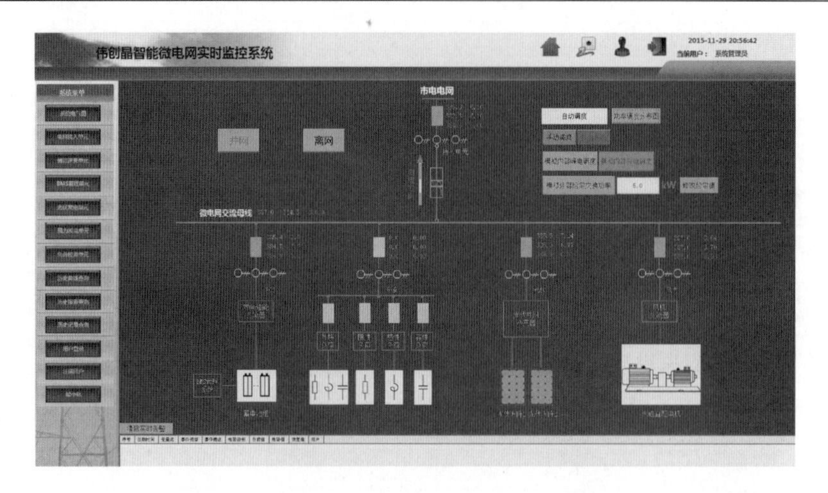

图 14.41　微电网自动调度并网运行主界面 4

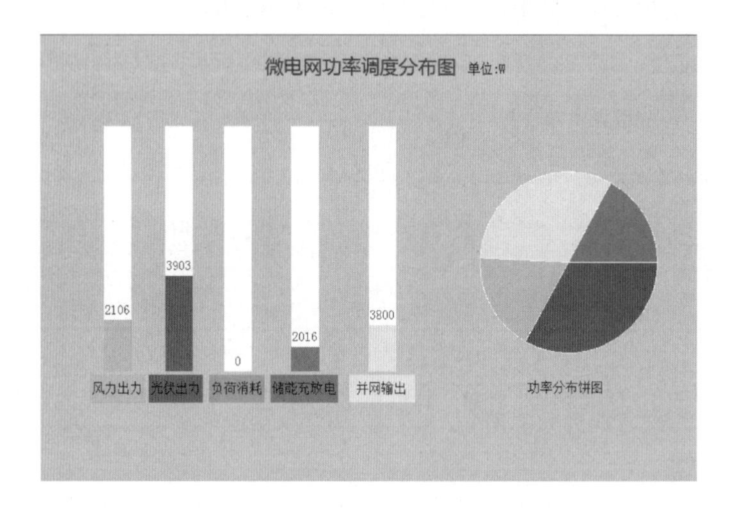

图 14.42　模拟谷电时段功率调度分布图 4

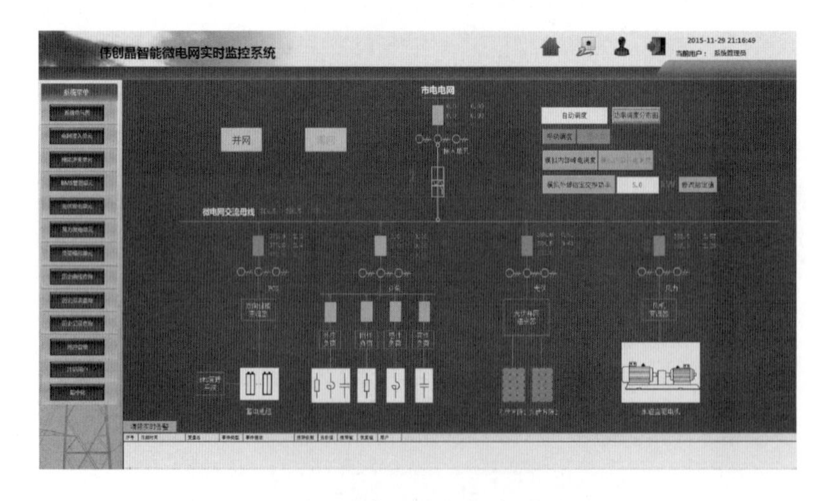

图 14.43　微电网自动调度离网运行主界面 5

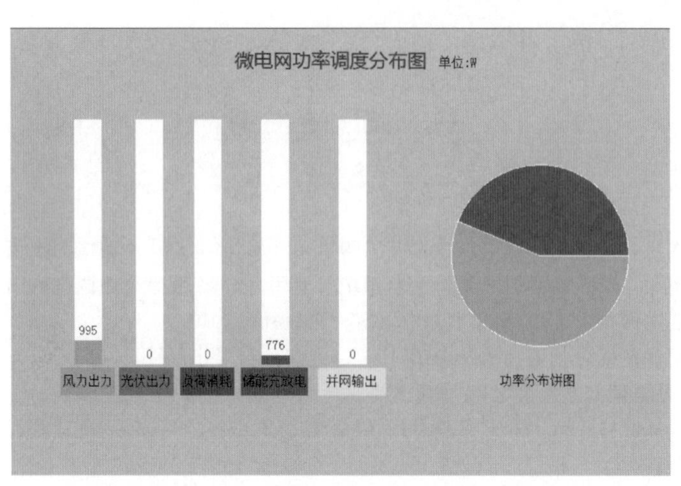

图 14.44 离网模式自动功率调度分布图 5

(7) 将负荷投入到微电网母线中，微电网自动调度离网运行主界面 6 如图 14.45 所示。稳定后其功率调度分布图 6 如图 14.46 所示。

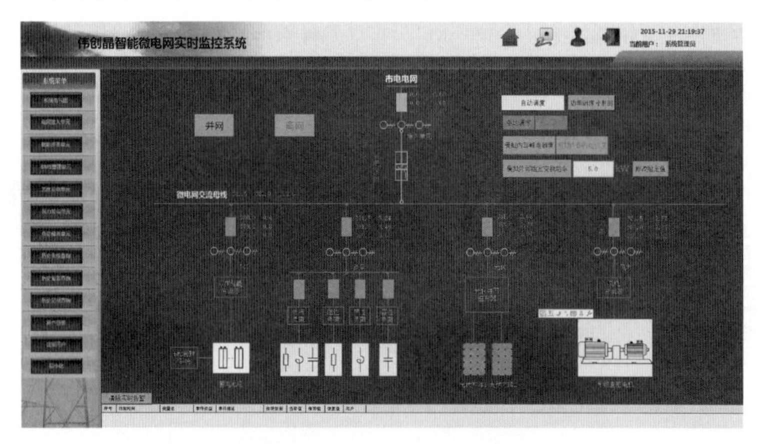

图 14.45 微电网自动调度离网运行主界面 6

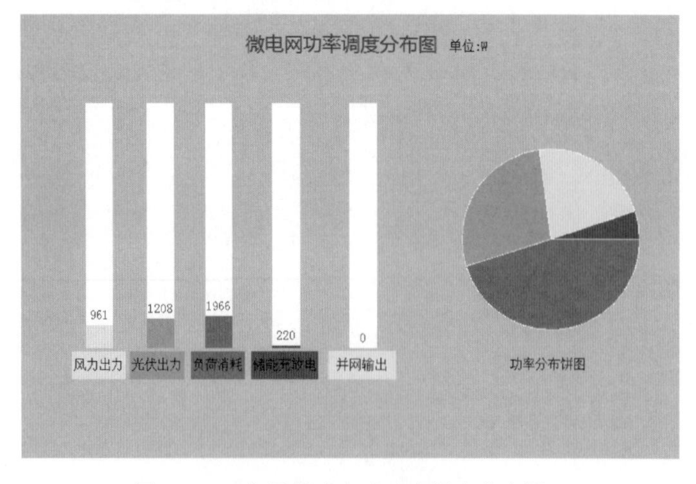

图 14.46 离网模式自动功率调度分布图 6

参 考 文 献

[1] 李富生，李瑞生，周逢权. 微电网技术及工程应用 [M]. 北京：中国电力出版社，2013.
[2] 李瑞生，周逢权，李燕斌. 地面光伏发电系统与应用 [M]. 北京：中国电力出版社，2011.
[3] 王振亚. 智能电网技术 [M]. 北京：中国电力出版社，2010.
[4] 赵波. 微电网优化配置关键技术及应用 [M]. 北京：科学出版社，2015.
[5] Chowdhury. 微电网和主动配电网 [M]. 苏适，译. 北京：机械工业出版社，2014.
[6] S. M. Sharkh，M. A. Abu-Sara. 微电网中的电力电子变换器 [M]. 刘其辉，译. 北京：机械工业出版社，2017.
[7] 鲁宗相，闵勇，乔颖. 微电网分层运行控制技术及应用 [M]. 北京：电子工业出版社，2017.
[8] 张建华，黄伟. 微电网运行控制与保护技术 [M]. 北京：中国电力出版社，2010.
[9] Nikos Hatziargyriou，等. 微电网架构与控制 [M]. 陶顺，陈萌，杨洋，译. 北京：机械工业出版社，2015.
[10] 王成山，许洪华. 微电网技术及应用 [M]. 北京：科学出版社，2016.
[11] RITWIK MAJUMDER. 微电网稳定性分析与控制 [M]. 北京：中国电力出版社，2017.